国家级中药学实验教学示范中心
中药学实践教学创新系列教材

供中药学、药学、工学(制药工程等)、农学(药用植物保护等)、
管理学(医药营销等)及其相关学科专业使用

基础化学实验

总主编 彭 成
主 编 张 梅
主 审 何国光

科学出版社
北 京

内 容 简 介

本书是《国家级中药学实验教学示范中心·中药学实践教学创新系列教材》之一。全书分上、下两篇，共 9 章。上篇为理论技能篇，内容包括绪论、化学实验基础知识、化学实验基本操作技能；下篇为实验方法篇，内容包括无机化学实验、有机化学实验、化学分析实验、物理化学实验、仪器分析实验和综合性及设计性实验内容，共 79 个实验。书后有附录。

本书可作为高等院校及大中专、职业学校中药学、药学、工学（制药工程等）、农学（药用植物保护等）、管理学（医药营销等）及其相关学科专业基础化学实验教材使用。

图书在版编目（CIP）数据

基础化学实验 / 张梅主编.—北京：科学出版社，2008

（国家级中药学实验教学示范中心·中药学实践教学创新系列教材 / 彭成总主编）

ISBN 978-7-03-022850-5

Ⅰ. 基…　Ⅱ. 张…　Ⅲ. 化学实验-高等学校-教材　Ⅳ. 06-3

中国版本图书馆 CIP 数据核字（2008）第 132910 号

责任编辑：方　霞 / 责任校对：钟　洋

责任印制：赵　博 / 封面设计：黄　超

科学出版社 出版

北京东黄城根北街 16 号

邮政编码：100717

http://www.sciencep.com

北京建宏印刷有限公司 印刷

科学出版社发行　各地新华书店经销

*

2008 年 9 月第　一　版　　开本：787×1092　1/16

2024 年 1 月第十次印刷　　印张：16 3/4　插页：1

字数：385 000

定价：45.00 元

（如有印装质量问题，我社负责调换）

国家级中药学实验教学示范中心
中药学实践教学创新系列教材

总编委会

总 主 编　彭　成

副总主编　董小萍　祝晨蔯

总编委会　（按姓氏笔画排序）

王世宇　付超美　刘友平　严铸云
张　梅　祝晨蔯　郭　力　彭　成
董小萍　曾　南

《基础化学实验》编委名单

主　编　张　梅

副主编　(按姓氏笔画排序)

万　丽　闫　静　张　萍　夏厚林

主　审　何国光

编　委　(按姓氏笔画排序)

万　丽(成都中医药大学)
马鸿雁(成都中医药大学)
毛近隆(山东中医药大学)
邓　放(成都中医药大学)
许树军(黑龙江中医药大学)
闫　静(黑龙江中医药大学)
张　萍(山东中医药大学)
张　梅(成都中医药大学)
陈丰连(广州中医药大学)
陈胡兰(成都中医药大学)
陈晓霞(辽宁中医药大学)
邵江娟(南京中医药大学)
赵跃刚(长春中医药大学)
夏厚林(成都中医药大学)
韩　波(成都中医药大学)

总 前 言

先进的教育理念和实践教学观是高层次人才培养的前提，适宜的教材是师生的良师益友和高层次人才培养的基础。随着时代的进步，高层次人才培养的规模不断扩大，学科研究领域的时空与对象不断拓展，新理论、新技术、新方法层出不穷，学科间相互交叉、相互渗透进一步深化，理论研究到实际应用的周期越来越短。时代发展要求高等教育真正重视实践教学，从根本上改变实践教学依附于理论教学的传统观念，充分认识并落实实践教学在高校人才培养和教学工作中的地位，注重学生知识、能力、素质的协调发展，注重学生探索精神、科学思维、实践能力、创新能力的培养，形成理论教学与实践教学统筹协调发展的局面。而搞好实践教学的首要问题是实践教材的建设，实践教材是实践教学的根本依据，直接影响高层次人才培养的规格与素质。

然而，传统的中药学实践教材建设落后于理论教材，成为理论教材的附属品。在教材体系方面，缺乏中药实践教学自身应有的理论体系和内在联系，忽视自身的系统性、科学性和完整性，没有形成独立的中药实践教材体系；在教材内容方面，理论验证性实验偏多，综合性、设计性实验偏少，实习实训和创新实践教材缺乏，尤其针对理论课设计的实验讲义或教材，课程门类多、实验重复多，学科交叉集成不够、实验联系实际不够；在能力培养方面，“菜谱”式的实验讲义或教材，对学生强化课堂所学的理论知识起到了一些积极作用，但不能充分调动学生的思维，不能提高学生的主动性和能动性，造成大部分学生不善于或不屑于做实验前的准备工作，不善于对实验进行周密设计，不善于对实验结果进行提炼，影响其工作态度和能力，不利于学生综合素质和创新能力的培养，影响实践教学的效益和质量，不能达到培养实践创新人才的目的。因此，成都中医药大学药学院在国家级中药学实验教学示范中心、国家级中药学重点学科、国家理科中药基础基地人才培养模式创新实验区、教育部“第一类特色专业建设点”中药学专业、中药材标准化教育部重点实验室、西部中药材综合开发利用教育部工程研究中心、国家中医药管理局中药药性与效用重点研究室等实验平台建设和实验教材建设的基础上，组织了全国33家单位、121位专家共同编写了《国家级中药学实验教学示范中心·中药学实践教学创新系列教材》。

《国家级中药学实验教学示范中心·中药学实践教学创新系列教材》是我国中药学50年高等教育发展的必然结果，是全国中药实践教学改革的创新成果。主要有五方面的特点：

1. 提出中药教育理念 “医药结合、系统中药、实践创新”是中药高等教育的理念，也是中药实践教学和实践教材编写必须遵循的教育理念。

2. 创新中药实践教学模式 “一中心两阶段三层次”的中药实践教学模式，即以培养学生的实践创新能力为中心，将实践教学分为基础专业技能培训和实践创新能力培养两个阶段，由实验教学、实习实训和科研实践三个层次构成，为中药实践教材的编写提供了理论基础。

3. 构建中药实践教材体系 根据中药专业各学科相互渗透、交叉、融合发展的现状，我们遵循中药教育理念和中药实践教学模式，按照中药高层次人才培养的目标，突破原有20

多门中药专业实验讲义或实验教材依附理论课程的传统框架，构筑相对独立和完整的中药实践教材新体系，即《基础化学实验》、《中药化学实验》、《药用植物与中药鉴定实验》、《中药炮制与药剂实验》、《药理与中药药理实验》、《中药综合性与设计性实验》、《中药实习实训》7 本教材，包括基础实验、专业实验、综合性设计性实验和实习实训实践教材，尤其综合性设计性实验和实习实训实践教材的编写更具时代性。另一方面我们要求每本教材必须分理论技能篇和实验方法篇，理论技能篇力求概念阐述清晰，外延、内涵界定清楚，包括基本知识、基本技能、基本操作；实验方法篇，力求真实、准确地介绍实验方法，包括实验目的、实验思路（实验原理或实验概述）、实验材料、实验内容（操作步骤）、注意事项和思考题几个部分，涉及验证性实验、综合性实验和设计性实验；从而使每门教材在理论上提升，在方法上与时俱进。

4. 坚持五项编写原则 ①落实三个字："精"，文字精练，实验精选；"准"，准确规范，科学合理；"新"，与时俱进，体现创新。②注意三个面向：面向学生，面向专业，面向社会。③抓住四个基本：基本知识，基本技能，基本操作，基本方法。④注重四个结合：医药结合，理论与实验结合，相邻课程之间结合，继承、发展、创新相结合。⑤彰显五种性质：系统性、学术性、先进性、前瞻性、实用性。

5. 突出创新能力培养 本系列教材以提高学生自主学习能力、综合分析和解决复杂问题的能力，培养学生探索精神、科学思维和实践创新能力为编写宗旨。

本系列教材编写过程中，广州中医药大学、南京中医药大学、北京中医药大学、黑龙江中医药大学、山东中医药大学、湖南中医药大学、辽宁中医药大学、浙江中医药大学、长春中医药大学、甘肃中医学院、安徽中医学院、广西中医学院、贵阳中医学院、云南中医学院、广东药学院、河南医科大学、广东医学院药学院、西南大学药学院、海南医学院、温州医学院、成都医学院、四川大学、西南交通大学、西南民族大学、重庆邮电大学、西华大学、成都大学、中国人民解放军第三〇二医院、四川省食品药品检验所、成都市儿童医院、成都市第一人民医院、四川美大康佳乐药业有限公司、成都中医药大学 33 家单位、121 位专家共同编写；肖崇厚、万德光、蔡宝昌、沈映君、谢秀琼、余小平、何国光教授在百忙中根据自己的专业，对本系列教材进行主审，给予了我们莫大的鼓励。在此对他们一并表示衷心感谢。

尽管我们在编写过程中竭尽所能，但由于参编单位多、编写作者多、涉及交叉学科多，时间仓促，加之中药实践教学在学术上还有一些问题值得探讨和研究，需要在实践中不断总结与发展，因此，错误和疏漏之处恐难避免，恳请专家、同道和读者提出宝贵意见，以便今后修改、补充和完善。

彭　成

2008 年 7 月于成都中医药大学

前　言

化学是一门以实验为基础的科学，实验在化学教学中具有重要的地位。人类进入21世纪，科学技术进入加速发展的时代，社会对具有科学创新能力人才的需求日趋急迫，而在培养具有创新意识和创新能力人才的素质教育中，实验更占据相当重要的地位。为适应当今社会对教育发展的要求，深入开展教育和教学改革，根据化学学科相互渗透、交叉、融合发展的现状，我们将无机化学、有机化学、分析化学、物理化学四门基础化学学科的实验课进行重组，成为一门独立的必修课而单独设置。为配合这一改革，建立适合创新人才培养要求的化学实验教学体系，结合中药学及相关专业的专业特点，我们编写了这本《基础化学实验》教材。

本教材突破原有无机化学、有机化学、分析化学和物理化学实验课依附于理论课程教学的传统框架和原有实验体系，构筑相对独立和完整的基础化学实验新体系。对原无机化学、有机化学、分析化学、物理化学的实验内容进行整合，将化学基础知识和基本操作技能单列，同时又渗透在各个具体实验项目中，这样既便于学生纵观全貌，又利于学生得到基本技能的强化训练。

本教材在实验内容的编写上注意充分体现基础性、实用性和先进性，同时力求突出中医药特色，各项实验中尽可能采用中药作为实验对象，结合本学科发展研究成果，充分体现化学实验方法和手段在中医药研究中的广泛应用。

为了使实验教学真正从“验证式”转向“研究式”的教学，本教材在编写各化学学科基本实验基础上，编写了部分综合性实验和设计性实验。在进行这部分实验的过程中，要求学生自己动手查阅文献资料、设计实验方案、进行实验操作、观察实验现象、测定实验数据、分析实验结果，并通过实验报告等方式反映实验过程及结果，独立得出实验结论。这样既能培养学生的实验设计能力，提高实验操作技能水平；又能锻炼学生独立思考问题、综合分析问题和解决问题的能力，使学生具备综合实验技能，得到初步的科研能力训练。

本教材由成都中医药大学、黑龙江中医药大学、山东中医药大学、广州中医药大学、南京中医药大学、长春中医药大学、辽宁中医药大学7所中医药院校共15位老师参加编写。其中，无机化学实验内容由闫静、马鸿雁、许树军编写，有机化学实验内容由张萍、陈胡兰、毛近隆编写，分析化学实验内容由张梅、陈丰连、邓放编写，物理化学实验内容由夏厚林、赵跃刚、邵江娟编写，仪器分析实验内容由万丽、陈晓霞、韩波编写。全书由张梅主编及闫静、张萍、夏厚林、万丽副主编统编定稿。

本教材在编写过程中得到成都中医药大学及药学院各级领导的大力支持和关怀，特别是何国光教授对本书进行了认真审阅并提出宝贵意见，在此表示最诚挚的感谢。

限于编者水平和能力，书中存在疏漏或不足在所难免，敬请广大读者批评指正。

编　者

2008年5月

目　　录

上　篇
理论技能篇

第一章　绪　　论

中医药是中华民族在与疾病长期斗争中积累的宝贵财富。随着科技的发展，中医药事业面临着现代化和国际化的机遇，培养具备现代科学技术的中医药人才是推动中医药发展的有生力量。

由无机化学、有机化学、分析化学及物理化学等学科构成的基础化学是中药学专业学生必须掌握的重要专业基础，而基础化学实验是基础化学学科的重要组成部分，众多化学理论和化学规律的基本源泉和出发点都源于化学实验，同时又为实验所检验和评价。在各项科学技术迅猛发展、相互渗透的今天，化学实验方法已融入许多学科并成为其重要组成部分。对于中药专业的学生，学习和掌握基础化学实验的理论和方法是学习后继课程的重要基础，同时也是今后从事中药研究工作所必须掌握的方法和手段，因此基础化学实验在中药专业及相关学科人才培养过程中处于关键的环节，占有特别重要的地位。

第一节　基础化学实验的课程性质和教学内容

一、基础化学实验的课程性质

基础化学实验是药学类院校开设的第一门实验必修课，是基础化学教学中不可缺少的一部分，是实践教学的重要一环。它是一门独立的课程，但又与理论课程有紧密的联系。

基础化学实验是将无机化学、分析化学（化学分析和仪器分析）、有机化学和物理化学等四大化学学科的实验去粗取精、去旧补新，根据它们内在的规律和联系，进行重组、整合、优化与更新基础上建立的实验课程新体系。它包括化学实验基础知识和基本操作技能，各学科基本实验及综合性、设计性实验三个主要部分。各部分内容既有鲜明特征，又相互渗透、交叉、集成和相互融合。整个课程体系贯穿着“基础、提高、综合、创新”的特点。在“基础”阶段，着重进行基本知识、基本操作、基本技能的训练；在“提高”阶段，要求学生利用已掌握的基本技能完成基础化学基本实验；在“综合”阶段，强调各化学学科内部及学科间的紧密联系，要求学生综合应用化学实验原理和基本方法进行更深入、系统的实验技能训练；而在“创新”阶段，则通过设计性和研究性实验，培养学生的创新思维和创新精神，以及独立分析问题和解决问题的能力。

二、基础化学实验的教学内容

基础化学实验主要包括化学实验基础知识和基本操作技能，各学科基本实验及综合性、设计性实验三个主要部分。化学实验基础知识主要介绍进行化学实验必须遵守的规则、实验室常用仪器和化学试剂、实验室安全知识及事故处理方法以及常用化学参考资料等；基本操作技能是指在化学实验中必须掌握的实验技术，包括玻璃仪器的清洗和干燥、试剂的取用、加热和冷却、重结晶和过滤、蒸馏、分馏、回流、萃取、称量、滴定等；各学科基本实验包括无机化学实验、有机化学实验、化学分析实验、物理化学实验以及仪器分析实验等；而综合性、设计性实验则是在已掌握化学实验基础知识和基本操作技能基础上，汇集各学科知识点所设计的高层次的训练。

通过基本操作技能的训练，学生能全面学习和掌握基础化学实验的各种基本实验技术，提高实际动手能力，为将来学习专业课程和从事科学研究奠定基础；通过无机物和有机物的制备、分离、纯化、鉴别等实验，学习从中药中分离和纯化各种成分可采用的基本化学方法和手段；通过化学常数的测定实验，掌握各种数据的测定原理、方法和仪器的使用；通过化学分析实验，学习和掌握定性、定量分析的原理、方法及分析结果的表达，树立“量”的概念，并培养学生掌握正确、规范的分析基本操作；通过仪器分析实验，了解分析仪器的发展和应用，学习和掌握有关仪器的工作原理和使用方法，并能使用仪器进行分析、测定；而设计性及综合性实验，注重与实际应用的结合，体现综合性、思考性和启发性，有助于培养学生发现问题、分析问题、解决问题的综合能力以及创新意识和精神。

第二节　基础化学实验的目的和任务

基础化学实验课的目的和任务不仅是验证、巩固和加深理论教学所学到的基本理论知识，更重要的是开拓学生智能，培养学生实验操作能力，综合分析问题、解决问题的能力以及创新精神，养成严肃认真、实事求是的科学态度，具备良好的科学素质，全面掌握坚实宽广的理论基础和系统深入的专业知识，为未来的发展做好科学准备。

通过本课程的学习，使学生直接获得大量化学实验的基础知识、基本理论和基本技能，经归纳、总结，从感性认识上升到理性认识，对物质的“结构-性质-制备（提取、分离）-纯化-分析、测定-应用”的关系有整体和全面的认识，并培养学生的科学精神、思维方法和创新能力。

（1）学生经过基本实验严格而系统的训练，能够规范地掌握实验的基本操作、基本技术和基本技能。

（2）通过综合性实验的训练，进一步巩固和熟悉基本实验操作技术和技能；学习采用多种方法和手段、运用多学科的知识解决实际问题。经过实验的全过程，使学生得到最有效的综合训练，从而提高学生分析问题、解决问题的综合能力。

（3）在设计性实验训练中，要求学生自己查阅资料、设计实验方案、动手做实验、观察实验现象、测定数据，并加以正确的处理和概括，在分析实验结果的基础上正确表达。培养学生充分利用文献，把课堂上学到和已经掌握的理论知识与实验技术技能有机地结合起来，实现研究性实验的可行性设计，充分发挥自己分析问题、解决问题和独立工作的能力，并在自主完成整个实验过程中实现一定程度的理论和实践创新。

（4）在培养智力因素的同时，动手做基础化学实验也是培养学生良好科学素质的过程。在实验过程中逐步养成学生整洁、细致、准确和有条不紊的良好实验习惯，培养学生严肃、严谨、严格、严密的科学态度，倡导求实、求真、团结协作、勤奋向上、百折不挠的科学品德和科学精神，而这些都是一个药学工作者必备的科学素质。

第三节　基础化学实验的学习方法

实验主要由学生独立完成，要达到良好的实验效果，不仅要有正确的学习态度，而且还要有正确的学习方法。基础化学实验的学习方法,主要在以下三个方面。

1. 实验前预习

实验前进行预习是做好实验的前提和保证,是实验前必须完成的准备工作。学生在实验前要认真阅读与实验教材有关的内容,明确实验目的、原理、方法及实验中的有关操作技能,了解实验的重点、难点和注意事项。认真写出实验预习笔记,做到心中有数,这样才能在规定的时间内顺利完成全部实验内容,确保实验质量。

2. 实验过程

实验过程是培养学生独立工作和思维能力的重要环节。学生必须在充分预习的基础上,根据实验教材中所规定的方法、步骤和试剂用量等严格、认真并正确、规范地进行操作和使用仪器,细心观察、一丝不苟并及时、准确地将必要的实验现象、数据、结果如实地记录下来。如发现实验现象和理论不符合,应仔细查找原因,必要时重做实验。在实验中遇到疑难问题而自己难以解决时,可请指导教师帮助解决。在实验过程中自觉遵守实验室规则,保持实验室安静、整洁。这是养成良好科研习惯必需的训练。

3. 实验结束

做完实验仅仅完成了整个实验工作的一半,更为重要的是分析实验现象、整理实验数据、讨论实验结果、思考实验中出现的各种问题,提出自己的见解和意见及建议。在此基础上写出实验报告,按时交指导教师批改。

实验报告是每次实验的概括和总结,必须严肃、认真地对待,如实书写。实验报告的书写主要注意以下几点:尽量用表格、框图、符号等形式,清晰、明确地表述实验内容,避免照抄书本;实验现象要表达正确,数据记录要完整,绝对不允许主观臆造和抄袭;对实验现象应加上简明的解释,写出主要反应方程式,进行小结或最后得出结论;数据计算要表达清晰;针对实验中遇到的疑难问题要提出自己的见解。

第四节　基础化学实验的考核

课程考核的目的主要是检验教与学的效果,促进教学内容的完善、教学方法的改进,促进素质教育和人才培养。同时,考核制度也是引导学生改进学习方法的有效途径。科学合理、公平、公正、操作性强的考核是提高实验教学质量的有效手段,有利于学生在平时的实验和学习过程中就注意自身素质、创新思维和创新能力的培养,有利于学生由过去的“学习、考试”型向“学习、思考、研究、创新”型转变。

基础化学实验考核成绩的评定要兼顾到实验教学内容的各个环节,包括实验预习、实验操作、实验态度和数据记录、实验报告等。主要依据以下几个方面:

(1) 对实验原理、基本理论、基本知识的理解。

(2) 对基本操作、基本技术以及实验方法的掌握。

(3) 原始数据记录的及时、准确,表格设计合理,有效数字、数据处理的正确性,作图技术的掌握等。

(4) 实验结果(较好的准确度、精密度,合理的产量、纯度等)。

(5) 实验过程中所表现出的综合能力、科研素质和科学精神。

(6) 实验报告的书写和完整性。

第二章　化学实验基础知识

第一节　实验室规则

学生进行实验时必须严格遵守下列规则：

（1）实验前做好准备工作。实验前必须认真预习实验内容，明确实验目的和基本要求；掌握实验原理、方法及步骤；了解有关仪器及设备的性能；熟悉实验操作规程及安全注意事项等。在此基础上写好实验预习报告。

（2）准时进入实验室，不迟到、早退，不无故缺席。实验时必须携带实验指导书及记录本，实验室内严禁饮食及吸烟。

（3）实验过程中严格遵守操作规程，科学进行实验。实验过程中必须听从实验带习教师及实验技术人员的指导，严格按照实验要求进行实验操作，做到科学操作、细致观察、独立思考、如实记录，自觉培养严谨求实、实事求是的科学作风。

（4）确保安全，注意卫生。严格按照实验室安全制度及实验中所涉及的安全提示进行实验操作，严防火灾、烧伤或中毒等事故的发生，确保实验安全。实验过程中，随时注意保持工作区的整洁。废纸、火柴梗要扔到垃圾桶中，废液、废渣要倒入废液缸或指定的收集容器中。

（5）实验结束后将所有设备用具整理清洗干净，妥善保存。值日生应负责整理公用器材，打扫实验室卫生，检查水、电、煤气，关好门窗，经指导教师许可后方能离开实验室。

（6）实验完毕后及时整理实验记录，不得任意修改原始实验数据，联系理论知识，认真分析问题，按要求写出实验报告，按时送交实验指导教师。

第二节　实验室安全知识及事故处理

在进行化学实验过程中，大量使用水、电、燃气及经常接触到易燃、易爆、有毒、有腐蚀的化学药品，如使用不当，就可能发生着火、烧伤、中毒、爆炸等事故。为防患于未然，必须严格遵守化学实验室的安全守则，并且学会一些自救和自护方法。

一、化学实验室安全守则

（1）实验前，仔细检查仪器设备及实验装置，严格按操作规程进行。

（2）使用有毒的有机溶剂和有毒或有恶臭的物质（如 H_2S、NO、SO_2 等）进行实验，以及加热或蒸发盐酸、硝酸、硫酸等操作时都应在通风橱中进行。

（3）不要俯视实验容器，不要直接嗅闻各种试剂及化学反应产生的气味。

（4）取用剧毒药品时，要戴橡皮手套，并注意不让剧毒物质掉到桌面上。在操作过程中要经常冲洗双手，实验完毕后立即将手套和手彻底洗净。

（5）钾、钠和白磷等暴露在空气中易燃烧，因此应将钾、钠保存于煤油中，白磷保存在水中，取用时用镊子夹取。多数有机溶剂易燃，使用时必须远离明火，用毕应立即盖紧瓶塞。

（6）强氧化剂（如硝酸钾、氯酸钾、高锰酸钾等）及其混合物（如氯酸钾与红磷、硫等的混合物）不能研磨，否则易发生爆炸。

（7）不了解化学药品性质时，不允许随意将药品混合，以免发生意外事故。

（8）常压操作时不可造成密闭体系；减压操作时不得使用机械强度不大的仪器如薄壁玻璃仪器等。

（9）不得在实验室内存放大量易燃化学试剂。

（10）浓酸、浓碱具有强腐蚀性，使用时要防止将其溅在皮肤或衣服上，更应注意眼睛的安全。稀释浓硫酸时，应将浓硫酸慢慢地注入水中，并不断搅拌，切勿将水注入浓硫酸中，以免溅出。

二、实验室事故处理

1. 实验室意外伤害紧急处理

（1）割伤。若为一般轻伤，应挤出污血，并在伤口处涂上红药水或龙胆紫药水后用纱布包扎。伤口内若有玻璃碎片或污物，应先用消毒镊子取出，用蒸馏水冲洗伤口，用3%的H_2O_2消毒后涂上红药水、洒上消炎粉并用绷带包扎。伤口较深、出血过多时，可用云南白药止血或扎止血带，并立即送医院救治。

（2）烫伤。用流动清水冲洗降温，尽量不要挑破水泡。在烫伤处涂以烫伤膏或万花油，也可用风油精涂抹，或用高锰酸钾或苦味酸溶液涂于灼伤处，再搽上凡士林、烫伤膏。重伤时应立即送医院救治。

（3）酸烧伤。用干布蘸干酸后用大量清水冲洗，再用饱和$NaHCO_3$溶液或稀氨水冲洗，然后再用水冲洗。如果酸液溅入眼内，应立即用大量的水长时间冲洗，再用2%的$Na_2B_4O_7$溶液洗眼，最后再用蒸馏水冲洗（有条件的可用洗眼器冲洗）。

（4）碱烧伤。立即用大量流动清水冲洗，再用2%的HAc溶液冲洗，最后用水冲洗。若碱液溅入眼内，应立刻用大量的水长时间冲洗，再用1%的H_3BO_3溶液洗眼，最后用蒸馏水冲洗。

（5）溴腐伤。先用C_2H_5OH或10%的$Na_2S_2O_3$溶液洗涤伤口，再用水冲洗干净，并涂敷甘油。

（6）吸入溴蒸气、氯气后，可吸入少量乙醇和乙醚的混合蒸气解毒。

（7）有机溶剂如甲醇溅入眼睛，应用大量的水冲洗。

（8）毒物误入口内，可取5～10ml稀$CuSO_4$溶液加入一杯温水中，内服后用手指伸入咽喉，促使呕吐，然后立即送医院治疗。

（9）遇有触电事故，应立即切断电源，必要时进行人工呼吸，对伤势较重者，应立即送医院。

（10）金属汞易挥发，它通过呼吸道进入人体内，逐渐积累会引起慢性中毒，注意不要把汞洒落在桌上或地上。一旦洒落，必须尽可能收集起来，并用硫磺粉盖在洒落的地方，使汞转化成不易挥发的硫化汞。

2. 灭火常识

实验过程中若不慎起火，不必惊慌，立即采取以下灭火措施：

(1) 立即熄灭附近所有火源(关闭燃气)，切断电源，移走有机溶剂和易燃、易爆物质，防止火势蔓延。

(2) 灭火采取的主要措施是降温和将燃烧物质与空气隔离。有机溶剂或油着火时应用沙土覆盖，切勿用水。如果衣服着火，应立即在地面上打滚将火闷熄，或迅速脱下衣服将火扑灭。

(3) 一般小火可用湿布、石棉网、石棉布或沙子覆盖燃烧物，火势较大时要使用灭火器灭火。常用灭火器的种类及其适用范围见表2-1。

表2-1　灭火器种类及其适用范围

灭火器名称	药液成分	应用范围	备　注
泡沫灭火器	$Al_2(SO_4)_3$ 和 $NaHCO_3$	用于一般失火和油类着火	①泡沫能导电，不能用于扑灭电器着火 ②火灾后现场清理较麻烦
二氧化碳灭火器	液态 CO_2	用于扑灭电器设备失火和小范围油类及忌水的化学物质着火	
1211灭火器	CF_2ClBr 液化气	用于油类、有机溶剂、精密仪器、高压电气设备着火	
干粉灭火器	$NaHCO_3$ 等盐类物质与适量的润滑剂和防潮剂	用于油类、可燃气体、电器设备、精密仪器、图书、文件等不能用水扑灭的火焰	
四氯化碳灭火器	液态 CCl_4	用于扑灭电气设备和小范围的汽油、丙酮等的着火	①不能在狭小及通风不良的实验室使用 ② CCl_4 与金属 Na 接触会产生爆炸

第三节　常用玻璃仪器及规格

化学实验中用到大量玻璃仪器，通常由钾玻璃和钠玻璃制成。使用时需注意以下几点：

(1) 轻拿、轻放玻璃仪器。

(2) 加热玻璃仪器时通常需要垫石棉网(试管加热有时可例外)。

(3) 厚壁玻璃器皿如抽滤瓶等不耐高温，不能加热；减压操作时不能用锥形瓶、烧杯等广口容器不能存放挥发性溶液；量筒等计量容器不能用高温烘烤。

(4) 玻璃仪器使用后要及时清洗、晾干或干燥。

(5) 具有旋塞的玻璃器皿在清洗前先要擦除旋塞与磨口处的润滑剂，清洗后在旋塞与磨口之间应垫放纸条，以防黏结；各器皿的旋塞与磨口应一一对应，否则会造成滴漏。

(6) 温度计用后应缓慢冷却防止温度计液柱断线；热温度计不能用冷水冲洗，以免炸裂；不能用温度计作搅拌棒。

常用普通玻璃仪器及标准磨口玻璃仪器分别如图2-1和图2-2所示。

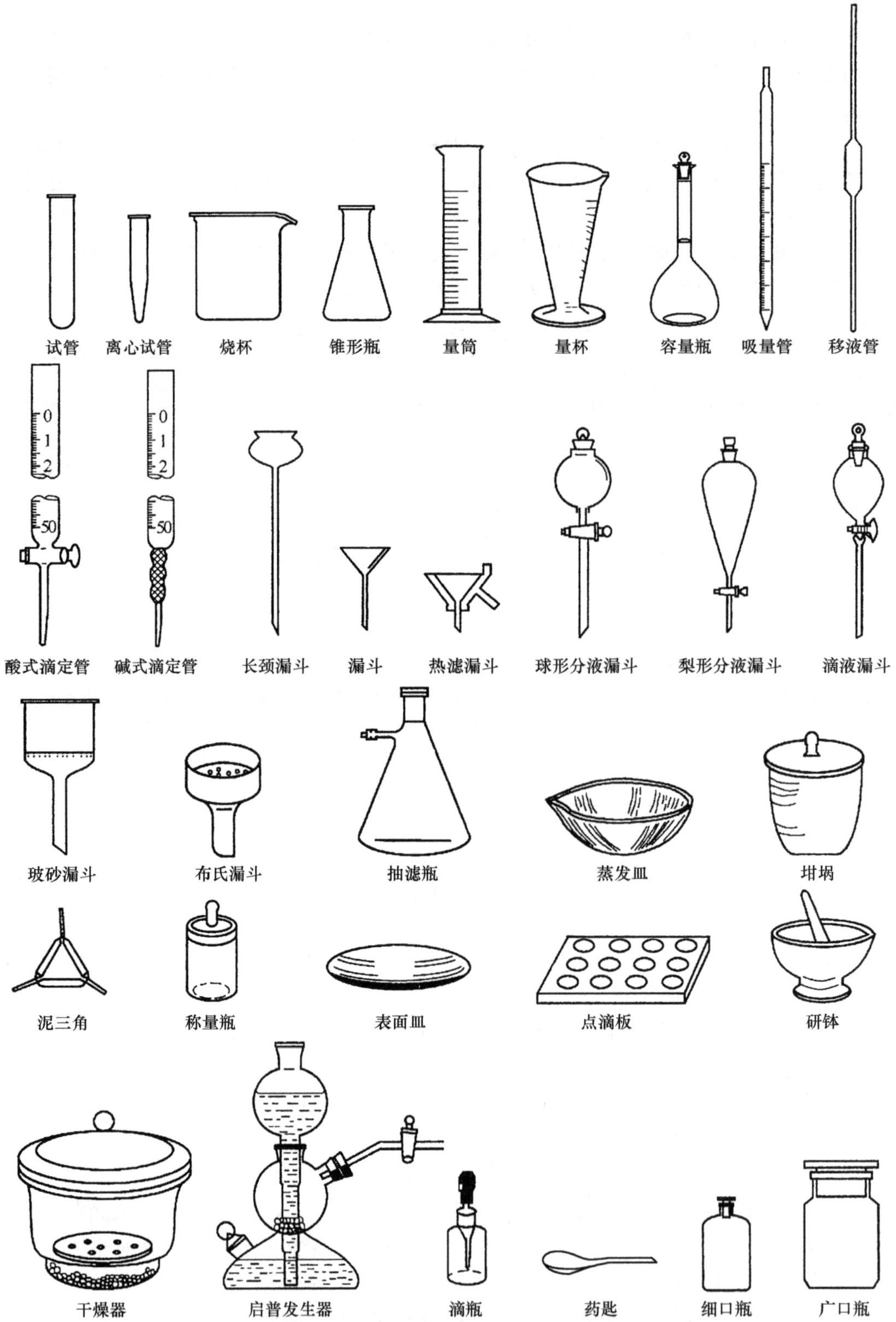
试管
离心试管
烧杯
锥形瓶
量筒
量杯
容量瓶
吸量管
移液管
0
1
2
50
0
1
2
50
酸式滴定管
碱式滴定管
长颈漏斗
漏斗
热滤漏斗
球形分液漏斗
梨形分液漏斗
滴液漏斗
玻砂漏斗
布氏漏斗
抽滤瓶
蒸发皿
坩埚
泥三角
称量瓶
表面皿
点滴板
研钵
干燥器
启普发生器
滴瓶
药匙
细口瓶
广口瓶

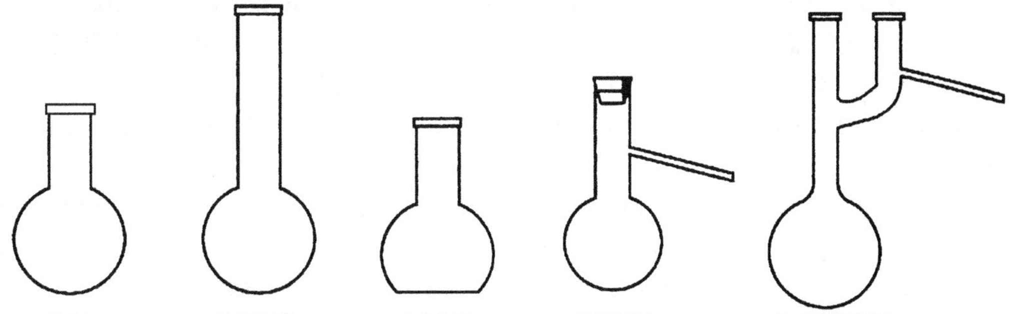

图 2-1　常用玻璃仪器

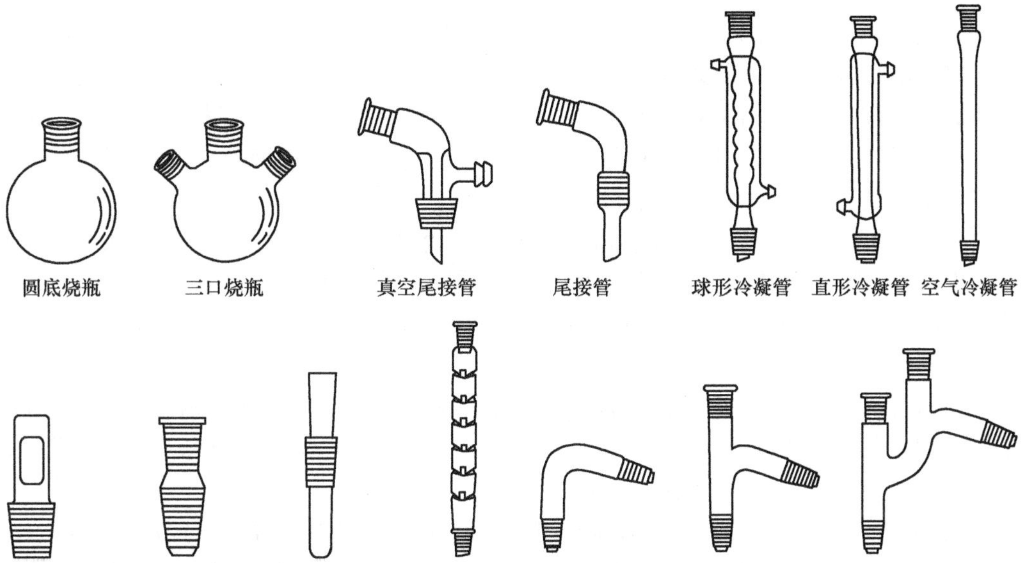

图 2-2　常用标准磨口玻璃仪器

（1）试管、离心试管。可分为硬质试管、软质试管、普通试管、离心试管。普通试管以管口外径（mm）×长度（mm）表示规格，如 15mm×150mm。离心试管以容积（ml）表示规格。试管可用作少量试剂的反应容器。硬质试管可直接用火焰高温加热，但加热后骤冷会导致试管破裂。软质试管在剧烈的温度变化中也很易破裂。离心试管常用于定性分析中的沉淀分离，离心试管只能在水浴中加热。

（2）烧杯。其规格以容积（ml）表示。一般有 50ml、100ml、250ml、400ml、500ml、800ml、1000ml、2000ml、5000ml 等规格。用作反应物量较多时的反应容器。烧杯可进行加热，加热时应放置在石棉网上，使其受热均匀。

（3）锥形瓶。规格以容积（ml）表示。一般有 50ml、100ml、250ml 等。可用作反应容器，在滴定操作中应用普遍。同烧杯一样可进行加热。

（4）量筒、量杯。其规格以所能量度的最大容积（ml）表示。有 10ml、25ml、50ml、100ml、250ml 等。常用于较粗略的液体体积的量度。不能用作反应容器，不能加热。

（5）容量瓶。规格以刻度以下的容积（ml）表示。有 10ml、25ml、50ml、100ml、250ml、1000ml 等，用于配制准确体积的溶液，容量瓶不能受热。瓶塞是配套制作，不能调换使用。

（6）吸量管、移液管。规格以容积（ml）表示，有 1ml、2ml、5ml、10ml、25ml、50ml 等。用于准确量取一定体积的液体。如管口上无“吹出”字样，则使用时尖嘴的溶液不允许吹出。不能加热。

（7）酸式、碱式滴定管。规格以容积（ml）表示。常用酸式、碱式滴定管的容积为 50ml。主要用于滴定分析，也可用于准确取液。注意，量取液体或滴定前要先排除滴定管尖嘴部分的气泡。酸式和碱式滴定管不能互换使用。不能加热及量取热的液体。

（8）漏斗。分长颈和短颈两种，规格以口径（mm）表示，有 30mm、40mm、60mm、100mm、120mm 等，用于过滤等操作。其中，长颈漏斗适用于定量分析中的过滤操作，短颈漏斗可作热过滤。两种漏斗均不能在火焰上直接加热。

（9）热滤漏斗。规格以口径（mm）表示。热过滤时使用，可防止过滤时发生晶体析出现象。玻璃漏斗外露的颈部要短，切勿未加水就加热。

（10）分液漏斗、滴液漏斗。规格以容积（ml）和漏斗形状（球形、梨形）表示。分液漏斗用于液体的分离、洗涤和萃取，滴液漏斗用于在反应体系中滴加液体。不能用火焰直接加热。漏斗塞子与活塞是磨口配套的，不能互换，活塞处不能漏液。

（11）玻砂漏斗。滤板采用玻璃粉末在高温下熔结而成。规格按微孔的孔径大小分为六级（G1～G6），脚标号数越大，微孔越小。用于减压过滤。使用前，需先用 HCl 或 HNO_3 处理后用水洗净。定量分析中，通常采用 G4～G5 过滤细晶形沉淀。注意，不能过滤强碱性溶液。

（12）布氏漏斗、抽滤瓶。布氏漏斗为瓷质，规格以直径（mm）表示，有 50mm、60mm、80mm 等。抽滤瓶为玻璃质，规格以容积（ml）表示，有 50ml、100ml、250ml、500ml 等。两者配套用于晶体或沉淀的减压过滤。不能直接加热。

（13）蒸发皿。可由瓷、石英、铂等不同材料制成。规格以口径（cm）或容积（ml）表示。用于蒸发液体。随液体性质不同可选用不同材质的蒸发皿。可耐高温但不宜骤冷。蒸发溶液时，一般放在石棉网上加热，也可直接用火加热。

（14）坩埚。可由瓷、石英、铁、镍、铂等材料制成，规格以容积（ml）表示。用于灼烧固体。随固体性质不同可选用不同材质的坩埚。可直接用火灼烧至高温或放入高温炉中煅烧。灼烧或煅烧后的坩埚应放于石棉网上。不能骤冷。

（15）泥三角。用铁丝弯成，套有瓷管。有大小之分。灼烧坩埚时，盛放坩埚时用。

（16）称量瓶。规格以外径（mm）×高（mm）表示。分“扁形”和“高形”两种。用于准确称取一定量的固体。瓶盖应与瓶体配套使用。不能直接用火加热。

（17）表面皿。规格以直径（cm）表示，有 5cm、6cm、7cm、8cm、9cm、12cm、15cm 等。可盖在烧杯上，防止液体溅出或灰尘落入等。不能直接用火加热。

（18）点滴板。瓷质或透明玻璃，规格以孔数表示。用于点滴反应，不能加热。

（19）研钵。可由瓷、玻璃、铁、玛瑙等材料制成。规格以口径大小表示。用于研磨固体的物质。可根据固体的性质和硬度，选用不同材质的研钵。不能直接用火加热。使用时只能采用“研磨”的方式，不能“砸”或“敲击”固体物质。

（20）干燥器。可分为普通干燥器和真空干燥器两种。规格以口部外径（mm）表示。

内部存放干燥剂并保持密闭，用于保持样品或产物的干燥。加热后的物品需待稍冷后才能放入。未完全冷却前要隔一定时间开启盖子以调节干燥器内的气压。使用时注意防止盖子因滑动而打碎。

(21) 启普发生器。规格以容积(ml)表示，是一种气体发生器，用于块状或大颗粒固体与液体试剂反应产生气体。不适用于颗粒细小的固体反应物，不能加热。

(22) 药匙(药勺)。由牛角、不锈钢、瓷或塑料制成，用于取用固体试剂。有些药勺在两端分别有大勺、小勺，根据取用药量选用药匙两端的大勺或小勺。不能取用灼热的药品。

(23) 滴瓶、细口瓶、广口瓶。规格以容积(ml)大小表示。滴瓶、细口瓶用于盛放液体试剂。广口瓶用于盛放固体试剂。盛放碱液时要用橡皮塞，以防磨塞被腐蚀而粘牢在瓶口上。不能用火直接加热。

(24) 烧瓶。有圆底、平底或短颈、长颈之分。规格以容积(ml)表示。容积有 50ml、100ml、250ml、500ml、1000ml 等。常用作反应容器或对内盛物进行长时间加热。加热时需使其受热均匀，盛放液体量应是容积的 1/3～2/3。

(25) 蒸馏烧瓶。有蒸馏烧瓶和克氏蒸馏烧瓶两种，规格以容积(ml)表示。蒸馏烧瓶用于液体常压蒸馏，或者制备某些气体时作为反应器。克氏蒸馏烧瓶用于液体蒸馏，减压蒸馏和水蒸气蒸馏等操作。

除上述普通玻璃仪器外，还有一类标准磨口玻璃仪器。标准磨口玻璃仪器是按国际通用技术标准制造的，规格有 10、14、19、24、29、34、40、50 等不同编号。其中，10 号为微量磨口仪器，14 号为半微量磨口仪器，19 号以上为常量磨口仪器。这些编号是指磨口最大端直径(mm)。有的磨口仪器也常用两个数字表示磨口的规格，如 14/30，表示该磨口仪器最大直径为 14mm，磨口长度为 30mm。相同编号的子口与母口可以连接，不同编号的子口与母口连接时，中间需要加一个大小口接头。

使用标准口仪器时应注意磨口处必须洁净以保证磨口对接严密；碱性条件下使用时为防止仪器在磨口处黏结，必须在磨口处涂润滑剂(一般条件下使用则无须涂润滑剂)。

第四节　化学试剂基础知识

化学试剂种类繁多，世界各国对化学试剂的分类和分级的标准有所不同。我国化学试剂产品有国家标准(GB)、化工部标准(HG)及企业标准(QB)三级。

一、化学试剂分类

化学试剂根据其用途可分为一般试剂、标准试剂、高纯试剂、专用试剂、指示剂和试纸、有机合成试剂、生化试剂、临床试剂等。以下介绍几种主要试剂。

1. 一般试剂

一般试剂是实验室最普遍使用的试剂，按其纯度和杂质含量的高低通常可分为四个等级。一般试剂的等级、标志以及适用范围见表 2-2。

表 2-2　一般试剂的规格和适用范围

等级	一	二	三	四	生化试剂
名称	优级纯(保证试剂)	分析纯(分析试剂)	化学纯	实验试剂	生化试剂 生化染色剂
英文名称	guarantee reagent	analytical reagent	chemical pure	laboratorial reagent	biological reagent
英文缩写	G. R.	A. R.	C. P.	L. R.	B. R. ,C. R
标签颜色	绿色	红色	蓝色	棕色或黄色	咖啡色、玫红色
适用范围	精密分析和科学研究	一般分析和科学研究	一般分析和化学制备	一般化学制备	生物化学实验

除上述试剂采用的标签颜色外,基准试剂的标签使用浅绿色,其他类别的试剂均不能使用以上六种颜色。

2. 标准试剂

标准试剂是衡量其他待测物质化学量的标准物质,其特点是主体含量高且准确可靠。该类试剂一般由大型试剂厂生产,并严格按照国家标准检验。国产标准试剂包括滴定分析工作基准试剂、pH 基准试剂、有机元素分析标准、农药分析标准等。

3. 高纯试剂

高纯试剂主要用于微量或痕量分析中试样的分解及试液的制备。高纯试剂的主体含量与优级纯试剂相当,但其杂质含量比优级纯和基准试剂低,而且规定检测的杂质项目比同种优级纯或基准试剂多 1~2 倍。

高纯试剂也属于通用试剂,如 $HClO_4$、H_2SO_4、HNO_3、HCl、H_3PO_4、$NH_3 \cdot H_2O$、冰醋酸等。

4. 专用试剂

专用试剂是指具有专门用途的试剂,如“色谱纯”试剂等。专用试剂主体含量较高且杂质含量很低,这一点与高纯试剂相似;但与高纯试剂不同的是,在特定用途中有干扰的杂质成分只需控制在不致产生明显干扰的限度以下。各类仪器分析中所用试剂如气相色谱载体及固定液、薄层分析试剂、液相色谱填料、紫外及红外光谱纯试剂、核磁共振波谱分析用试剂等均为专用试剂。

二、化学试剂的选用

进行化学实验时应依据对分析结果准确度的要求、分析方法的灵敏度和选择性、分析对象的含量等,合理地选用相应级别的化学试剂。由于不同等级的同一种试剂其价格相差很大,因此在满足实验要求的前提下,应遵守节约的原则,采取就低不就高的方法选用试剂的等级,以免造成浪费。在选用化学试剂时要考虑以下几点:

(1) 滴定分析中常用的标准溶液,通常先用 A. R. 试剂粗配,再用工作基准试剂进行标定。滴定分析中所用的其他试剂一般为分析纯。

(2) 仪器分析实验中一般选用 G. R. 、A. R. 或专用试剂,测定痕量成分时应选用高纯试剂。

(3) G. R. 和 A. R. 试剂的主体含量相同或相近,只是杂质含量不同,因此当实验对所用试剂的主体含量要求高时应选 A. R. 试剂；如果对试剂杂质含量要求严格，则应选用 G. R. 试剂。

（4）如果现有试剂的纯度达不到某种实验要求时，往往进行一次至多次提纯后再使用。常用的提纯方法有蒸馏法（液体试剂）和重结晶法（固体试剂）。

（5）有机化学实验中通常选用化学纯试剂，但对 Grignard 反应等某些有机反应，如果有微量杂质或水分存在，会影响反应的速率、产率，甚至成败，则对溶剂和试剂的要求较高。

三、化学试剂的储存

化学试剂的储存是一项重要的工作。一般实验室中不宜存放过多易燃、易爆和有毒的化学试剂，应根据用量随时去试剂库房领取。化学试剂应储存在通风良好、干净、干燥的房间，远离火源，并注意防止水分、灰尘和其他物质的污染。同时，应根据试剂的性质采取相应的储存方法。

（1）固体试剂一般存放在广口瓶中，易于取用；液体试剂则存放在细口的试剂瓶中。一些用量较小且使用较频繁的试剂，如指示剂等可盛装在滴瓶中。

（2）见光易分解的试剂，如 $AgNO_3$、$KMnO_4$、$CHCl_3$、CCl_4 等；与空气接触易氧化的试剂，如 $SnCl_2$、$FeSO_4$ 等；易挥发的试剂，如乙醚、乙醇、乙酸乙酯、丙酮等均应储于棕色瓶中，并置于阴暗处。H_2O_2 见光也易分解，但不能装在棕色玻璃瓶中，因棕色玻璃中的重金属氧化物成分会催化 H_2O_2 的分解。因此，通常将 H_2O_2 存放于不透明的塑料瓶中。

（3）容易腐蚀玻璃的试剂，如氢氟酸、含氟盐、苛性碱等应储存于塑料瓶中；盛碱的瓶子要用橡皮塞，如用磨口塞则可能在长期放置时相互粘连。

（4）吸水性强的试剂，如氢氧化钠、氢氧化钾、无水碳酸钠、氯化钙、过氧化钠、浓硫酸等瓶口应严格密封。

（5）易燃和易爆的试剂，如乙醚、苯、丙酮等应储存于不受阳光直射、阴凉通风的地方。

（6）易爆炸类试剂，如高氯酸和高氯酸盐、过氧化氢以及高压气体等，应在低温处保存，不得与易燃物放在一起，移动或启用时不得剧烈震动，高压气体的出气口严禁对着人。

（7）剧毒试剂，如氰化物、砒霜、氯化钡、升汞等，应设专人保管，取用时做好记录。

（8）对特殊试剂应采取特殊储存方法。如需低温储存的试剂，必须存放在冰箱中；经干燥或灼烧至恒重的工作基准试剂应储存于干燥器中；金属钠应密封于液体石蜡中；白磷要浸在水中等。

第五节　实验预习、实验记录与实验报告

一、实验预习

学生在实验前应仔细阅读与本次实验有关的全部内容，包括实验教材、理论教材和一些文献资料中的相关内容，明确实验目的和要求，掌握基本原理及操作要点，了解所用仪器的操作规范和维护，确定需要测定的数据，计划安排好实验进程，在此基础上写出实验预习报告。

预习报告应包括：①实验目的要求；②实验原理（可用方程式表示）；③实验材料（实验所用仪器装置，主要试剂等）；④实验内容（用方框、箭头或表格形式写出简明实验步骤，关

键之处加以注明)；⑤注意事项(根据实验教材的提示及自己对实验内容的理解拟定实验中应注意的问题)。在预习报告中预留空白处作为记录原始数据的地方。

二、实验记录

实验记录是实验的原始资料,也是实验报告和研究论文的依据。养成良好的记录习惯和正确的记录方法是科研素质培养的重要环节。进行实验时必须备有原始记录本,原始记录本应编写页号,并保持记录本整洁、完整、无缺页。实验时应认真操作,仔细观察,积极思考,将观察到的实验现象及测得的各种数据真实、详细、及时地记录在记录本上。记录需做到简明、扼要、字迹整洁。实验完毕后,将实验记录交教师审阅。

实验记录的内容应包括:①实验题目、日期、操作者姓名;②实验条件(室温、湿度、使用仪器名称、规格与型号;分析测试条件等);③实验操作步骤及现象;④分析测试数据及图谱或产品的产量、产率、测定的物理常数等;⑤实验中出现的问题及处理方法。注意:实验记录不能随意涂改,如果需要改正,可在不正确的地方划一横线(但不可涂黑),然后在旁边写上正确的记录。

三、实验报告

实验报告是实验工作的总结和评价。书写实验报告是对实验现象、实验数据进行分析、归纳、总结,对实验结果进行讨论,把从实验中获得的感性认识上升为理性认识的过程,也是科研论文撰写训练的一个重要环节。实验操作完成后,必须根据自己的实验记录对实验进行归纳总结,分析讨论,整理成文。实验报告的书写在文字和格式方面都有较严格的要求。需做到文字通顺,条理清楚,叙述简明扼要;字迹工整,图表清晰;实验数据等尽量采用表格、图形等形式处理,以求清晰明了、一目了然。此外,必须强调的是,在根据实验记录整理成文之后,还要认真写出"实验讨论",讨论主要针对实验原理、操作方法、反应现象给予解释说明,对实验中存在的问题和操作中的经验教训提出自己的看法和改进性建议等。只有完成了实验报告,才是真正完成了一个实验的全过程。

实验报告通常包括以下内容:①实验名称、实验日期;②实验目的;③实验原理(反应方程式、仪器装置图等);④实验材料;⑤实验内容(用箭头、方框、表格等形式简洁明了地表达实验过程);⑥实验结果(实验的数据处理及结果表达);⑦实验讨论(对实验现象、实验条件、实验结果等进行讨论和小结以及回答思考题等)。

第六节　实验数据处理

一、误差的分类和特点

在定量分析过程中,由于测量方法、环境条件、使用仪器和试剂以及分析工作者主观条件的限制,即便是技术相当熟练的分析工作者使用最准确可靠的方法、仪器、试剂进行分析,都不可能获得绝对准确的结果,即分析过程中的"误差"是不可避免的。根据误差性质和产生的原因可将定量分析中的误差分为两类,即系统误差和偶然误差。

1. 系统误差

系统误差又称可测误差,即可以通过测量得到的误差。其特点是单向性,它在多次重复测定中,常按一定规律重复出现。多次测量中误差的大小和正负是相同的。系统误差通常由以下几个方面的原因造成。

(1) 方法误差:由于分析方法本身不够完善而引入的误差。如重量分析中沉淀的溶解损失和共沉淀所引起的误差,滴定分析中指示剂选择不当引起的误差等,均属方法误差。

(2) 仪器误差:由于使用未经校正的仪器而造成的误差。如使用未经校正的滴定管、移液管、容量瓶等,由于其刻度数或容积与真实值不相等引起的误差,或者使用的砝码其标示质量与真实值不完全一致等。

(3) 试剂误差:由于使用的试剂或蒸馏水中含有干扰测定的杂质而引起的误差。

(4) 操作误差:由于实验者不正确的操作习惯所造成的误差,如对指示剂终点颜色判断的差异和读取数据不准确等因素等。

由于系统误差具有单向性、重复性和可测性,因此可用加校正值的方法予以消除。

2. 偶然误差

偶然误差又称随机误差或不定误差,它是由某些不确定的偶然因素造成的,如环境温度、湿度、电源电压、大气压的微小波动、仪器性能的微小变动等。在多次同样测定的结果中,其误差值的大小和正负均不固定,表面看无任何规律性。但当测量次数很多时,就能发现它符合一定的统计规律:①小误差出现的机会多,大误差出现的机会较小;②绝对值相近而符号相反的正、负误差出现机会相等。

根据偶然误差的规律可找到克服它的方法,即在同一条件下,增加平行测定次数,使正、负误差相互抵消或部分抵消,测量的平均值就可接近于真实值。

二、测定结果的准确度和精密度

1. 准确度

分析结果的准确度是指测定值与真实值间相接近的程度,它以真值为标准,反映了测量值的可靠性。准确度的高低用误差值的大小来衡量。误差是指测定值与真实值之间的差值,误差一般有两种表示方式。

(1) 绝对误差。绝对误差(δ)等于测得的结果(x_i)与真实值(μ)之差。其大小取决于所使用的器皿、仪器的精度及人的观察能力。绝对误差不能反映误差在整个测量结果中所占的比例。

$$\delta = x_i - \mu$$

(2) 相对误差。相对误差是指绝对误差在真实值中所占的比例,它可以反映误差对整个测量结果的影响。

$$\text{相对误差} = \frac{\delta}{\mu} \times 100\%$$

2. 精密度

精密度是指一组测量值之间相互接近的程度,它反映了测量结果的重复性。精密度的高低用偏差来衡量,它有以下几种表示方式。

(1) 绝对偏差。绝对偏差(d)等于个别测定的结果(x_i)与 n 次重复测定结果的平均值$\bar{X}$之差,即

$$d = X_i - \bar{X}$$

（2）相对偏差。测定的绝对偏差值(d)在 n 次测定平均值$\overline{X}$中所占的比例，即

$$相对偏差=\frac{X_i-\overline{X}}{X}\times 100\%$$

（3）平均偏差。各次测量偏差绝对值的平均值，即

$$\overline{d}=\frac{\sum_{i-1}^{n}|x_i-\overline{x}|}{n}$$

（4）标准偏差。一种统计概念表示测定精密度的方法。当重复测量次数 $n<20$ 时，用 s 表示标准偏差，即

$$s=\sqrt{\frac{\sum_{i-1}^{n}(X_i-\overline{x})^2}{n-1}}$$

当重复测定的次数 $n\to\infty$ 次时，标准偏差用 σ 表示，即

$$\sigma=\sqrt{\frac{\sum_{i-1}^{n}(X_i-\mu)^2}{n}}$$

用标准偏差来表示精密度比平均偏差更为合理，因为它对测量中产生的误差感觉更灵敏，能如实地反映每次测量产生偏差的影响。

准确度和精密度在概念上有严格的区别，但相互之间有密切的联系。测量结果的准确度高就一定需要精密度高，精密度是保证准确度的先决条件，但精密度高准确度不一定高，因为这时可能存在系统误差。

三、消除或减免误差、提高分析结果准确度的方法

要得到准确的分析结果，就必须减少测定中的系统误差和随机误差。下面是消除或减免误差的一般方法。

1. 系统误差的减免

（1）进行对照分析。消除系统误差的方法之一是以“标准试样”或极纯的物质（已知被测组分的准确含量）为参照，采用与测定试样同样方法和同样的条件，进行平行试验，通过分析测定结果达到检验或消除系统误差的目的。

（2）仪器校正。实验前对所使用的测量仪器以及天平、砝码、移液管、容量瓶等计量、容量器皿进行预先校正，并求出校正值，以减免仪器所带入的误差。

（3）空白试验。是指在不加入试样的情况下，按照试样分析所选用的测定方法，采用同样的条件和同样的试剂进行分析，以检查试剂和器皿所引入的系统误差。

2. 偶然误差的减免

依照偶然误差的统计规律，在消除系统误差的前提下，平行测定次数越多，平均值越接近于真值。因此可通过增加平行测定次数，使偶然误差尽可能减小。根据测定次数和算术平均值的偶然误差之间的关系，一般当测定次数达 10 次左右时，即使再增加测定次数，其精密度并没有显著的提高。因而在实际应用中，通常只需要仔细测定 3～4 次以上，即可使偶然误差减小到很小。

四、有效数字及其运算规则

1. 有效数字

（1）有效数字的概述：有效数字是指在分析过程中实际能测量到的数字，它包含全部确定的数字和最后一位可疑数字。有效数字的确定是根据测量中仪器的精度而确定的。例如，用万分之一的分析天平称量样品，精度为0.1mg，以“g”作单位，则试样重只能记录到小数后第四位，如0.2357g；滴定管精度为0.01ml，则滴定剂消耗体积应记录到小数后第二位，如25.08ml。可见，有效数字的书写表达取决于实验使用仪器的精度，在记录与计算数据时，有效数字位数必须确定，不能任意扩大与缩小。

（2）有效数字位数的确定

1）在有效数字中，最后一位是可疑数字。

2）“0”在数字前面不作有效数字，如0.0563只有3位有效数字；在数字中间或末端的“0”，都看成有效数字，如0.050 63与0.056 30有效数字均为4位。

3）对很小或很大的数字，为明确表示其有效数字，常采用指数形式。例如，上述数值写成5.063×10^{-2}或5.630×10^{-2}，1234写成1.234×10^{3}。

4）采用对数表示时，仅由小数部分的位数决定，首数（整数部分）只起定位作用，不是有效数字，如pH=8.46，则$[H^+]=3.5\times10^{-9}$mol/L，只有2位有效数字。

2. 有效数字的运算规则

在分析测定过程中，常需要经过多步测定环节，读取多次实验数据，经过一定的运算步骤才能获得最终的分析结果。在整个测定过程中，每次得到数据的准确度不一定完全相同。因而需要按照一定的计算规则，合理地取舍各数据的有效数字的位数，以得到合理的结果。有效数字的运算规则如下：

（1）在记录的数据和计算结果中，应当只有一位可疑数字。

（2）弃去多余的或不正确的数字，可采用“四舍六入五留双”原则。按原则规定，当被修约数据尾数小于等于4时舍去，尾数大于等于6时进位，当尾数等于5时，若5前面一位是奇数则进位，若前一位是偶数则舍去。若5后的数字不为0，说明被修约数大于5，则应进位。

（3）在加减法运算中，其和或差有效数字的保留，以各数中小数点后位数最少的数字为准，即以绝对误差最大的数为准来确定有效数字的位数。例如，将0.0245、31.27和1.067 67三个数相加，它们的绝对误差分别为±0.0001、±0.01和±0.000 01。其中，绝对误差最大的为31.27。因此在运算中，根据上述原则，先将其他数字取舍至小数点后两位，然后再相加，即0.02+31.27+1.07。

（4）在乘除运算中，其积或商有效数字的保留，以参与运算各数中有效数字位数最少的数，即相对误差最大的数为准。例如，$14.52\times0.0122\times1.8345$，上述三个数据中，0.0122的有效数字位数最少，故以其为准，计算结果只能保留三位有效数字，即$14.52\times0.0122\times1.8345=0.325$。

（5）对于高含量组分（≥10%）的测定，一般要求分析结果以4位有效数字报出；对中等含量的组分（1%～10%），一般要求以3位有效数字报出；对于微量组分（<1%），一般只以2位有效数字报出。在化学平衡计算中，一般保留2位或3位有效数字。

（6）当计算分析测定精密度和准确度时，一般只保留1位有效数字，最多取2位。

(7) 在计算中常会遇到一些分数。例如,从 250ml 容量瓶中移取 25ml 溶液,即取1/10,这里的“10”是自然数,可视为足够有效,不影响计算结果的有效数字位数。

(8) 若数据的首位有效数字大于等于 8,则有效数字的位数可多算 1 位。例如,9.16,虽然只有 3 位有效数字,但由于首位大于 8,可看成有 4 位有效数字参与运算。

第七节　常用化学参考资料简介

一、辞典、手册

(1)《化工辞典》。化学工业出版社出版,1969 年初版,2000 年 8 月第四版。综合性化工工具书,《化工辞典》第四版共收词 16 000 余条有关化学和化工名词。列出了无机和有机化合物的分子式、结构式,基本的物理化学性质及有关数据,并对其制法和用途作了简要说明。

(2)《分析化学手册》。化学工业出版社出版,1979 年初版,有 6 个分册,1999 年 10 月出版第二版,有 10 个分册。第二版的十个分册包括:第一分册:基础知识与安全知识;第二分册:化学分析;第三分册:光谱分析;第四分册:电分析化学;第五分册:气相色谱分析;第六分册:液相色谱分析;第七分册:核磁共振波谱分析;第八分册:热分析;第九分册:质谱分析;第十分册:化学计量学。

(3)《化学化工大辞典》。化学工业出版社 2003 年 6 月出版,是一部大型、综合性化学化工专业辞典,共收录 50 000 余词条。主要收录化学和化工中基本知识、原理和技术方面的词目,包括定义、概念、现象、术语、物质、方法、过程、机械设备、仪表和自动化等方面。

(4)《中华人民共和国药典》。我国记载药品质量标准的法典,由中华人民共和国国家药典委员会编撰,经药典委员会常务委员会审议通过,并经国家药品监督管理局批准颁布执行。新中国成立以来我国出版过 1953 年版、1963 年版、1977 年版、1985 年版、1990 年版、1995 年版、2000 年版和 2005 年版药典。现行的《中华人民共和国药典》为 2005 年版,由化学工业出版社于 2005 年出版,分为三部:第一部收载中药材及饮片、植物油脂和提取物、中药成方制剂和单味制剂等;第二部收载化学药品、抗生素、生化药品、放射性药品及药用辅料等;第三部收载生物制品。该药典的内容分为凡例、正文、附录、索引四个部分。凡例是解释和使用《中华人民共和国药典》正确进行质量检定的基本原则,并把与正文品种、附录及质量检定有关的共性问题以及采用的计量单位、符号与专门术语等,用条文加以规定,避免在全书中重复说明。正文部分为收载药品或制剂的质量标准。附录部分包括制剂通则、通用检测方法和指导原则。书末列有中文索引、汉语拼音索引、拉丁名索引和拉丁学名索引。

(5)《试剂手册》。上海科学技术出版社出版,1965 年初版,2002 年 11 月第三版。该书收集了 11 560 余种无机试剂、有机试剂、生化试剂、临床试剂、仪器分析用试剂、标准品、精细化学品的资料。每个化学品列有中英文正名、别名、化学结构式、分子式、相对分子质量、性状、理化常数、毒性数据、危险性质、用途、质量标准、安全注意事项、危险品等详尽资料。入书的化学品,按英文字母顺序编排,后附中、英文索引。

(6)《现代化学试剂手册》。化学工业出版社,1992 年出版。全书共六分册。第一分册:通用试剂;第二分册:化学分析试剂;第三分册:生化试剂;第四分册:无机离子显色剂;第五分册:金属有机试剂;第六分册:仪器分析试剂。

（7）《有机化学实验常用数据手册》。吕俊民主编，大连理工大学出版社，1987年11月第三版。本书内容的选定主要根据高等学校教材《有机化学实验》所涉及的内容，再适当照顾到精细化工、高分子化工和石油化工等专业中合成实验的需要。书中的数据包括化合物的物理常数、蒸汽压、溶解度、溶液的某些数据、离散常数以及有关毒性和安全等内容。

（8）《英汉化学化工词汇》。化学工业出版社，2005年出版。全书收词约30万条，涉及化学、化工学科及其相关领域的概念、术语及各种物质名词等。

（9）*Handbook of Chemistry and Physics*（《化学物理手册》，CRC）。美国化学橡胶公司（Chemical Rubber Company）出版的理化手册。1913年初版，每年累积更新并再版一次，只是在第一次世界大战和第二次世界大战期间停止过几年，2007年出版第87版本。它是一部关于化学、物理及其相近学科数据资料最完整和最详细的手册。第62版以前书首附有详细的各部类目录。由于手册所收集的内容繁多，各部分的划分不十分严格，既不是以化学物质分，把有关数据资料都汇集在该物质条目下，也不是完全以数据资料的类目划分，而是相互交叉的，故从第63版起取消了此目录，以书末的索引作为主要检索工具。

（10）*Lange's Handbook of Chemistry*（《兰氏化学手册》）内容和CRC类似，1934年出版第1版。本书第1至第10版由N. A. 兰格（Lange）先生主持编纂，原名《化学手册》。兰格先生逝世后，从第11版开始由J. A. 迪安（Dean）任主编，并更为现名，以纪念兰格先生。科学出版社于2003年翻译了本手册第15版的英文版，出版了中文版《兰氏化学手册》第二版。共分11部分，第1部分：有机化合物；第2部分：通用数据、换算表及数学；第3部分：无机化合物；第4部分：原子、自由基和键的性质；第5部分：物理性质；第6部分：热力学性质；第7部分：光谱学；第8部分：电解质、电动势和化学平衡；第9部分：物理化学关系；第10部分：聚合物、橡胶、脂肪、油和蜡；第11部分：实验室实用资料。本书所列数据和命名原则均取自国际纯粹化学与应用化学联合会最新数据和规定。分别报道有机、无机、分析、电化学、热力学等理化资料。有机化学部分刊载了有机化合物的名称、分子式、相对分子质量、熔点、沸点、闪点、密度、折光率、溶解度等。其他章节报道有介电常数、偶极矩、核磁氢谱碳谱化学位移、共沸物的沸点和组成等有用的资料。

（11）*The Merck Index*（《默克索引》）。德国Merck公司出版的非商业性的化学药品手册，1889年初版，于2008年人民卫生出版社出版了《默克索引》第14版英文原版，称为“化学品、药品、生物试剂百科全书”。报道1万种常用化学和生物试剂的资料。描述简洁，以叙述方式介绍化合物的物理常数（熔点、沸点、闪点、密度、折光率、分子式、相对分子质量、比旋光度、溶解度），别名，结构式，用途，毒性，制备方法以及参考文献。《默克索引》已经成为介绍有机化合物数据的经典手册，CRC、Aldrich等手册都引用化合物在《默克索引》中的编号。书的后半部简单介绍著名的有机名称反应（Name Reaction）。书中刊出许多表格，报道实用资料，如缩写、放射性核素含量、Merck编号与CA登记号的对照表，重要化学试剂生产公司等。本书编排按照英文字母排序，书末有分子式及名字索引。

二、网上信息查询

Internet上有丰富的化学信息资源，要想获得自己所需的资源和信息大致有这样一些方法：一是通过功能强大的网络搜索引擎间接获得；二是直接登录收集整理专门的化学文献数据库的网址；三是登录与化学或药物相关的一些网上论坛查询。

1. 利用搜索引擎检索

Internet 搜索引擎主要有分类检索和关键词检索两种检索途径。在查询过程中，可选用类目检索检出化学相关类目，再用关键词检索出所需信息。Internet 上较为广泛使用的搜索引擎主要有谷歌（http://www.google.cn）和百度（http://www.baidu.com）。输入关键词后可列出相关网页信息，以供查找。

Internet 上与化学相关的搜索引擎主要有 Lycos（http://www.lycos.com）、Alta-Vista（http://www.altavista.com）、HotBot（http://www.hotbot.com）、Yahoo（http://www.yahoo.com/science/chemistry）、搜狐（http://www.sohu.com），等等。

2. 利用化学专门网站检索

直接进入某些专业网站是查询相关信息最快捷的方式。

（1）美国化学会下属的化学文摘社（http://info.cas.org）：提供美国化学文摘（CA）数据库、CAS 登记号数据库、化学反应数据库、化学品目录数据库、专利数据库等。它包括多篇有关化学、化工以及与化学相关的学科的摘要，收录了近 2000 万种化学物质的数据，其收载量每日都在不断增加且不断更新。在 Internet 上，它是相当完整的化学资源。该网站实行收费服务。在使用 CAS 各检索工具之前，必须建立相应的账户。CAS 中不同的检索工具都有各自独立的账户，在大多数情况下，检索、显示答案都明码标价，收取一定费用，使用信用卡或按账单付费，每月结算。

（2）美国化学会（ACS）主页（http://www.acs.org）：提供各类研究资料、研究热点及动态、学术活动、化学教育、化学软件等服务。从 ACS 出版部主页（http://pub.acs.org）可获得 ACS 所出版书刊的有关信息和内容简介。特别是能查阅到 ACS 出版的 28 种专业杂志最新一期的目录以及作者索引（http://pub.acs.org.journals），包括 *Analytical Chemistry*、*Inorganic Chemistry*、*Chemical Reviews*、*Journal of the American Chemical Society*、*The Journal of Organic Chemistry* 等，但作者索引的使用是有偿提供的。

（3）中国知识资源总库——CNKI 系列数据库（http://dlib.cnki.net/knsso/）。包含中国期刊全文数据库、中国期刊全文数据库（世纪期刊）、中国优秀硕士学位论文全文数据库及中国博士学位论文全文数据库四个子数据库。中国期刊全文数据库是目前世界上最大的连续动态更新的中国期刊全文数据库，收录 1994 年至今的国内 8200 多种重要期刊，以学术、技术、政策指导、高等科普及教育类为主，同时收录部分基础教育、大众科普、大众文化和文艺作品类刊物，内容覆盖自然科学、工程技术、农业、哲学、医学、人文社会科学等各个领域，全文文献总量 2200 多万篇。中心网站及数据库交换服务中心每日更新 5000～7000 篇，各镜像站点通过互联网或卫星传送数据可实现每日更新，专辑光盘每月更新，专题光盘年度更新。中国期刊全文数据库（世纪期刊）基于对近 5 年来，期刊、学位论文、会议论文、图书等文献引文数据的分析，遴选出 1979 年至 1993 年 4195 种期刊引文数据较高的刊物，将其创刊以来的全文数据完整地进行回溯。累计回溯文献量达 500 多万篇。中国优秀硕士学位论文全文数据库和中国博士学位论文全文数据库分别收录了 1999 年至今全国 652 家硕士培养单位的优秀硕士学位论文及 420 家博士培养单位的博士学位论文。CNKI 中心网站及数据库交换服务中心每日更新。

（4）维普中文科技期刊全文数据库（http://www.cqvip.com/）。收载了 1989 年至今的 400 种中文报纸、8000 多种中文期刊、5000 余种外文期刊的数据，已标引加工的数据总量达

1500 万篇、3000 万页次。

一些国际知名的化学试剂及仪器公司的网址如下：Sigma Chemical Company（http://www.sigma.sial.com）、Merck& Co. Inc（http://www.merck.com）、Perkin-Elmer Corporation（http://www.Perkin-elmer.com）。各公司站点一般均提供公司的各种商品目录数据库，还能通过网络向其订货或得到有关服务。

Internet 上的化学化工资料繁多且更新很快，限于篇幅，这里只给出很少的一部分，读者可以通过资源搜索器和网上的化学资源库进行查找，还可以登录各种化学化工相关的论坛网站进行查询和咨询。

第三章　化学实验基本操作技能

第一节　玻璃仪器的洗涤与干燥

在化学实验中，洗涤和干燥玻璃仪器不仅是一项必须做的实验前准备工作，也是一项技术性的工作。仪器洗涤和干燥是否符合要求，对实验结果的准确度和精密度均有影响。不同的实验对仪器洁净程度的要求不同。

一、玻璃仪器的洗涤

化学实验经常用玻璃仪器或瓷器。一般的，附着于仪器上的污物有尘土和其他不溶性物质、可溶性物质和有机物等。仪器的洗涤方法很多，应根据实验的要求、污物的性质和污染的程度，以及仪器的类型和形状，选择合适的方法进行洗涤。仪器洁净的标准：仪器倒置，既不聚成水滴，也不成股流下，而是留下一层均匀的水膜。

1. 洗涤方法

(1) 用水刷洗。用自来水和毛刷刷洗。这种方法能洗掉仪器上的尘土、可溶性物质、对器壁附着力不强的不溶性物质。洗涤时应注意：

1) 洗涤仪器前用肥皂将手洗净，选用大小合适、干净和完好的毛刷。

2) 注意控制刷子顶端的位置，避免刷洗时用力过猛将玻璃仪器底部捅破。

(2) 用去污粉(或合成洗涤剂)清洗。用去污粉或洗衣粉、洗洁精等洗去油污和有机物质。去污粉是由碳酸钠、白土和细沙混合而成的。碳酸钠去油污，细砂摩擦附着物，白土具有吸附作用。洗涤时，先用少量水润洗，然后选用大小合适的刷子蘸取去污粉刷洗，最后用水冲洗至符合仪器洁净的要求。否则，应重新洗涤。使用这种洗涤方法应注意：

1) 进行荧光分析时，玻璃仪器应避免使用洗衣粉洗涤(因洗衣粉中含有荧光增白剂，会给分析结果带来误差)。

2) 容量仪器不能用去污粉洗刷内部，以免磨损器壁，使体积发生变化。

(3) 用铬酸洗液洗。铬酸洗液简称洗液，由浓硫酸和重铬酸钾配制而成(25g 重铬酸钾溶于 50ml 水中，加热溶解，冷却后往溶液中慢慢加入 450ml 浓硫酸)，呈深褐色，具有强酸性、强氧化性、强腐蚀性，对有机物和油污的洗涤力特强。用于含量分析实验所用的一些仪器(如滴定管等)和某些特殊形状仪器的洗涤。洗涤时先用水冲洗仪器，将仪器内的水尽量倒去，然后加入少量洗液，使仪器倾斜并缓慢转动使其内壁全部为洗液润湿。稍等片刻后，将洗液倒回原瓶，再用自来水冲洗干净，最后用蒸馏水冲洗 2~3 次。使用洗液时必须注意：

1) 注意安全。洗液不慎溅到衣服、皮肤、实验台上，应立即用湿布擦洗，然后用水冲洗。

2) 使用前应尽量把仪器内的水去掉，以免稀释洗液，降低洗涤效果。

3) 洗液用后倒回原瓶，可重复使用直至其变为绿色(重铬酸钾变为硫酸铬)；不能继续使用时，需处理，不可随意倒掉。

4）洗液应密封保存，防止其吸水而被稀释。

5）能用其他方法洗净的仪器尽量不用洗液，顽固污物可将其浸泡，或用热的洗液进行清洗。

（4）用碱性高锰酸钾溶液洗。碱性高锰酸钾溶液是用4g高锰酸钾溶于少量水，加入10%的氢氧化钠溶液100ml配制而成的。可洗涤油污和有机物。洗后留下的二氧化锰可用浓盐酸等还原性物质洗去。

（5）用特殊物质清洗。一些不溶于水的污物常常牢固地附着在容器的内壁，应根据污物的性质，选择适当的物质洗涤。如具有氧化性的二氧化锰可选择浓盐酸或草酸洗去，难溶性的氢氧化物、碳酸盐或硫化物可选用适当的酸洗涤。几种常见污物的处理方法见表3-1。

表3-1　常见污物的处理方法

污　物	处理方法
附着在器壁上的MnO_2、$Fe(OH)_3$	用盐酸处理，MnO_2需用浓盐酸处理
碱土金属的碳酸盐等	用盐酸处理
沉积在器壁上的银和铜	用硝酸处理
沉积在器壁上的难溶性银盐	一般用$Na_2S_2O_3$溶液洗涤，Ag_2S则需用热、浓硝酸处理
附着在器壁上的硫磺	用煮沸的石灰水处理 $3Ca(OH)_2+12S \xlongequal{\triangle} 2CaS_5+CaS_2O_3+3H_2O$
残留在容器内的Na_2SO_4或$NaHSO_4$固体	加水煮沸使其溶解，趁热倒掉
不溶于水、不溶于酸或碱的有机物和胶质等污迹	用有机溶剂洗，常用的有机溶剂有酒精、丙酮、苯、四氯化碳、石油醚等
瓷研钵内的污迹	取少量食盐放在研钵内研洗，倒去食盐，再用水洗净
煤焦油污迹	用浓碱浸泡（约一天），再用水冲洗
蒸发皿和坩埚内的污迹	一般可用浓盐酸或王水洗涤
一般油污及有机物	碱性高锰酸钾溶液处理
被有机试剂染色的比色皿	体积比1∶2的盐酸-乙醇浸泡

（6）用超声波清洗器清洗。超声波清洗的原理是利用其高频机械振荡的能量，将污物击碎，溶解在洗涤剂中，可用于同种污物的大量仪器的清洗（如试剂瓶），省时方便。

2. 洗涤步骤

一般的洗涤步骤是先用水刷洗，再用其他方法清洗，最后用自来水冲洗。如果实验中不允许自来水中残留离子（如Ca^{2+}、Mg^{2+}、Fe^{2+}和Cl^-等）的存在，还需用蒸馏水（或去离子水）进行淌洗。原则是少量多次（一般三次）。最后达到实验要求的洁净标准，洗净的仪器不可用滤纸擦拭内壁，防止纤维污染。

二、玻璃仪器的干燥

实验用的仪器，除必须洗净外，有时还要求干燥。干燥的方法有以下几种：

（1）晾干。把洗净的仪器倒置于干净的实验柜内、仪器架上或木钉上晾干。

（2）烤干。用酒精灯烤干。烧杯或蒸发皿可置于石棉网上用火烤干。例如，烤干试管时，应将试管略微倾斜，管口向下，并不时转动试管以驱掉水气，最后将试管口朝上以驱净水气。

（3）吹干。如果是即用仪器或带有刻度的容量仪器（如移液管、量瓶、滴定管等），通常用电吹风吹干。根据实验要求也可取少量易挥发的水溶性有机溶剂（如乙醇、丙酮、乙醚等)倒入已控去水分的仪器中摇洗,然后用电吹风吹,开始时用冷风吹 1~2min,当大部分溶剂挥发后吹入热风至完全干燥,再用冷风吹去残余蒸气,不使其又冷凝在容器内,这样干燥的效果更快、更好。

(4) 烘干。将洗净的仪器放在电热烘干箱内烘干(控制烘箱温度在 105℃左右),也可放在红外线干燥箱中烘干,仪器放进烘箱前应尽量把水倒净,在烘箱的最下层放一个搪瓷盘,接收容器上滴下的水珠,以免水珠直接滴在电炉上损坏炉丝。烘箱内仪器自上而下摆放。

【思考题】

1. 铬酸洗液如何配制?使用铬酸洗液时应注意什么?
2. 在什么情况下仪器需要吹干?吹干干燥如何操作?

第二节　试剂的取用

每一试剂瓶上都必须贴有标签,以表明试剂的名称、浓度和配制日期,并在标签外面涂上一薄层蜡来保护它。取用试剂药品前,应看清标签。

一、固体试剂的取用

(1) 要用清洁、干燥的药匙取试剂。药匙的两端为大、小两个匙,取大量固体时用大匙,取少量固体时用小匙。应专匙专用,用过的药匙必须洗净擦干后才能再使用。

(2) 注意不要超过指定用量取药,多取的不能倒回原瓶,可放在指定的容器中供他人使用。

(3) 要求取用一定质量的固体试剂时,可把固体放在干燥的纸上称量。具有腐蚀性或易潮解的固体应放在表面皿上或玻璃容器内称量。

(4) 往试管(特别是湿试管)中加入固体试剂时,可用药匙或将取出的药品放在对折的纸片上,伸进试管约 2/3 处。加入块状固体时,应将试管倾斜,使其沿管壁慢慢滑下,以免碰破管底(图 3-1)。

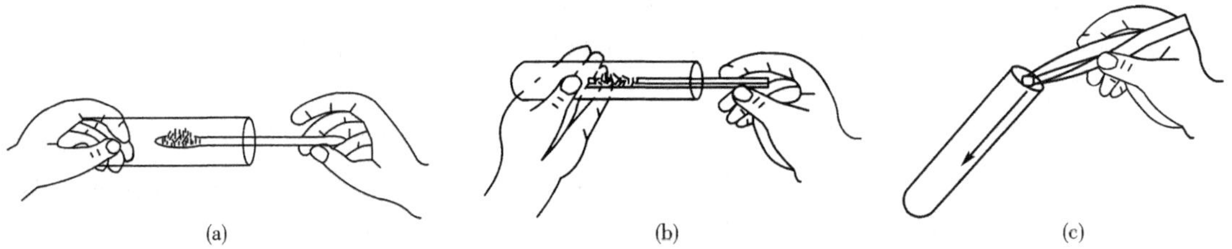

(a)　(b)　(c)

图 3-1　向试管中加入固体试剂

(a) 用药匙向试管里加入试剂　(b) 用纸槽向试管里加入试剂　(c) 块状固体沿管壁慢慢滑下

(5) 固体的颗粒较大时,可在清洁干燥的研钵中研碎。研钵中所盛固体的量不要超过研钵容量的 1/3。

(6) 有毒药品要在教师指导下取用。

二、液体试剂的取用

(1) 从滴瓶中取用液体试剂时,先提起滴管,使滴管离开液面,用手指紧捏滴管上部的胶头，以赶出滴管中的空气，然后把滴管伸入试剂中，放开手指，吸入试剂。再提起滴管，将试剂一滴一滴地滴入仪器中（图 3-2）。操作中必须注意：将试剂滴入时，必须用无名指和中指夹住滴管，将它悬空地放在靠近试管口的上方，然后用大拇指和食指微捏胶头，使试剂滴入。绝对禁止将滴管伸入所用的容器中，以免接触器壁而玷污。滴完后应立刻将滴管插回原来的滴瓶中，装有试剂的滴管不得横置或滴管口向上斜放，以免液体流入滴管的胶头中。

（2）从细口瓶中取用液体试剂时，用倾注法。先将瓶塞取下，反放在实验台上，右手握住试剂瓶上贴标签的一面（若两面均有标签，手握空白的一面），左手拿住容器（如试管、量筒），逐渐倾斜试剂瓶，让试剂沿着器壁或沿着玻璃棒注入容器中（图 3-3）。注入所需量后，将试剂瓶口在容器上靠一下，再逐渐竖起瓶子，以免留在瓶口的液滴流到试剂瓶的外壁。

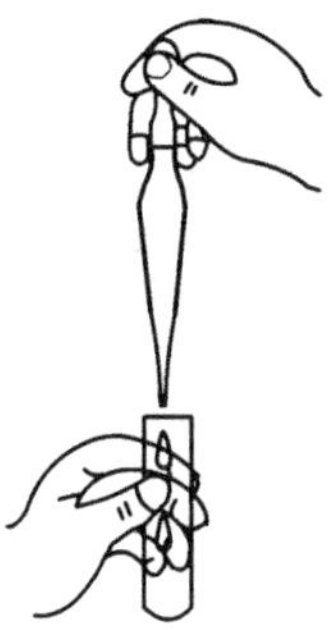

图 3-2　用滴管取液体

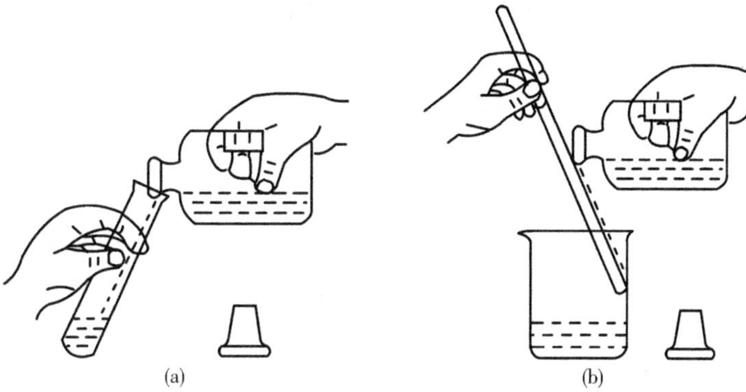

图 3-3　从细口瓶中取用液体

（a）沿器壁注入试剂　（b）沿玻璃棒注入试剂

（3）量筒量取时，实验中可根据所取溶液的量来选用一定规格的量筒。量取液体时，先取下试剂瓶塞倒放在实验台上，一手拿量筒，一手拿试剂瓶（注意不要让瓶上的标签朝下），倒出所要求量的试剂，最后再将瓶口在量筒上靠一下，再使试剂瓶竖直，以免留在瓶口的试剂流到瓶的外壁（注意，倒出的试液绝对不允许再倒回试剂瓶）。观看量筒内液体体积时，使视线与量筒内液面的弯月形最低处保持水平，偏高或偏低都会造成较大的误差。

（4）定量取用液体试剂时，根据要求可选用量筒、移液管、吸量管、量瓶或滴定管等（移液管、吸量管、量瓶或滴定管的使用见本章第十六节）。如果准确度要求不高可用估量法。例如，用滴管取用液体，1ml 相当于 15～20 滴，3ml 液体约占一个小试管容量（10ml）的 1/3，5ml 液体约占小试管容量的 1/2，等等。

取用剧毒、强腐蚀性、易爆、易燃试剂时需要特别小心，必须采用适当的方法来处理，如浓 HCl、浓 HNO_3、溴水等的取用应在通风橱中操作（请参看有关书籍）。

取用液体试剂时需要注意：在取用试剂前，要核对标签，确认无误后才能取用；各种试剂瓶的瓶盖取下不能随意乱放，顶部是扁平的瓶塞要仰放在实验台上，其他形状瓶塞可放在清洁的表面皿上或用食指和中指将瓶塞夹住；取用试剂要注意节约，用多少取多少，未注明用量，要尽量少取，多余的试剂不应倒回原试剂瓶内（可给他人使用），有回收价值的，可放入回收瓶中。取完试剂后，一定要把瓶塞盖严，绝对不允许将瓶塞张冠李戴。最后把试剂瓶放回原处，保持实验台整齐干净。

【思考题】

1. 试剂瓶上的标签应该注明什么？从试剂瓶中取用液体试剂时如何规范操作？如何防止试剂腐蚀标签？

2. 取用试剂要适量，多余的取出试剂如何处置？

第三节　加热与冷却

一、加热

1. 加热仪器和设备

（1）酒精灯：是由灯帽、灯芯和灯壶组成（图 3-4），火焰温度可达 400～500℃。点燃酒精灯应使用火柴，不可用已燃的酒精灯去点燃。往酒精灯内添加酒精，应把火焰熄灭，用漏斗添加，以不超过总容量的 2/3 为宜。用盖子盖灭火焰，不能吹灭。

（2）酒精喷灯：酒精喷灯的火焰温度可达 900℃，类型较多，有座式喷灯、挂式喷灯（图 3-5）等，一般由铜质或其他金属制成。在酒精储罐中加入酒精的量不能超过其容量的 2/3。旋紧油孔铜帽，在预热盘中加入少量酒精，点燃，沿灯芯而上的酒精受热气化，由喷火孔冲出，并自动点燃。调节空气调节器，使进入的空气适量，酒精充分燃烧，火焰稳定。连续使用时间不能超过 30min，使用过程中，火焰不稳定，要及时添加酒精，疏通喷火口，清洗酒精储罐、酒精壶或更换灯芯。

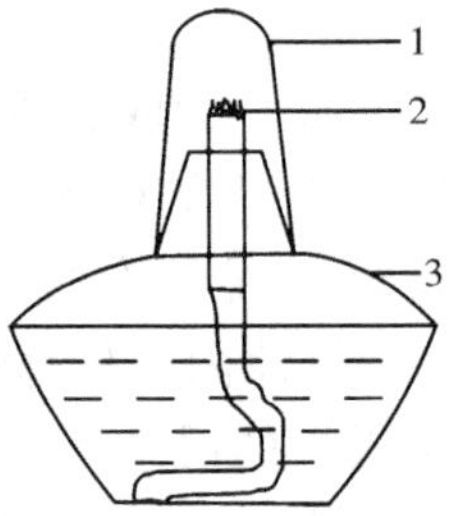

图 3-4　酒精灯

1. 灯帽　2. 灯芯　3. 灯壶

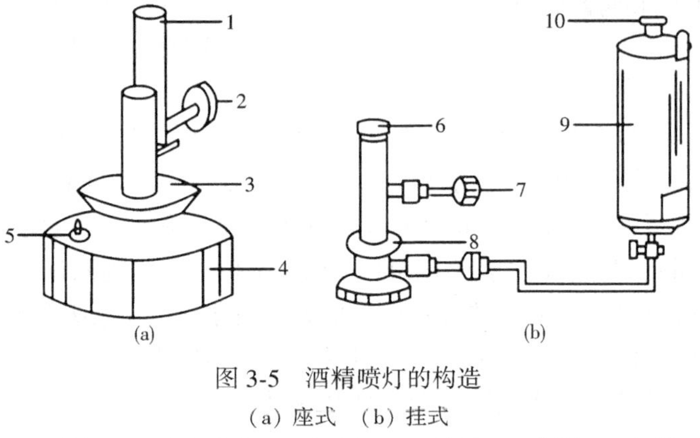

图 3-5　酒精喷灯的构造

（a）座式　（b）挂式

1. 灯管　2. 空气调节器　3. 预热盘　4. 酒精壶　5. 铜帽　6. 灯管　7. 空气调节器　8. 预热盘　9. 酒精储罐　10. 盖子

（3）煤气灯（图 3-6）：由灯管和灯座组成。灯管的下部内壁有螺纹，可与上端有螺纹的灯座相连，灯管的下端有几个圆孔，为空气的入口，旋转灯管，即可关闭或不同程度的开启圆孔，以调节空气的进入量。灯座的下端有一螺旋针阀，用来调节煤气的进入量。使用时先旋转灯管，关闭空气入口，然后点燃火柴，再稍打开煤气灯龙头，将点燃的火柴放在煤气灯上方点燃煤气灯。调节煤气龙头或灯座的螺旋针阀，使火焰保持适当高度，然后旋转灯管，逐渐加大空气进入量，使其成为正常火焰。这时火焰分为三层，如图 3-7 所示，其中 3 为内层，是最低温处，约300℃。煤气和空气进行混合并未燃烧，称为焰心。2为中层，是较高温度处，约500℃。煤气不完全燃烧，分解为含碳的产物，这部分火焰具有还原性，称为还原焰。1为外层，约900℃，煤气完全燃烧，并因含有过量的空气，称为氧化焰，实验一般用此火焰加热。使用完毕后，直接将煤气龙头关闭，使火焰熄灭，再将针形阀和灯管旋紧。煤气中含有大量的CO，应注意切勿让煤气散逸到室内，以免发生中毒和引起火灾。

如果空气和煤气的进入量调节得不合适时，会产生不正常火焰（图3-8）。当空气和煤气的进入量都很大时，火焰就脱离灯管而临空燃烧，发出“呼呼”的响声，称临空火焰。这种火焰不能持续燃烧时间太长，易熄灭，应及时调节灯管，使之成为正常火焰。当空气的进入量很大，而煤气的进入量小时，就会产生侵入火焰。此时煤气在灯管内燃烧，并发出“嘘嘘”的响声，火焰的颜色变成绿色，灯管被烧得很热。发生这种情况时，应该关掉煤气，待灯管冷却，再关小空气入口，重新点燃（必须注意，在产生侵入火焰时，灯管很烫，切勿立即用手去关小灯管空气入口，以免烫伤）。

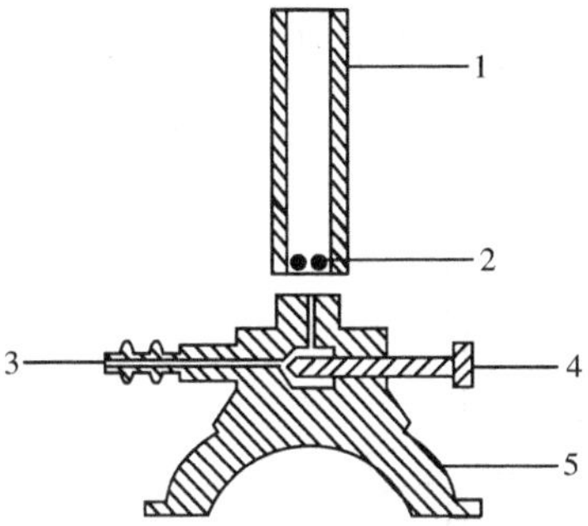

图3-6　煤气灯的构造

1. 灯管　2. 空气入口　3. 煤气入口　4. 针阀　5. 灯座

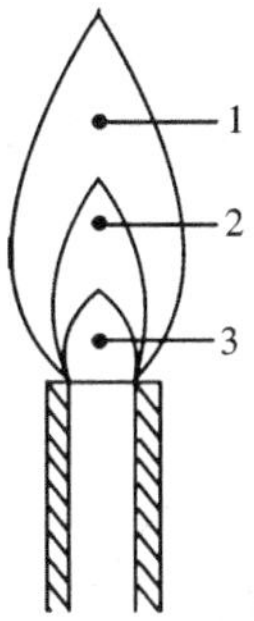

图3-7　正常火焰

1. 氧化焰　2. 还原焰　3. 焰心

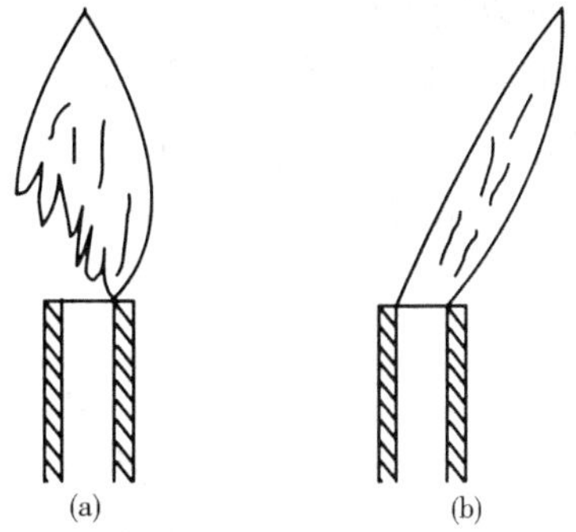

图3-8　不正常火焰

（a）临空火焰　（b）侵入火焰

（4）电炉（图3-9）：可通过外接变压器来调节加热温度，使用时要垫上石棉网，在实验室可代替煤气灯，使用方便，但要注意用电安全，防止液体溅出。

（5）高温炉：管式炉（图3-10）和马弗炉（图3-11）用于高温焙烧。管式炉有一管状炉膛，最高温度可达1150℃，加热温度可调节，炉膛中插入一根瓷管或石英管用来抽真空或通入保护性气体，以利于反应进行；管内放入盛有反应物的反应舟，反应物可在空气或其他气氛中受热反应。马弗炉有一长方形的炉膛，打开炉门就能放入需要加热的器皿，最高温度可达1150~1300℃。

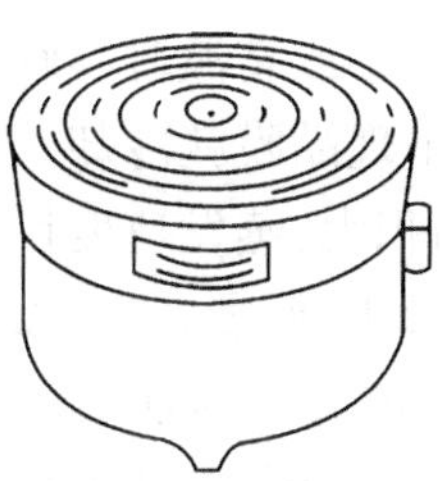

图3-9　电炉

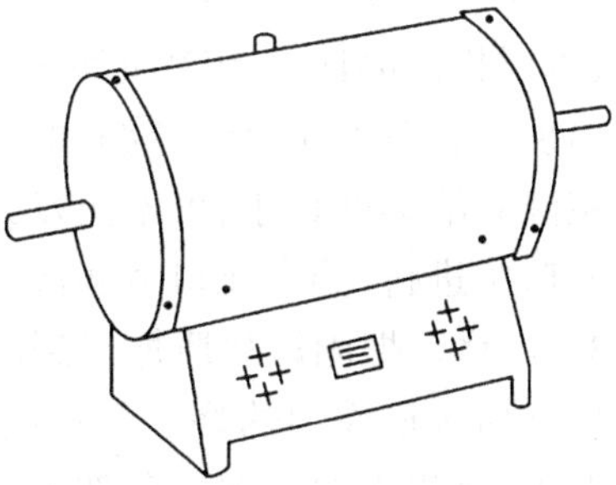

图3-10　管式炉

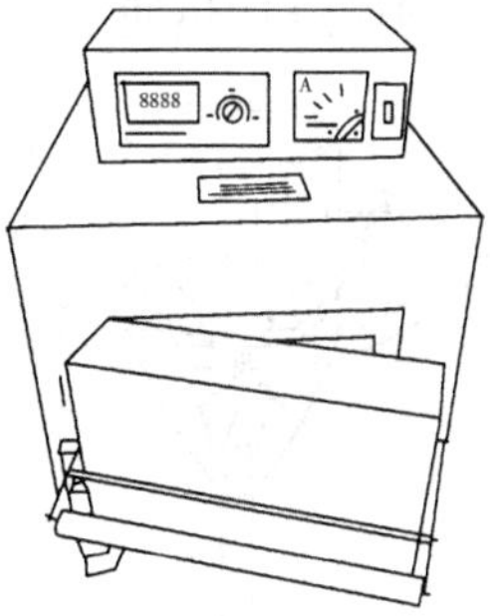

图3-11　马弗炉

管式炉和马弗炉需要高温计测温,它由一副热电偶和一只测温毫伏表组成。如再连一只温度控制器,则可自动控制炉温。

(6) 微波炉:微波加热是微波辐射加热,叫做内加热(传统靠热传导和热对流过程的加热叫外加热),具有加热速度快、反应灵敏、受热体系均匀以及高效节能等特点。不同类型的材料对微波加热反应各不相同。金属因反射微波能量,其吸收的微波能为零,因此不能被加热,不能作为微波加热容器。许多绝缘材料如玻璃、陶瓷和聚四氟乙烯等非极性材料可以透光微波,可作为微波加热容器。介质体吸收微波并被加热(如水、甲醇等)。

2. 加热方法

(1) 直接加热:直接加热如试管、蒸发皿、坩埚等可以用火焰直接加热。但无论玻璃器皿或陶瓷器皿,受热前一定要擦净器皿外壁的水滴或杂质,加热后不能立即与潮湿的物体接触,这些器皿都不能骤热和骤冷,否则易破裂,应放在石棉网上冷却。

1) 试管中固体和液体的加热。加热时要注意:①液体一般不超过试管总容积的 1/3,固体以铺满试管底部为宜;②试管夹或铁夹夹持试管的中上部;③加热液体时试管口稍微向上倾斜,加热固体时试管口稍微向下倾斜,试管口不能对着人;④加热时,先移动试管或火焰使试管均匀受热,然后不时地上下、左右移动再局部加热,不要集中加热某一部分,防止液体溅出或试管炸裂(图 3-12)。

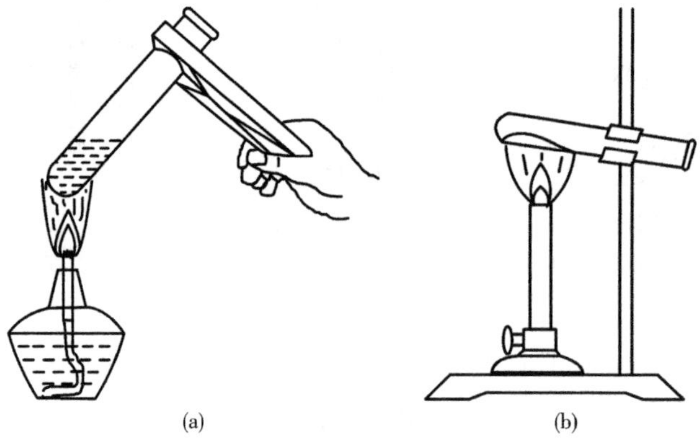

图 3-12　试管加热

(a) 加热液体　(b) 加热固体

2) 蒸发浓缩。当溶液很稀而无机物的溶解度又很大时,为了能从溶液中析出该物质晶体,必须通过加热使溶剂(最常见的是水)不断蒸发,溶液不断浓缩,蒸发到一定程度后冷却,就可以析出晶体。当物质的溶解度较大时,必须蒸发到溶液表面出现晶膜时停止;如果物质的溶解度较小或高温时溶解度较大而室温时溶解度较小,可不蒸发到液面出现晶膜就冷却。蒸发在蒸发皿中进行,蒸发皿口宽底浅,受热面积大,蒸发速度快。

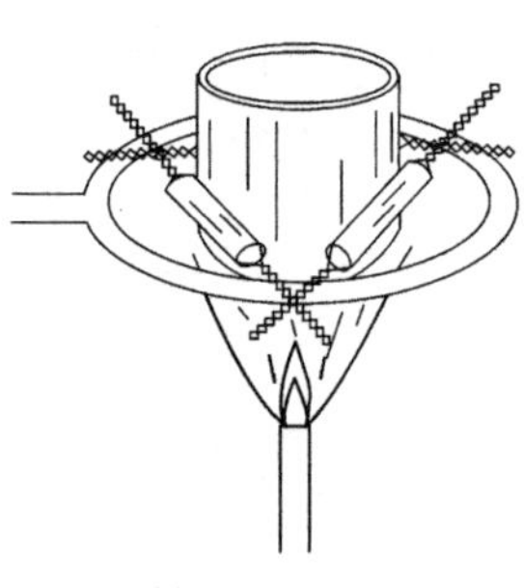

图 3-13　灼烧

3) 灼烧。把固体物质加热到高温,使其脱水或分解,以除去挥发性杂质等操作叫灼烧。灼烧时可将固体放在坩埚等耐高温的容器中,将坩埚置于泥三角架上(图 3-13),用煤气灯氧化焰加热,开始时用小火烘烤,使坩埚受热均匀,然后逐渐加大火焰灼烧。灼烧到符合要求后,停止加热,先在泥三角架上稍冷,再用预热过的坩埚钳取下,放在石棉网上冷却(必要时应放在干燥器中)。

(2) 间接加热

1) 石棉网上加热。当在烧杯、锥形瓶、烧瓶等玻璃仪器中加热液体时,在下面放上石棉网进行加热,可使其受热面积扩大且较均匀,适用于高沸点且不易燃烧的受热物。注意,火焰对着石棉块的中部,避免直接加热。若用于加热烧瓶,烧瓶用铁夹固定在铁架台上,烧瓶与石棉网之间留有空隙,否则容易因受热不均而破裂。

2) 电热套加热。用电热套(图 3-14)加热,安全、干净、加热速度快、应用广泛。将被加热的圆底烧瓶放入电热套中,受热均匀,最高加热温度可达 400℃左右,温度可控,适用于易燃、沸点较低的受热物的加热。但要注意,被加热的烧瓶应和电热套的规格相符,防止液体溅到电热套内。

3) 水浴。当被加热的物质要求受热均匀且温度在 80℃以下时,一般采用水浴锅(可用合适的烧杯)加热。实验室中有一种带有温度控制器的电热恒温水浴,电热丝安装在槽底的金属管盘内,槽身中间有一块多孔隔板,槽的盖板上有单孔、两孔(图 3-15)或四孔,每个孔上均有几个可以移动的直径不同的同心圈盖子,可以根据需要加热的仪器的大小选择使用。做完实验后,槽内的水放出,防止锈蚀,损坏仪器。

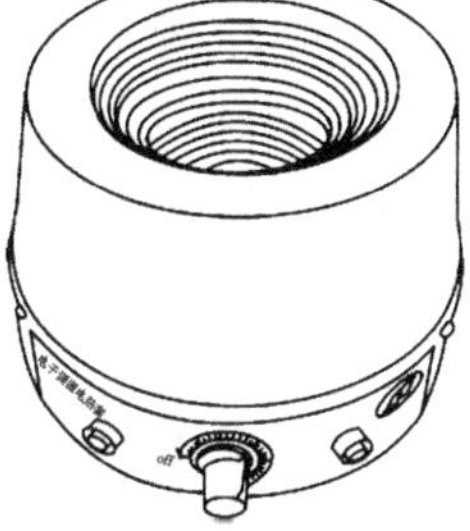

图 3-14 电热套

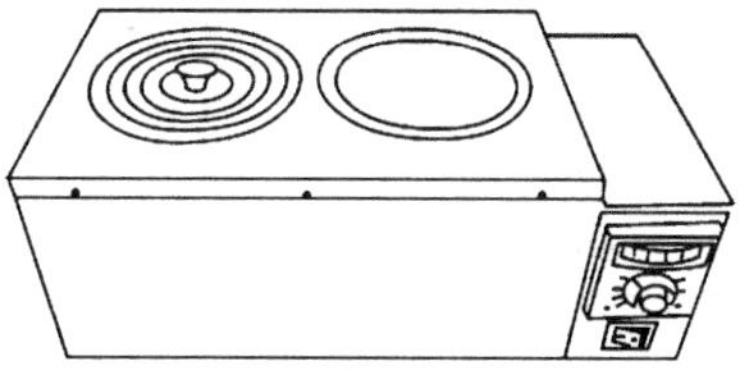

图 3-15 双孔水浴锅

使用水浴锅时应注意下列问题:①水浴锅内存水量应保持在总体积的 2/3;②受热玻璃器皿不能触及锅壁和锅底;③水浴锅不能作油浴和沙浴用。

4) 油浴。加热的物质要求受热均匀,而温度在 80~250℃时,可使用油浴。用油代替水浴中的水即是油浴。油浴所能达到的最高温度取决于所用油的种类。

甘油和邻苯二甲酸二丁酯适宜的加热温度范围为 140~180℃,温度过高则易分解。甘油由于吸水性强,使用久置的甘油前应加热蒸去其中一部分水分。

常用植物油的有菜籽油、蓖麻油和大豆油等,可以加热到 220℃。植物油中加入 1%的对苯二酚等抗氧化剂,可增加油在受热时的稳定性,便于长期使用。当温度过高时会分解,达到闪点时可能会燃烧,所以,使用时要小心。

液体石蜡可加热到 220℃,温度稍高且不易分解,但易燃。固体石蜡也可加热到 220℃。固体石蜡在室温下是固体,易于保存。

硅油和真空泵油可加热到 250℃,但价格较昂贵,少用。

使用油浴时要注意,用温度计随时监控温度(温度计不可接触锅底,一般情况下,反应温度应低于油浴温度 20℃左右)；还应特别小心，防止着火，当油受热冒烟时，应立即停止加热；油量应适量，不可过多，以免油受热膨胀而溢出；浴锅外不能沾油，若外面有油，应立即擦去；如油浴起火，应立即拆除热源，并用石棉网等盖灭火焰。

5) 沙浴。沙浴是一个装有均匀细沙的铁制器皿，沙浴可以放在电炉或煤气灯上加热，热量通过细沙传递给加热物质。为了增大受热面积，可将器皿埋得深一点，温度可达 250～350℃。但由于沙浴温度分布不均匀，且传热慢，温度上升慢，散热又太快，所以使用范围有限。

此外还可以用其他方法进行加热，如蒸馏低沸点的溶剂时，可以用 250W 的红外灯加热。将物质高温加热时，也可以使用熔融盐，如将等质量的硝酸钾和硝酸钠混合物加热，218℃熔化，在 700℃以下稳定。高温焙烧可以用管式炉和马弗炉。

二、冷却

在化学实验过程中，一些反应要求在低温条件下进行，这就需要冷却降温来完成化学反应，有时为了减少固体化合物在溶剂中的溶解度或促进晶体析出，也常需要冷却。冷却的办法一般是将反应容器置于致冷剂中，有时也可将致冷剂直接加入反应器中降温。实验室常用的冷却方法有以下几种。

(1) 流水冷却：冷却到室温的溶液，可用此方法，将需冷却的容器直接用流动的自来水冷却。

(2) 冰水浴：低于室温的反应，可用冰水混合物或碎冰作冷却剂，将需冷却的容器直接放在冰水中。如果水不妨碍反应进行，可以将干净的碎冰直接投入反应器中。

(3) 冰盐浴：冰盐浴可将温度冷却到冰点(0℃)以下，所能达到的温度由冰盐比例和盐的种类决定(表 3-2)，干冰和有机溶剂混合时，其冷却温度更低。为了保持冷却的效率，要选择绝热较好的容器，如杜瓦瓶等，容器口盖上石棉布、棉花或棉布，保温效果更好。

表 3-2　冰盐比例及其冷却温度

盐类	100g 碎冰中加入盐的质量/g	冷却最低温度/℃
NH_4Cl	25	−15
$NaNO_3$	50	−18
NaCl	33	−20
$CaCl_2 \cdot 6H_2O$	100	−29
$CaCl_2 \cdot 6H_2O$	150	−49

若想获得更低的温度，可以使用干冰(固体二氧化碳)和有机物(如乙醇、丙醇、乙醚或丙酮等)的混合物或液态氮，如干冰和丙酮的混合物或液态氮可以冷却到−78℃。

【思考题】

1. 水浴加热的温度范围是多少？使用水浴锅需要注意什么？
2. 电热套加热的优点有哪些？其适用的条件是什么？
3. 氯化钠冰盐致冷剂的冷却最低温度是多少？

第四节　搅拌与振荡

在固体和液体或互不相溶的液体进行反应时，为了使反应混合物充分接触，应进行强烈的搅拌或振荡。此外，在反应过程中，当把一种反应物料滴加或分批小量地加入到另一种物料中时，也应该使两者尽快地均匀接触，这也需要进行强烈的搅拌或振荡，否则，由于浓度局部增大或温度局部增高,可能发生更多的副反应。

一、搅拌

1. 手动搅拌

在反应物量小,反应时间短,而且不需要加热或温度不太高的操作中,用手摇动仪器就可以达到充分混合的目的。也可用两端烧光滑的玻璃棒沿着器壁均匀地搅动,但必须避免玻璃棒碰撞器壁,如在搅拌的同时还需要控制反应温度,可用橡皮圈把玻璃棒和温度计套在一起。为了避免温度计水银球触及反应器的底部而损坏,玻璃棒的下端宜稍伸出一些(图3-16)。

图3-16　测温搅拌棒

2. 机械搅拌

那些反应液较多、需要用较长的时间进行搅拌的实验,最好使用电动搅拌器。如在搅拌的同时还需要进行回流,最好用三颈瓶,三颈瓶中间瓶口装配搅拌棒,一个侧口安装回流冷凝器,另一个侧口安装温度计或滴液漏斗。其装置见图3-17(a)。

搅拌装置的装配方法如下:先选定三颈瓶和电动搅拌器的位置,如果是普通仪器,选择一个合适的软木塞,钻一个孔,塞孔必须钻得光滑笔直,插入一段玻璃管(或封闭管),软木塞和玻璃管间一定要紧密。玻璃管的内径应比搅拌棒稍大一些,使搅拌棒可以在玻璃管内自由地转动。在玻璃管内插入玻璃棒,把搅拌棒和搅拌器用短橡皮管(或连接管)连接起来。然后把配有搅拌棒的软木塞塞入三颈瓶中间的口内,塞紧。调整三颈瓶的位置(最好不要调整搅拌器的位置,若必须调整搅拌器的位置,应先拆除三颈瓶,以免搅拌棒戳破瓶底),使搅拌棒的下端距瓶底约0.5cm,中间瓶颈用铁夹夹紧。从仪器装置的正面仔细检查,进行调整,使整套仪器正直。开动搅拌器,试验运转情况。当搅拌棒和玻璃管间不发出摩擦的响声,才能认为仪器装配合格,否则,需要再调整。装上冷凝管和滴液漏斗(或温度计),用铁夹夹紧。上述仪器要安装在同一铁架台上。再次开动搅拌器,如果运转情况正常,才能装入物料进行实验。

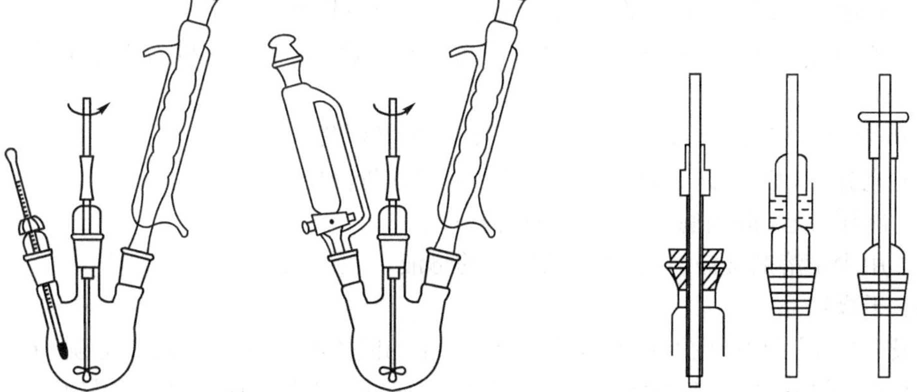

(a)　　(b)

图3-17　搅拌装置

(a) 搅拌　(b) 密封

如果使用的是磨口仪器,则需要选择一个合适的搅拌头(也称搅拌器套管),将搅拌器插入搅拌头中,再将搅拌棒和搅拌头上端用短橡皮管连接起来,然后把套有搅拌棒的搅拌头塞入三颈瓶中间的口内,即可调试使用。

为了防止蒸气或反应中产生的有毒气体从玻璃管和搅拌棒间的空隙溢出,需要封口。搅拌装置的封口可采用简易密封装置或液封装置,其装置见图3-17(b)。

以上介绍的是手动搅拌和机械搅拌,除此之外,还有一种常用的方法是磁力搅拌。磁力搅拌一般使用磁力搅拌器,它是通过磁场的不断旋转变化来带动容器内磁转子随之转动,从而达到搅拌目的的。一般都有控制转速和加热装置,适用于物料较少、加热温度不高的情况。

二、振荡

实验过程中,往往需要间歇的振荡(如洗涤、溶解或滴定操作等)。振荡时,手拿住瓶颈做逆时针圆周运动,使容器内的物质充分混合,加速溶解或反应。机械振荡使用机械振荡器(如恒温水浴振荡器等)。机械振荡器型号很多,使用时应参阅说明书。

【思考题】

1. 机械搅拌与磁力搅拌都是实验室常用的搅拌方法,简述其优点及其适用范围。
2. 请在网上搜集磁力搅拌器和机械振荡器的型号、价格及其使用方法。

第五节 重结晶与过滤

一、重结晶

由化学反应或自然界得到的固体产物往往是不纯的,可能夹杂一些副产物、未反应的原料、溶剂和催化剂等,分离这类物质得到纯净的产物常用且有效的方法是重结晶。重结晶分离混合物的原理是利用溶剂对被提纯物质和杂质的溶解度不同,使被提纯物质从过饱和溶液中结晶析出,而让杂质全部或大部分留在母液中被过滤(或洗涤)除去,达到分离提纯的目的。

重结晶的操作步骤如下:

(1) 选择合适的溶剂。

(2) 在溶剂的沸点温度下溶解被提纯物质,制成近饱和的浓溶液。

(3) 若溶液含有色杂质,可加适量活性炭煮沸脱色(一般加入量为粗品量的1%~5%,煮沸5~10min)。

(4) 将沸腾溶液趁热过滤,以除去不溶性杂质及活性炭。

(5) 充分冷却滤液,析出结晶,可溶性杂质留在母液中。

(6) 减压过滤(即抽滤),使结晶与母液分离。

(7) 用少量溶剂洗涤结晶,以除去附着的母液。

(8) 干燥结晶。

一般重结晶只适用于提纯杂质含量在5%以下的固体混合物。所以,从反应粗产物直接重结晶是不适宜的,必须先采用其他方法初步提纯,如萃取、水蒸气蒸馏、减压蒸馏等,然后再用重结晶提纯。选择合适的溶剂是重结晶的关键,理想的溶剂应具备下列条件:①不与被提纯物质发生化学反应;②被提纯物质在溶剂中的溶解度随温度的变化差别要大,即高温时溶解度较大,室温或更低温度时溶解度较小;③对杂质的溶解度非常大或非常小(前者可使杂质留在母液中不随被提纯物质析出,后者是使杂质在热过滤时被滤去);④沸点较低,易挥发,干燥时易与结晶分离除去;⑤被提纯的物质形成较好的结晶;⑥无毒或毒性很小,价格便宜,操作安全,易于回收。

表3-3列出了常用重结晶溶剂的性质。对于一些其他已知的化合物,可从化学文献中查找到有关溶解度的资料,从中选择合适的溶剂,但在很多情况下还是通过试验方法进行选择。选择溶剂时要考虑到溶解度的规律,即“相似相溶”原理。

表3-3 常用重结晶溶剂的性质

溶剂	沸点/℃	密度/(g/cm^3)	溶剂	沸点/℃	密度/(g/cm^3)
水	100.0	1.00	乙酸乙酯	77.1	0.90
甲醇	64.7	0.79	二氧六环	101.3	1.03
乙醇	78.0	0.79	二氯甲烷	40.8	1.34
正丙醇	97.2	0.80	二氯乙烷	83.8	1.24
乙醚	34.6	0.71	三氯甲烷	61.2	1.49
石油醚	30~60	0.68~0.72	四氯化碳	76.8	1.58
	60~90		硝基甲烷	120.0	1.14
环己烷	80.8	0.78	丁酮	79.6	0.81
苯	80.1	0.88	乙腈	81.6	0.79
甲苯	110.6	0.87			

具体方法是:取0.1g待重结晶的样品于一小试管中,逐滴加入某种溶剂并不断振荡,若在溶剂量达1ml期间固体全溶,说明此溶剂不适合;若不全溶,则小心加热至沸,如仍不溶,可继续加热并分批加入溶剂(0.5ml/次)至4ml,若沸腾下固体仍不全溶,说明此溶剂也不适合;反之,如果样品能溶解于1~4ml沸腾的溶剂中,则冷却试管至室温或低于室温,观察结晶析出情况,若结晶不能自行析出,可用玻璃棒摩擦液面下的试管壁促使结晶析出,如果还没有结晶析出,表明该溶剂不适合。若结晶能正常析出,且结晶量也较多,说明此溶剂是适合的。用同样方法试验几种溶剂都适合时,通过比较结晶的收率、操作的难易、溶剂的毒性及价格等因素,选择其中最优者。

有些化合物在单一的溶剂中,不是溶解度太大,就是溶解度太小,很难选择一种合适的溶剂。这时可选择合适的混合溶剂。所谓混合溶剂,就是将对该化合物溶解度特别大的和溶解度特别小的而又能相互溶解的两种溶剂按一定比例混合起来,并具有良好溶解性能的溶剂。将适量样品首先溶于其中易溶的沸腾的溶剂中,若有不溶性杂质,趁热滤去;若杂质有色,用适量活性炭煮沸脱色后趁热过滤。然后趁热加入另一难溶溶剂,至溶液变浑浊,再加热或逐滴滴入易溶溶剂至溶液刚好澄清透明。最后冷却溶液至室温,使结晶析出。由此也可得到两种溶剂混合的比例。若已知两种溶剂混合的比例,也可将其先行混合,再进行重结晶。重结晶常用的混合溶剂列于表3-4中。

表3-4 重结晶常用的混合溶剂

水-乙醇	石油醚-苯	乙醚-甲醇
水-丙醇	苯-无水乙醇	乙醚-丙酮
水-乙酸	二氯乙烷-甲醇	乙醚-乙醇-乙酸乙酯
水-甲醇	三氯乙烷-醇	乙醚-石油醚
水-吡啶	石油醚-丙酮	

选择水作溶剂时，可在烧杯或锥形瓶中加热溶解样品；而用有机溶剂时，为避免溶剂挥发和燃烧，必须在回流装置中加热溶解样品，加热期间添加溶剂时应从冷凝管上端加入。溶剂的用量应从两个方面来考虑：一方面，为减少溶解损失，溶剂应尽可能避免过量；另一方面，溶剂过量太少又会在热过滤时因温度降低和溶剂挥发造成过多结晶在滤纸上析出而降低收率。因此，要使重结晶得到较纯产品和较高收率，溶剂的用量要适当，一般溶剂过量20%左右为宜（注意，不要因为样品中含有不溶性杂质而加入不必要的过量溶剂）。根据溶剂的沸点和易燃性来选择适当的热浴方式进行加热。

二、过滤

过滤是最常用的分离方法之一，当溶液和沉淀的混合物通过过滤器时，沉淀留在过滤器上，溶液则通过过滤器而滤入接收瓶中，过滤所得溶液叫滤液。过滤时，溶液的温度、黏度、压力、沉淀的状态和颗粒大小都会影响过滤速度，因而应根据不同的影响因素选用不同的过滤方法。常用的过滤方法有常压过滤（普通过滤）、减压过滤（抽滤）和热过滤三种。通常热溶液黏度小，采用热过滤法比冷的溶液容易过滤。溶液黏度越小，过滤越快。减压过滤因产生负压强比在常压下过滤得快。如果沉淀是胶状的，可在过滤前加热破坏溶胶，促使胶体聚沉，以免胶状沉淀透过滤纸。

1. 常压过滤

常压过滤是一种简单和常用的过滤方法。宜选用长颈漏斗，颈的直径通常为0.3～0.5cm，颈长为15～20cm，大小应以能容纳沉淀为宜。滤纸按灼烧后灰分的多少，分为定性滤纸和定量滤纸两种。定量滤纸灼烧后每张灰分的质量小于0.01mg，在重量分析中可以忽略不计，故称为无灰滤纸，使用时根据需要加以选择。在一般实验中常用定性滤纸，按孔隙大小分为“快速”、“中速”和“慢速”三种；按直径大小分为7cm、9cm、11cm等几种。应根据沉淀的性质和实验要求选择滤纸的类型，如$BaSO_4$细晶形沉淀，应选用“慢速”滤纸；粗晶形沉淀，宜选用“中速”滤纸；$Fe_2O_3 \cdot nH_2O$为胶状沉淀，需选用“快速”滤纸过滤。根据沉淀量的多少选择滤纸的大小，一般要求沉淀的总体积不得超过滤纸锥体高度的1/3；滤纸的大小还应与漏斗的大小相适应。重量法定量分析应使用定量滤纸。

常压过滤的操作如下：

（1）滤纸折叠与润湿。先将方形或圆形滤纸按图（图3-18）虚线的方向对折两次（方形滤纸剪成扇形），为使滤纸三层的那边能紧贴漏斗，常把三层外面的两层撕去一角。然后把滤纸打开呈圆锥体（一边三层，另一边一层），放入玻璃漏斗中（漏斗的角度应该是60°，这样滤纸就可以贴在漏斗壁上。如果漏斗角度大于或稍小于60°，则应适当改变滤纸折叠成的角度使之与漏斗的角度相适应），滤纸的边缘应略低于漏斗边沿0.3～0.5cm，用食指按住三层滤纸，用少量蒸馏水润湿滤纸，轻压滤纸四周，赶走滤纸与漏斗壁间的气泡，使其紧贴漏斗上，这样过滤时可以形成水柱，在其重力作用下，加快过滤速度。若不能形成完整的水柱，可一边用手指堵住漏斗下口，一边稍掀起三层那一边的滤纸，用洗瓶在滤纸和漏斗之间加水，使漏斗颈和锥体的大部分被水充满，然后一边轻轻按下掀起的滤纸，一边断续放开堵在出口处的手指，即可形成水柱。

（2）过滤。将贴有滤纸的漏斗放在漏斗架上（或铁圈里），把清洁的容器放在漏斗下面，并使漏斗颈紧靠容器内壁，使滤液沿容器内壁流下，以免溅出（图3-19）。先转移溶液，后转移沉淀，玻璃棒靠在三层滤纸处，用玻璃棒引流，将沉淀和溶液缓缓转移至漏斗中，漏斗中的液面应低于滤纸边缘0.5cm。溶液滤完后，用少量蒸馏水洗涤盛沉淀的容器和玻璃棒2～3次，将此溶液倒入漏斗中。过滤时要注意，若底部有沉淀，先让沉淀尽量沉降，不要搅动沉淀，先将沉淀上面的清液小心地沿玻璃棒转移到滤纸上，待上层清液滤完后，再把沉淀转移到滤纸上，这样就不会因为滤纸的小孔被沉淀的颗粒堵塞而减慢过滤的速度。

(3) 洗涤沉淀。洗涤沉淀的目的是为了洗出沉淀表面所吸附的杂质和残留的母液，获得纯净的沉淀。洗涤沉淀时，可以在溶液转移完毕之后，往沉淀中加入少量洗涤液，充分搅拌静置，把上层清液转移至漏斗中，重复操作2～3次，最后把沉淀转移到滤纸上；也可以把溶液和沉淀转移到滤纸上后，在滤纸上进行洗涤：用洗瓶吹出细小缓慢的液流，从滤纸上部沿漏斗壁螺旋式向下吹洗，如图3-20所示，使沉淀集中到滤纸锥体的底部直到沉淀洗净为止。为了提高洗涤效率，尽量减少沉淀的溶解损失，洗涤时应遵循"少量多次"的原则，即同体积的洗涤液应尽可能分多次洗涤，每次使用少量洗涤液(没过沉淀为度)，待沉淀沥干后，再进行下一次洗涤。洗涤数次后，用洁净的表面皿承接约1ml滤液，选择灵敏、快速的定性反应来检验沉淀是否洗净。

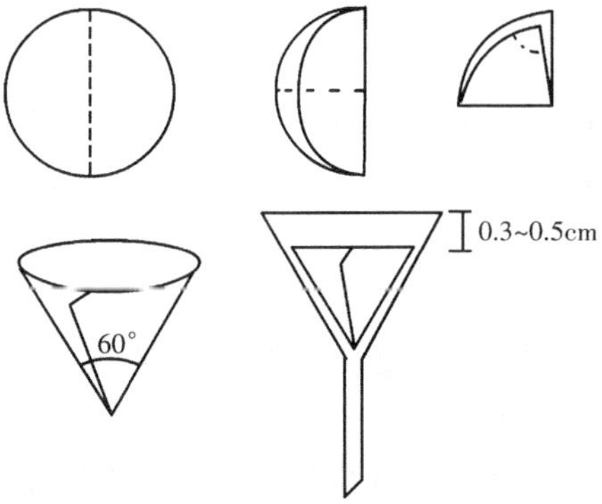

图3-18　滤纸折叠和放置

图3-19　过滤

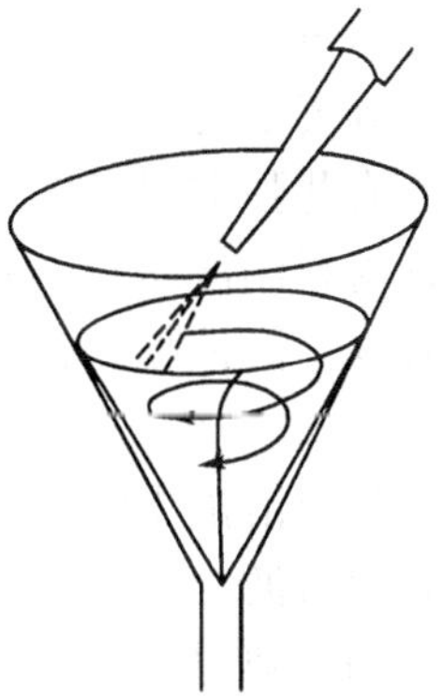
图3-20　洗涤沉淀

2. 减压过滤

减压过滤可以加快过滤速度，使沉淀较干燥，但不适合胶状沉淀和颗粒太细沉淀的过滤。因为胶状沉淀容易穿过滤纸，而颗粒细小沉淀易堵塞滤纸孔。

(1) 减压过滤装置(图3-21)。减压过滤由布氏漏斗、吸滤瓶、安全瓶和真空泵组成。通过真空泵抽走吸滤瓶内空气，从而使吸滤瓶与布氏漏斗内液面之间产生大气压力差，进而加快过滤速度。布氏漏斗是瓷质的，内有许多小孔，通过胶塞与吸滤瓶相连，安装时布氏漏斗下端斜口要正对着吸滤瓶的支管，防止滤液被吸走而损失产品，胶塞大小要合适，保证密闭，使减压效果良好。安全瓶是为了防止关闭真空泵时，因吸滤瓶内压力低于外界压力而把真空泵中的水倒吸到吸滤瓶内。

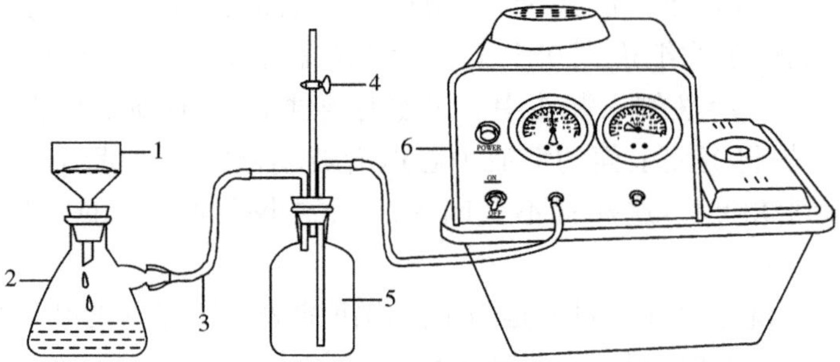

图 3-21　减压过滤装置

1. 布氏漏斗　2. 吸滤瓶　3. 橡胶管　4. 放空阀　5. 安全瓶　6. 真空泵

(2) 过滤操作。首先剪好一张圆形滤纸,滤纸应比漏斗内径略小(但能盖严漏斗内全部小孔),先用少量水润湿滤纸,再打开真空泵,使滤纸与漏斗贴紧。开始过滤,打开真空泵,先用倾析法(先将上层清液倾入漏斗中,使沉淀尽可能留在烧杯内)将溶液沿玻璃棒转移至漏斗内(液面高度不超过漏斗容量的 2/3),然后将沉淀转移至漏斗中滤纸中部,抽干。先拔下吸滤瓶上的橡胶管,然后再关闭真空泵,防止倒吸。取下漏斗倒扣在滤纸或表面皿上,用洗耳球吹漏斗的下口,使滤纸和沉淀脱离漏斗,吸滤瓶内的溶液应从吸滤瓶上口倾出,不能从支管倒出。

(3) 沉淀洗涤。洗涤沉淀时,拔掉橡胶管,关闭真空泵,加入洗涤液润洗沉淀,让洗涤液慢慢透过全部沉淀。最后打开真空泵,抽吸干燥。如沉淀需洗涤多次,则重复以上操作,洗至达到要求为止。

有些强酸、强碱或强氧化性的溶液,它们会与滤纸发生化学反应而破坏滤纸,这时可用其他材料的滤布(如石棉纤维)来代替滤纸。另外,也可用烧结漏斗(也叫砂芯漏斗)过滤,但强碱性溶液除外,因为强碱会腐蚀玻璃。

3. 热过滤

如果溶液中的溶质在室温便能结晶析出,又不希望结晶在过滤过程中留在滤纸上,就要进行热过滤。

(1) 热过滤装置。热过滤是由保温漏斗、玻璃漏斗、酒精灯(或煤气灯)和盛滤液的仪器(一般用锥形瓶)组成[图 3-22(a)]。铜质保温漏斗中加入热水,用酒精灯加热。避免溶液在漏斗颈部因遇冷析出晶体而造成颈部堵塞,宜选用短颈或无颈的玻璃漏斗,过滤时将漏斗放在保温漏斗中,固定于铁架台上的铁圈中。为了增大滤纸与溶液的接触面积,提高过滤速度,在漏斗的上面放一折叠好的扇形滤纸,其高度应略高于漏斗,且使滤纸向外突出的棱边紧贴于漏斗壁上。

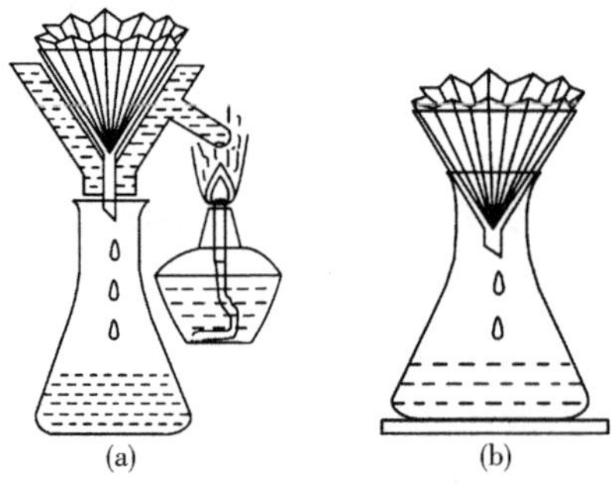

图 3-22　热过滤装置

(a) 使用保温漏斗进行过滤

(b) 只用玻璃漏斗进行过滤

(2) 扇形滤纸的折叠方法(图 3-23)。先将方形滤纸对折,再对折成四份。然后将边 2 与边 3 对折得边 4,1 与 3 对折得边 5[图 3-23(a)]。再将 2、5 对折得边 6,1、4 对折得边 7[图 3-23(b)]。同样,将 2、4 对折得边 8,1、5 对折得边 9[图 3-23(c)]。这时折得的滤纸外形如图 3-23(d)所示。继续将滤纸以反方向从一端依次对折 1 和 9、9 和 5,直至另一端 8 和 2,使滤纸成扇形[图 3-23(e)]。将双层滤纸打开呈图 3-23(f)状,最后将 1 和 2 处的同向面分别反向对折,即可得到一内外交错的扇形折叠滤纸[图 3-23(g)]。注意,不得用力折叠滤纸中央圆心部位,以避免过滤时容易破裂。折叠时如果手不干净,过滤前应将折好的滤纸轻轻翻转后再放入漏斗中,以避免人为杂质进入溶液。

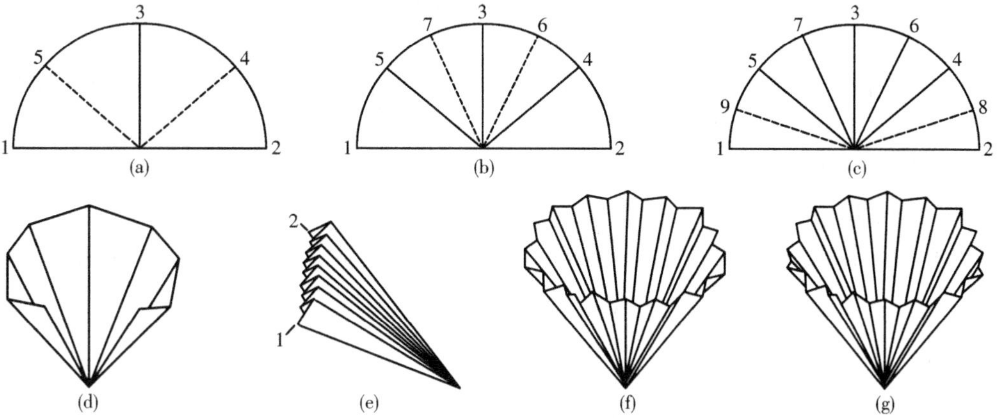

图 3-23　扇形滤纸折叠方法

(3) 过滤。上述工作准备好后,将沸腾的溶液迅速倒入滤纸中,液面要略低于滤纸上部边缘。若一次倾倒不完,需将未过滤溶液继续加热以防冷却,但不要等溶液全部滤完后再添加。为减少溶剂挥发,可在漏斗上方盖一表面皿。但过滤挥发性易燃溶剂的溶液时,则必须关闭附近的火源,不能加热过滤。对于不易结晶析出的物质,或过滤的溶液量较小时,可不用保温漏斗,只需过滤之前将玻璃漏斗放在烘箱中或红外灯下预先烘热,趁热过滤[图 3-22(b)]。滤毕后,用玻璃塞塞住锥形瓶,放置冷却。

【思考题】

1. 简述重结晶的操作步骤和各步操作的主要目的。用什么洗涤晶体(母液、热溶剂还是冷溶剂)? 洗涤时应注意哪些问题? 若省略洗涤一步,会有什么后果?
2. 热过滤后的滤液为什么不宜摇动或用冷水、冰箱等快速冷却?
3. 抽滤完成后能否先关真空泵,后拔掉抽滤瓶上的橡皮管或后打开安全瓶上的放空阀活塞? 为什么?
4. 用有机溶剂重结晶时,哪一步操作不慎就容易着火? 应该如何防范?
5. 常压过滤、减压过滤和热过滤使用的漏斗不同,简述其使用方法及注意事项。
6. 用普通纸练习常压过滤和热过滤时滤纸的折叠方法。

第六节　熔点的测定及温度计的校正

一、熔点的测定

1. 基本原理

固体物质的熔点是指在大气压力下该物质在加热熔化过程中固态与液态达到平衡时的

温度。每一种纯净的固体有机化合物都有固定的熔点，因为在一定压力下固、液两态之间的变化是非常敏锐的。纯净的固体有机物从开始熔化（始熔）至完全熔化（全熔）的温度变化范围叫做熔点距（也叫熔距、熔程），一般不超过0.5~1℃。但混有杂质时，熔点随即下降，并且熔距加长。由于大多数有机化合物的熔点不超过300℃，较易测定，因此，利用测熔点可以初步判断固体化合物的纯度，也可利用两种物质混合，其熔点下降这一特点判断两种熔点相近或相同的化合物是否为同一种物质。此外也用于未知化合物的初步鉴定和温度计的校正。

图3-24为晶体物质的蒸气压与温度的关系图。其中图3-24(a)是某固体物质的蒸气压与温度的曲线图，图中蒸气压随温度的升高而增大。图3-24(b)是该物质在液态时蒸气压与温度曲线图。图3-24(c)是曲线(a)和(b)的加和图，在(c)中由于固相的蒸气压随温度变化的速率较相应的液相大，故两条曲线相交，在交叉点M处，固、液两相蒸气压相等，所以固、液两相可以同时存在，此时的温度(T_M)就是该物质的熔点(melting point, m. p.)。

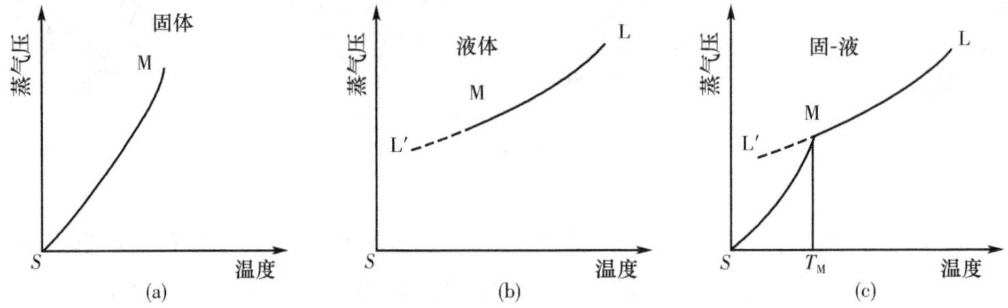

图3-24　晶体物质的蒸气压和温度的关系图

当温度高于T_M时，固相的蒸气压较液相蒸气压大，因而固相可转变为液相；当温度低于T_M时，则液相可转变为固相；只有当温度为T_M时，固、液两相的蒸气压才能一致，固、液两相方可并存。这就是纯粹晶体物质，所以有固定和敏锐熔点的道理。一旦温度超过T_M，甚至只有几分之一度时，如有足够的时间，固体就可全部转变为液体。因此，要精确地测定熔点，在接近熔点时加热速度一定要慢，每分钟温度升高不能超过1~2℃，只有这样才能使整个熔化过程尽可能接近于两相平衡的条件。

2. *熔点的测定方法*

测定熔点常用的方法有毛细管熔点和显微熔点测定法。

(1) 毛细管熔点测定法

1) 熔点管的制取。取一根直径为1~1.5mm，长约7cm的毛细管，一端在酒精灯上封口，封口要求既完全又尽可能小。

2) 样品的研细和填装。取0.1~0.2g干燥的样品于干净的表面皿或培养皿上，用玻璃棒或玻璃钉研细，然后聚成小堆。将毛细管开口端插入粉末堆中使样品挤入毛细管，取出毛细管，开口端朝上，将其放入一根长约80cm，直立于玻璃片或表面皿上的干净玻璃管中，任其自由下落，重复此操作，直至样品紧密集结于毛细管的底部，其高度2~3mm（约0.001g），若样品中有空隙，则传热不均，会导致所测熔点不准确。在测定同一物质的熔点时，应同时装3支这样的毛细管备用。

填装样品时注意掌握：样品要干燥、研细和填装紧密。

3）仪器的装置。用毛细管法测定熔点的装置较多，如提勒（Thiele）管（又称 b 形管或熔点测定管）、双浴式、烧杯式等。其装置见图 3-25。其中提勒管较为常用。

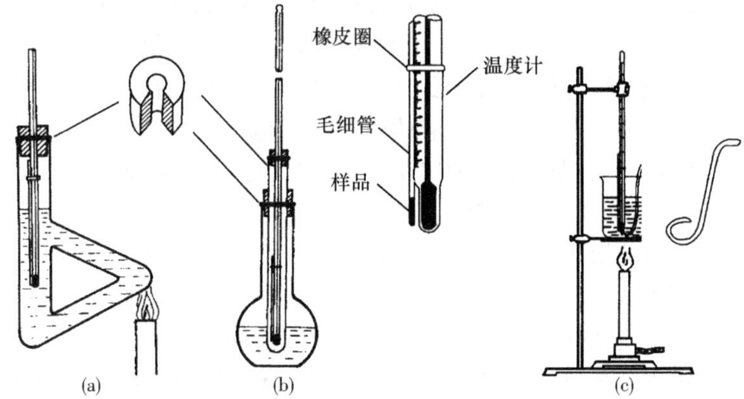

图 3-25　毛细管法熔点测定装置

（a）b 形管装置　（b）双浴式装置　（c）烧杯式装置

A. Thiele 管装置［图 3-25（a）］。将 b 形管固定在铁架台上，管内加入浴液（传热介质），浴液加入量至 b 形管的上支管处。热源为酒精灯，其加热位置于支管的端部（在这个位置加热可使 b 形管中的浴液在管中循环流动，起搅拌作用，使加热均匀）。管口装一个插有温度计的开口塞子，温度计的刻度露向橡皮塞的开口处。温度计的水银球位于 b 形管两侧管间的中部（即 1/2 处）。装有样品的毛细管，其样品部分位于温度计水银球的中部，并将毛细管用橡皮圈固定在温度计上，注意橡皮圈应在浴液面以上（橡皮圈不能进入浴液，否则热的浴液会使橡皮圈软化膨胀，导致毛细管从橡皮圈中脱落到浴液中）。

B. 双浴式装置［图 3-25（b）］。将装有样品的毛细管用橡皮圈固定在温度计上（毛细管和橡皮圈的位置同 b 形管装置中位置相同），再将温度计用开口塞固定在试管中，其水银球距试管底部约 0.5cm，最后将试管用开口塞固定于 250ml 长颈圆底（或平底）烧瓶中，试管离烧瓶底部约 1cm。烧瓶内加入约占烧瓶容量 1/2 的浴液，热浴隔着空气（空气浴）把温度计和样品加热，双浴式装置使样品受热较均匀。此外，试管内也可加入浴液，其浴液高度为插入温度计后液面高度与瓶内液面相同。

C. 烧杯式装置［图 3-25（c）］。在 100ml 高型烧杯中加入 60ml 浴液，烧杯中放入一支底部烧成圆环的玻璃棒（以便上下搅拌）。然后将毛细管用橡皮圈固定在温度计上（毛细管和橡皮圈的位置同 b 形管装置中位置相同），在温度计的上端插入一个塞子，并用铁夹夹住，将温度计垂直固定于离烧杯底约 1cm 的中心处。

4）传热介质的选择。传热介质一般根据所测熔点的高低进行选择，原则是无色透明，热稳定性好，相对密度较大的液体。通常熔点在 80℃以下用蒸馏水作浴液；80～140℃可用甘油或液体石蜡（药用液体石蜡加热到 220℃仍不变色）作浴液；若需加热到 140℃以上可用浓硫酸；温度超过 250℃浓硫酸会产生白烟，这时可用浓硫酸和硫酸钾（7∶3）的混合液作浴液。

用浓硫酸作浴液时，若加热不当硫酸会溅出伤人，故需特别小心，最好戴目镜操作。另外，勿使样品或其他有机物接触浓硫酸，否则硫酸会变黑，妨碍熔点的观察，此时可加入少许硝酸钾晶体共热,使之褪色。

5) 熔点的测定。上述准备工作完成后,在充足光线下进行熔点的测定操作。测定已知化合物时,开始控制升温速度为3~4℃/min,当加热至离所测物质的熔点相差15℃左右时,改为小火加热,升温速度约为2℃/min,接近熔点时约1℃/min。这时应特别注意观察毛细管中样品的变化。通常样品在加热过程中会出现“收缩”、“软化”、“出现小液滴”等现象。一般不把“收缩”、“软化”作为初熔的温度,只有当样品出现小液滴时,才记为样品的初熔温度。继续小火加热至样品完全成为透明液体时为全熔温度。由出现第一滴小液滴至全熔的温度即为该物质的熔点。其温度差称为熔距。较纯净化合物的熔距应为1~2℃。当样品中含有杂质时,会导致熔距加长,熔点下降。

每测定一个化合物的熔点,至少要有一次重复数据,所以若两次测定数据相差较远,还应测试第三次。重复测试时,必须更换毛细管,切忌用已测试过又冷凝结晶的毛细管,同时必须将浴液温度降至待测物熔点以下30℃左右方可进行下一次测定。

如测试的是未知化合物,应先进行一次快速粗测,获取该化合物熔点的大致范围后,再做精确测定。测定熔点时注意掌握控制升温速度和观察样品状态变化。

实验完毕,让温度计自然冷却至接近室温后,用废纸擦去热载体,方可用水冲洗,否则,容易发生水银柱断裂。

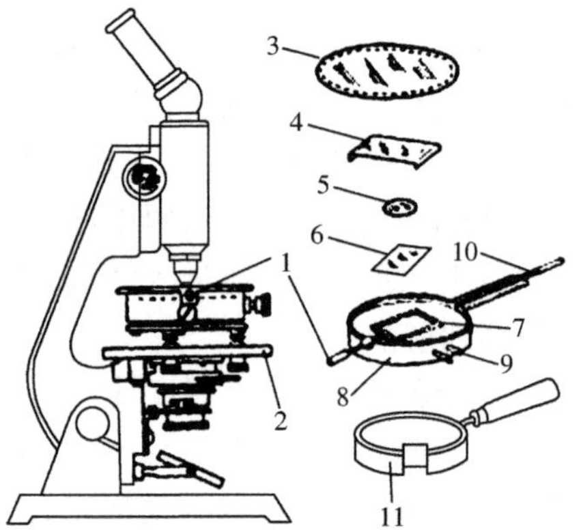

图3-26 显微熔点测定仪

1. 调节载片支持器的把手 2. 显微镜台 3. 有磨砂边的圆玻璃盖 4. 桥式玻璃 5. 薄的覆盖片 6. 特殊玻璃载片 7. 可移动的载片支持器 8. 中间有小孔的加热器 9. 与电阻连接的接头 10. 温度计 11. 冷却加热板的铝盖

(2) 显微熔点测定法:利用显微熔点测定仪(图3-26)测熔点,可以清楚地观察样品在加热过程中的变化。例如,像失去结晶水、多晶体变化及化合物的分解等情况。这种装置能测定微量样品(0.1mg)的熔点以及高熔点(350℃)样品的熔点。

测定时将样品夹在两片干净的玻璃片(图3-26的5、6)之间,并放到一个可移动的载玻片支持器内(图3-26的7),将样品对准电热板的中心孔洞,上面放置桥式玻璃(图3-26的4)及圆玻璃盖(图3-26的3),调节显微镜焦距对正样品,利用可变电阻调节加热速度。当温度距熔点15℃时,应控制升温速度为1~2℃/min。当观察到样品的棱角开始圆熔时为样品初熔温度,当结晶完全消失时为样品全熔温度。

测完熔点后,停止加热,稍冷,用镊子移走圆玻璃盖、桥式玻璃及载玻片,将一厚铝板放在加热板上以加快冷却,然后清洗载玻片备用。

二、温度计的校正

用上述方法测定熔点时,熔点的读数与实际熔点常有一定的偏差,其主要原因是受温度计的影响。通常所使用的温度计大多数都不能测量出绝对正确的温度,因为它们在制作的过程中就会出现误差。例如,温度计中的毛细管孔径不一定是很均匀的,有时刻度也不够精确。其次,温度计刻度划分有全浸式和半浸式两种。全浸式温度计的刻度是在温度计的汞线全部均匀受热的情况下刻出来的,而在测定熔点时仅有部分汞线受热,因而暴露在热浴外的汞线温度当然较全部受热者为低。另外,长期使用的温度计,玻璃也可能发生变形而使刻度不准。所以,在测定熔点之前应先校正温度计。

校正温度计的方法之一是采用纯粹有机化合物的熔点作为校正的标准。校正时首先选择数种已知熔点的纯粹有机化合物,逐一测定它们的熔点,以观察到的实测熔点作纵坐标,以实测熔点与应有熔点的差值作横坐标,画成曲线图,如图 3-27 所示。在任一温度下的校正值可直接从曲线图中读出。

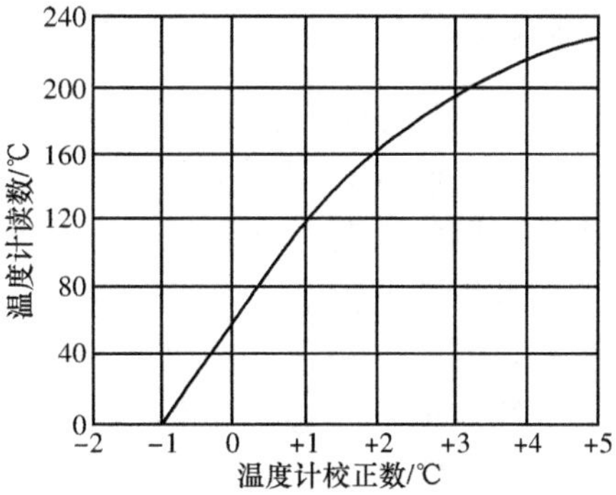

图 3-27　温度计刻度校正示意图

常用于熔点法校正温度计的标准化合物的熔点见表 3-5,使用时可选择其中几种物质。

表 3-5　一些标准化合物的熔点

样品名称	m. p. /℃	样品名称	m. p. /℃
水-冰	0	苯甲酸	122. 4
α-萘胺	50	尿素	132. 7
二苯胺	53～54	二苯基羟基乙酸	151
对二氯苯	53	水杨酸	159
苯甲酸苯酯	70	对苯二酚	170～171
萘	80. 2	2,4-二硝基苯甲酸	183
间二硝基苯	90	3,5-二硝基苯甲酸	205
二苯乙二酮	95～96	蒽	216. 2～216. 4
邻苯二酚	105	对硝基苯甲酸	242
乙酰苯胺	114. 3		

零点的测定最好用蒸馏水和纯冰的混合物。在一个 15cm×2. 5cm 的试管中放入蒸馏水 20ml,将试管浸在冰盐浴中,至蒸馏水部分结冰,用玻璃棒搅动使之成冰-水混合物,将试管从冰盐浴中移出,然后将温度计插入冰-水混合物中,用玻璃棒轻轻搅动,待温度恒定 2～3min 后进行读数。

【思考题】

1. b 形管的胶塞为什么要开口?
2. 是否可以用已测定过熔点的毛细管再做第二次测定? 为什么?
3. 如果样品研磨得不细,对熔点测定有影响吗?
4. 如果加热速度太快,对测定结果有什么影响?
5. 在测定化合物的熔点时应注意什么?

第七节　常 压 蒸 馏

常压蒸馏是分离和纯化液态有机化合物的重要方法之一。除此之外,通过蒸馏还可以测出化合物的沸点,所以蒸馏对于鉴定纯粹的液态有机化合物也具有一定的意义。

一、基本原理

当液体受热时，其蒸气压随温度的升高而不断增大，当其蒸气压增大到与外界施于液面的总压力（通常指 1 个大气压）相等时，就有大量气泡从液体内逸出，即沸腾。此时的温度即为该液体的沸点。由于不同的物质在一定的温度下其蒸气压不同，因而沸点不同，所以利用蒸馏可将沸点相差较大（至少相差 30℃以上）的液态混合物分离，沸点较低者先蒸出，沸点较高者后蒸出，不挥发的则留在蒸馏瓶内，从而达到分离和提纯的目的。因此，蒸馏是分离和提纯液态有机化合物的常用方法。

所谓蒸馏是指将液态物质加热到沸腾变为蒸气，再将蒸气冷凝为液体这两个过程的联合操作。

纯净的液态有机物在一定压力下具有固定的沸点（沸程很小，0.5～1℃），沸程越小纯度越高，所以利用蒸馏可以测定液体物质的沸点，也可定性检验已知化合物的纯度。但是不能认为有固定沸点的物质都是纯物质，因为有些有机物能和其他组分形成二元或三元恒沸混合物，恒沸物也有固定的沸点。

二、常压蒸馏装置及仪器安装

1. 常压蒸馏装置

常压蒸馏装置由蒸馏瓶、冷凝器、接受器及温度计等组成，如图 3-28 所示。

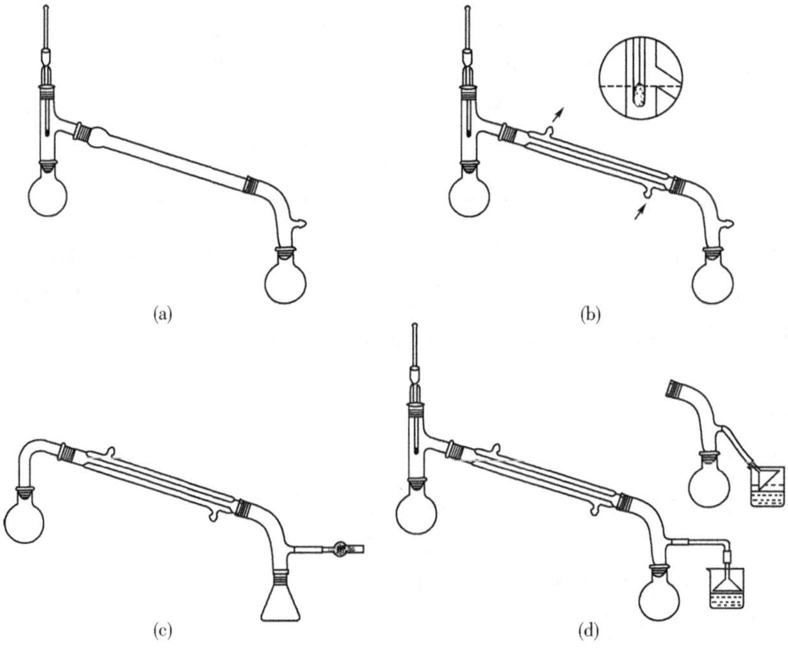

图 3-28　常压蒸馏装置

圆底烧瓶是蒸馏常用的容器，也称蒸馏瓶。若使用磨口烧瓶，瓶口配置蒸馏头。蒸馏瓶的大小应由所蒸馏液体的体积来决定，通常被蒸馏的液体体积应占烧瓶容量的 1/3～2/3。若投料量过大，蒸馏时液体飞沫会被蒸气带出混入馏液中；若投料量过小，蒸馏结束时相对会有较多的液体残留在瓶内，不能蒸出。

选择温度计时，其量程不要太大，否则精确度差；温度计的位置为水银球的上限与蒸馏瓶支管的下限相平行，见图 3-28(a)；并且温度计必须垂直，水银球不能与瓶壁接触。

冷凝器一般选直形冷凝器或空气冷凝器，通常被蒸馏物沸点在 140℃以下选用直形冷凝器；在 140℃以上选用空气冷凝器，如图 3-28(b)所示。冷凝水由低端通入，高端流出，这样可使冷凝器的夹套中始终充满冷却水。冷凝器的末端连接接液管，接液管与接受器相连。

接受器一般选用容量合适的锥形瓶，取其口小，蒸发面积小，同时放在桌面上平稳等特点。也可选用圆底烧瓶。

在蒸馏中如果不需要控制馏出物的温度，则不必使用蒸馏头，可将蒸馏瓶与冷凝器通过 75°弯管相连接，如图 3-28(c)所示。如果馏出液易吸水，可在接液管的支管上连接氯化钙干燥管(将干燥管底部铺少许棉花，加入块状氯化钙若干，再在干燥剂上面放少许棉花。棉花使用量以能够阻挡干燥剂不掉出来为宜，不宜过多，以免堵塞，妨碍系统与大气相通)，如图3-28(c)所示，以防潮气侵入。如果蒸馏过程中有可溶性有毒气体产生，可在接液管的支管上连接气体吸收装置(小漏斗倒悬在液面之上，离液面约 0.5cm 或者部分斜插入液面，但不可全部没入液面，以免倒吸)，如图 3-28(d)所示。蒸馏易挥发、易燃液体时(如蒸馏乙醚)，应在支管上接一长胶管通入下水道或户外；对于沸点很低的馏出物可把接液瓶放置冷水或冰水浴中。

2. 仪器安装

仪器安装的原则是安装顺序由下而上，自左(右)至右(左)。有机实验中所有仪器的安装都遵守这个原则。

首先，以热源高度为准，固定圆底烧瓶在铁架台上的位置。用铁夹夹住烧瓶的瓶颈，瓶口插上蒸馏头，蒸馏头上口插上固定好温度计的温度计套管(在温度计套管上口接一小段医用乳胶管，然后将温度计插入其中，使乳胶管紧裹着温度计)，调整温度计水银球的上限与蒸馏烧瓶支管的下限在同一水平线上。在另一个铁架台上，用一个铁夹夹住冷凝管的重心部位(约中上部)，但不能太紧，稍能转动即可。调整冷凝管的高低位置和斜度，使其与蒸馏头支管的斜度一致，即在同一轴线上，然后，将冷凝管沿此轴线向前移动，与蒸馏头支管相连。冷凝水下进上出，进水口朝下，出水口朝上。上端的出水口用橡皮管连接后导入水槽中。冷凝管的尾部与接液管相连，接液管与接受器(锥形瓶)相连，接液管的支管不能封闭，即整套装置不能密闭，从这里与大气相通。注意，有机实验中所有常压下加热装置均不能密闭，否则会引起爆炸。

安装完毕，整套仪器要做到准确端正，不论从侧面或正面看，各个仪器的中心线都要在同一直线上。

三、常压蒸馏操作

1. 加料和加止暴剂

仪器安装好后，取下装有温度计的套管或塞子，将物料液通过漏斗沿着面对支管的瓶颈小心注入。注意，不要让液体从支管流出。再加入几块止暴剂(止暴剂是表面疏松多孔并附有空气的物体，如沸石(未上釉的碎瓷片)、毛细管、玻璃珠等)。

止暴剂的作用是防止液体暴沸，当液体加热到沸点时，止暴剂会产生许多细小的气泡，这些小气泡称为“气化中心”，它们能使蒸馏平稳进行，否则可能会出现“过热”现象而发生冲料，即暴沸(液体温度上升到沸点以上很多仍不沸腾，这种现象称为“过热”。液体在此温度时的蒸气压已远远超过大气压和液柱压力之和，这时一旦沸腾，上升的气泡增大得非常快，甚至能将液体冲出瓶外，这种不正常沸腾称为“暴沸”）。在蒸馏过程中如发现忘记加沸石，应立即停止加热，待反应瓶内的温度降至沸点以下方可补加沸石，否则也有发生暴沸的危险。若蒸馏过程中因故停止蒸馏，则重新蒸馏前应补加新的沸石。

加完料和止暴剂后装上温度计，再次检查装置是否稳妥，然后慢慢打开冷凝水，观察冷凝水橡皮管出水口处的流速是否合适，然后开始加热。

2. 加热

加热后蒸气逐渐上升，当上升到温度计水银球附近时，温度计读数急速上升，这时应调节火焰或浴温，减慢加热速度，控制馏出液的馏出速度为 1～2 滴/s。蒸馏过程中温度计水银球上应常附有液滴，此时的温度即为液体与蒸气达到平衡时的温度，温度计的读数就是馏出液的沸点。蒸馏时火焰不能太大，否则在蒸馏瓶的颈部，部分液体的蒸气会直接受到火焰的热量，这样温度计的读数会偏高，与实际沸点不符。

3. 收集馏液

进行蒸馏至少准备两个接受器，因为在达到需要物质的沸点之前，常有低沸点液体蒸出，这部分馏液称为“前馏分”或“馏头”。前馏分蒸完，温度上升达到所需沸点时，蒸出的是较纯物质，这时应更换另一接受器。记下开始馏出的温度和最后一滴的温度，就是该馏分的沸程(沸点范围)。

所需要的馏分蒸完后，如果还维持原来的温度就不会再有馏液蒸出，温度会下降，此时应停止蒸馏。如果还有高沸点组分，温度短暂下降后继续加热，温度将再回升并超过原来恒定的温度，在较高的温度下达到新的气液平衡，这时蒸出的是沸点较高的组分。注意，在温度下降时，更换接受瓶。在蒸馏时即使溶液杂质含量很少，也不要蒸干，以免发生意外。特别是蒸馏硝基化合物及含有过氧化物的溶剂时，切忌蒸干，以防爆炸。

4. 结束蒸馏

蒸馏完毕先停止加热，移走热源，稍冷却后关冷凝水。再以与安装顺序相反的过程拆卸装置。

【思考题】

1. 蒸馏时加入沸石的作用是什么？如果蒸馏前忘加沸石，能否立即将沸石加至即将沸腾的液体中？当重新进行蒸馏时，用过的沸石能否继续使用？

2. 为什么蒸馏时最好控制馏出液的速度为 1～2 滴/s 为宜？

3. 为什么蒸馏时蒸馏瓶中液体的量不应超过容积的 1/2，也不应少于 1/3？

第八节　减 压 蒸 馏

减压蒸馏是分离和提纯有机化合物的重要方法之一。它主要用于在常压下蒸馏容易发生分解、氧化、聚合的高沸点有机化合物。

一、基本原理

液体的沸点是指液体的蒸气压与外界大气压力相等时的温度。如果外界压力降低，液体的沸点也会降低。如果把蒸馏系统内部的压力降低，液体就会在低于沸点的情况下沸腾而被蒸馏出来。像这种在较低压力下进行的蒸馏操作称为减压蒸馏，也叫真空蒸馏。

物质的沸点与压力有关，当压力降低到 2666Pa(20mmHg) * 时，化合物的沸点要比其常压下的沸点低 100~120℃。当减压蒸馏在 10~25mmHg 进行时，大体上压力每相差 1mmHg，沸点相差约 1℃。有些化合物难以在文献中查到减压条件下沸点与压力的关系，这时可以用图3-29粗略计算。图 3-29 是沸点-压力的经验计算图。通过图 3-29 可以近似地推算出某物质在不同压力下的沸点。例如，水杨酸乙酯在常压下的沸点为 234℃，若减压至 20mmHg，它的沸点应该是多少度？首先在图 3-29 的 B 线上找到相当于 234℃ 的点，将此点与 C 线上 20mmHg 处的点连成一条直线，再把该直线延长出去，与 A 线相交，其相交点所示温度就是水杨酸乙酯在 20mmHg 时的沸点，大约为 118℃。用此法得出的沸点虽为估计值，但方法简便，在实验中有一定的参考价值。确切的沸点只有在实际的实验中才能得到。

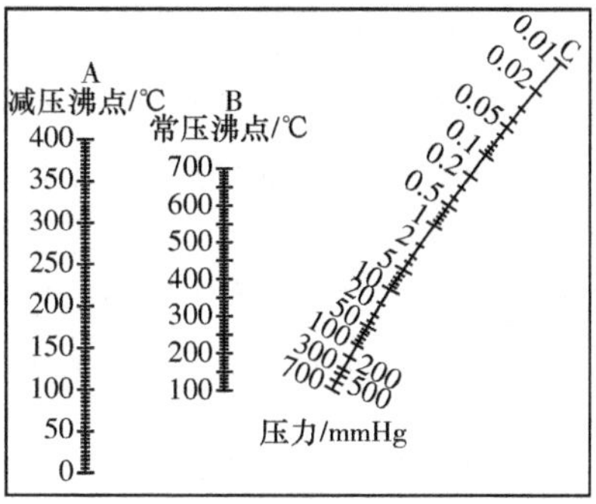

图 3-29　液体在常压下的沸点与减压下的沸点近似关系图(1mmHg=133.3224Pa)

二、减压蒸馏装置

减压蒸馏装置通常由蒸馏烧瓶、冷凝器、接受器、水银压力计、吸收塔、安全瓶和减压泵等部分组成，如图 3-30 所示。

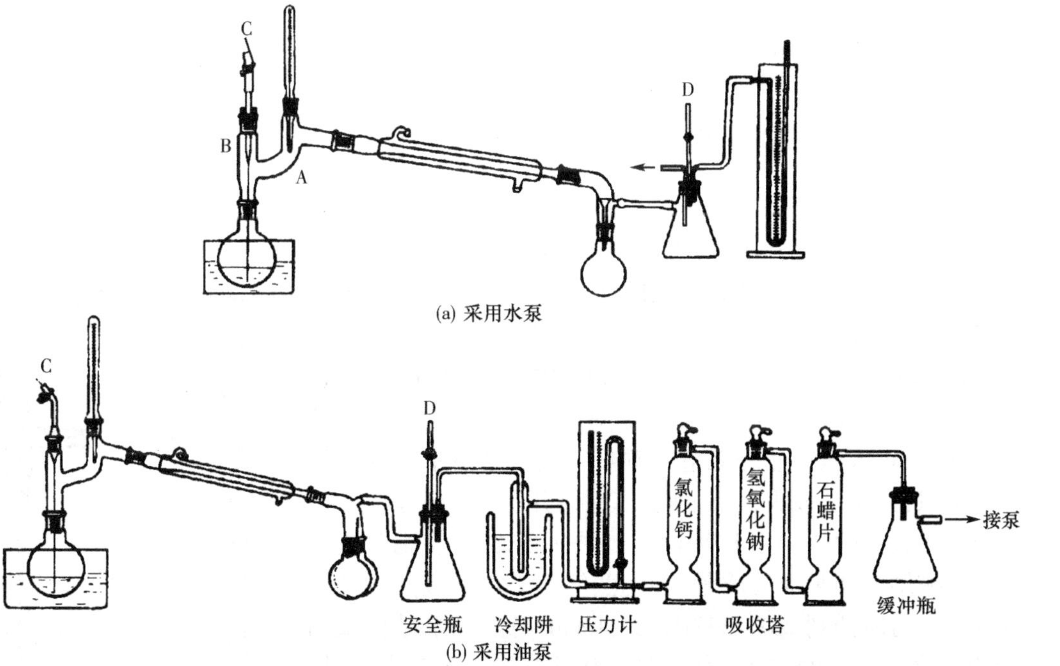

图 3-30　减压蒸馏装置

A. 克氏蒸馏头　B. 厚壁玻璃管　C. 乳胶管　D. 两通旋塞

* 1mmHg=133.32Pa，下同

1. 蒸馏烧瓶

减压蒸馏的磨口仪器装置是用克氏(Claisen)蒸馏头 A 配短颈圆底烧瓶。克氏蒸馏头有两个瓶颈,其目的是为了避免减压蒸馏时瓶内液体因暴沸而冲入冷凝器。克氏蒸馏头带侧管的颈插入温度计(温度计的位置与普通蒸馏相同),另一颈口则插一根末端拉成毛细管的厚壁玻璃管 B,毛细管的下端距瓶底 1~2mm,毛细管上端装一带螺旋夹的乳胶管 C(乳胶管中可插入一小段细金属丝,用螺旋夹夹住,以便掌握进气量),螺旋夹用以调节进入毛细管的空气量,使极少量的空气进入液体呈微小气泡冒出,形成气化中心,防止液体暴沸,同时还可起到一定的搅拌作用,使蒸馏平稳进行。克氏烧瓶(或克氏头)的支管与冷凝器相连,根据被蒸馏液体的沸点不同,选用合适的冷凝器和热浴。

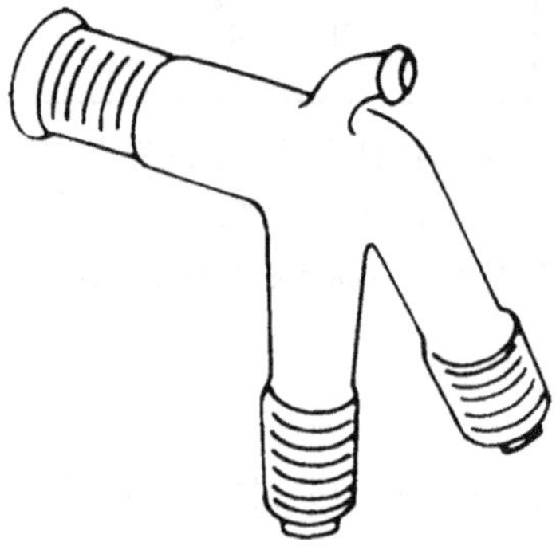

图 3-31　多头接液装置

2. 接受器

减压蒸馏所用的接受器一般是圆底烧瓶、抽滤瓶或厚壁支管试管,因为它们能耐外压。绝对不能用锥形瓶或平底烧瓶作接受器。若要收集不同的馏分而又不中断蒸馏,可采用多头接液装置,如图 3-31 所示。

接受器和油泵之间安装上水银压力计、安全瓶和吸收防护装置,如图 3-30(b)所示。

3. 安全瓶

安全瓶一般用抽滤瓶制作,因其壁厚耐压。接受器的支管与安全瓶支管相连接,安全瓶的上口配一个三孔橡皮塞,一孔与水银压力计相连,一孔接二通旋塞,用来调节压力及放气,另一孔插真空导管,真空导管应插入安全瓶的中下部,其上端与泵相连。

安全瓶的作用是调节系统内部的压力及放气,并防止反应瓶内压力发生突变时,水泵中的水倒吸。

4. 减压泵

实验室中常用的减压泵有水泵、循环真空水泵、油泵。

水泵是由玻璃或金属制成,如图 3-32 所示,水泵的效能与其结构、水压以及水温有关。水泵所能达到的最低压力理论上为当时室温下水的蒸汽压。例如,水温为 18~22℃时水的蒸汽压为 15.477~19.827mmHg,这对一般的减压蒸馏是足够用了。使用水泵时,应在水泵前安装安全瓶,以防止水压突然降低造成倒吸。循环真空水泵的效能和水泵相似,但用水较少,也是实验室中常用的一种装置。

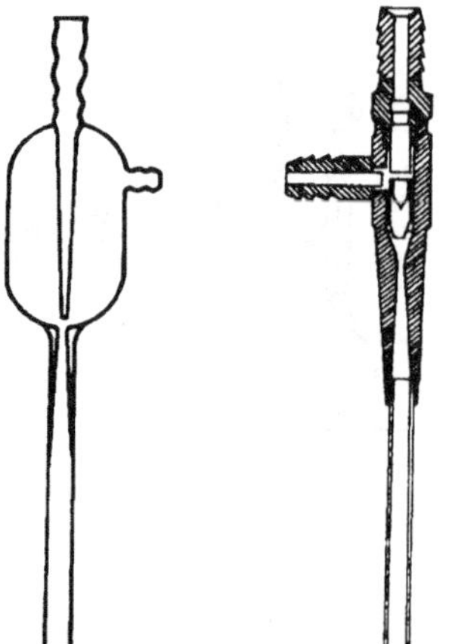

图 3-32　水泵

若需要较低的压力可选用油泵。油泵的抽空效能取决于油泵的机械结构和泵油的质量(油的蒸气压必须很低),油泵一般可以把压力减低到 267~533Pa(2~4mmHg)。油泵结构较精密,工作条件要求严格,如果有挥发性有机蒸气进入泵内,可增加油的蒸气压;水蒸气进入泵内会使泵油乳化,酸蒸气进入泵内会腐蚀泵内机件,这些都可降低泵的抽空效率。所以,在使用油泵时需要在油泵前设置一系列的吸收装置,使这些蒸气不能侵入泵内而保护油泵,如图 3-30(b)所示。通常若能使用水泵的，则尽量用水泵。如蒸馏物中含有挥发性杂质，可先用水泵抽除，再改用油泵。

5. 吸收装置

吸收装置一般由以下两个部分组成。

(1) 捕集管（也叫冷却阱）（图 3-33）：用来冷凝水蒸气和一些易挥发性物质。使用时将其放入盛有冷却剂的广口保温瓶中，冷却剂根据需要选定，如冰-水混合物、冰-盐混合物、干冰等。

(2) 吸收塔（图 3-34）：用来吸收经捕集管后还未除净的残余蒸气。通常可设 2~3 个，里面依次填装无水氯化钙或硅胶（吸收水蒸气）、氢氧化钠（吸收酸蒸气）、石蜡片（吸收烃类蒸气）。

6. 测压计

测压计的作用是指示减压蒸馏系统内的压力，通常采用水银压力计。

(1) 开口式水银测压计[图 3-35(a)]：使用这种压力计，首先应记录下压力计两臂水银柱高度的差数(mmHg)，然后用当时的大气压力(mmHg)减去这个差数便是系统内的压力。这种压力计的优点是装汞方便，读数准确。缺点是笨重，所用玻璃管的长度需超过 760mm，使用时还需配有大气压计以便计算。

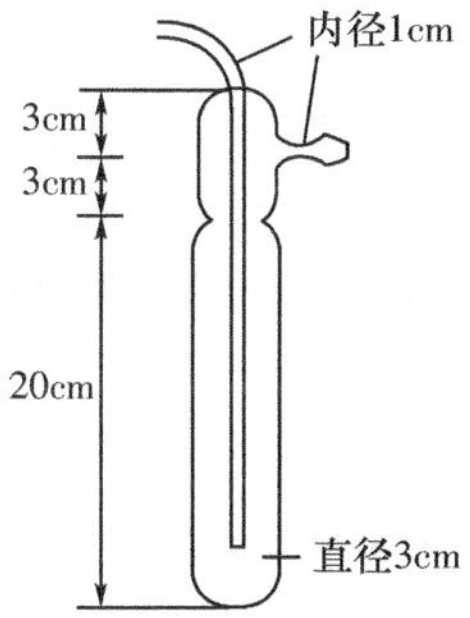

图 3-33　捕集管

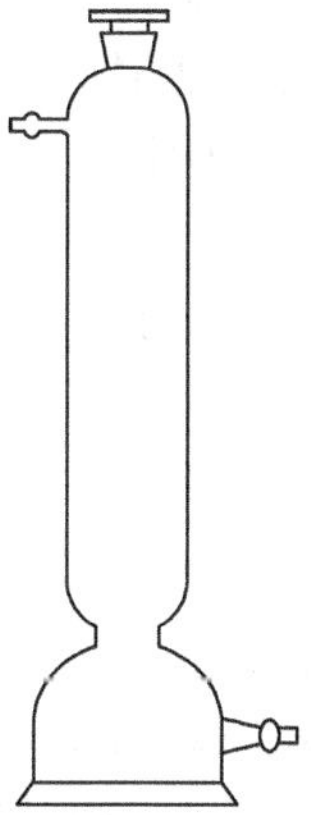
图 3-34　吸收塔

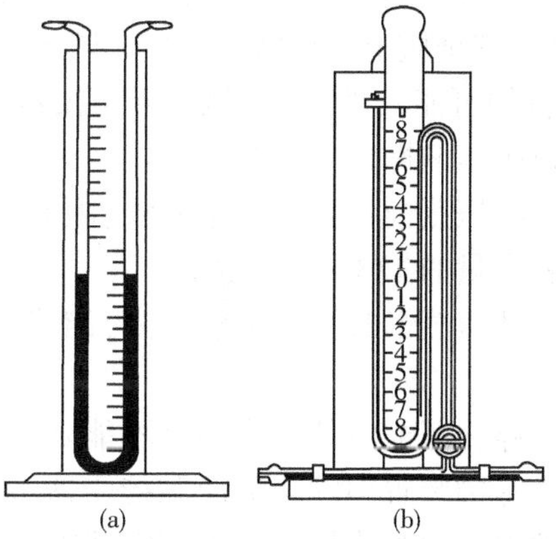

图 3-35　水银压力计塔
(a) 开口式　(b) 封闭式

(2) 封闭式水银测压计[图 3-35(b)]：它是一端封闭的 U 形管，管后木座上装有可滑动的刻度标尺，测定压力时，把滑动标尺的零点调到 U 形管右臂的水银柱顶端线上，根据左臂的水银柱顶端所指示的刻度，可以直接读出系统内的压力。这种测压计的优点是轻巧，读数方便。缺点是管中如有残留空气，或者进入了水和杂质时，则准确度会受到严重影响，所以这种测压计装汞时要严格控制不让空气进入。

减压蒸馏装置应是密封的体系，为保证各磨口连接处的密封和润滑，可在磨口处涂少量真空脂，所用橡皮管应为硬质真空用橡皮管。

三、减压蒸馏操作

按图 3-30(a)或(b)安装仪器。投料后先检查系统能否达到预期的真空度，然后才能开始蒸馏。

首先在圆底烧瓶中加入待蒸馏的液体,加入量为烧瓶总容量的 1/3~1/2。旋紧毛细管上的螺旋夹 C,打开安全瓶上的两通旋塞 D(图 3-30),然后开泵(如用水泵,此时应开至最大),慢慢关闭两通旋塞 D,从压力计上观察系统是否能达到所需要的真空度。若真空度达不到要求时,往往不是水泵、油泵本身的原因,而是某个连接部位漏气,应逐个检查连接部位,必要时可用熔融的固体石蜡密封(涂蜡应在解除真空后进行。可用电吹风在涂蜡处加热再熔)。若水银压力计上的读数已超过所需要的真空度,说明系统内减压情况完全达到预期的真空要求,此时方可开始蒸馏操作。

首先小心旋转两通旋塞 D,慢慢引入少量空气,把压力调整到所需要的压力。再调节毛细管上的螺旋夹 C,使液体中有连续平稳的小气泡产生。然后打开冷凝水,热浴加热,烧瓶的球形部分应浸入热浴的 2/3,绝对不能将瓶底接触加热浴底部。在热浴中放一只温度计,控制浴温比被蒸馏液的沸点高 20℃左右,并同时控制馏出速度,以 0.5~1 滴/s 为宜。在蒸馏过程中要注意水银压力计的读数,操作时应随时记录下时间、压力、沸点、浴液温度和馏出液的速度等数据。

蒸馏完毕或蒸馏过程中有意外出现时,应先停止加热,撤去热浴,待烧瓶稍冷后慢慢打开毛细管上的螺旋夹 C,再慢慢打开安全瓶两通旋塞 D(先开螺旋夹 C,后开安全瓶旋塞 D,这个顺序不能颠倒,否则,烧瓶内物质会倒吸到毛细管中),使压力计的水银柱缓缓地恢复原状(打开安全瓶上的旋塞,动作一定要慢,若开得太快,水银柱会急速上升,有冲出压力计(开口式)的可能),然后关闭泵,拆除仪器或查找原因。

在减压蒸馏操作中注意掌握:

(1) 减压蒸馏很容易发生暴沸,因而不能直火加热,应用热浴加热;投料量也不宜过多,以占烧瓶容量的 1/3~1/2 为宜。

(2) 减压蒸馏其浴温不能过高,馏速不能过快,否则,压力计所示压力与系统内的实际压力不符。

(3) 停止蒸馏时的操作顺序不能随意颠倒。

(4) 蒸馏装置中的蒸馏瓶和接受器不能用不耐压的平底烧瓶和锥形瓶,同时检查仪器是否有破损。因为当仪器处于真空状态时,仪器承受的外部压力是非常大的。

【思考题】

1. 叙述减压蒸馏装置及操作的要领。
2. 在什么样的情况下采用减压蒸馏?
3. 使用水泵和油泵时要注意哪些事项?
4. 在减压蒸馏中为什么必须用热浴加热,而不能直接加热?为什么必须先抽气后加热?
5. 毛细导管在减压蒸馏中的作用是什么?减压蒸馏用的烧瓶里要加沸石吗?

第九节 水蒸气蒸馏

水蒸气蒸馏是分离和纯化有机化合物的重要方法之一,常用于下列几种情况:

(1) 反应混合物中含有大量树脂状杂质或不挥发性杂质。

(2) 除去挥发性有机杂质。

（3）从固体较多的反应混合物中，分离被吸附的液体化合物。

（4）在常压蒸馏下会发生分解的高沸点有机物，用水蒸气蒸馏可以在 100℃ 以下的温度蒸出。

被提纯化合物须具备以下几个条件：①不溶或难溶于水；②在沸腾时与水不发生化学反应；③在 100℃ 时必须有一定的蒸汽压，至少 5～10mmHg。

一、基本原理

当有机物与水一起共热时，整个系统的蒸汽压根据道尔顿分压定律应为各组分蒸汽压之和，即

$$p=p_{H_2O}+p_A$$

式中：p 为总蒸汽压；p_{H_2O}为水蒸气压；p_A 为与水不相混溶的物质的蒸汽压。

当混合物中各组分的蒸气压之和与外界大气压力相等时，混合物开始沸腾，此时混合物的沸点低于其中任一组分的沸点，即有机物会在低于其沸点，并且低于 100℃ 的情况下随水蒸气一起被蒸馏出来。

随水蒸气一起蒸馏出的有机物和水，两者的物质的量之比（n_A/n_{H_2O}）等于两者的分压之比（p_A/p_{H_2O}），即

$$\frac{n_A}{n_{H_2O}}=\frac{p_A}{p_{H_2O}} \tag{3-1}$$

由于

$$n_A=\frac{m_A}{M_A} \tag{3-2}$$

$$n_{H_2O}=\frac{m_{H_2O}}{M_{H_2O}} \tag{3-3}$$

式中：m_A、m_{H_2O}分别为有机物、水在一定容积中蒸汽的质量；M_A、M_{H_2O}分别为有机物、水的相对分子质量。

将式（3-2）、式（3-3）代入式（3-1），得

$$\frac{\frac{m_A}{M_A}}{\frac{m_{H_2O}}{M_{H_2O}}}=\frac{p_A}{p_{H_2O}}$$

则

$$\frac{m_A\times M_{H_2O}}{M_A\times m_{H_2O}}=\frac{p_A}{p_{H_2O}}$$

因此

$$\frac{m_A}{m_{H_2O}}=\frac{p_A\times M_A}{p_{H_2O}\times M_{H_2O}} \tag{3-4}$$

例如，苯胺的沸点为 184.4℃，将水蒸气通入含有苯胺的混合物中，当加热到 98.4℃时，苯胺的蒸气压为 42mmHg，水的蒸汽压为 718mmHg，混合物总的蒸汽压为 760mmHg，所以苯胺和水的混合物在 98.4℃时沸腾，两者同时被蒸馏出来。

水的相对分子质量为 18，苯胺的相对分子质量为 93。馏出物中苯胺和水的质量比为

$$\frac{m_A}{m_{H_2O}}=\frac{5.5995\times93}{95.7252\times18}=\frac{1}{3.3}=0.30$$

即每蒸出 3.3g 水带出 1g 苯胺。馏出液中苯胺的含量为

$$\frac{0.30}{1+0.30}\times100\%=23\%$$

这只是个近似值，因为上述关系式只适用于与水不相溶的物质，而苯胺微溶于水（在水中完全不溶的化合物是没有的）。

通常有机物的相对分子质量比水大得多，因此只要有机物的蒸气压在 100℃ 时不低于 6.665kPa，就可通过水蒸气蒸馏得到良好的分离、纯化效果。

二、水蒸气蒸馏装置

水蒸气蒸馏装置包括水蒸气发生器、蒸馏烧瓶，冷凝器和接受器四大部分。

1. 水蒸气发生器

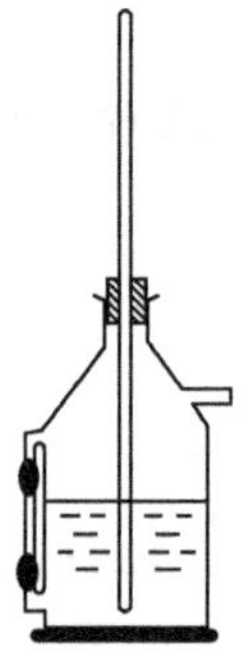

图 3-36　金属制的水蒸气发生器

水蒸气发生器一般为铁质，如图 3-36 所示，也可用短颈圆底烧瓶代替，如图 3-37 所示。水蒸气发生器上的长玻璃管（1m 左右）称为安全管，安全管的下端距发生器的底部约 0.5cm。在蒸馏过程中，可根据安全管中水位的高低与升降情况来判断系统是否堵塞，以保证操作安全。水蒸气发生器上的水蒸气导出管与一 T 形管相连，T 形管的支管上套一短橡皮管，橡皮管用弹簧夹夹住，T 形管的另一端用橡皮管与蒸馏部分的水蒸气导入管相连接。

2. 蒸馏部分

蒸馏部分选用磨口装置或非磨口装置均可。

选用非磨口装置时采用长颈圆底烧瓶，将长颈圆底烧瓶斜放与桌面成 45°角，这样可以避免由于蒸馏时液体沸腾剧烈而引起液体从导管中冲出以致污染馏液。在蒸馏瓶的上口配一双孔塞子，一孔插入水蒸气导入管（水蒸气导入管的弯制：取一适当长度的玻璃管，在玻璃管的一端位置上先弯成 135°角，套上橡皮塞，再在另一端的适合位置上弯成 100°左右的角。注意，两端的方向要一致，否则反应瓶与桌面形不成 45°角），水蒸气导入管的另一端应接近蒸馏瓶底部（约 3mm），这样可以使水蒸气与蒸馏物质充分接触并能起到搅拌作用；另一孔插入馏出液导管（约 30°），馏出液导管应比水蒸气导入管略粗一些，以便使被蒸馏物质随蒸气畅通地进入冷凝管中，如馏出液的导出管太细，则蒸气的导出困难，这样会增加烧瓶中的压力发生危险。馏出液导管的另一端与直形冷凝器相连接，接收装置与常压蒸馏相同，如图 3-37 所示。

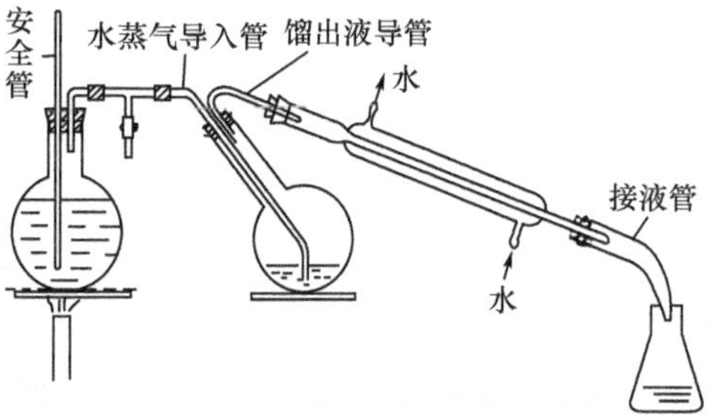

图 3-37　非磨口仪器的水蒸气蒸馏装置

选用磨口装置时采用短颈圆底烧瓶，其上口装克氏蒸馏头，克氏蒸馏头的一瓶颈插入水蒸气导入管，导入管的下端接近蒸馏瓶底部（约 3mm），另一瓶颈装一塞子，侧管接直形冷凝器，接收装置与常压蒸馏相同，如图 3-38 所示。

安装水蒸气蒸馏装置时应注意掌握：

(1) 由水蒸气发生器到反应瓶之间的玻璃管距离要尽可能短(20cm 左右)，太长水蒸气易冷凝。

(2) 水蒸气导入管应接近蒸馏瓶底部，以起搅拌作用，使水蒸气与被蒸馏物充分接触。

(3) 水蒸气发生器的容量应比蒸馏瓶的容量大一倍。此外，整套仪器应安装严密不漏气。

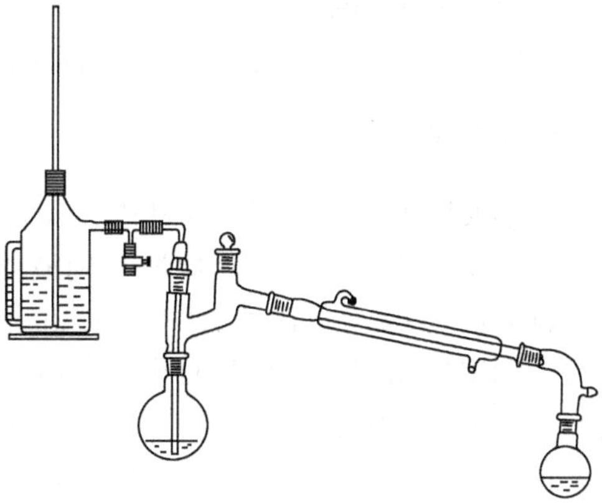

图 3-38　磨口仪器的水蒸气蒸馏装置

三、水蒸气蒸馏操作

水蒸气发生器内加水量为总容量的 3/4，蒸馏瓶内的加料量应不超过总容量的 1/3。操作开始时首先打开 T 形管的弹簧夹，用直火加热水蒸气发生器至沸，当有大量水蒸气从 T 形管的支管中冲出时，关闭弹簧夹，打开冷凝水，蒸气便进入反应瓶中开始蒸馏，这时可以看到反应瓶中的混合物翻腾不息，稍后有冷凝液馏出，此时可适当调节火源并控制馏出速度为 2~3 滴/s。

如果有水蒸气冷凝为液体流回到反应瓶中，则反应瓶中体积过大，蒸馏困难，这时可在反应瓶下放一张石棉网，用酒精灯小火加热，以帮助液体气化。

如果随水蒸气挥发的物质具有较高的熔点，则冷凝后就容易析出固体，这时应调小冷凝水的流速，使它冷凝后仍然保持液态。如果析出的固体较多，可暂时停止冷凝水的流通，甚至需要将冷凝水暂时放出。万一冷凝管被堵塞，应立即停止蒸馏，并设法疏通。

在操作中要时常注意安全管中水柱是否正常，若不正常，应立刻打开 T 形管的弹簧夹并移去热源，查找原因。原因通常是蒸馏瓶内的黏稠状物质将水蒸气导入管的下端堵塞。原因找到并排除后方可继续蒸馏。

当馏出液无明显油珠，透明澄清后，可停止蒸馏，这时应首先打开弹簧夹，然后移去热源，以免发生倒吸。

【思考题】

1. 叙述一下水蒸气蒸馏的操作要点及装置要领。
2. 在水蒸气蒸馏过程中，要经常检查装置的哪个部位？
3. 在水蒸气蒸馏过程中如果安全管中的水柱上升，说明哪个部位出了问题？应如何处理？
4. 在水蒸气蒸馏装置中，蒸气导入管为什么要伸入到蒸馏瓶的底部？
5. 为什么水蒸气蒸馏温度永远低于 100℃？

第十节　分　　馏

分馏是分离化合物常用的方法。对于沸点相差不太大(通常 30℃以下)的两种或两种以上能互溶的液体有机混合物，用普通蒸馏方法不能将其完全分离，这时若采用在蒸馏瓶和蒸馏头之间加上一根分馏柱，则可以将其有效分离，这种应用分馏柱使沸点相近的混合物分离的方法称为分馏。分馏已被广泛应用于实验室和化学工业中，目前精密的分馏设备已能将沸点仅相差 1℃ 的混合物分开。

分馏一般在常压下进行，但分离高沸点组分或受热易分解氧化的物质可采用减压分馏。

一、基本原理

分馏实际上就是利用分馏柱进行反复多次的简单蒸馏的过程。

将完全互溶的液体混合物加热到液体混合物的各组分的蒸汽压总和等于外界大气压时，液体混合物就开始沸腾，此时液体混合物的温度就是该溶液的沸点。这时沸腾液体中两种组分的组成比和与之平衡的蒸汽中两种组分的组成比是不同的。通常易挥发（即沸点低的）组分在蒸汽中的比例要比在液体中的比例高。把蒸汽冷凝后，馏出液中低沸点成分所占的比例要比保留在蒸馏瓶中的比例高。

分馏原理可通过沸点-组成图来理解。

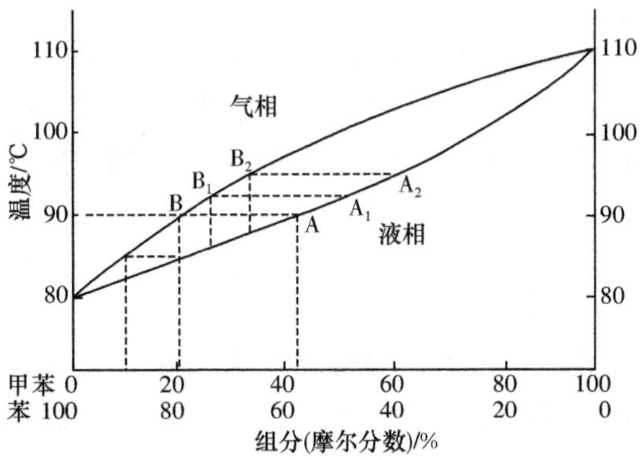

图 3-39　二元理想溶液苯-甲苯的气-液平衡相图

图 3-39 是二元理想溶液苯-甲苯的气-液平衡相图，它是根据一定压力条件下，溶液的气-液相组成与温度的关系绘制而成的。下面的曲线为饱和液体线，上面的曲线为饱和蒸汽线，它由拉乌尔定律（Raoult Law）计算得到，它指出了在同一温度下和沸腾液相平衡的气相组成。

从图 3-39 中可以看出，在同一温度下，气相组成中易挥发组分的含量总高于液相组成中易挥发组分的含量。例如，在 90℃ 时，沸腾的液体是由 42%（摩尔分数）的甲苯和 58%（摩尔分数）的苯组成的；而与此液相平衡的气相是由 80%（摩尔分数）易挥发的苯（低沸点，b. p. 80. 1℃）和 20%（摩尔分数）的甲苯（b. p. 110. 63℃）组成。若将此蒸汽冷凝，也就是说，经过了一次蒸馏后，馏出液中含苯 80%、甲苯 20%。在与此馏出液平衡的蒸汽组成中，苯约占 90%、甲苯约占 10%。同理，若再将冷凝液部分气化，则气相中低沸点苯的浓度又增大，这样多次重复，最后就可把这两个组分分开。每一次的部分气化、冷凝过程就相当于一次蒸馏过程。在分馏柱内使混合物进行这样多次蒸馏过程就是分馏。

利用分馏柱进行分馏时，在分馏柱内，当上升的蒸气与下降的冷凝液互相接触时，上升的蒸气部分冷凝所放出的热量可使下降的冷凝液部分气化，两者之间发生了热量交换。其结果是，上升蒸气中易挥发组分增加，而下降的冷凝液中高沸点组分增加。蒸汽在分馏柱内上升的过程中，就等于进行了多次的气液平衡，即达到了多次蒸馏的效果。这样，靠近分馏柱顶部易挥发物质的组分比例高，而在烧瓶里高沸点组分的比例高。当分馏柱的效率足够高时，开始从分馏柱顶部出来的几乎是纯净的易挥发组分，而最后在烧瓶里残留的几乎是纯净的高沸点组分，从而达到分离的目的。分馏实际上相当于多次的简单蒸馏。

二、简单分馏装置

实验室中的分馏装置包括热源、蒸馏器、分馏柱、冷凝器、接受器五个部分，如图 3-40 所示。

在分馏中分馏能力的大小常用分馏柱的效率来衡量,所以选择合适的分馏柱是分馏成败的关键。分馏柱效率的高低与其高度、填充料的类型以及柱身的绝热性能等有关。

实验室常用的分馏柱如图 3-41 所示。

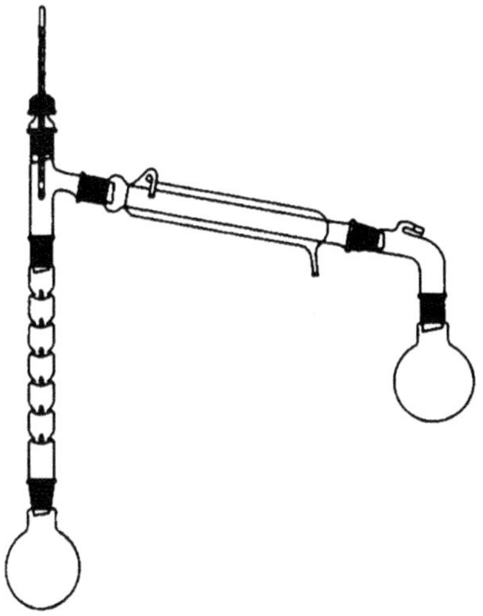

图 3-40　分馏装置图

填充式分馏柱是在柱内填上惰性材料,以增加表面积,使气-液两相能充分接触。常用的填充材料有玻璃珠、玻璃环、陶瓷,或者螺旋形、马鞍形等各种形状的金属片或金属丝。填充物之间要保留一定的空隙,以增加回流液体和上升蒸气的有效接触面积。分馏柱底部往往放一些玻璃丝以防止填充物坠入烧瓶中。填充式分馏柱的分馏效果较好,适合分离沸点差别较小的混合物。韦氏分馏柱结构简单,较填充式分馏柱所黏附的液体少,其缺点是比同样高度的填充式分馏柱效率低,适合分离沸点差别较大的混合物。球形分馏柱通常分馏效果较差。若欲分离沸点差别很小的液体混合物,还必须使用精密分馏装置。

(a)　(b)　(c)

图 3-41　分馏柱

(a) 球形分馏柱　(b) 韦氏分馏柱　(c) 填充式分馏柱

三、简单分馏操作

将待分馏的混合物加入圆底烧瓶中,并加入止暴剂(如沸石),按图 3-40 装好分馏装置,其装配原则同蒸馏装置。选择合适的热浴(不能直接加热),开启冷凝水,开始小火加热,液体沸腾后应调节浴温,减慢加热速度,使蒸汽慢慢升入分馏柱。若室温较低或者液体沸点较高,可用石棉绳将分馏柱包裹起来,以减少柱内热量散发。当蒸气上升到分馏柱顶端时开始有馏液流出,此时再次减慢加热速度,控制馏出液馏出速度为每 2～3s 1 滴,若分馏速度太快,馏出物纯度下降,影响分馏效果。但分馏速度也不宜太慢,否则上升的蒸气时续时断,馏出温度波动。

待低沸点的组分馏完后,温度计汞柱骤然下降,再逐渐升温,按各组分的沸点分馏出各组分化合物。若分馏柱高度适当,填料选择合适,操作合理,可把液体混合物一一分馏出来。

在分馏操作中应注意掌握:

(1) 分馏一定要缓慢进行,要控制恒定的馏出液馏出速度。

(2) 分馏柱内要有足够量的液体流回烧瓶内。

(3) 尽量减少分馏柱的热量散失,必要时可用石棉布(绳)包裹分馏柱。

【思考题】

1. 分馏和蒸馏在原理上有哪些异同点?

2. 在什么情况下使用分馏?在什么情况下使用蒸馏?

第十一节 回 流

在有机化学实验中，为了加快反应速率使反应完全，需要对反应物进行加热，并在较长时间内保持沸腾。在这种情况下，为了减小挥发性反应物或溶剂的损失，需要采用回流冷凝装置。回流是指将液体加热所产生的蒸气通过冷凝又变成液体流回到原来的反应器中的过程。

一、回流装置

回流装置由热源、烧瓶和冷凝器组成。回流所用的冷凝器是依据反应物的沸点高低来选择的。一般的，沸点高于140℃选用空气冷凝器；低于140℃选用水冷凝器，在水冷凝器中通常选用球形冷凝器。冷凝水下进上出，这样可使夹套内始终充满冷却水。有机化学实验常用的回流冷凝装置如图3-42所示。

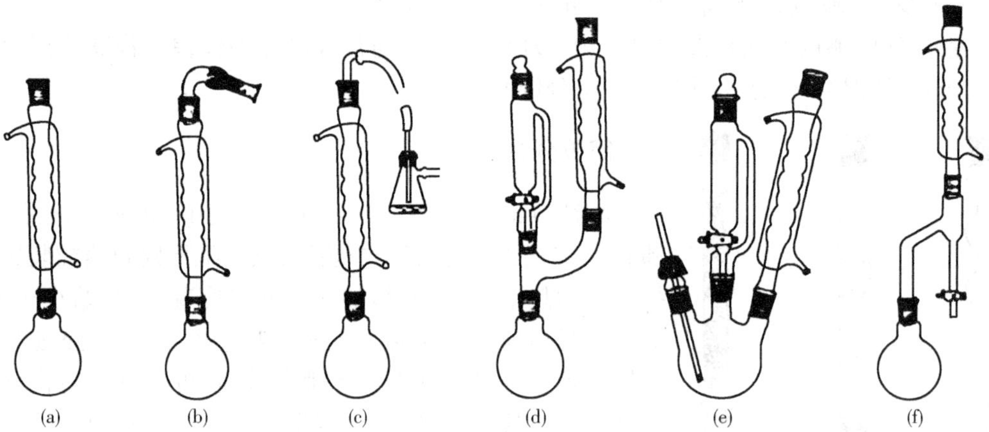

图3-42 常用的回流冷凝装置

图3-42中，(a)是简单的回流冷凝装置；(b)是可以防潮的回流冷凝装置；(c)是带有吸收反应中生成的水溶性有害气体(如氯化氢、溴化氢、二氧化硫等)的回流冷凝装置。

有些放热反应比较剧烈，如果将反应物一次加入量太大，会使反应失去控制，在这种情况下，可以采用带滴液漏斗的回流装置。图3-42(d)、(e)所示，即是回流时可以同时滴加液体的装置。

在某些有可逆平衡的反应中，为了使反应能较多地向生成物的方向进行，可以将产物之一的水不断从反应混合物体系中除去。如图3-42(f)所示的是回流分水装置。回流下来的冷凝液进入分水器，分层后，有机层自动被送回烧瓶，生成的水可以从分水器中放出。例如，在生成酯的反应中就可以采用这种装置。

二、回流操作

将反应混合液加入圆底烧瓶内，加入沸石，装好回流装置，开启冷凝水后选择合适的加热方式加热。为了使蒸气充分冷凝，切勿使液体沸腾过激，刚开始加热时，加热速度可稍快，液体沸腾后，减慢加热速度，以液体蒸气浸润冷凝管不超过两个球或不超过冷凝管高度的1/3为宜，控制回流速度为1~2滴/s。从第一滴被冷凝液体下滴时开始计算回流时间。

回流完毕，先撤去热源，待冷凝管中不再有冷凝液下滴时，关闭冷凝水，拆除装置。

第十二节 萃 取

萃取是提取和纯化有机化合物常用的操作之一。利用萃取可以从固体或液体混合物中提取出所需要的物质，也可用来洗去混合物中的少量杂质。通常，前者称为“萃取”；后者称为“洗涤”。

一、基本原理

萃取是利用化合物在两种互不相溶(或微溶)的溶剂中分配系数或溶解度的不同，使物质从一种溶剂转移到另一种溶剂中，从而达到分离或提纯的目的。通常，有机化合物在有机溶剂中的溶解度比在水中大，所以用有机溶剂提取溶解于水中的有机化合物是萃取的典型实例。

分配定律是萃取法的主要理论依据。物质在不同的溶剂中有不同的溶解度，因此，在两种相互接触而互不相溶的溶剂中加入某种可溶性物质时，它就以不同的溶解度分别溶解于这两种溶剂中。如果在一定温度下，该物质在两种溶剂中不发生分解、电离、缔合和溶剂化等作用，则该物质在两液层内的含量之比是一个定值。可用下式表示：

$$c_A/c_B=K$$

式中：c_A、c_B分别为在两种互不相溶的溶剂中某物质的量浓度；K为一个常数，称为分配系数。

把所需要的物质从溶液中完全萃取出来，通常一次萃取不能完成，需要多次萃取，利用这一分配定律的关系，可以计算出每次萃取后原溶液中化合物的剩余量。

设V为原溶液的体积；S为萃取溶剂的体积；m_0为萃取前化合物的总量；m_1为第一次萃取后化合物的剩余量；m_2为第二次萃取后化合物的剩余量；m_n为第n次萃取后化合物的剩余量。

经过第一次萃取后，原溶液中物质的量浓度为m_1/V，而萃取溶剂中含该化合物的量浓度为$(m_0-m_1)/S$，两者之比是常数K，即分配定律表示如下：

$$\frac{m_1/V}{(m_0-m_1)/S}=K$$

整理后则为

$$m_1=m_0\frac{KV}{KV+S}$$

同理，第二次萃取后为

$$\frac{m_2/V}{(m_1-m_2)/S}=K$$

即

$$m_2=m_1\frac{KV}{KV+S}=m_0\left(\frac{KV}{KV+S}\right)^2$$

经n次萃取后则为

$$m_n = m_0\left(\frac{KV}{KV+S}\right)^n$$

因为 $KV/(KV+S)$ 总是小于 1，所以 n 越大，则 m_n 越小。即当把一定量的溶剂分为数次萃取时，其萃取效果比用全部量的溶剂一次萃取好。

表 3-6　丁酮在水和苯溶液中溶解性

组分	溶解性（质量分数）/%	
	上层	下层
丁酮	19.0	3.5
水	0.4	96.4
苯	80.6	0.1

必须说明的是，上述公式仅适用于几乎不与水（待萃取溶液）互溶的萃取剂，如苯、四氯化碳等。对于与水有少量互溶的萃取剂如乙醚，则上述公式只是近似结果，但仍然可以说明组分在萃取前后的浓度变化。

例如，25℃时，100ml 水溶液中含有 10g 丁酮，用 100ml 苯萃取丁酮。丁酮在水和苯中的溶解性，见表 3-6。在 25℃时，丁酮的相对密度为 0.7997，苯的相对密度为 0.8737，以表 3-6 中数据计算，有

$$K=\frac{m_{丁酮}/V_{下层}}{m_{丁酮}/V_{上层}}=\frac{\left(\dfrac{3.5}{\dfrac{3.5}{0.7997}+96.4+\dfrac{0.1}{0.8737}}\right)}{\left(\dfrac{19}{\dfrac{19}{0.7997}+0.4+\dfrac{80.6}{0.8737}}\right)}\approx 0.22$$

用 100ml 苯一次萃取后，丁酮在水中的剩余量为

$$m_1 = m_0\frac{KV}{KV+S}=10\times\frac{0.21\times100}{0.21\times100+100}=1.74(\text{g})$$

如果将 100ml 的苯分为两次萃取，则剩余量为

$$m_2 = m_0\left(\frac{KV}{KV+S}\right)^2=10\times\left(\frac{0.21\times100}{0.21\times100+50}\right)^2=0.88(\text{g})$$

依此类推，$m_3=0.58\text{g}$；$m_4=0.43\text{g}$；$m_5=0.35\text{g}$；$m_6=0.30\text{g}$……

从上面的计算可以看出，用 100ml 苯一次萃取可以提取出 8.26g 丁酮（82.6%），分两次萃取可以提取出 9.13g（91.3%），分三次可以提取出 9.42g（94.2%）。所以，同体积的溶剂，分多次萃取比一次萃取的效果好。如果溶剂的总量不变，随着萃取次数 n 不断增加，则 S 不断减少，它们对 $[KV/(KV+S)]^n$ 的影响也相互抵消，当 $n>5$ 时，萃取结果变化很小，所以溶剂总量不变时，分 3~5 次萃取即可。

上面的讨论也适合由溶液中萃取出（或洗涤去）溶解的杂质。

另外还有一类萃取，其原理是利用被萃取物质与萃取剂发生化学反应，以降低组分在原溶液中的溶解度进行萃取。这类萃取通常用于从化合物中除去少量杂质或分离混合物。常用的这类萃取剂有 5% 或 10% 的氢氧化钠溶液、碳酸钠溶液、碳酸氢钠溶液、稀盐酸、稀硫酸等。碱性萃取剂可以从有机相中萃取出有机酸类物质，酸性萃取剂可从混合物中萃取出有机碱性物质等。浓硫酸可用于从饱和烃中除去不饱和烃以及从卤代烷中除去醇或醚等。

二、液-液萃取

在实验中，一般是从水溶液中萃取出所需要的物质。常用的萃取仪器是分液漏斗。所选分液漏斗的容积应比液体的体积大一倍以上。

萃取之前首先检查分液漏斗的玻璃塞和旋塞是否严密，以防在萃取过程中发生泄漏而造成损失。检查的方法是在分液漏斗的旋塞上涂薄薄一层凡士林（涂凡士林的方法：取下

旋塞，用纸或干布擦净旋塞及旋塞孔道的内壁，在旋塞的大头和旋塞孔内壁的小头分别涂上薄薄一层凡士林，注意离小孔远一点，以免旋转时将凡士林挤入小孔，然后插入旋塞反时针方向旋转，至透明即可。玻璃塞不能涂凡士林，否则会污染液体），然后加入水检漏，检查合格后方可进行操作。

操作时，先将分液漏斗放置在铁圈中，关闭旋塞，将要萃取的溶液和萃取剂（一般为溶液体积的 1/3）自上口依次倒入漏斗中，塞紧玻璃塞（注意，封闭玻璃塞上的气孔）以免漏液。然后取下分液漏斗，用右手手掌顶住玻璃塞并握住分液漏斗，左手握住旋塞处，拇指压紧旋塞，姿势见图 3-43（a）。先将分液漏斗慢慢振摇几次，然后将漏斗旋塞一端向上倾斜（朝着无人处），打开旋塞“放气”（两种互不相溶的溶剂在振摇后往往会产生压力，尤其是用乙醚萃取水溶液时和用碳酸钠或碳酸氢钠洗涤酸时，大量的气体若不及时放出会将塞子顶开而出现喷液），姿势如图 3-43（b）所示。通常可以听到气体冲出旋塞孔的声音，然后反复振摇和放气，直至压力很小后，再剧烈振摇 2～3min，然后将分液漏斗放在铁圈上静置，当两相液体完全分开后，将上面的玻璃塞打开或者放气孔对准，由下面旋塞放出下层液体。当下层液体放出 3/4 量时，关闭旋塞，再静置几分钟，以便让附在分液漏斗内壁上的下层液体流下，当两相的界面再次清晰时，慢慢打开旋塞，小心分液，直至下层液体全部进入旋塞的小孔，立刻关闭旋塞。留在分液漏斗中的上层液体必须从上口倒出。如果上层液体也从旋塞放出，则漏斗旋塞下面颈部所附着的下层残液会把上层液体污染。

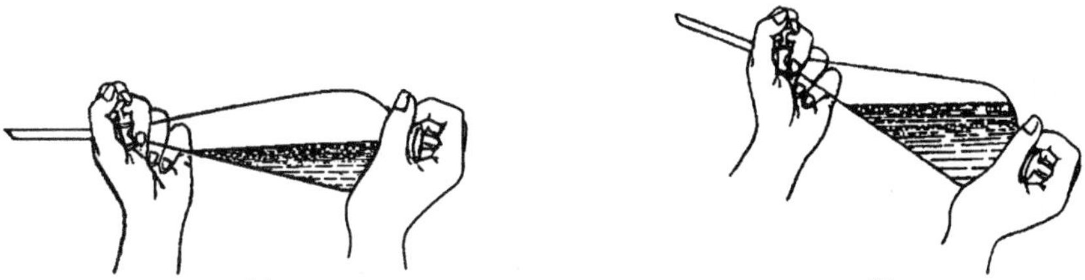

(a)　　(b)

图 3-43　分液漏斗的使用

（a）振摇　（b）放气

两相液体分离后，将萃取相（一般是有机相）放入一个干燥的锥形瓶中，分液漏斗中的剩余液体（一般是水相）用新的萃取剂继续萃取。如需萃取多次，反复上述操作。最后将所有萃取液合并，加入适当干燥剂干燥，过滤后再蒸去溶剂，萃取后所得的有机化合物视其性质确定纯化方法。

萃取的效果和所用的萃取剂密切相关，选择萃取剂应考虑以下几个方面：

（1）分配系数 K 的大小对萃取过程有重要的影响，分配系数 K 小，表明组分在萃取剂中的溶解度大，容易从水溶液中被萃取出来。

（2）在液-液萃取中，两相间应保持一定的密度差，以利于两相分层。

（3）有良好的化学稳定性，并且容易分离回收，所以最好用低沸点的溶剂。

使用碱性溶液萃取时，常常会出现乳化现象。有时溶液中有少量轻质的沉淀、溶剂互溶或者两液相的相对密度相差较小等原因，也会使两液相的界面不清，使分离困难，遇到这种情况，需要破除乳化。破除乳化的方法有：

（1）较长时间静置。

(2) 若乳化是由萃取剂和水溶液部分互溶引起,或者是由两相相对密度相差很小引起,均可向水溶液中加入一定量的电解质(如 NaCl 等),这样既能降低组分在水中的溶解度,又能够增加水溶液的密度,这种作用称为盐析效应。利用盐析可以减少溶剂的用量,提高萃取效率。通常用作盐析的盐类有 NaCl、NH_4Cl、KCl、$(NH_4)_2SO_4$、Na_2SO_4 等。

(3) 若溶液因碱性而产生乳化,常可加入少量稀硫酸或采用过滤等方法除去。此外,根据不同情况,还可以加入其他破坏乳化的物质如乙醇、磺化蓖麻油等。

在萃取操作过程中应注意:

(1) 切记分液漏斗中的上层液总是从上口倒出,而下层液总是从下口放出。

(2) 液体分层后要正确判断有机相和水相,一般密度大的在下,密度小的在上。如果分辨不清,可任取其中一层的少量液体,置于试管中,并滴加少量自来水,若分为两层,说明该液体为有机相,若加水后不分层,则是水相。

(3) 用碱性溶液洗涤时,因容易发生乳化,故不要过度振摇。

在使用分液漏斗时应注意:

(1) 检查分液漏斗的旋塞是否用橡皮筋套牢;玻璃塞是否用橡皮筋或细绳拴在分液漏斗上,以防旋塞和玻璃塞丢失或跌落损坏。

(2) 不能把旋塞上涂有凡士林的分液漏斗放在烘箱内烘干。

(3) 分液漏斗用完后,应清洗干净,将旋塞和玻璃塞处擦干,垫上纸条并用橡皮筋拴好,备用。

三、固-液萃取

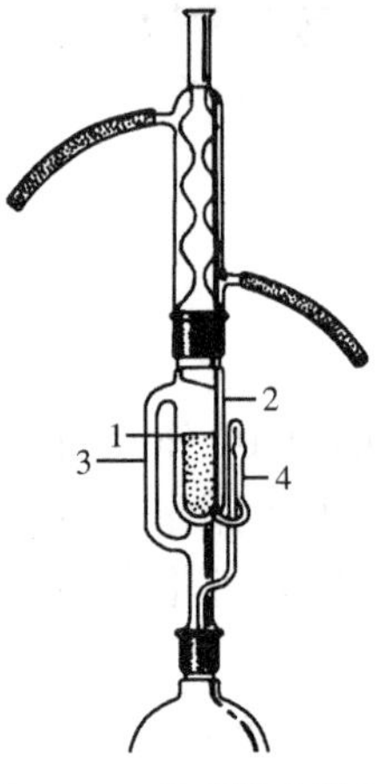

图 3-44　索氏提取装置
1. 滤纸筒　2. 提取筒
3. 蒸气上升管　4. 虹吸管

从固体物质中萃取化合物通常有三种方法,即长期浸泡法、回流提取法、索氏提取器提取法。

长期浸泡法时间长,溶剂用量大,效率也不高。回流提取法是每次回流一定时间后滤出提取液,再重新加溶剂回流,最后合并提取液。索氏(Soxhlet)提取器(也称脂肪提取器)提取法是利用溶剂回流及虹吸原理,使固体物质连续不断地被溶剂萃取。

在实验室中,用索氏提取器提取应用得较多。该方法既节约溶剂,萃取效率又高,但对受热易分解或易变色的物质不宜采用,用高沸点溶剂进行萃取也不适宜。索氏提取装置如图 3-44 所示。

索氏提取装置由提取筒 2、圆底烧瓶、冷凝器三个部分组成,提取筒两侧分别有蒸气上升管 3 和虹吸管 4,各部分连接处要严密不能漏气。

萃取前先将固体物质研碎,以增加固液接触的面积,然后将固体装入滤纸筒 1 中(将滤纸卷成圆柱状,直径略小于提取筒 2 的内径,下端用线扎紧)。轻轻压实,上盖一小圆滤纸,置于提取筒内。在烧瓶内加入溶剂,装上冷凝管,加热圆底烧瓶使溶剂气化,蒸气通过蒸气上升管 3 进入回流冷凝器,然后冷凝为液体滴入提取筒中,溶剂和固体接触进行萃取。当提取筒内溶剂的液面超过虹吸管 4 的顶部时,含有萃取物的溶剂经虹吸管流入圆底烧瓶。如此循环反复地气化、上升、冷凝,滴入提取筒内，再流回圆底烧瓶，使固体物质不断被新的溶剂所萃取，物质被富集在圆底烧瓶中，然后再用其他方法将萃取到的物质从溶液中分离出来。

萃取过程中，注意调节温度，随着萃取的进行，圆底烧瓶内的液体会不断减少，当瓶中溶质较多，温度又过高时，容易出现炭化或结垢。

第十三节　干燥与干燥剂的使用

干燥是指除去固体、液体或气体中少量水分或少量溶剂的操作。很多有机反应需要在“绝对”无水条件下进行，所以在反应过程中就需要防止潮气进入容器；固体测熔点、液体测沸点前都必须使它们完全干燥，否则会影响结果的准确性；液体有机物蒸馏前需要干燥除去水分，以破坏某些有机物与水生成的共沸物；某些情况下，也需要除去化合物的结晶水或其他溶剂。此外，有机化合物进行定性、定量分析之前，也要求所用样品及溶剂必须干燥。因此在有机实验中，有机物的干燥具有十分普遍而又重要的意义。

干燥的方法大致可分为物理法和化学法两种。

物理法有烘干、晾干、甩干、吸附、分馏、喷雾干燥、真空干燥、冷冻干燥和共沸蒸馏等方法。近年来还常用离子交换树脂和分子筛等进行脱水干燥。

化学法是以干燥剂进行除水，其作用可分为两类：一类是能与水可逆地生成水合物，如氯化钙、硫酸镁、硫酸钠等；另一类是与水发生不可逆化学反应，生成新的化合物，如金属钠、五氧化二磷、浓硫酸等。

目前实验室用得最广泛的是第一类干燥剂。应该注意的是，此类干燥剂不可能完全除水，因为水分在干燥剂与被干燥物液体之间存在平衡，这种平衡又与水蒸气压的大小有关，而与两者的相对量无关，所以加入的干燥剂过多不仅不可能全部除去水分，而且将会使有机液体被吸附而损失，但如加入量不足，也达不到干燥的目的。另外，干燥剂转化成水合物需要一定的时间，所以干燥时需要放置一定的时间，而且由于干燥剂吸收水分是可逆的，温度升高将导致蒸气压的升高，因此液体有机物蒸馏前，必须除去干燥剂。

一、液体有机化合物的干燥

1. 干燥剂的选择

液体有机物的干燥，通常是将干燥剂与液体直接接触，因此要求它们之间彼此不发生化学反应以及溶解、络合、缔合或催化等作用。此外，在选择干燥剂时，还应考虑干燥剂的吸水容量、干燥效能以及干燥速度和价格。

吸水容量是指单位质量干燥剂所吸附的水量。干燥效能是指达到平衡时液体干燥的程度，对于形成水合物的无机盐干燥剂，常用吸水后结晶的水蒸气压(表3-7)来表示。例如，硫酸钠形成10个结晶水的水合物，其吸水容量达1.25，在25℃时水蒸气压为256.0Pa(1.92mmHg)。氯化钙最多能形成6个结晶水的化合物，其吸水容量为0.97，在25℃水蒸气压为40.0Pa(0.30mmHg)。因此，硫酸钠的吸水容量较大，但干燥效能弱，而氯化钙吸水容量较小，但干燥效能强。

表 3-7　常用干燥剂的水蒸气压(20℃)

干燥剂	蒸气压/Pa	干燥剂	蒸气压/Pa
P_2O_5	0.002	CaO	27
KOH(熔融过)	0.2	$CaCl_2$	27
$CaSO_4$	0.5	$CaCl_2$	39(25℃)
H_2SO_4(浓)	0.7	$MgSO_4$	133(25℃)
NaOH(熔融过)	20	$NaSO_4$	255(25℃)

在干燥含水量较多而又不易干燥的化合物时,可先用吸水容量较大的干燥剂除去大部分水分,再用干燥效能强的干燥剂干燥。当然,在选用干燥剂时还要注意其他一些因素。各类有机物常用干燥剂见表 3-8。常用干燥剂的性能和应用范围见表 3-9。

表 3-8　各类有机物常用干燥剂

化合物类型	干燥剂	化合物类型	干燥剂
烃	$CaCl_2$　Na　P_2O_5	酮	K_2CO_3　$CaCl_2$　$MgSO_4$　Na_2SO_4
卤代烃	$CaCl_2$　$MgSO_4$　Na_2SO_4　P_2O_5	酸、酚	$MgSO_4$　Na_2SO_4
醇	K_2CO_3　$MgSO_4$　CaO　Na_2SO_4	酯	$MgSO_4$　Na_2SO_4　K_2CO_3
醚	$CaCl_2$　Na　P_2O_5	胺	KOH　NaOH　K_2CO_3　CaO
醛	$MgSO_4$　Na_2SO_4	硝基化合物	$CaCl_2$　$MgSO_4$　Na_2SO_4

表 3-9　常用干燥剂的性能和应用范围

干燥剂	吸水作用	吸水容量	干燥效能	干燥速度	应用范围
氯化钙	形成 $CaCl_2 \cdot nH_2O$ $n=1,2,3,4$	0.97 按 $CaCl_2 \cdot 6H_2O$ 计	中等	较快,但吸水后表面易覆盖,放置时间宜长	不能用于干燥醇、酚、胺、酰胺及某些醛、酮(能与它们形成络合物)
硫酸镁	形成 $MgSO_4 \cdot nH_2O$ $n=1,2,3,4,5,6,7$	1.05 按 $MgSO_4 \cdot 7H_2O$ 计	较弱	较快	中性,应用范围广,可替代 $CaCl_2$,用于 $CaCl_2$ 不能干燥的酯、醛、醇、酮、酰胺等
硫酸钠	$Na_2SO_4 \cdot 10H_2O$	1.26	弱	缓慢	中性,一般用于有机液体的初步干燥
硫酸钙	$2CaSO_4 \cdot H_2O$	0.06	强	快	中性,常与硫酸镁(钠)配合,作最后干燥之用
碳酸钾	$K_2CO_3 \cdot 1/2H_2O$	0.2	较弱	慢	弱碱性,用于干燥醇、酯、酮、胺及杂环等碱性化合物,不适用酸、酚及其他酸性化合物
氢氧化钾(钠)	溶于水	—	中等	快	强碱性,用于干燥胺、杂环等碱性化合物,不能用于干燥醇、酯、酮、酸、酚等
金属钠	$Na+H_2O \longrightarrow NaOH+1/2H_2$	—	强	快	限于干燥醚、烃类中痕量水分,用时切成小块或压成钠丝

续表

干燥剂	吸水作用	吸水容量	干燥效能	干燥速度	应用范围
氧化钙	$CaO+H_2O \longrightarrow Ca(OH)_2$	—	强	较快	适于干燥低级醇类
五氧化二磷	$P_2O_5+3H_2O \longrightarrow 2H_3PO_4$	—	强	快，但吸水后表面被黏浆液覆盖，操作不便	适于干燥醚、烃、卤代烃、腈等中的痕量水分，不适用于醇、胺、酸、酮等
分子筛	物理吸附	约0.25	强	快	适用于各类有机化合物

2. 干燥剂的用量和干燥时的温度

干燥剂的干燥效果和用量密切相关，若用量不足，达不到干燥的目的，若用量过多，又会造成产物损失。一般干燥剂的用量为每10ml液体0.5~1g。

根据水在液体中的溶解度和干燥剂的吸水量，可以计算出干燥剂的最低用量，但干燥剂的实际用量大大超过其计算量。以用无水 $MgSO_4$ 干燥乙醚为例，在室温时，水在乙醚中的溶解度为1%~1.5%，100ml含水乙醚理论上最多需要无水 $MgSO_4$ 约1.6g（吸水容量1.05）。但实际用量远远超过1.6g，因为醚层中还有一部分自由水（悬浮的水滴），而且形成高水合物 $MgSO_4 \cdot 7H_2O$ 需要的时间很长，干燥剂达不到应有的吸水容量，因此无水 $MgSO_4$ 的用量为5~10g。

干燥时的温度也影响干燥效果。干燥时温度越低，水蒸气压越低，干燥效能也越高。对于生成水合物的干燥剂，加热虽然可以加快干燥速度，但远低于水合物分解生成水的速度。所以，干燥宜在室温下或是冷水浴、冰水浴中进行。

由于液体中水分含量不同，干燥剂的质量、颗粒大小不同，干燥时的温度不同等因素，很难规定具体的用量。一般含亲水性基团的化合物如醇、醚、胺等，干燥剂可过量多些，而对不含亲水性基团的化合物如烃、卤代烃过量可少些。

3. 干燥操作

在干燥前应将被干燥液体中的水分尽可能分离干净，不能有可见水层或悬浮水滴。然后将液体置于干燥的锥形瓶中，加入干燥剂，加塞振荡（用金属钠干燥时例外，塞上应连接一个无水氯化钙干燥管，使氢气可以出去，水蒸气进不来）。实际操作时干燥剂也可分批加入，先少加一些，振摇、放置片刻后，若干燥剂附在容器壁上或者相互黏结，说明干燥剂用量不够，再添加一些。放置一段时间，最少半小时或者过夜，并不时加以振摇。

液体干燥前呈浑浊状，干燥后变得澄清，可以简单地作为水分除去的标志。但液体澄清并不说明液体已不含水分，因为澄清与否与水在该化合物中的溶解度有关。

最后，将已干燥的液体过滤到干燥的蒸馏瓶中（可用脱脂棉或玻璃纤维过滤）进行蒸馏。某些干燥剂如金属钠、石灰、五氧化二磷等可不必过滤而直接蒸馏，因为它们与水反应生成的产物比较稳定。

此外，干燥剂的颗粒大小要适宜，颗粒太大，表面积小，吸水作用差，若研磨成粉末，在干燥过程中容易形成泥浆状，过滤困难，通常以黄豆大小为宜。

二、固体有机物的干燥

固体有机化合物的干燥，主要是为除去残留在固体中少量的低沸点溶剂，如水、乙醚、乙醇、丙酮、苯等。常用干燥方法有：

（1）晾干。把抽干的物质转移到表面皿上铺成薄薄的一层，上面再用一张滤纸覆盖，然后放在空气中慢慢晾干。

（2）烘干。对热稳定的化合物可在低于该化合物熔点的温度下，用恒温箱烘干、恒温真空干燥箱干燥或用红外灯干燥（穿透性强，干燥快）。在烘干过程中，要注意防止过热使产品分解。

（3）抽干。低沸点溶剂，可以通过抽真空除去，比如产品上黏附有乙醚、乙酸乙酯等溶剂。

（4）吸干。难除去的溶剂，可以将固体转移到二三层滤纸上，上面再用滤纸挤压，吸干溶剂。

（5）冻干。含有挥发性或营养成分的有机物，用冻干可以减少损失。把含有水分的物质，预先降温冻结成固体，然后在真空的条件下使水蒸气直接升华出来，它是化学制品、药品和食品的优质干燥方法。

（6）干燥器干燥。对容易分解或升华的物质，最好放在干燥器内进行干燥，干燥器包括普通干燥器、真空干燥器、真空恒温干燥器，如图 3-45 所示。

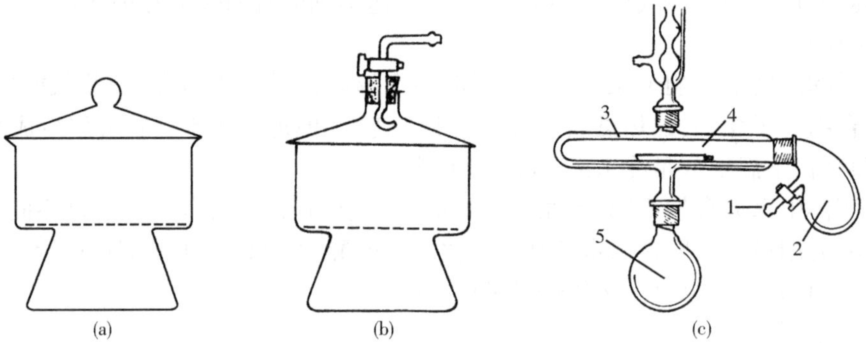

图 3-45　干燥器

（a）普通干燥器　（b）真空干燥器　（c）真空恒温干燥器

1. 活塞　2. 曲颈瓶　3. 套管　4. 水平容器　5. 圆底烧瓶

表 3-10　干燥器内常用的干燥剂

干燥剂	吸去的溶剂或其他杂质
CaO	水、乙酸、氯化氢
$CaCl_2$	水、醇
NaOH	水、乙酸、氯化氢、醇、酚
浓 H_2SO_4	水、乙酸、醇
P_2O_5	水、醇
石蜡片	醇、醚、石油醚、苯、甲苯、氯仿、四氯化碳
硅胶	水

干燥器内常用的干燥剂见表 3-10。按照样品内所含的溶剂来选择干燥剂，有时在干燥器中可同时放置两种干燥剂，如在底部放浓硫酸，而在瓷板上用器皿盛放氢氧化钠，这样来吸收水和酸，效果将更好。

使用干燥器应注意以下事项：

（1）普通干燥器，盖子与缸身之间的平面经过磨砂处理，使用时应涂上润滑脂密封。缸中有多孔的瓷质隔板，待干燥样品平铺在表面皿上，放于隔板的上面，干燥剂放于隔板的下面。

（2）真空干燥器，干燥器的上方有活塞，可以抽真空，通入空气的玻璃管弯成钩形，开口朝向上方，以防止空气流动太快而将待干燥固体冲散。解除真空时，打开活塞放入空气的速度一定要慢，以免吹散被干燥的物质，使用时在盛有样品的表面皿上应再盖上另一表面皿。另外，在干燥器的外面，最好用金属丝或布条包住，以防干燥器破裂时伤人。真空干燥器比普通干燥器的干燥效率高。

（3）真空恒温干燥器（图3-45），适用于少量物质的干燥。待干燥的样品置于水平容器4中，在曲颈瓶2中放入干燥剂，圆底烧瓶5中放入溶剂，其沸点应与干燥需要的温度接近，加热回流使其蒸气再加热水平容器的套管3，通过活塞1抽真空，从而使样品在恒定温度下被干燥。

第十四节　升　　华

升华是纯化固体有机化合物的一种方法。严格地讲，升华是指固体物质不经过液态而直接变成气态的现象。在有机化学实验中，将物质（不论固态或液态）受热气化为蒸气，蒸气再直接冷凝为固态的过程都称为升华。利用升华可除去不挥发的杂质或分离不同挥发度的固体混合物。对于易潮解、易与溶剂作用以及在溶剂中易离解的固体物质用这种方法提纯效果较好。

通过升华所得的固体物质纯度较高，所以升华是纯化固体有机化合物的常用方法之一。但是升华只适用于在不太高温度下有足够大的蒸气压力［高于2.67kPa（20mmHg）］的固态物质。其操作时间长，损失大，所以仅适合实验室纯化少量（1～2g）物质。

一、基本原理

对称性较高的固体物质通常具有较高的熔点，并且在熔点温度下具有较高的蒸气压（高于2.67kPa），因此这类物质易于升华。

为了了解和控制升华的条件，就必须研究固、液、气三相平衡，如图3-46所示。

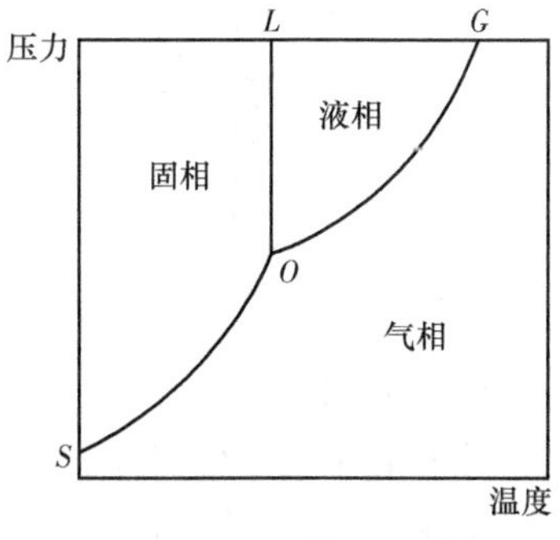

图3-46　三相平衡图

图3-46中 SO 曲线表示固相与气相平衡时固相的蒸气压曲线，OG 曲线是液相与气相平衡时液相的蒸气压曲线，OL 曲线表示固与液两相平衡时的温度和压力关系曲线。O 为三线交点，也是物质的三相平衡点，在此点，固、液气三相可同时并存。在三相点以下，物质只有固、气两相，如果降低温度，蒸气就不经过液态而直接变成固态，如果升高温度，固体也不经过液态而直接变成气态，因此，一般的升华操作都应该在三相点温度以下进行。

某些物质在三相点温度以下的蒸气压很高，因而气化速率很大，容易从固态直接变为蒸气，且这些物质蒸气压随温度的降低而下降非常显著，稍降低温度即能由蒸气直接转变成固态，则此物质很容易在常压下用升华方法来提纯。例如，六氯乙烷（三相点温度186℃，压力104kPa）在185℃时蒸气压已达0.1MPa，因而在低于186℃时就可完全由固相直接挥发成蒸气，中间不经过液态阶段。樟脑（三相点温度179℃，压力49.3kPa）在160℃时蒸气压为29.1kPa，即未达熔点前，已有相当高的蒸气压，只要缓缓加热，使温度维持在179℃以下，它就可不经熔化而直接蒸发，蒸气遇到冷的表面就凝结成为固体，这样蒸气压可始终维持在49.3kPa以下，直至挥发完毕。

某些物质在三相点温度以下蒸气压很低,在常压下升华速度很慢,为了提高升华速度,可在减压下进行升华。另外也可以采用一个简单有效的方法:将化合物加热至熔点以上,使其具有较高的蒸气压;同时通入空气或惰性气体带走蒸气,促使蒸发速度增快;并可降低被纯化物质的分压,使蒸气不经过液化阶段而直接凝成为固体。

二、升华装置和操作

1. 常压升华

简单的升华装置由一个瓷蒸发皿和一个倒盖其上的漏斗组成。

如图 3-47(a)所示就是实验室常用的常压升华装置(可以使用电热套代替酒精灯)。将被升华的固体化合物烘干,放置在蒸发皿中,铺匀,上面覆盖一张略大于漏斗底口的滤纸(在滤纸上漏斗能罩住的范围内扎一些小孔),毛面向下,将一个直径与蒸发皿大小相当的玻璃漏斗倒盖在上面,用少量棉花堵在漏斗颈口处,以减少蒸气逃逸。在石棉网上慢慢加热蒸发皿,控制温度在熔点以下,慢慢升华。当蒸气开始通过滤纸上升至漏斗中时,可以看到滤纸和漏斗壁上有晶体析出。如晶体不能及时析出,可在漏斗外面用湿布冷却。当升华量较大时,可换用装置(b)分批进行升华,通水进行冷却以使晶体析出。当需要通入空气或惰性气体进行升华时,可换用装置(c)。

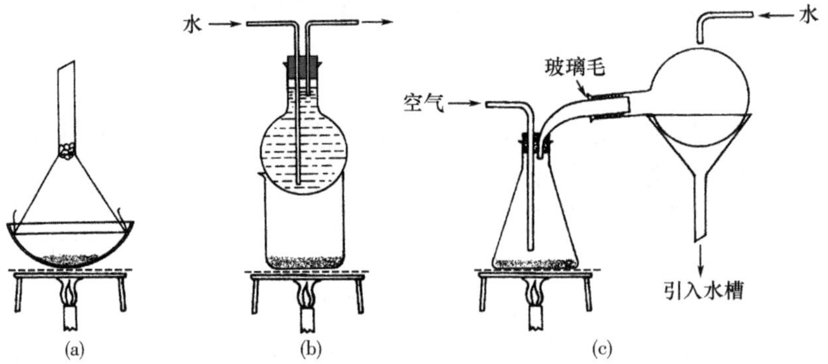

图 3-47　常压升华装置

2. 减压升华

对于常压下不能升华或升华很慢的一些物质,常常在减压下进行升华。减压升华装置如图 3-48 所示,将样品放入试管或瓶中,在其上口安装"指形冷凝器"(又称冷凝指),然后接通冷凝水,将抽气口与水泵(或油泵)连接好,打开水泵(或油泵),关闭安全瓶上的放气

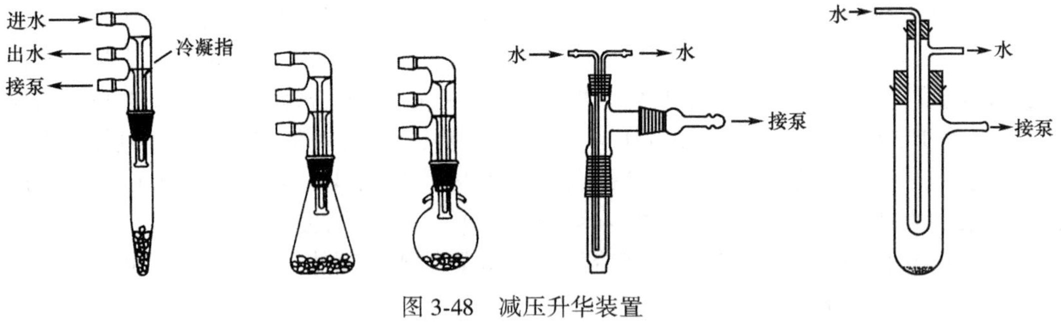

图 3-48　减压升华装置

阀,进行抽气。将此装置放入电热套或水浴中加热,使固体在一定压力下升华,冷凝后的固体将凝聚在“冷凝指”的底部。

第十五节　称　　量

称量是化学实验中最基本的操作之一,在溶液配制、试样分析、数据测定等实验过程中都需要进行称量。天平是常用的称量仪器。因此,了解天平的种类、结构、性能、称量原理等,掌握正确的称量方法是做好化学实验的基本保证。

一、天平的种类

化学实验室使用的天平主要有托盘天平和分析天平。托盘天平又称台秤,一般能称准至0.1g或0.01g,常用于试样的粗称。分析天平用于比较精密的实验工作的称量,一般能称准至0.1mg。

分析天平根据其采用的平衡原理不同,可分为机械天平和电子天平两大类。以杠杆原理构成的天平为机械天平。根据结构特点,机械天平可分为等臂和不等臂两类。等臂天平又分为双盘等臂天平和单盘等臂天平。实验室常用双盘等臂天平,它一般具有光学读数装置,又称电光分析天平。因加码方式不同,双盘电光天平又可分为半机械加码电光分析天平(简称半自动电光分析天平)和全机械加码电光分析天平(简称全自动电光分析天平)。电子天平是依据电磁学原理制造,通过压力传感器将力信号转化为电信号进行称量的天平。

二、天平的构造原理及使用

半自动电光分析天平、电子天平及台秤是目前化学实验室最常用的天平。下面主要介绍它们的构造原理及使用。

1. 半自动电光分析天平的构造原理及使用

半自动电光分析天平是根据杠杆原理制成的,它用已知质量的砝码来衡量被称物体的质量。

(1) 半自动电光分析天平的基本构造(图3-49):主要由天平箱、立柱、天平梁、悬挂系统、制动系统、砝码和光学读数系统等部件构成。

1) 天平箱。天平箱包括框罩、底板、弹簧拉线盘、玻璃门和天平脚。框罩起保护天平不受灰尘、热源、潮湿、气流等外界条件干扰的作用。天平箱下装有三只脚,前面两只是用来调节天平的水平位置,后面一只是起固定作用的。

2) 立柱。立柱为中空的金属圆柱,下端固定在天平箱底板上,是支撑天平梁的基架,立柱内有制动器的升降杆,立柱上装有水平泡,用于观察天平的水平。柱的上方嵌有玛瑙平板,并与梁的中刀接触。

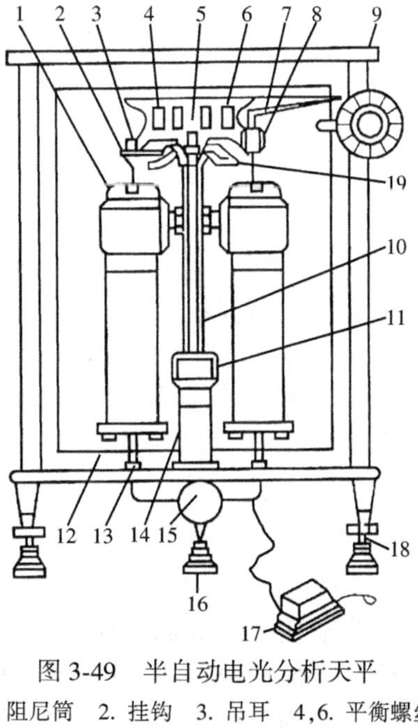

图3-49　半自动电光分析天平

1. 阻尼筒　2. 挂钩　3. 吊耳　4,6. 平衡螺丝　5. 天平梁　7. 环码钩　8. 环码　9. 指数盘　10. 立柱　11. 投影　12. 秤盘　13. 盘托　14. 光源　15. 升降旋钮　16. 垫脚　17. 变压器　18. 螺旋脚　19. 托叶

3）天平梁。天平梁是天平的主要部件（图3-50），多用质轻坚固，膨胀系数小的铝铜合金制成，起平衡和承载物体的作用。梁上装有三个棱形的玛瑙刀，其中一个在正中的称为中刀或支点刀，刀口向下；另外两个分别在与中刀等距离梁的两端，称为边刀或承重刀，刀口向上。三个刀口必须完全平行且位于同一水平面上。横梁的左右两端或对称孔内装有两个平衡螺丝，用以调整天平空载时的平衡位置。横梁背后上部为重心螺丝，用以调节天平的稳定性和灵敏度。横梁的下方装有与横梁相互垂直的指针，末端有微分标尺，用于观察天平横梁倾斜度。

4）悬挂系统。悬挂系统由吊耳、天平盘、阻尼器等组成，其作用是承受和传递载荷。吊耳（图3-51），两把边刀通过吊耳承受秤盘和砝码或被称量物体。吊耳中心面向下，嵌有玛瑙平板，并与梁两端的玛瑙刀口接触，使吊耳及挂盘能自由摆动。空气阻尼器是由两个特制的金属圆筒构成，外筒固定在支柱上。内筒比外筒略小，悬于吊耳钩下，两筒间隙均匀，没有摩擦。当启动天平时，内筒能自由地上、下移动。由于筒内空气阻力的作用，使天平横梁能较快地停摆而达到平衡。天平盘是悬挂在吊耳钩上，供放置砝码和被称量物体用。吊耳、阻尼器、天平盘一般都有区分左右的标记，常见的标记为左边“1”，右边“2”。在组装时应按左右位置配套。

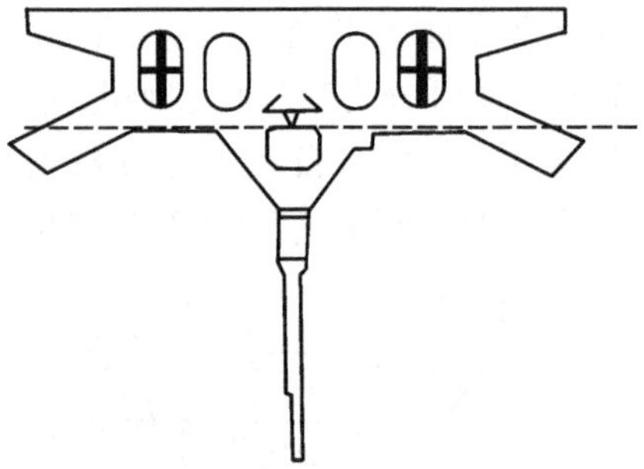

图3-50　天平横梁

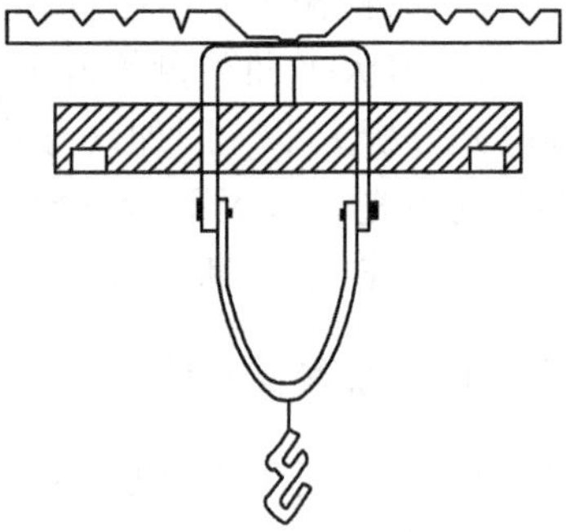

图3-51　天平吊耳

5）制动系统。制动系统是控制天平工作和制止横梁及悬挂系统摆动的装置，由升降枢纽（天平前）、天平轴（底板下）、升降杆（立柱内）、梁托架（支柱上）、天平盘托翼板（底板下）和盘托（穿过底板）等组成。使用天平时，开启升降枢，托梁即降下，梁上的三个刀口与相应玛瑙刀承接触，盘托下降，吊耳和天平盘自由摆动，天平进入了工作状态，同时也接通了光源，在屏幕上看到标尺的投影。停止称量时，关闭升降枢，则天平梁与盘被托住，刀口与玛瑙平板离开，天平进入休止状态，光源切断，光屏变黑。

6）砝码。半自动天平1g以上是由砝码的取放来确定的。每台半自动天平都附有一盒配套的砝码。砝码的组成形式为5、2、$2^{\#}$、1制。半自动天平1g以下做成环状，称为环码，其组合方式为1、$1^{\#}$、2、5制。环码的使用靠加码指数盘来完成（图3-52），转动加码指数盘，可往天平梁上加10～990mg的环码。10mg以下质量通过微分标尺（图3-53）来读数。

7）光学读数系统。由变压器、灯泡、微分标尺、投影屏组成。指针固定在天平梁中央，指针的下端装有缩微标尺。天平工作时，指针左右摆动。光源通过光学系统将缩微标尺上的刻度放大，再反射到光屏上。从屏上可以看到标尺的投影，中间为零，左负，右正。屏中央有一条垂直刻线，标尺投影与刻线重合处即为天平的平衡位置。

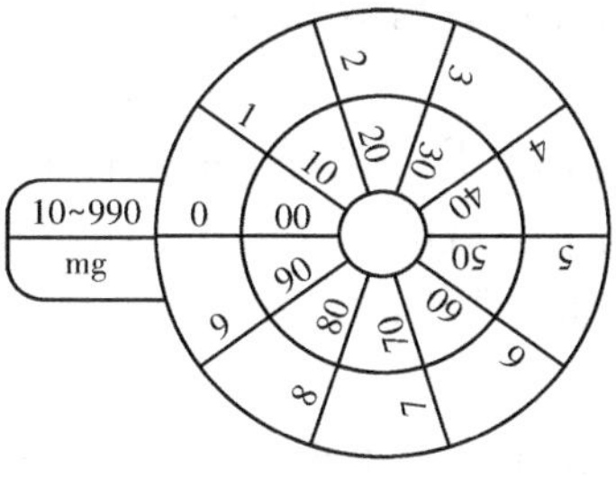

图 3-52　半自动天平加码指数盘

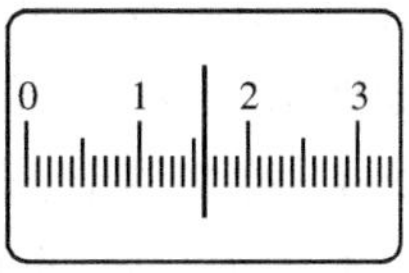

图 3-53　微分标尺

(2) 分析天平的主要性能指标：包括天平的灵敏度、示值变动性和不等臂性等。

1) 灵敏度。天平的灵敏度是指在天平一侧秤盘上增加 1mg 质量时，天平指针平衡点移动的格数，其单位是分度(格)/mg。

在实际工作中，常用感量来表示天平的灵敏程度。感量是指天平指针由原来的平衡位置移动一个分度所需要在秤盘中增加的质量，其单位是 mg/分度(格)，为灵敏度的倒数。

感量也称为“分度值”。一般电光天平的灵敏度为 10 分度/mg 或分度值为 0. 1mg/分度，即每分度代表万分之一克，故称此类天平为万分之一分析天平。

在天平臂长与梁重固定的情况下，灵敏度与支点到重心的距离有关，重心越高，灵敏度越高，重心越低，则灵敏度越低。灵敏度低，称量误差大；灵敏度太高指针摆动不易静止从而降低天平的稳定性。

天平灵敏度测定方法：在调节好天平的零点后，在天平盘上放一个校准过的 10mg 的圈码，启动天平，观察光幕读数，读数在 100±2 分度范围内均属合格。在天平有 20g 载重下，再测一次分度值，其结果 100±2 分度范围内属合格。

2) 示值变动性。天平的示值变动性是指在不改变天平状态的情况下多次开关天平，天平平衡位置的重复性，或者说，在同一载荷下比较多次平衡点的差异。示值变动性不仅与横梁的重心位置有关，还与天平的结构及称量时的温度、气流、震动等因素有关。

天平的精确度不但取决于灵敏度，还与示值变动性有关，单纯提高灵敏度会使变动性增大。因此，单纯提高或单独考虑天平的灵敏度是没有意义的，两者在数值上应保持一定的比例。天平检定规程规定示值变动性不得大于读数标尺的一分度，即变动性不得大于天平的感量，只有这样才可能按天平感量来考虑称样的相对误差(称量准确度)。

3) 不等臂性。天平横梁两臂长度不一定完全相等，可能存在微小的差异，由此引起的误差属于天平本身的系统误差。该误差与天平的载荷成正比，载荷越大，误差越大。一般称量时物品重只有天平最大载荷的几分之一、几十分之一或更小，此时由天平的不等臂性所引起的误差可以忽略。

天平的不等臂性误差测定方法：天平经调零后，将两个经检定的等面值砝码(如 20g)分别放入天平的两盘，开启天平，记下光标尺上的读数 m_1。对换两盘中的砝码，再次开启天平，读取标尺上的数字 m_2。则该天平的不等臂性误差为$\frac{|m_1+m_2|}{2}$，一般要求此值应小于 0. 4mg。

(3) 半自动电光分析天平的使用方法

1) 称量前的检查。掀开天平防尘罩，并将 E 叠放在天平箱上方。检查天平是否正常：

天平是否水平;秤盘是否洁净,否则,用软毛刷小心清扫;指数盘是否在"000"位;环码有无脱落;吊耳是否错位等。

2）调节零点。接通电源,轻轻顺时针旋转升降枢,启动天平,光屏上标尺停稳后,其中央的黑线若与标尺中的"0"线重合,即为零点(天平空载时平衡点)。如不在零点,差距小时,可调节微动调节杆,移动屏的位置,调至零点;如差距大时,关闭天平,调节横梁上的平衡螺丝,再开启天平,反复调节,直至零点。

3）称量。零点调好后,关闭天平。把称量物放在左盘中央,关闭左门;打开右门,根据估计的称量物的质量,把相应质量的砝码放入右盘中央,然后将天平升降枢半打开,观察标尺移动方向(标尺总是向重盘方向移动),以判断所加砝码是否合适并确定如何调整。当调整到称量物与砝码质量之差小于 1g 时,应关好右门,再依次调整 100mg 组和 10mg 组环码,按照"从大到小,中间截取,逐级试验"的原则加减砝码,可迅速找到物体的质量范围。当称量物与砝码质量之差小于 10mg 时,完全开启天平,准备读数。

称量过程中必须注意以下事项:

A. 称量未知物的质量时,一般要在台秤上粗称。这样既可以加快称量速度,又可保护分析天平的刀口。

B. 在取、放称量物或加减砝码时(包括环码),必须关闭天平。启动开关旋钮时,一定要缓慢均匀,避免天平剧烈摆动,以保护天平刀口不受损伤。

C. 称量物和砝码必须放在秤盘中央,避免秤盘左右摆动。不能称量过冷或过热的物体,以免引起空气对流,使称量的结果不准确。称取具腐蚀性、易挥发物体时,必须放在密闭容器内称量。

D. 同一实验中,所有的称量要使用同一台天平,以减少称量的系统误差。

E. 天平称量不能超过最大载重,以免损坏天平。

F. 加减砝码必须用镊子夹取,不可用手直接拿取,以免玷污砝码。砝码只能放在天平秤盘上或砝码盒内,不得随意乱放。在使用机械加码旋钮时,要轻轻逐格旋转,避免环码脱落。

4）读数。天平平衡后,关闭天平门,待标尺在投影屏上稳定后即可读数,并及时记录在记录本上。读数完毕,应立即关闭天平。

读数时先依据砝码盒的空位记录砝码克数,待放回时再核对一遍。再记录指数盘圈码的毫克数,最后记下光标尺上刻线所对应的标尺读数。三者之和即为称量物的质量,即被称物质量=(砝码+环码)质量+标尺读数。

5）复原。称量完毕,取出被称物放到指定位置,将砝码放回盒内,指数盘旋回"000"位,关闭两侧门,盖上防尘罩,填写天平使用登记册后离开天平室。

(4) 称量方法

1）直接称量法。适用于称量洁净干燥的器皿、棒状或块状的金属等。首先应在空载下调零,然后取试样放在已知质量的清洁而干燥的器皿或硫酸纸上,一次称取一定质量的试样,最后将试样全部移到接受器皿中。

2）固定质量称量法。主要用于样品本身不易吸水,并在空气中性质稳定的样品。如在例行分析中为了便于计算结果或利用计算图表,往往要求称取一指定质量的被测样品,这时可采用固定质量称量法。首先应在空载下调零,准确称量表面皿或小烧杯的质量,并记录平衡点。然后按照所指定试样的质量加上等质量的砝码,再向容器中逐渐加入试样,使其平衡点与称量空容器的平衡点一致。例如，指定称取0.1000g重铬酸钾时，先准确称出空小烧杯的质量，记录平衡点。然后在右边指数盘上增加0.1000g环码，半开天平，用药匙在左边秤盘的小烧杯中逐渐加入重铬酸钾，直到只差很小质量时（通常应小于10mg），全开天平，用药匙取重铬酸钾在小烧杯上方，用拇指、中指及掌心拿稳药匙，以食指轻轻敲勺柄，使试样徐徐落入小烧杯中（图3-54），直至平衡点与称量空烧杯时的平衡点刚好一致。称量完毕后，将试样全部转移入实验容器中（表面皿或小烧杯可用水洗涤数次）。此法也可用于称取符合条件的不指定质量的试样，称为增量法。

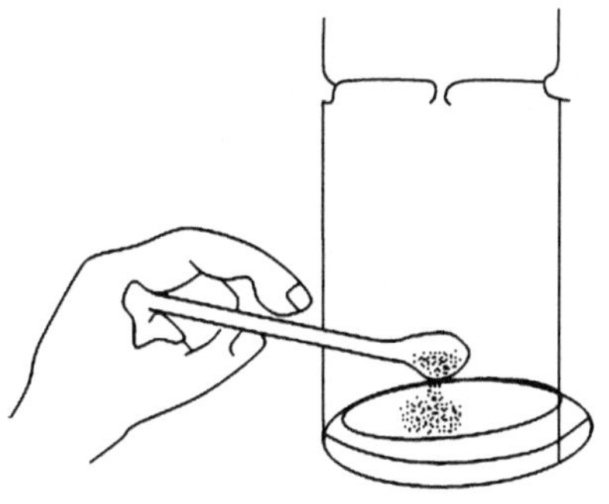

图3-54　固定质量称量法

3）递减（差减）称量法。主要用于称取多份易吸水、易氧化或易与CO_2反应的物质。这种方法称出样品的质量不要求固定的数值，只需在要求的称量范围内即可。

具体操作如下：①将适量试样装入称量瓶中。使用称量瓶时，不能直接用手拿取，应该用洁净的纸条将其套住，再用手捏住纸条（图3-55），以防手的温度高或沾有汗液等影响称量的准确度。②将称量瓶放入天平盘，准确称取称量瓶加试样重，记为m_1(g)。③取下称量瓶，按图3-56所示，放在容器上方，将称量瓶倾斜，用称量瓶盖轻敲瓶口上部，使试样慢慢落入容器中。当倾出的试样已接近所需要的质量时，慢慢地将瓶竖起，再用称量瓶盖轻敲瓶口上部，使粘在瓶口的试样落在容器中，然后盖好瓶盖（上述操作都应在容器上方进行，防止试样丢失），将称量瓶再放回天平盘，称得质量，记为m_2(g)。如此继续可称取多份试样。

$$第一份试样重=m_1-m_2$$

$$第二份试样重=m_2-m_3$$

……

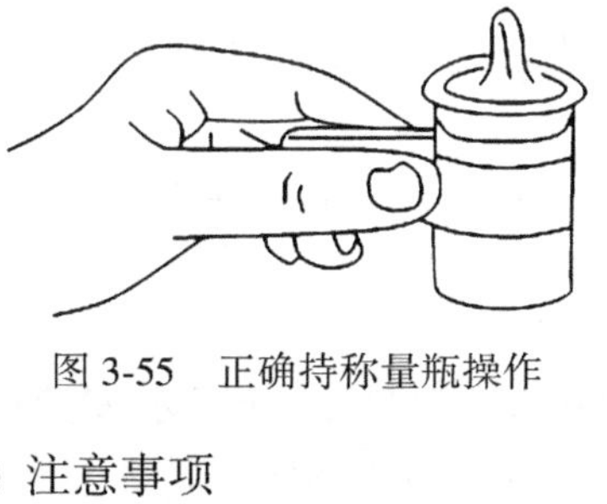

图3-55　正确持称量瓶操作

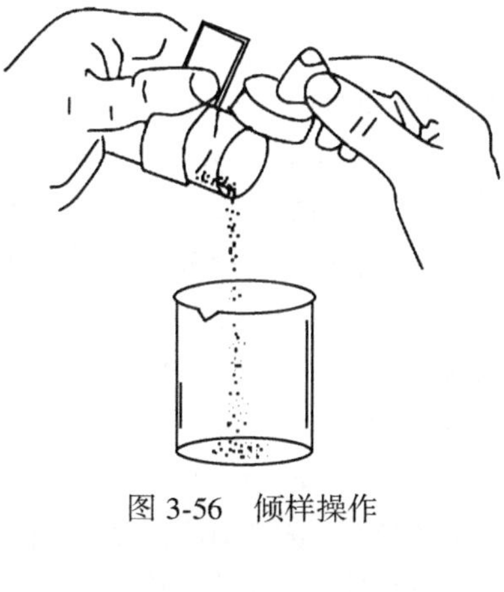

图3-56　倾样操作

（5）注意事项

1）分析天平应置于稳定、平整的工作台上，避免震动、气流、热源等干扰。

2）天平箱内应保持清洁、干燥，定期更换干燥剂。

3）称量易挥发和具有腐蚀性的物品时，要盛放在密闭的容器中，以免腐蚀和损坏天平。

4）使用分析天平时，必须严格按照规定的操作步骤进行称量，以免损坏仪器。

2. 电子天平的构造原理及使用

（1）电子天平的构造原理及特点：电子天平是根据电磁力平衡原理直接称量。其特点是性能稳定、操作简便、称量速度快、灵敏度高。能进行自动校正、去皮及质量电信号输出。其基本结构如图 3-57 所示。

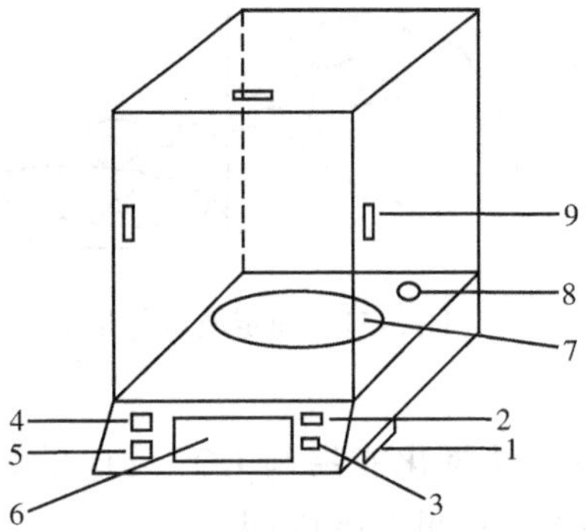

图 3-57　电子分析天平结构图

1. 水平调节支脚　2. "ON"键　3. "OFF"键　4. "CAL"校正键　5. "TAR"清零键　6. 显示屏　7. 称量盘　8. 气泡式水平仪　9. 侧门

1）气泡式水平仪。位于电子天平后侧。当气泡位于水平仪中部时，表示电子天平安放于水平位置上。在安装电子天平或使用电子天平前，均应使气泡式水平仪的气泡位于水平仪中部。

2）水平调节支脚。位于电子天平底部两侧，用于将电子天平调整至水平。

3）显示屏。用于显示电子天平的状态或数值。

4）"ON/OFF"键。用于开/关电子天平。在按"ON"键打开电子天平前应接通电源并预热使天平处于备用状态。轻按"ON"键，显示屏出现"0.0000g"时，表示电子天平处于称量状态。

5）"TAR"清零键。当显示屏出现数值不为零时，轻按"TAR"键，显示屏出现"0.0000g"，起清零作用。可用于电子天平的校准或去皮。

6）"CAL"校准键。当电子天平长时间未使用，移动过天平或环境变化等应对其进行校准。轻按"CAL"键，当显示屏出现"CAL-"时松手，显示屏就出现"CAL-100"（其中"100"为闪烁码），表示需用 100g 的标准砝码进行校正。把"100g"校准砝码放上秤盘，显示屏即出现"——"等待状态，经较长时间后显示器出现 100.00g，拿去校准砝码，显示屏应出现 0.0000g，如果显示不为零，则按"TAR"清零，再重复以上校准操作。为了得到准确的校准结果，可重复以上校准操作。

注：有些型号电子天平可自动进行校准。当按"CAL-"键后，天平将自动进行校准，屏幕显示出"CAL-"，表示正在进行校准。10s 左右，"CAL-"消失，表示校准完毕。

（2）电子天平的使用方法

1）检查水平。使用天平前先观察水平仪，如水平仪水泡未处于水平仪中心，表明天平未处于水平状态，应通过调节天平前面左、右两个水平支脚使其达到水平状态。

2）通电。接通电源，预热 30min 以上。

3）开机。按一下"ON/OFF"键，开启显示器，并显示称量模式 0.0000g。

4）称量。按"TAR"键，显示为零后，将称量物放入秤盘中央，待读数稳定并出现质量单位"g"后即可读数。该数字即为称量物的质量。

5）去皮称量。按"TAR"键清零，将空容器放在盘中央，按"TAR"键显示零，即去皮。将称量物放入空容器中，待读数稳定后，此时天平所示读数即为所称物体的质量。

6）称量结束。称量完毕后，取出称量物，如短时间内还将继续使用天平，可暂不按"ON/OFF"键，天平保持零位；或者按一下"ON/OFF"键，显示屏熄灭（不可拔下电源插头），天平处于待命状态，再次称量时按"ON/OFF"键即可使用。如较长时间不用天平，则应拔下电源插头，盖上防尘罩。

（3）电子天平称量方法

1）直接称量法。将称量物放入秤盘中央，关闭天平侧门，待读数稳定后，所显数字即为称量物的质量，记录称量结果。

2）固定质量称量法。置干燥容器于秤盘上，天平显示容器质量，按“TAR”键，显示“0.0000g”，即扣去皮重。然后打开天平侧门，在容器中缓缓加入试样并观察显示屏，当达到所需质量时即停止加样，关上天平侧门，达平衡后所显数字即为所取试样的净重。记录称量结果。

采用此法进行称量，最能体现电子天平称量快捷的优势。

3）差减称量法。将装有试样的称量瓶在台秤上粗称质量后，将称量瓶放在电子天平的秤盘上，显示稳定后，按“TAR”键使显示为零，然后取出称量瓶往容器中敲击倾倒出一定量样品，再将称量瓶放回秤盘上称量，若所示质量达到要求范围（显示屏显示读数是倾出试样质量的负值），即可记录称量结果。如需连续称取第二份试样，则再按“TAR”键，示零后再向第二个容器中倾倒试样……

（4）电子天平使用注意事项

1）将天平置于稳定的工作台上避免震动、气流及阳光照射。

2）电子天平的开机、预热、校准均由实验室工作人员负责完成，学生只按“TAR”键，不要触动其他控制键。

3）电子天平的自重较小，容易被碰移位，造成天平水平改变，影响称量准确性。因此，使用时动作要轻缓，并时常检查天平是否处于水平状态。

4）称量时应注意克服影响天平示值变动性的各种可能因素，如空气流、温度波动、容器不够干燥、开天平门及放置称量物时动作过重等。

5）经常对电子天平进行自校或定期外校，保证天平灵敏度等处于最佳状态。

6）较长时间不使用的电子天平应每隔一段时间通电一次，以保持电子元件的干燥。特别是湿度大时更应经常通电。

3. 台秤的构造原理及使用

（1）台秤的构造：台秤用于粗略的称量，能称准至0.1g。台秤的构造如图3-58所示。台秤带有刻度尺的横梁架在台秤底座上，横梁左右两边各有一个托盘，横梁的中部有指针与刻度盘相对。称量时根据指针在刻度盘上左右摆动的情况，可判断台秤的平衡状态，并给出称量质量。

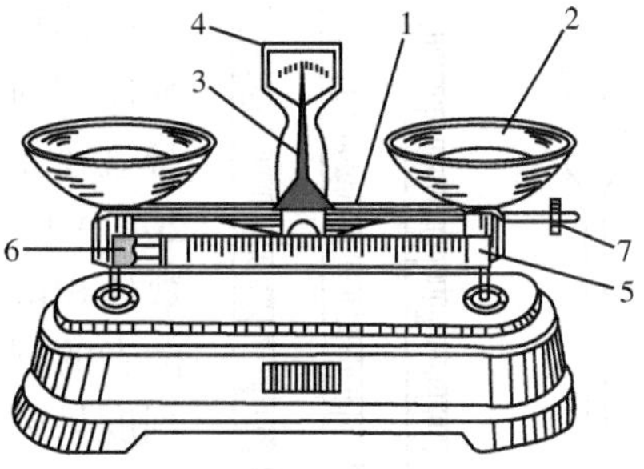

图3-58　台秤

1. 横梁　2. 托盘　3. 指针　4. 刻度盘　5. 游码标尺　6. 游码　7. 平衡螺丝

（2）台秤的使用

1）调零。将游码归零，检查指针是否在刻度盘的中心线。如果不是，可用调节螺丝调节。当指针在刻度盘中心线左右等距离摆动，则表示台秤处于平衡状态。待摆动停止，指针即停在中心线位置，该位置称为零点。

2）称量。左盘放称量物，右盘放砝码。砝码用镊子夹取，先大后小。刻度尺以内（10g或5g）通过游码添加，直至指针在刻度盘中心线左右等距离摆动（允许偏差1小格以内），此时砝码加游码的质量就是称量物的质量。

3）称量结束。称量完毕，将砝码放回砝码盒，游码拨回刻度尺“0”处，使台秤的各部分恢复原状。如果较长时间不用，应将两托盘放在一侧，以免台秤摆动。

（3）注意事项

1）称量物要放在纸片或表面皿上，不能直接放在托盘上，潮湿的或具有腐蚀性的药品则要放在玻璃容器内称量。

2）不能称量热的东西。

3）应经常保持台秤的整洁。

【思考题】

1. 称量结果应记录至几位有效数字？为什么？
2. 取放砝码和物体时有哪些注意事项？
3. 称量过程中哪些因素会引起系统误差？哪些因素会引起随机误差？
4. 固定质量称量法和减量称量法各有什么优点和缺点？

第十六节　滴　　定

滴定分析是将已知准确浓度的试剂溶液(标准溶液)滴加到被测物质的溶液中，直至标准溶液与被测物质按化学计量关系恰好反应完全，根据所加标准溶液的浓度和所消耗的体积，计算出被测物质含量的分析方法。滴定分析所使用的仪器主要有移液管、吸量管、容量瓶和滴定管。

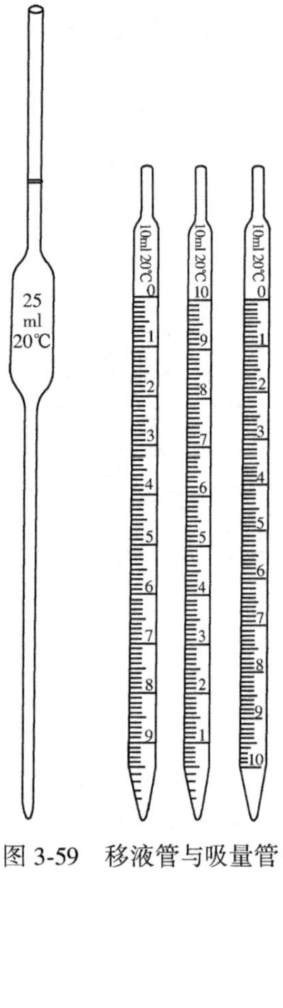

图 3-59　移液管与吸量管

一、移液管与吸量管

移液管与吸量管都是用来准确移取一定体积溶液的量器，如图 3-59 所示。移液管是一根中间有膨大部分(球部)，上下部均为较细管颈的玻璃管，其出口缩至很小，防止溶液流出过快引起误差。管颈上部有一环形标线，球部上标有指定温度(一般为 20℃)下的体积。通常有 5ml、10ml、20ml、25ml、50ml 等规格，可移取整数体积的溶液。吸量管又称刻度吸管，是具有分刻度的玻璃管，管身直径相同，出口处直径较小。管上端标有指定温度(一般为 20℃)下的体积。通常有 1ml、2ml、5ml、10ml 等规格，可用于非整数体积溶液的移取。吸量管有完全流出式和不完全流出式两种。前者的刻度刻到管尖，量取一定体积的溶液后需全部放出；后者的刻度只刻到管口上 1～2cm 处，量取溶液后只需将溶液放至所需刻度即可。

1. 移液管和吸量管的洗涤

移液管和吸量管可先用自来水充分洗净后，再用蒸馏水淋洗 3 次。较脏(内壁挂水珠或有附着物)时，可用铬酸洗液洗涤。用洗耳球吸取少量铬酸洗液于移液管或吸量管中，两手平持并不断转动(图 3-60)，至管内壁均被洗液润湿，直立，将洗涤液自管尖放出。依次用自来水、蒸馏水冲洗干净后，用滤纸片将管尖内外水吸干。

2. 润洗

吸取溶液前，需用少量所要移取的溶液，将移液管或吸量管润洗 2~3 次，以保证移取的溶液浓度不变。取少量待移取溶液于一洁净小烧杯中，用移液管或吸量管吸取少量溶液按上述方法润洗 2~3 次。注意，润洗液应弃去，不可放回原试剂瓶。

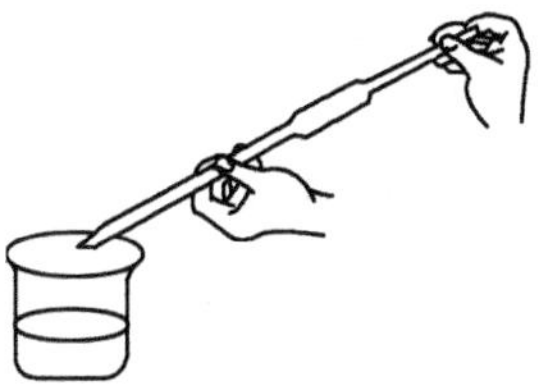
图 3-60　移液管洗涤操作

3. 移液

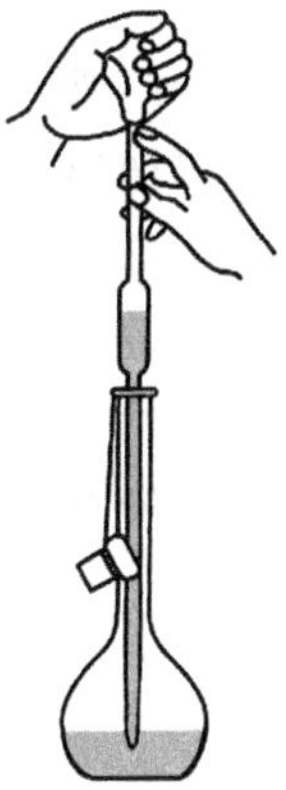
图 3-61　吸取溶液

用移液管量取液体时，一般应用右手的大拇指和中指拿住颈标线上方的玻璃管，把移液管的尖端部分插入液面下 1~2cm，左手拿洗耳球，先将球内空气挤出，然后将洗耳球尖端插入移液管的上口并封紧管口，手慢慢放松，溶液即慢慢吸入管中（图 3-61），待溶液上升到标线以上约 2cm 处，拿走洗耳球，立即用右手食指（不要用大拇指）按住管口。将移液管竖直移出液面，微微松动食指，或用大拇指和中指轻轻转动移液管，使管内液体的弯月面慢慢下降到与标线相切（注意，视线、液面与标线均应在同一水平面上），立即压紧管口。若管尖外挂有液滴，可使管尖与容器壁接触使液滴流下。再把移液管移入另一容器中，将接液容器倾斜，并使管尖竖直并与接受容器内壁接触，然后放开食指，让液体自由流出（图 3-62）。待管内液体不再流出后，稍停片刻（约 15s），取出移液管。切勿将残留在管尖内的溶液吹出，因为在校正移液管时，已考虑了所保留的溶液体积，并未将这部分液体体积计算在内。

吸量管的操作方法与移液管相同，但应注意，凡吸量管上刻有“吹”字的，使用时必须将管尖内的溶液吹出，不允许保留。

4. 注意事项

（1）吸量管的准确度比移液管低，如需移取 5ml、10ml 等整数且较大体积溶液时，应尽可能使用相应体积的移液管。

（2）同一实验中，应尽量使用同一吸量管的同一部位，且尽量使用上面的部位。

（3）移液管和吸量管都不能放在烘箱中烘烤，以免引起体积变化而影响测量的准确度。

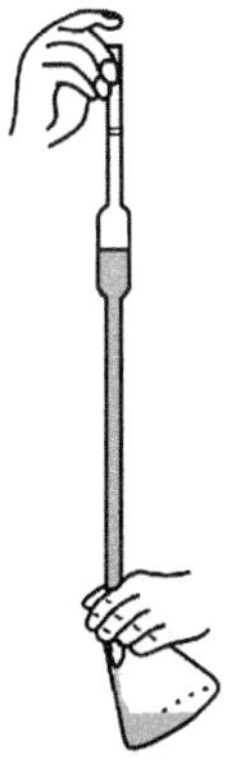
图 3-62　放出溶液

二、容量瓶

容量瓶主要用于准确配制一定体积和浓度的溶液。它是一种细颈梨形平底的玻璃瓶，带有磨口玻璃塞或塑料塞，细颈上部有一环形标线，表示在指定温度（一般为 20℃）下所盛液体至标线的体积。一般有 25ml、50ml、100ml、250ml、500ml、1000ml 等规格。颜色有无色和棕色两种，其中棕色容量瓶用于配制见光易分解的溶液。

1. 容量瓶的检查

容量瓶在使用前要检查是否漏水。检查方法：放入清水至标线的附近，盖好瓶塞，瓶外水珠用布擦拭干净。左手按住瓶塞，右手拿住瓶底，将瓶倒立 2min，观察瓶塞周围是否有水渗出。如果不漏，将瓶直立，把瓶塞转动约 180°后，再倒立试 1 次，检查 2 次很有必要，因为有时瓶塞与瓶口不是任何位置都密合的。

2. 容量瓶的洗涤

用自来水充分洗净后,再用蒸馏水淋洗 3 次。如较脏,则需用铬酸洗液洗涤。倒入少许铬酸洗液,密塞,一边转动一边向瓶口倾斜,直至洗液布满内壁。视污染程度放置数分钟或更长时间,铬酸洗液倒回原瓶。先用自来水充分洗涤后,再用适量蒸馏水冲洗 3 次后备用。

3. 定容

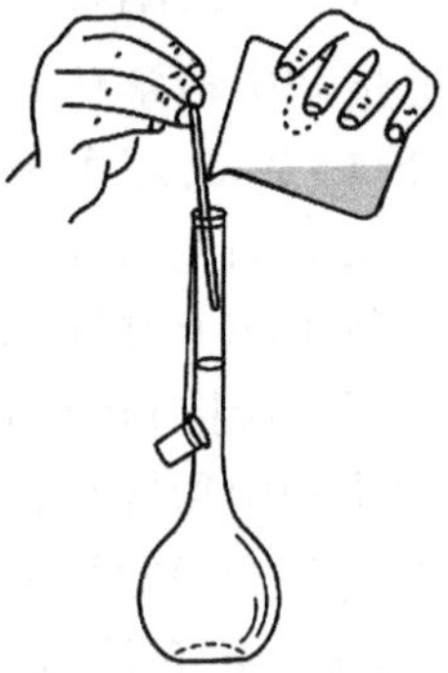
图 3-63　溶液转移入容量瓶

用固体溶质配制准确浓度的溶液,应先将准确称量的固体溶质放入烧杯中,用少量溶剂使之完全溶解,再定量转移至容量瓶中。转移时,要使玻璃棒的下端靠近瓶颈内壁,使溶液沿玻璃棒及瓶颈内壁流下(图 3-63),溶液全部流完后将烧杯沿玻璃棒上移,同时直立,使附着在玻璃棒与烧杯嘴之间的溶液流回烧杯中。然后用溶剂洗涤烧杯及玻璃棒 2~3 次,洗涤液按上述方法一并转入容量瓶。这一过程称为溶液的定量转移。然后补充溶剂至容量瓶容积 2/3 处,水平方向旋转容量瓶,使溶液初步混合均匀。再继续加溶剂至近标线,最后应使用滴管小心地逐滴加溶剂至溶液弯月面与标线恰好相切。塞紧瓶塞,用手指压紧瓶塞(以免脱落),将容量瓶倒转数次,并在倒转时加以摇荡,以保证瓶内溶液浓度上下各部分均匀(图 3-64)。

如果用容量瓶稀释溶液,则用移液管准确移取一定体积的浓溶液于容量瓶中,再按上述方法定容,混匀。

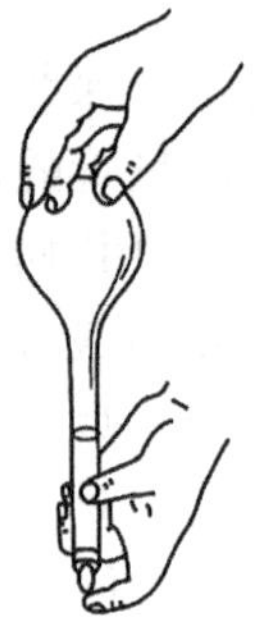
图 3-64　检查漏水及混匀溶液

4. 注意事项

(1) 容量瓶瓶塞是磨口的,不能任意互换,一般可用橡皮圈或棉线将瓶塞系在瓶颈上。

(2) 容量瓶不能长期存放溶液,不可将容量瓶当作试剂瓶使用,尤其是碱性溶液会侵蚀瓶塞,使之无法打开。如需将溶液长期保存,应转移到试剂瓶中备用。

(3) 容量瓶不能用火直接加热或在烘箱中烘烤。如急需使用干燥的容量瓶时,可将容量瓶洗净后,用乙醇等有机溶剂淌洗后晾干或用冷风吹干。

(4) 用过的容量瓶,应立即用水清洗干净。如长期不用,应在瓶口与瓶塞间垫一纸片,防止久置后塞子打不开。

(5) 需避光的溶液应使用棕色容量瓶配制。

三、滴定管

滴定管是滴定操作时准确测量标准溶液体积的一种量器,由细长而均匀的玻璃管制成,滴定管的管壁上有刻度线和数值,下端是一尖嘴,中间有节门以控制溶液流出速度。

常量分析使用的滴定管有 50ml 和 25ml 两种,最小刻度为 0.1ml,可读至 0.01ml。“0”刻度在上,自上而下数值由小到大。此外,还有容积为 10ml、5ml、2ml 和 1ml 的半微量和微量滴定管,最小刻度分别为 0.05ml、0.01ml 和 0.005ml,且构型各异。

滴定管按其用途可分为酸式滴定管和碱式滴定管两种(图 3-65)。酸式滴定管下端有玻璃旋塞,用以控制溶液的流出。酸式滴定管是滴定分析中经常使用的一种滴定管,用于盛装酸性或氧化性溶液,不宜盛装碱性溶液,因碱与玻璃作用会使磨口旋塞粘连而不能转动。因此除了强碱溶液外,其他溶液作为滴定液时一般均可采用酸式滴定管。碱式滴定管用于盛装碱性溶液,下端连有一段橡皮管,管内有玻璃珠,用以控制液体的流出,橡皮管下端连一尖嘴玻璃管。凡能与橡皮起作用的溶液如高锰酸钾溶液,均不能使用碱式滴定管。

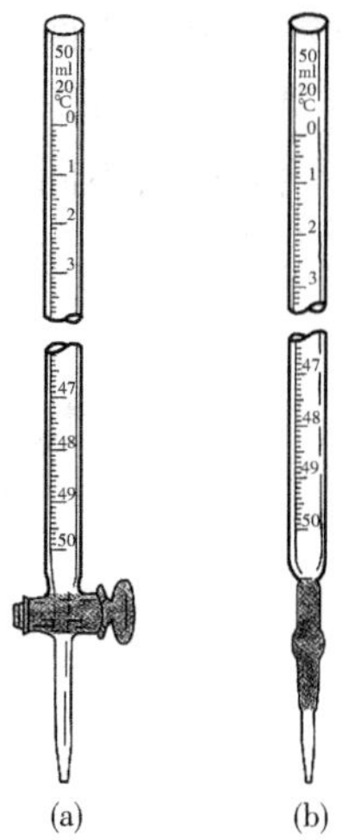

图 3-65　滴定管
(a) 酸式滴定管
(b) 碱式滴定管

1. 滴定管的洗涤

滴定管的外侧可用去污粉或洗衣粉、洗洁精刷洗,管内无明显油污的滴定管可直接用自来水冲洗,或用洗涤剂泡洗,但不可刷洗,以免划伤内壁,影响体积的准确测量。若有油污不易洗净,可采用铬酸洗液洗涤。酸式滴定管可倒入铬酸洗液 10ml 左右,将滴定管横放,两手平端滴定管转动,直至洗涤液将管壁润湿,直立,将铬酸洗液从管尖放出;碱式滴定管则需将橡皮管取下,用小烧杯接在管下部,然后倒入铬酸洗液。铬酸洗液用后仍倒回原瓶内,可继续使用。用铬酸洗液洗过的滴定管先用自来水充分洗净后,再用适量蒸馏水润洗 3 次,管内壁如不挂水珠,则可使用。

洗涤碱式滴定管时应注意:碱式滴定管的玻璃尖嘴及玻璃珠用铬酸洗液洗过后,用自来水冲洗后再装好。用来洗涤滴定管的自来水和蒸馏水要从管尖放出,同时捏动乳胶管改变玻璃珠的位置,以使玻璃珠各部位都得到充分洗涤。

2. 活塞涂油与检漏

(1) 活塞涂油。用吸水纸将活塞和活塞套擦干,并注意将滴定管平放在实验台面上以勿使滴定管内壁的水再次进入活塞套。用手指把凡士林(或真空活塞脂)涂在活塞的大头和活塞套小口的内侧,然后把旋塞芯插入塞槽内,旋转使油膜在旋塞内均匀透明,且旋塞转动灵活。在活塞末端套一橡皮圈以防使用时将活塞顶出。

(2) 检漏。将旋塞关闭,滴定管里注满水,把它固定在滴定管架上,放置 1~2min,观察滴定管口及旋塞两端是否有水渗出,旋塞不渗水才可使用。

碱式滴定管若有漏水应更换橡皮管或管内玻璃珠,直至不漏水且能灵活控制液滴为止。

3. 装入滴定液与除气泡

(1) 装入滴定液。为了避免滴定液被稀释,应用待装入的滴定液润洗滴定管 2~3 次(每次 5~10ml)。操作时两手平持滴定管,慢慢转动,使滴定液流遍全管,第一次润洗液从滴定管上口倒出,第二、三次润洗液从滴定管下端放出,以除去管内残留水分。在装入滴定液时,应直接倒入,不得借助其他容器(如烧杯、漏斗等),以免滴定液浓度改变或造成污染。

(2) 除气泡。装好滴定液后,应检查滴定管尖嘴内有无气泡,如有气泡,应进行排除。排除气泡的方法是:如为酸式滴定管,则将滴定管倾斜约 30°角,迅速打开旋塞,使溶液快速冲出,将气泡带走。若为碱式滴定管,则把橡皮管向上弯曲,出口上斜,并在稍高于玻璃珠处用两手指挤压玻璃珠,使溶液从尖嘴处喷出,即可排除气泡(图 3-66)。

4. 读数

读数前,滴定管应垂直静置 1~2min,使附着在内壁的溶液流下。读数时应将滴定管从滴定管架上拿下来,用右手大拇指和食指捏住滴定管上部无刻度处,使滴定管垂直,然后再读数。由于表面张力作用,滴定管内液面呈弯月形,无色溶液的弯月面比较清晰,读数时,眼睛视线与溶液弯月面下缘最低点应在同一水平面上,读出与弯月面相切的刻度,眼睛的位置不同会得出不同的读数(图 3-67)。对于有色溶液,如 $KMnO_4$ 溶液,弯月面不够清晰,可以观察液面的上缘,读出与之相切的刻度(注意,初读数与终读数采用同一标准)。

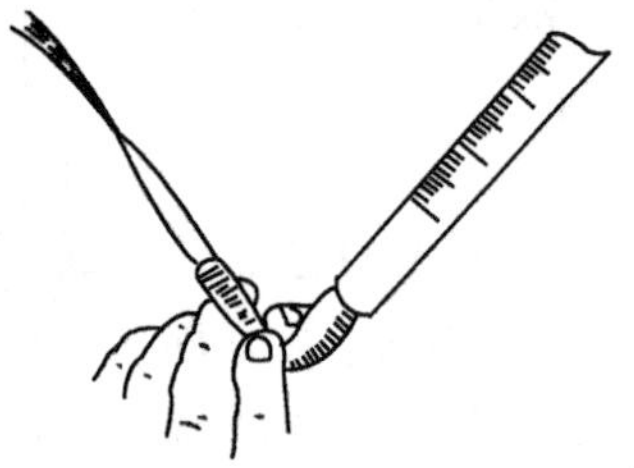

图 3-66　排除气泡

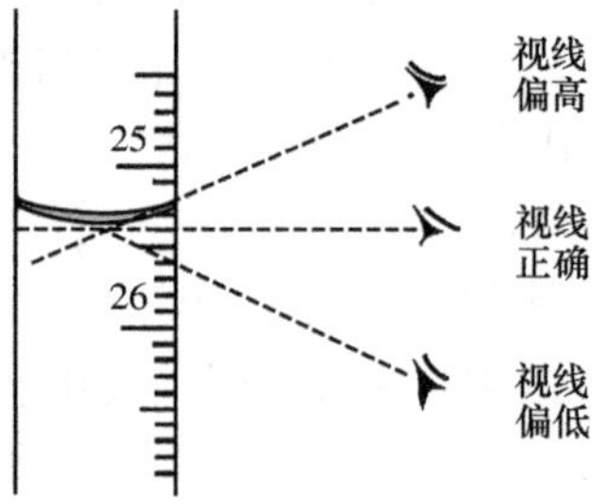

图 3-67　滴定管读数

为了使读数清晰,可在滴定管后面衬一张"读数卡"(即一张半黑半白的小纸片)。读数时,将读数卡放在滴定管背面,使黑色部分在弯月面下约 0.1ml 处,此时即可看到弯月面的反射层全部成为黑色,读取此黑色弯月面下缘的最低点。对有色溶液须读其两侧最高点时,必须用白色卡片作为背景。

5. 滴定

滴定通常在锥形瓶中进行,必要时也可在烧杯中进行。进行滴定操作时,应将滴定管夹在滴定管架上。操作酸式滴定管时,左手控制旋塞,大拇指在管前,食指和中指在后,三指轻拿旋塞柄,手指略微弯曲,向内扣住旋塞,避免旋塞松动或顶出旋塞造成漏液。向里旋转旋塞使溶液滴出(图 3-68)。

操作碱式滴定管时,用左手的拇指和食指捏住玻璃珠靠上部位,向手心方向捏挤橡皮管,使其与玻璃珠之间形成一条缝隙,溶液即可流出(图 3-69)。

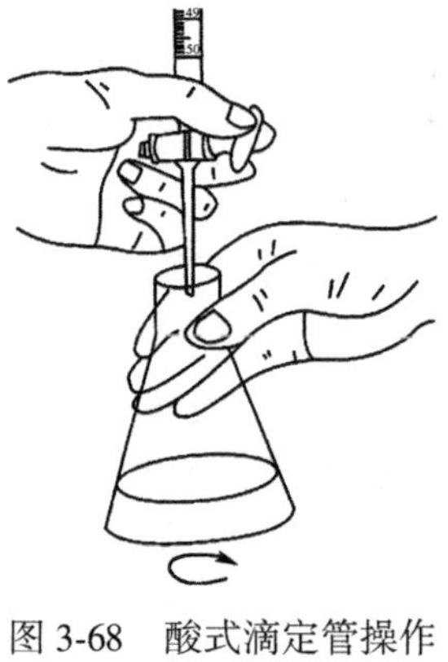

图 3-68　酸式滴定管操作

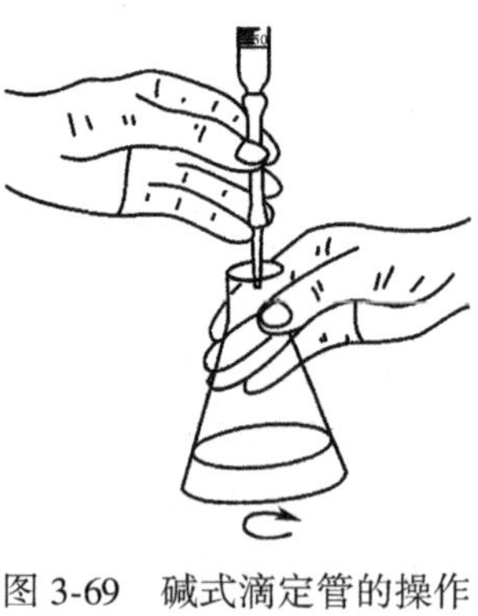

图 3-69　碱式滴定管的操作

滴定时,左手控制滴定液流速。右手前三指拿住锥形瓶,运用腕力单方向旋转溶液(图 3-70),使瓶内溶液混合均匀,反应进行完全。刚开始滴定时,滴定液滴出速度可稍快,但不能使滴出液呈线状。临近终点时,滴定速度应十分缓慢,每次应加入一滴或半滴,不断振摇,并用洗瓶吹入少量蒸馏水洗锥形瓶内壁,使溅起附着在锥形瓶内壁的溶液洗下,以使反应完全,然后再加半滴,直至终点为止。酸式滴定管滴加半滴的方法是:将滴定管活塞稍稍转动,使半滴溶液悬于滴定管口,将锥形瓶内壁与管口接触,使溶液靠入锥形瓶中并用蒸馏水冲下。用碱式滴定管滴加半滴溶液时,应先松开拇指和食指,将悬挂的半滴溶液沾在锥形瓶内壁上,再放开无名指与小指。这样可以避免出口管尖出现气泡,使读数造成误差。

在烧杯中进行滴定时,将烧杯放在白瓷板上,调节滴定管的高度,使滴定管下端伸入烧杯内 1cm 左右。滴定管下端应位于烧杯中心的左后方,但不要靠壁过近。右手持搅拌棒在右前方搅拌溶液。在左手滴加溶液的同时(图 3-71),搅拌棒应做圆周搅动,但不得接触烧杯壁和底。当加半滴溶液时,用搅棒下端承接悬挂的半滴溶液,放入溶液中搅拌。注意,搅棒只能接触液滴,不能接触滴定管管尖。

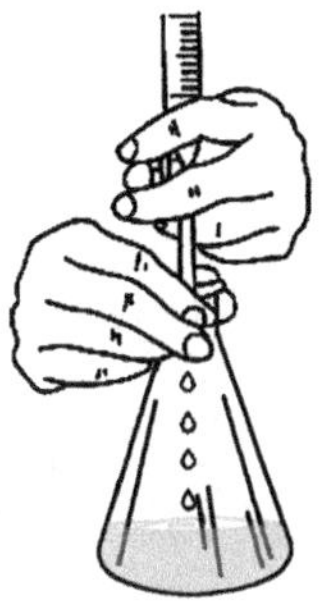

图 3-70　在锥形瓶中滴定

图 3-71　在烧杯中滴定

6. 滴定结束

滴定完毕,滴定管内剩余的溶液应弃去,不得将其倒回原瓶,以免污染整瓶滴定液。随即用自来水洗净滴定管后用蒸馏水润洗 2~3 次,并用蒸馏水充满全管,用一小玻璃管套在管口上,备用。

酸式滴定管若长期不用,应在活塞部分垫上薄纸以防久置使活塞不能转动。碱式滴定管不用时应将乳胶管拔下,加滑石粉保存。

7. 注意事项

(1) 进行滴定操作时,左手不能离开活塞任其自流。

(2) 为了便于判断终点时指示剂颜色的变化,可将锥形瓶放在白瓷板或白纸上观察。最后,必须待滴定管内液面完全稳定后,方可读数(在滴定刚完毕时,常有少量沾在管壁上的溶液仍在继续下流)。

(3) 每次滴定前将液面调节在"0.00"ml 刻度或稍下的位置,由于滴定管的刻度不可能绝对均匀,所以在同一实验中,溶液的体积应控制在滴定管刻度的相同部位,这样由于刻度不准引起的误差可以抵消。

【思考题】

1. 用指示剂指示终点时,接近终点时会有什么现象?为什么?

2. 在滴定分析实验中,滴定管和移液管为什么需用滴定液和待移取的溶液润洗几次?锥形瓶是否也要用滴定液润洗?

3. 在配制溶液和进行滴定的过程中,哪些仪器需要保持干燥?哪些仪器需要润洗?

第十七节　容量器皿的校准

滴定管、移液管和容量瓶是滴定分析法所用的主要量器。滴定分析误差的来源之一是滴定分析容量器皿的体积测量误差。由于容量器皿的实际容积与其所标示的值并非完全一致，因此，在准确度要求较高的分析工作中，必须对容量器皿进行校准。

由于玻璃具有热胀冷缩特性，在不同温度下容量器皿的体积也有所不同。因此，校准玻璃容量器皿时，必须规定一个共同温度值，这一规定温度值为标准温度。国际上规定玻璃容量器皿的标准温度为20℃，即在校准时应将玻璃容量器皿的容积校准到20℃时的实际容积。

一、容量器皿常用校准方法

容量器皿的校准有相对校准和绝对校准两种方法。

1. 相对校准

当要求两种容器体积之间按一定的比例配套使用时，常采用相对校准的方法。例如，在实际分析工作中，容量瓶和移液管常配合使用，此时，移液管和容量瓶的绝对体积是多少并不重要，需要关注的是它们之间的体积比是否为准确的整倍数关系。例如，250ml 容量瓶量取液体的体积应等于 25ml 移液管量取体积的 10 倍。

2. 绝对校准

绝对校准是测定容量器皿的实际容积。常用的校准方法为衡量法，又叫称量法，即用分析天平准确称得容量器皿容纳或放出纯水的质量，然后根据水在实验温度下的密度（表 3-11），计算出该容量器皿的实际容积。

表 3-11　不同温度下纯水的密度值（不同温度下 1ml 纯水在空气中用黄铜砝码称得的质量）

温度/℃	密度/(g/ml)	温度/℃	密度/(g/ml)
5	0.998 53	18	0.997 49
6	0.998 53	19	0.997 33
7	0.998 52	20	0.997 15
8	0.998 49	21	0.996 95
9	0.998 45	22	0.996 76
10	0.998 39	23	0.996 55
11	0.998 33	24	0.996 34
12	0.998 24	25	0.996 12
13	0.998 15	26	0.995 88
14	0.998 04	27	0.995 66
15	0.997 92	28	0.995 39
16	0.997 78	29	0.995 12
17	0.997 64	30	0.994 85

例如，在 15℃ 校正一 50ml 容量瓶时，称得该容量瓶容纳纯水的质量为 49.90g，计算出该容量瓶的实际容积为

$$\frac{49.90}{0.99792}=50.00(\text{ml})$$

3. 溶液体积的温度校正

容量器皿是以20℃为标准来校准的，使用时实验温度不一定在20℃，因此，容量器皿的容积以及溶液的体积都会发生改变。由于玻璃的膨胀系数很小，在温度相差不太大时，容量器皿的容积改变可以忽略，在要求较高的分析中需要进行校正。稀溶液的密度一般可用相应水的密度来代替。

例如，在10℃时量取500ml水，问：20℃时其体积应为多少？

解　查表3-11得，水在10℃时密度为0.998 39g/ml，20℃时密度为0.997 15g/ml。故20℃时溶液的体积为

$$\frac{0.998\ 39\times500}{0.997\ 15}=500.62(\mathrm{ml})$$

二、常用容量器皿的校准

1. 容量瓶的校准

在分析天平上准确称取洁净、干燥的250ml容量瓶的质量，然后加入蒸馏水至刻度，用滤纸吸干附着在瓶外及瓶颈内壁刻度以上的水，再称量该容量瓶加水的质量，两次质量之差即为瓶中水的质量。重复校准一次，两次测得水的质量之差不得超过20mg，否则重做校准。结果取两次校准的平均值。根据水的质量计算在此温度时的实际容积。

2. 移液管的校准

将25ml移液管洗净，吸取蒸馏水调节至刻度。将蒸馏水放入已称量的容量瓶中，再称量，两次质量之差即为瓶中水的质量。重复校准一次，两次测得水的质量之差不得超过20mg。结果取两次校准的平均值。根据水的质量计算在此温度时的实际容积。

3. 酸式滴定管的校准

(1) 取洁净50ml酸式滴定管1支，将蒸馏水装满滴定管中，调节液面至0.00刻度处。同时，记录水温。

(2) 取1个干燥的50ml容量瓶(或具塞锥形瓶)，在台秤上粗称其质量，然后在分析天平上称量，准确称至小数点后第二位(0.01g)。然后按约10ml/min的流速，放出10ml(要求在10ml±0.1ml范围内)水于已知质量的容量瓶中，盖上瓶塞，再称出它的质量，两次质量之差即为放出水的质量。用同样的方法称量滴定管中10~20ml、20~30ml等刻度间水的质量。用实验温度时的密度除每次得到的水的质量，即可得到滴定管各段的实际容积，并计算出该滴定管各段的校准值。

(3) 按上述步骤重复校准1次，两次校准之差应小于等于0.02ml。

4. 容量瓶与移液管的相对校准

用25ml移液管吸取蒸馏水注入洁净并干燥的250ml容量瓶中。重复10次，然后观察溶液弯月面下缘是否与刻度线相切，若不相切，另做新标记。经相互校准后的容量瓶与移液管均做上相同记号，可配套使用。

5. 注意事项

(1) 利用称量水法进行容量器皿校准时，要求水温和室温一致。若两者有微小差异时，以水温为准。

(2) 用滴定管和移液管放蒸馏水到称量的容量瓶内时，操作时应注意切勿让水碰到容

量瓶的磨口。

【思考题】

1. 称量水的质量时,为什么只要精确至 0. 01g?

2. 为什么要进行容器器皿的校准? 影响容量器皿体积刻度不准确的主要因素有哪些?

3. 使用移液管的操作要领是什么? 为什么要垂直流下液体? 为什么放完液体后要停一定时间? 最后留于管尖的液体如何处理? 为什么?

下　篇
实验方法篇

第四章　无机化学实验

实验 4-1　碳酸钠溶液的配制和标定

【实验目的】

1. 了解配制一定浓度溶液的方法。
2. 了解用滴定法测定溶液浓度的原理和操作方法。
3. 掌握滴定管的使用。

【实验原理】

根据溶质的不同性质可选择不同的方法配制其一定浓度的溶液。某些易于提纯而稳定不变的物质,可以精确称取其纯固体,并通过容量瓶等仪器直接配制成所需的一定体积的准确浓度的溶液。某些不稳定或不易提纯的物质,可先配制成近似浓度的溶液,然后用已知浓度的标准溶液来测定它的浓度。

溶液浓度的滴定:用移液管或滴定管准确量取一定体积的待测溶液,然后由滴定管放出已知准确浓度的标准溶液,使它们相互作用达到反应的计量点,根据所消耗标准溶液的浓度和体积计算待测溶液的浓度,这种操作称为滴定。

反应终点通常是利用指示剂来确定的,指示剂应能在反应计量点附近有明显的颜色变化。本实验是用 HCl 滴定 Na_2CO_3,可用甲基橙作指示剂,甲基橙在碱性溶液中呈黄色,在酸性溶液中呈红色。刚开始滴定时由于 Na_2CO_3 溶液显碱性,所以甲基橙在 Na_2CO_3 溶液中呈黄色,当 Na_2CO_3 与 HCl 作用完毕时,只要有一滴过量的 HCl 溶液,溶液就显酸性,甲基橙即由黄色变为橙色。表明此时该反应已达到反应的计量点。该滴定反应的反应式为

$$Na_2CO_3+2HCl = 2NaCl+CO_2\uparrow +H_2O$$

碳酸钠浓度的计算公式为

$$c_{Na_2CO_3}=\frac{1}{2}\times\frac{c_{HCl}\times V_{HCl}}{V_{Na_2CO_3}}$$

由于 HCl 的浓度、体积及 Na_2CO_3 的体积都是已知的,则根据上式可求出 Na_2CO_3 溶液的浓度。

【实验材料】

1. 仪器

量筒(250ml)、酸式滴定管(50ml)、移液管(25ml)、洗耳球、滴定台、台秤、滴定管夹(蝴蝶夹)、烧杯(400ml)、玻璃棒、锥形瓶等。

2. 试剂

无水 Na_2CO_3(A. R.)、甲基橙指示剂、HCl 标准溶液(0. 1000mol/L)。

【实验内容】

1. 配制近似浓度的 Na_2CO_3 溶液

用台秤称取约 1. 3g 无水 Na_2CO_3 固体(称准至小数点后第一位),置于 400ml 烧杯中,

用250ml量筒量取蒸馏水250ml，沿玻璃棒倒入烧杯，注意不要过急，以免外溢，搅拌使 Na_2CO_3 溶解并混合均匀，备用。

2. 酸式滴定管的准备

首先检查滴定管是否漏液，旋塞转动是否灵活，如漏液或旋塞转动不灵活，应卸下旋塞，洗净，擦干，重新涂上凡士林。将滴定管用自来水冲洗，再用蒸馏水洗净，最后以HCl标准溶液润洗3次。注意，旋塞下部也应洗净。加入HCl标准溶液，调整液面在滴定管"0"刻度线处或"0"刻度线以下，记下液面凹处位置，作为起点读数。

3. Na_2CO_3 溶液浓度的标定

(1) 取1支洁净的25ml移液管，先用蒸馏水润洗3次，再用移液管吸取少量所配制的 Na_2CO_3 溶液润洗3次。用洗净的移液管移取25.00ml Na_2CO_3 溶液至锥形瓶中，加入1滴甲基橙指示剂，边摇动锥形瓶，边滴加HCl标准溶液，至甲基橙由黄色变为橙色，反应达到终点（临近终点前应使用洗瓶冲洗瓶壁以保证 Na_2CO_3 滴定准确），记下此时滴定管中HCl标准溶液的液面凹处位置（此数值减去起点读数即为本次滴定所用HCl标准溶液的体积）。

(2) 重复滴定两次，三次滴定所用HCl标准溶液的体积，应相差不超过0.1ml（超过应再重新滴定），取平均值即为HCl标准溶液的体积。

【注意事项】

滴定时一定要逐滴加入HCl标准溶液，并且要边摇动锥形瓶边滴加HCl标准溶液，以免HCl溶液局部浓度过高，或加入HCl过量，造成"滴过"。有时会出现"假终点"现象，即试液在滴定时由于产生 CO_2，使滴定提前达到终点，这种现象称为"假终点"。为克服"假终点"，应将达到假终点的溶液加热除去 CO_2，溶液由橙色又变为黄色，稍放冷后，继续滴加HCl标准溶液，再次达到终点后，才是真正的滴定终点。

【思考题】

1. 怎样洗涤滴定管、移液管？
2. 为什么要在使用滴定管、移液管前用标准溶液润洗？
3. 锥形瓶是否也应润洗？

实验4-2　电解质溶液

【实验目的】

1. 了解强、弱电解质电离的差别及同离子效应。
2. 了解缓冲溶液的配制方法及其性质。
3. 了解盐类的水解反应及抑制水解的方法。
4. 了解难溶电解质的沉淀溶解平衡及溶度积原理的应用。
5. 学习离心分离和pH试纸的使用等基本操作。

【实验原理】

1. 弱电解质的电离平衡及同离子效应

若AB为弱酸或弱碱，则在水溶液中存在下列平衡：

$$AB \rightleftharpoons A^+ + B^-$$

达到平衡时，各物质浓度关系满足 $K^\ominus = [A^+][B^-]/[AB]$，$K^\ominus$ 为标准电离平衡常数。

在此平衡体系中，如加入含有相同离子的强电解质，即增加 A^+ 或 B^- 的浓度，则平衡向生成 AB 分子的方向移动，使弱电解质的电离度降低，这种现象叫做同离子效应。

2. 缓冲溶液

弱酸及其盐(如 HAc 和 NaAc)或弱碱及其盐(如 $NH_3 \cdot H_2O$ 和 NH_4Cl)的混合溶液，能在一定程度上对少量外来的强酸或强碱起缓冲作用，即当外加少量酸、碱或适度稀释时，此混合溶液的 pH 变化不大，这种溶液叫做缓冲溶液。

3. 盐类的水解反应

盐类的水解反应是由组成盐的离子和水电离出来的 H^+ 或 OH^- 作用，生成弱酸或弱碱的反应过程。水解反应往往使溶液显酸性或碱性。例如：

(1) 弱酸强碱所生成的盐(如 NaAc)水解使溶液显碱性。

(2) 强酸弱碱所生成的盐(如 NH_4Cl)水解使溶液显酸性。

(3) 对于弱酸弱碱所生成的盐的水解，则视生成的弱酸与弱碱的相对强弱而定。例如，NH_4Ac 溶液几乎为中性，而 $(NH_4)_2S$ 溶液呈碱性。通常水解后生成的酸或碱越弱，则盐的水解度越大。水解是吸热反应，加热能促进水解作用。通常浓度及溶液 pH 的变化也会影响水解。

4. 沉淀平衡、溶度积规则

(1) 溶度积。在难溶电解质的饱和溶液中，未溶解的固体及溶解的离子间存在着多相平衡，即沉淀平衡。例如：

$$PbI_2(s) \rightleftharpoons Pb^{2+} + 2I^-$$

$$K^{\ominus}_{sp,PbI_2} = [Pb^{2+}][I^-]^2$$

式中：$K^{\ominus}_{sp}$ 表示难溶电解质的饱和溶液中难溶电解质离子浓度(以其系数为指数)的乘积，叫做溶度积常数，简称溶度积。

根据溶度积规则，可以判断沉淀的生成和溶解，例如：

$[Pb^{2+}][I^-]^2 > K^{\ominus}_{sp,PbI_2}$ 溶液过饱和，有沉淀析出。

$[Pb^{2+}][I^-]^2 = K^{\ominus}_{sp,PbI_2}$ 溶液恰好饱和或达到沉淀平衡。

$[Pb^{2+}][I^-]^2 < K^{\ominus}_{sp,PbI_2}$ 无沉淀析出或沉淀溶解。

(2) 分步沉淀。有两种或两种以上的离子都能与加入的某种试剂(沉淀剂)反应生成难溶电解质时，沉淀的先后顺序取决于所需沉淀剂离子浓度的大小。需要沉淀剂离子浓度较小的先沉淀，需要沉淀剂离子浓度较大的后沉淀。这种先后沉淀的现象叫做分步沉淀。例如，往含有 Cu^{2+} 和 Cd^{2+} 的混合液中(若 Cu^{2+}、Cd^{2+} 的离子浓度相差不太大)加入少量沉淀剂 Na_2S，由于 $K^{\ominus}_{sp,CuS} < K^{\ominus}_{sp,CdS}$，$Cu^{2+}$ 与 S^{2-} 的离子浓度乘积将先达到 CuS 的溶度积 $K^{\ominus}_{sp}$，黑色 CuS 沉淀首先析出；继续加入 Na_2S，达到 CdS 的溶度积 $K^{\ominus}_{sp}$ 时，黄色 CdS 沉淀才析出。

(3) 沉淀的转化。使一种难溶电解质转化为另一种难溶电解质，即把一种沉淀转化为另一种沉淀的过程，叫做沉淀的转化。一般来说，溶度积较大的难溶电解质容易转化为溶度积较小的难溶电解质。

【实验材料】

1. 仪器

试管、试管架、试管夹、离心试管、小烧杯(100ml 或 50ml)、量筒(10ml)、洗瓶、点滴板、玻璃棒、酒精灯(或水浴锅)、离心机。

2. 试剂

酸：HAc(0.1mol/L、1mol/L、2mol/L)、HCl(0.1mol/L、2mol/L、6mol/L)。

碱：$NH_3 \cdot H_2O$(2mol/L)、NaOH(0.1mol/L)。

盐：$AgNO_3$(0.1mol/L)、$Al_2(SO_4)_3$(0.1mol/L、lmol/L)、K_2CrO_4(0.1mol/L)、KI(0.001mol/L、0.1mol/L)、$MgCl_2$(0.1mol/L)、NaAc(0.5mol/L、1mol/L,固体)、NaCl(0.1mol/L、1mol/L)、Na_2CO_3(0.1mol/L、1mol/L)、$Pb(NO_3)_2$(0.001mol/L、0.1mol/L)、NH_4Cl(饱和,固体)、Na_3PO_4(0.1mol/L)、NaH_2PO_4(0.1mol/L)、Na_2HPO_4(0.1mol/L)、$SbCl_3$(固体)。

3. 其他

锌粒、甲基橙(0.1%)、酚酞(1%)、pH 试纸。

【实验内容】

1. 强、弱电解质溶液的比较

(1) 在 2 支试管中分别加入少量 0.1mol/L HCl 和 0.1mol/L HAc,用 pH 试纸测定两溶液的 pH,并与计算值相比较。

(2) 在 2 支试管中分别加入 1ml 0.1mol/L HCl 或 0.1mol/L HAc 溶液,再分别加入一小颗锌粒(可用砂纸擦去表面的氧化层),并用酒精灯(或水浴)加热试管,观察哪只试管中产生氢气的反应比较剧烈。

由实验结果比较 HCl 和 HAc 的酸性有什么不同?

2. 同离子效应

(1) 取 2 支试管,各加入 1ml 蒸馏水,2 滴 2mol/L $NH_3 \cdot H_2O$ 溶液,再滴入一滴酚酞溶液,混合均匀,观察溶液显什么颜色。在一支试管中加入 1/4 小勺 NH_4Cl 固体,摇荡使之溶解,观察溶液的颜色,并与另一支试管中的溶液比较。

根据以上实验现象指出同离子效应对电离度的影响。

(2) 取 2 支小试管,各加入 5 滴 0.1mol/L $MgCl_2$ 溶液,其中一支试管中再加入 5 滴饱和 NH_4Cl 溶液,然后分别在两支试管中加入 5 滴 2mol/L $NH_3 \cdot H_2O$,观察两支试管中发生的现象有什么不同?

3. 缓冲溶液的配制和性质

(1) 2 支试管中各加入 3ml 去离子水,用 pH 试纸测定其 pH,再分别加入 5 滴 0.1mol/L HCl 或 0.1mol/L NaOH 溶液,测定它们的 pH。

(2) 在 1 个小烧杯中,加入 1mol/L HAc 和 1mol/L NaAc 溶液各 5ml(用量筒尽可能准确量取),用玻璃棒搅匀,配制成 HAc-NaAc 缓冲溶液。用 pH 试纸测定该溶液的 pH,并与计算值比较。

(3) 取 3 支试管,各加入此缓冲溶液 3ml,再分别加入 5 滴 0.1mol/L HCl、0.1mol/L NaOH 溶液及 5 滴去离子水,用 pH 试纸分别测定其 pH。与原来缓冲溶液的 pH 比较,pH 有什么变化?

4. 盐类的水解和影响盐类水解的因素

(1) 盐的水解与溶液的酸碱性

1) 在 3 支试管中分别加入少量 1mol/L Na_2CO_3、NaCl 及 $Al_2(SO_4)_3$ 溶液,用 pH 试纸试

验它们的酸碱性。写出水解的离子方程式,并解释。

2) 在 3 支试管中分别加入少量 0.1mol/L 的 Na_3PO_4、Na_2HPO_4、NaH_2PO_4 溶液,用 pH 试纸试验它们的酸碱性。酸式盐是否都呈酸性?

(2) 影响盐类水解的因素

1) 温度对水解的影响。在两支试管中分别加入 1ml 0.5mol/L NaAc 溶液,并各加入 3 滴酚酞溶液,将其中一支试管用酒精灯(或水浴)加热,观察颜色的变化。冷却后颜色有什么变化?

2) 酸度的影响。将少量 $SbCl_3$ 固体(取火柴头大小即可)加到盛有 1ml 蒸馏水的小试管中,有什么现象产生?用 pH 试纸试验溶液的酸碱性。加 6mol/L HCl,沉淀是否溶解?最后将所得溶液稀释,又有什么变化?

3) 相互水解。取两支试管,分别加入 3ml 0.1mol/L Na_2CO_3 及 2ml 0.1mol/L $A1_2(SO_4)_3$ 溶液,先用 pH 试纸分别测其 pH,然后混合。观察有什么现象?

5. 溶度积原理的应用

(1) 沉淀的生成

1) 在 1 支试管中加入 1ml 0.1mol/L $Pb(NO_3)_2$ 溶液,再逐渐加入 1ml 0.1mol/L KI 溶液,观察沉淀的生成和颜色。

2) 在另 1 支试管中加入 1ml 0.001mol/L $Pb(NO_3)_2$ 溶液,再逐渐加入 1ml 0.001mol/L KI 溶液,观察有无沉淀生成?试以溶度积原理解释以上现象。

(2) 分步沉淀:在离心试管中加入 3 滴 0.1mol/L NaCl 溶液和 1 滴 0.1mol/L K_2CrO_4 溶液,稀释至 1ml,摇匀后逐滴加入 1 ~ 2 滴 0.1mol/L $AgNO_3$ 溶液,边加边摇,离心沉淀,观察生成沉淀的颜色(注意沉淀和溶液颜色的差别)。吸出上清液,再向上清液中滴加数滴 0.1mol/L $AgNO_3$ 溶液,会出现什么颜色的沉淀?试根据沉淀颜色的变化(并通过有关溶度积的计算),判断哪一种难溶电解质先沉淀。

(3) 沉淀的溶解:在试管中加入 2ml 0.1mol/L $MgCl_2$ 溶液,并滴入数滴 2mol/L $NH_3 \cdot H_2O$ 溶液,观察沉淀的生成。再向此溶液中加入少量 NH_4Cl 固体,摇荡,观察原有沉淀是否溶解,用离子平衡移动的观点解释上述现象。

(4) 沉淀的转化:在离心试管中加入 0.1mol/L $Pb(NO_3)_2$ 和 1.0mol/L NaCl 溶液各 10 滴。离心分离,弃去上层清液,向沉淀中滴加 0.1mol/L KI 溶液并搅拌,观察沉淀颜色的变化。说明原因,并写出有关反应方程式。

【注意事项】

(1) 用 pH 试纸试验溶液的性质时,方法是将一小片试纸放在干净的点滴板或表面皿上,用洗净的玻璃棒蘸取待测溶液,滴在试纸上,观察其颜色的变化。注意,不要把试纸投入被测试液中测试。

(2) 取用液体试剂时,严禁将滴瓶中的滴管伸入试管内,或用试验者的滴管到试剂瓶中吸取试剂,以免污染试剂。取用试剂后,必须把滴管放回原试剂瓶中,不可置于实验台上,以免弄混及交叉污染试剂。

(3) 加热盛有液体的试管时,液体量不能过多,一般以不超过试管体积的 1/3 为宜。试管夹应夹在距管口 1 ~ 2cm 处,然后斜持试管,从液体的上部开始加热,再过渡到试管下部,不断地晃动试管,以免由于局部过热,液体喷出或受热不均使试管炸裂。加热时,应注意试管口不能朝向别人或自己。

(4) 正确使用离心机,注意保持平衡,调整转速时不要过快。

(5) 操作时注意试剂的用量,否则观察不到现象。

(6) 锌粒回收至指定容器中。

【思考题】

1. 试解释为什么 Na_2HPO_4、NaH_2PO_4 均属酸式盐,但前者的溶液呈弱碱性,后者却呈弱酸性。

2. 同离子效应对弱电解质的电离度和难溶电解质的溶解度各有什么影响?

3. 使用离心机应注意些什么?

4. 沉淀溶解和转化的条件是什么?

实验 4-3　乙酸电离度和电离常数的测定

【实验目的】

1. 测定乙酸的电离度和电离常数。

2. 进一步掌握滴定原理、滴定操作。

3. 练习使用 pH 计。

【实验原理】

乙酸(HAc)是一弱电解质,在水溶液中存在下列电离平衡:

$$HAc \rightleftharpoons H^+ + Ac^-$$

$$K_\alpha^\ominus = \frac{[H^+][Ac^-]}{[HAc]}$$

$$\alpha = \frac{[H^+]}{c} \times 100\%$$

纯 HAc 溶液中,若忽略水解离所产生的 H^+,则达到平衡时,溶液中

$$[H^+] = [Ac^-] = c\alpha \qquad [HAc] = c - c\alpha$$

$$K_\alpha^\ominus = \frac{c\alpha^2}{1-\alpha}$$

当 $\alpha<5\%$ 时, $1-\alpha \approx \alpha$,则

$$K_\alpha^\ominus = c\alpha^2$$

测得已知浓度 HAc 溶液的 pH,计算出 $[H^+]$,即可算出 α 及 $K_\alpha^\ominus$。

【实验材料】

1. 仪器

酸度计、50ml 容量瓶、碱式滴定管、移液管、50ml 烧杯。

2. 试剂

0.1000mol/L NaOH 标准溶液、0.1mol/L HAc 溶液、pH = 4.01 的标准缓冲溶液、pH = 6.86 的标准缓冲溶液。

【实验内容】

1. NaOH 标准溶液标定乙酸浓度

移取 3 份 25.00ml 乙酸溶液置于锥形瓶中,加入 1 ~ 2 滴酚酞,摇匀,用已知浓度的

NaOH 标准溶液滴定至微红色，30s 不褪色。

2. 配制不同浓度的乙酸溶液

取 3 个 50ml 容量瓶，分别加入 25.0ml、5.0ml、2.50ml 乙酸溶液，加水至刻度，混匀。

3. 测量溶液的 pH

将四种浓度的乙酸溶液（包括原液）倒入小烧杯中，用 pH 计测量溶液 pH。

将实验数据填入表 4-1，并计算出 HAc 的 α 和 $K_\alpha^\ominus$。

表 4-1　乙酸电离度和电离常数的测定

溶液编号	c_{HAc}/(mol/L)	pH	c_{H^+}/(mol/L)	$K_\alpha^\ominus$	α
1					
2					
3					
4					

测定时溶液的温度____℃　　　$\bar{K}_\alpha^\ominus$ =

【注意事项】

（1）若烧杯不干燥，可用所盛 HAc 溶液润洗 2 ~ 3 次，然后再倒入溶液。

（2）复合电极每测量完一次都要用蒸馏水进行润洗，并用滤纸条吸干。

【思考题】

1. 用酸度计测定乙酸溶液的 pH 时，为什么要按溶液的浓度从稀到浓的次序进行？

2. 改变所测乙酸溶液的浓度或温度，则电离度和电离常数有无变化？若有变化，会有怎样的变化？

附　PHS-25 型酸度计使用方法

1. 仪器使用前的准备

（1）仪器在电极插入之前输入端必须插入 Q_9 短路插头，使输入端短路以保护仪器。

（2）仪器供电电源为交流市电，把仪器的三芯插头插在 220V 交流电源上，并把电极安装在电极架上。然后将 Q_9 短路插头拔去，把复合电极插头插在仪器的电极插座上，电极下端玻璃球泡较薄，以免碰坏。电极插头在使用前应保持清洁干燥，切忌与污物接触，复合电极的参比电极在使用时应把上面的加液口橡皮套向下滑动使口外露，以保持液位压差。在不用时仍将橡皮套将加液口套住。

（3）仪器选择开关置“pH”挡或“mV”挡，开启电源，仪器预热 30min。

2. 仪器的标定

仪器在使用之前，即测被测溶液之前，先要标定，但并非每次使用之前都要标定，一般在连续使用时，每天标定一次已能达到要求。仪器的标定可按如下步骤进行：

（1）拔出测量电极插头，插入短路插头，置“mV”挡。

（2）仪器读数应在“0mV”±1 个字。

（3）插上电极，置“pH”挡。斜率调节器调节在 100% 位置（顺时针旋到底）。

（4）先把电极用蒸馏水清洗，然后把电极插在一已知 pH 的缓冲溶液中（如 pH = 7），调节“温度”调节器使所指示的温度与溶液的温度相同，并摇动小烧杯使溶液均匀。

（5）调节“定位”调节器使仪器读数为该缓冲溶液的 pH（如 pH = 7）。

仪器的标定已告完成，经标定的仪器，"定位"电位器不应再有变动。不用时电极的球泡最好浸在蒸馏水中，在一般情况下 24h 之内仪器不需再标定。但遇到下列情况之一，则仪器最好事先标定：

（1）溶液温度与标定时的温度有较大的变化时。

（2）干燥过久的电极。

（3）换过了的新电极。

（4）"定位"调节器有变动，或可能有变动时。

（5）测量过浓酸（pH<2）或浓碱（pH>12）溶液之后。

（6）测量过含有氟化物的溶液而酸度在 pH<7 的溶液之后和较浓的有机溶液之后。

3. 测量溶液 pH

已经标定过的仪器，即可用来测量被测溶液。

（1）被测溶液和定位溶液温度相同时

1）"定位"保持不变。

2）将电极夹向上移出，用蒸馏水清洗电极头部，并用滤纸吸干。

3）把电极插在被测溶液之内，摇动小烧杯使溶液均匀后读出该溶液的 pH。

（2）被测溶液和定位溶液温度不同时

1）"定位"保持不变。

2）用蒸馏水清洗电极头部，用滤纸吸干。用温度计测出被测溶液的温度值。

3）调节"温度"调节器，使指示在该温度值上。

4）把电极插在被测溶液内，摇动小烧杯使溶液均匀后，读出该溶液的 pH。

实验 4-4　配位化合物的生成和性质

【实验目的】

1. 了解配离子的形成和配离子与简单离子的区别。

2. 了解影响配位平衡移动的因素。

【实验原理】

在了解配离子、配位分子、配位化合物的概念基础上，与复盐对比。例如：

配位化合物

$$K_3[Fe(CN)_6] \rightleftharpoons 3K^+ + [Fe(CN)_6]^{3-}$$

$$[Fe(CN)_6]^{3-} \rightleftharpoons Fe^{3+} + 6CN^-$$

复盐

$$(NH_4)Fe(SO_4)_2 \Longrightarrow NH_4^+ + Fe^{3+} + 2SO_4^{2-}$$

在铁铵矾溶液中滴加硫氰化钾时，溶液显血红色，但在铁氰化钾溶液中，不会因硫氰化钾的加入而呈现血红色。

配离子的稳定性可用稳定常数（$K^{\ominus}_{稳}$）或不稳定常数（$K^{\ominus}_{不稳}$）的大小来衡量。如中心原子 M 和配体 A 所形成的配离子[MA_x]，在水溶液中存在下列配位平衡：

$$M + XA \rightleftharpoons [MA_x]$$

$$K^{\ominus}_{稳} = \frac{[MA_x]}{[M][A]^x} = \frac{1}{K^{\ominus}_{不稳}}$$

对于配位比相同的配离子来说 $K^{\ominus}_{稳}$ 越大，表明生成该配离子的倾向越大，其稳定性也越强，反之亦然。

根据平衡移动原理，当增加中心原子或配体浓度时，有利于配离子的生成；相反，如减少中心原子或配体浓度，将促使配离子破坏。

【实验材料】

1. 仪器

离心机、普通试管、离心试管、烧杯。

2. 药品

0. 1mol/L $CuSO_4$、1mol/L $BaCl_2$、2mol/L NaOH、6mol/L 氨水、0. 1mol/L $FeCl_3$、0. 1mol/L KSCN、0. 1mol/L $K_3[Fe(CN)_6]$、0. 1mol/L $NH_4Fe(SO_4)_2$、0. 1mol/L $(NH_4)_2C_2O_4$、6mol/L HCl、0. 1mol/L KI、0. 1mol/L CCl_4、0. 1mol/L KCl、0. 1mol/L KBr、0. 1mol/L $AgNO_3$。

【实验内容】

1. 配位化合物的生成和组成

(1) 取 2 支试管，各加 10 滴 0. 1mol/L $CuSO_4$ 溶液，再分别加入 2 滴 1mol/L $BaCl_2$ 溶液和 2 滴 2mol/L NaOH 溶液，观察现象。

(2) 取 1 支试管，加 20 滴 0. 1mol/L $CuSO_4$ 溶液，滴入 6mol/L 氨水溶液至溶液成深蓝色时，再加入 1ml 氨水。然后分盛在两支试管中，分别加入 2 滴 1mol/L $BaCl_2$ 溶液和 2 滴 2mol/L NaOH 溶液，观察现象。

2. 简单离子和配离子的区别

(1) 取 1 支试管，加 10 滴 0. 1mol/L $FeCl_3$ 溶液，再滴加 2 滴 0. 1mol/L KCNS 溶液。观察现象。

(2) 用 0. 1mol/L $K_3[Fe(CN)_6]$ 代替 $FeCl_3$ 溶液，进行上述实验，现象有什么差异？

(3) 取 3 只试管，各加 10 滴 0. 1mol/L $NH_4Fe(SO_4)_2$ 溶液，分别检验溶液中是否存在 NH_4^+、Fe^{3+}、SO_4^{2-}，根据实验事实，与实验 2，比较。

3. 配位平衡的移动

(1) 取 1 支试管，加入 0. 1mol/L $FeCl_3$ 溶液 1 滴，再加 2 滴 0. 1mol/L $(NH_4)_2C_2O_4$ 溶液，即有配位化合物 $[Fe(C_2O_4)_3]^{3-}$ 生成。然后加入 1 滴 0. 1mol/L KSCN 溶液，观察现象。继续在此混合液中，逐滴加入 6mol/L HCl，有什么现象出现？

(2) 取 1 支试管，加 10 滴 0. 1mol/L KI 和 2 滴 0. 1mol/L $FeCl_3$ 溶液，然后加入 10 滴 CCl_4 液体，充分振荡。观察 CCl_4 层中的颜色。解释现象，写出化学反应式。

另取 1 支试管，以 0. 1mol/L $K_3[Fe(CN)_6]$ 代替 $FeCl_3$ 溶液，同样进行上述实验，现象有什么差异？

(3) 取 3 支试管，分别加入 0. 1mol/L KCl、0. 1mol/L KBr 和 0. 1mol/L KI 溶液各 2 滴，然后在每只试管中再加入 0. 1mol/L $AgNO_3$ 溶液 2 滴。观察沉淀的颜色。在形成 AgCl 沉淀的试管中，逐滴加入 0. 1mol/L 稀氨溶液，边滴边振荡直至沉淀溶解，记录加稀氨溶液的滴数。在形成 AgBr 沉淀的试管中，用同样方法加入 0. 1mol/L 稀氨溶液，直至沉淀溶解，记录所加稀氨溶液的滴数。沉淀 AgI 也用此法处理。根据现象比较 AgCl、AgBr 和 AgI 溶度积相对大小。

【注意事项】

(1) 加入 CCl_4 后,观察分层,需静置片刻。

(2) 在 AgCl 沉淀、AgBr 沉淀、AgI 沉淀平衡移动实验中,氨水要缓慢滴加,以免影响实验现象。

【思考题】

1. 配离子和简单离子有什么性质差异?
2. 实验中有哪些因素能使配位平衡发生移动?

实验 4-5　银氨配离子配位数测定

【实验目的】

1. 应用已学过的配合平衡及溶度积原理等知识,测定银氨配离子$[Ag(NH_3)_n]^+$的配位数 n。
2. 测定$[Ag(NH_3)_n]^+$的稳定常数 $K^{\ominus}_{稳}$。

【实验原理】

往含有一定量 KBr 和 NH_3 的水溶液中滴加 $AgNO_3$ 溶液,直到刚出现的 AgBr 沉淀不消失(溶液混浊)为止。在此混合溶液中同时存在着配位平衡和沉淀-溶解平衡:

$$Ag^+ + nNH_3 \rightleftharpoons [Ag(NH_3)_n]^+$$

$$\frac{[Ag(NH_3)_n^+]}{[Ag^+][NH_3]^n} = K^{\ominus}_{稳} \tag{1}$$

$$AgBr(s) \rightleftharpoons Ag^+ + Br^-$$

$$[Ag^+][Br^-] \rightleftharpoons K^{\ominus}_{sp} \quad (K^{\ominus}_{sp,AgBr} = 5.2\times10^{-13}) \tag{2}$$

作为配合剂的 NH_3 和沉淀剂的 Br^-同时争夺溶液中的 Ag^+,在一定条件下,建立配合-沉淀竞争平衡:

$$AgBr(s) + nNH_3 \rightleftharpoons [Ag(NH_3)_n]^+ + Br^-$$

式(1)×式(2),得

$$K^{\ominus} = \frac{[Ag(NH_3)_n^+][Br^-]}{[NH_3]^n} = K^{\ominus}_{稳} \cdot K^{\ominus}_{sp}$$

整理上式,得

$$[Ag(NH_3)_n^+][Br^-] = K^{\ominus}[NH_3]^n$$

两端取对数,得

$$\lg[Ag(NH_3)_n^+][Br^-] = n\lg[NH_3] + \lg K^{\ominus}$$

将 $\lg[Ag(NH_3)_n^+][Br^-]$对 $\lg[NH_3]$作图,可得一条直线,其斜率即为$[Ag(NH_3)_n]^+$的配位数 n。由截距 $\lg K^{\ominus}$可求得 $K^{\ominus}$,根据 $K^{\ominus}_{sp,AgBr}$的数值,可计算出稳定常数 $K^{\ominus}_{稳}$。

$[Br^-]$、$[Ag(NH_3)_n^+]$、$[NH_3]$均指平衡时的浓度,可近似地按以下方法计算:

设平衡体系中,最初所取的 KBr 溶液和稀氨溶液的体积分别为 V_{Br^-}、V_{NH_3},浓度分别为 $[Br^-]_0$、$[NH_3]_0$,加入 $AgNO_3$ 溶液的体积为 V_{Ag^+},浓度为$[Ag^+]_0$,混合溶液的总体积为 $V_{总}$,则

$$V_{总} = V_{Br^-} + V_{NH_3} + V_{Ag^+}$$

$$[Br^-] = [Br^-]_0 \times \frac{V_{Br^-}}{V_{总}}$$

$$[NH_3] = [NH_3]_0 \times \frac{V_{NH_3}}{V_{总}}$$

$$[Ag(NH_3)_n^+] = [Ag^+]_0 \times \frac{V_{Ag^+}}{V_{总}}$$

【实验材料】

1. 仪器

25ml 移液管、酸式滴定管、碱式滴定管、250ml 锥形瓶、滴定台。

2. 试剂

0.010mol/L KBr、2.00mol/L $NH_3 \cdot H_2O$、0.010mol/L $AgNO_3$。

【实验内容】

用酸式滴定管(最好是棕色的)装 0.010mol/L $AgNO_3$ 溶液,用碱式滴定管装2.00mol/L $NH_3 \cdot H_2O$,把液面调至零刻度,夹在滴定台上。

用移液管移取 25.0ml 已知浓度的 KBr 溶液,加到洗净并已烘干的 250ml 锥形瓶内,由碱式滴定管加入 12.0ml $NH_3 \cdot H_2O$ 后,再从酸式滴定管中滴入 0.010mol/L $AgNO_3$ 溶液,不断振摇锥形瓶,至刚开始出现不消失的浑浊时,停止滴定。记录所用 $AgNO_3$ 溶液的体积 V_{1,Ag^+},加入的 V_{Br^-} = 25.0ml,V_{NH_3} = 12.0ml。这是第一次滴定。继续向同一锥形瓶中加入 3.0ml $NH_3 \cdot H_2O$,使两次所加 $NH_3 \cdot H_2O$ 的累计体积为 15.0ml,然后继续滴加$AgNO_3$溶液,同样滴至刚出现不消失的浑浊为止,记录两次累计用去 $AgNO_3$ 溶液的体积 V_{2,Ag^+},加入的 V_{Br^-} =25.0ml,V_{NH_3}=15.0ml。这是第二次滴定。

继续滴定 4 次,记录加入 $NH_3 \cdot H_2O$ 的体积,累计分别为 19.0ml、24.0ml、31.0ml、45.0ml 时,滴入 $AgNO_3$ 溶液的各次累计体积 V_{3,Ag^+}、V_{4,Ag^+}、V_{5,Ag^+}、V_{6,Ag^+}。

计算各次滴定中的$[Br^-]$、$[Ag(NH_3)_n^+]$、$[NH_3]$、$\lg[Ag(NH_3)_n^+][Br^-]$及 $\lg[NH_3]$,填入表 4-2。

表 4-2 银氨配离子配位数测定

滴定序号	1	2	3	4	5	6
V_{Br^-}/ml						
V_{NH_3}/ml						
V_{Ag^+}/ml						
$[Br^-]$/(mol/L)						
$[NH_3]$/(mol/L)						
$[Ag(NH_3)_n^+]$/(mol/L)						
$\lg[Ag(NH_3)_n^+][Br^-]$						
$\lg[NH_3]$						

【注意事项】

(1) 本实验用的锥形瓶必须取用干燥的,量取 KBr 溶液的体积时要非常准确;如瓶壁不干或 KBr 取量稍不准确,将会影响 $AgNO_3$ 用量及 $V_{总}$,从而影响 n 值。

（2）滴定终点的确定也很重要，要以刚产生白色混浊且振荡又不消失为止。在接近出现混浊时要1滴或1/2滴地加入$AgNO_3$溶液。

【思考题】

1. 本实验中所用锥形瓶为什么必须取用干燥的，并且滴定过程中也不能用水冲洗瓶壁？
2. 滴定时，若加入的$AgNO_3$溶液已过量，有无必要弃去瓶中溶液，重新进行滴定？
3. 实验中KBr溶液取量为什么必须准确？

实验4-6 氧化还原反应

【实验目的】

1. 了解原电池装置和反应，并学会粗略测量原电池电动势的方法。
2. 考察浓度对电极电势的影响。
3. 掌握电极电势与氧化还原反应的关系，进一步熟悉溶液浓度、酸度对氧化还原反应的影响。

【实验原理】

金属间的置换反应伴随着电子的转移，利用这类反应可组装原电池，如标准铜锌原电池。

$$(-)Zn(s) \mid ZnSO_4(1mol/L) \parallel CuSO_4(1mol/L) \mid Cu(s)\ (+)$$

在原电池中，化学能转变为电能，产生电流，由于电池本身有内电阻，用毫伏计所测的电压，只是电池电动势的一部分（即外电路的电压降）。可用pHS-25型酸度计粗略地测量其电动势。

当氧化剂和还原剂所对应的电对的电极电势相差较大时，通常可以直接用标准电极电势$E^{\ominus}$来判断，作为氧化剂电对对应的电极电势与作为还原剂电对对应的电极电势数值之差大于零，则氧化还原反应就自发进行。也就是$E^{\ominus}$值大的氧化态物质可以氧化$E^{\ominus}$值小的还原态物质，或$E^{\ominus}$值小的还原态物质可以还原$E^{\ominus}$值大的氧化态物质。

若两者的标准电极电势代数值相差不大时，必须考虑浓度对电极电势的影响。具体方法是利用Nernst方程式：

$$E=E^{\ominus}+\frac{0.059}{n}\lg\frac{c_{Ox}}{c_{Red}}$$

计算出不同浓度的电极电势值来说明氧化还原反应的情况。

若有H^+或OH^-参加氧化还原反应，还必须考虑pH（酸度）对电极电势和氧化还原反应的影响。

【实验材料】

1. 仪器

酸度计、铜片电极和锌片电极各两根、盐桥（充有琼胶和KCl饱和溶液的U形管）、50ml烧杯4只。

2. 试剂

HCl（浓、1mol/L）、H_2SO_4（2mol/L）、$CuSO_4$（0.01mol/L，0.5mol/L）、$ZnSO_4$（0.5mol/L）、KBr（0.1mol/L）、KI（0.1mol/L）、$FeCl_3$（0.1mol/L）、$(NH_4)_2Fe(SO_4)_2$（0.1mol/L）、

$K_3[Fe(CN)_6]$(0.1mol/L)、$K_2Cr_2O_7$(0.02mol/L)、MnO_2(s)、CCl_4(l)。

【实验内容】

1. 原电池与电动势

装配好铜锌原电池,按测定电动势步骤进行操作,记录数据,并写出电极反应。

2. 浓度对电极电势的影响

将步骤1中的0.5mol/L的$CuSO_4$溶液,换成0.01mol/L $CuSO_4$,重新测定电动势,与步骤1的实验数据进行比较,并解释。

3. 氧化还原反应与电极电势的关系

(1) 往试管中加入0.5ml 0.1mol/L的KI溶液和2滴0.1mol/L $FeCl_3$溶液,再加入10滴CCl_4,观察CCl_4层颜色的变化?

(2) 用0.1mol/L KBr溶液代替KI溶液,进行上述实验,反应能否发生?

根据1)、2)的实验结果,定性地比较E_{Br_2/Br^-}、E_{I_2/I^-}、$E_{Fe^{3+}/Fe^{2+}}$的相对大小。

4. 浓度对氧化还原反应的影响

观察MnO_2(s)分别与浓HCl和1mol/L HCl的反应现象,并检验所产生的气体。

5. 溶液酸度对氧化还原反应的影响

往试管中加入0.5ml 0.1mol/L的KI溶液和0.5ml 0.02mol/L $K_2Cr_2O_7$溶液,混匀后,加入少量CCl_4并振荡,观察现象,再加入10滴2mol/L H_2SO_4溶液,观察CCl_4层颜色的变化。

【注意事项】

(1) 正确装配铜锌原电池。

(2) 观察CCl_4层颜色时,需充分振荡、静置。

【思考题】

1. 如何利用电极电势来判断氧化还原反应进行的方向?本实验是通过什么反应来说明的?

2. 如何通过实验比较下列物质的氧化还原性的强弱?

(1) Cl_2、Br_2、I_2和Fe^{3+};

(2) Cl^-、Br^-、I^-和Fe^{2+}。

3. 电极电势受哪些因素的影响?是如何影响的?本实验是通过哪些实验来证明的?

实验4-7　s区和p区元素化合物的性质

【实验目的】

1. 了解K^+、Na^+、Mg^{2+}鉴定的特征反应。

2. 了解镁、钙、钡氢氧化物的制备和性质。

3. 掌握硝酸、亚硝酸及其盐的主要性质。

4. 掌握硫化氢、亚硫酸、硫代硫酸及其盐的主要性质。

5. 了解磷酸盐、硼酸及硼酸化合物的性质。

【实验原理】

1. 碱金属和碱土金属的离子鉴别及其氢氧化物的制备和性质

碱金属和碱土金属分别是元素周期表中ⅠA族、ⅡA族金属元素，它们的化学性质活泼。碱金属的氢氧化物可溶于水，它们的溶解度从Li到Cs依次递增，碱土金属的氢氧化物溶解度较低，其变化趋势从Be到Ba，也依次递增。其中，$Be(OH)_2$和$Mg(OH)_2$为难溶氢氧化物。这两族的氢氧化物除$Be(OH)_2$显两性外，其余属中强碱或强碱。

碱金属的绝大部分盐类易溶于水，与易变形的较大阴离子作用生成的盐才不溶于水。例如，高氯酸钾$KClO_4$（白色）、钴亚硝酸钠钾$K_2Na[Co(NO_2)_4]$（亮黄）、乙酸铀酰锌钠$NaZn(UO_3)_3(Ac)\cdot 6H_2O$（黄绿色）。

碱土金属盐类的溶解度较碱金属盐类低，有不少是难溶的。例如，钙、锶、钡的硫酸盐和铬酸盐是难溶的，其溶解度按$Ca\rightarrow Sr\rightarrow Ba$的顺序减小。碱土金属的碳酸盐、磷酸盐和草酸盐也都是难溶的。利用这些盐类溶解度性质可以进行沉淀分离和离子检出。

2. 硝酸及其盐，亚硝酸及其盐的主要性质

（1）硝酸是氮的主要含氧酸，是一种强酸，具有强氧化性，热稳定性差，它被还原的主要产物随金属和硝酸的浓度不同而不同。

1）浓硝酸与非金属一般还原成NO。

2）浓硝酸与金属一般还原成NO_2。

3）稀硝酸与金属一般还原成NO。

4）极稀硝酸与活泼金属一般还原成NH_4^+。

5）稀硝酸与非金属一般不反应。

（2）亚硝酸可通过稀硫酸与亚硝酸盐反应制得，但亚硝酸不稳定，易分解。

$$2HNO_2 = H_2O+N_2O_3(\text{浅蓝色}) = H_2O+NO\uparrow+NO_2\uparrow$$

在热的条件下向右进行，冷的条件下向左进行。

（3）亚硝酸及其盐中氮的氧化态为+3，处于中间态，所以它既有氧化性，又有还原性。在酸性介质中表现为氧化性。

$$2HNO_2+2I^-+2H^+ = 2NO+I_2+2H_2O$$

3. 硫化氢、亚硫酸、硫代硫酸及其盐的性质

硫是周期系Ⅵ族元素，硫原子的价电子层构型为ns^2np^4，能形成氧化数为-2、+4、+6等的化合物。

H_2S中S的氧化数-2，它是强还原剂。S^{2-}能与稀酸反应产生H_2S气体，可根据H_2S特有的腐蛋臭味或能使$Pb(Ac)_2$试纸变黑的现象检验出S^{2-}。

SO_2溶于水生成亚硫酸，H_2SO_3及其盐常用作还原剂，但遇强还原剂时，也起氧化剂的作用。

$Na_2S_2O_3$是硫代硫酸的盐。硫代硫酸不稳定，易分解：

$$H_2S_2O_3 = H_2O+SO_2\uparrow+S\downarrow$$

$S_2O_3^{2-}$具有还原性。$Na_2S_2O_3$是常用的还原剂。

$$2S_2O_3^{2-}+I_2 = S_4O_6^{2-}(\text{连四硫酸根})+2I^-$$

$S_2O_3^{2-}$与Ag^+生成白色$Ag_2S_2O_3\downarrow$，但迅速变黄色，棕色，最后变为黑色$Ag_2S\downarrow$，这个反

应用来鉴定 $S_2O_3^{2-}$。

4. 磷酸盐的性质

磷酸的各种钙盐在水中溶解度不同。$Ca(H_2PO_4)$ 易溶，$CaHPO_4$ 和 $Ca_3(PO_4)_2$ 均难溶于水，但溶于盐酸。

5. 硼酸及硼酸化合物的性质

硼酸是一元弱酸，它在水溶液中的解离不同于一般的一元弱酸。硼酸是路易斯(Lewis)酸，能与多羟基醇发生加合反应，使溶液的酸性增强。

硼砂的水溶液因水解而呈现碱性。硼砂溶液与酸反应可析出硼酸。硼砂受热脱水熔化为玻璃体，与不同金属的氧化物或盐类熔融生成具有不同特征颜色的偏硼酸复盐，即硼砂珠试验。

【实验材料】

1. 仪器与材料

离心机、pH 试纸、有孔橡皮塞、点滴板、玻璃棒、滴管、试管、蒸发皿、蓝石蕊试纸。

2. 试剂

HAc(2mol/L)、KOH(2mol/L)、NaOH(6mol/L)、$NH_3 \cdot H_2O$(6mol/L)、$MgCl_2$(0.1mol/L)、$CaCl_2$(0.1mol/L)、$BaCl_2$(0.1mol/L)、$KSb(OH)_6$(0.1mol/L)、NH_4Cl(1mol/L)、$Na_3[Co(NO_2)_6]$(0.1mol/L)。浓 HNO_3、HNO_3(2.0mol/L)、$NaNO_2$(1.0mol/L)、H_2SO_4(2mol/L、6.0mol/L)、$NaNO_2$(0.1mol/L)、KI(0.02mol/L)、H_2SO_4(1.0mol/L)、$KMnO_4$(0.01mol/L)、硫化氢饱和水溶液、$FeCl_3$(0.1mol/L)、I_2(0.01mol/L)、淀粉溶液、SO_2 饱和溶液、$Na_2S_2O_3$(0.1mol/L)、HCl(2mol/L)、Na_2HPO_4(0.1mol/L)、NaH_2PO_4(0.1mol/L)、Na_3PO_4(0.1mol/L)、$CaCl_2$(0.1mol/L)。

3. 其他

铜屑、锌粉、硼砂、硼酸、甲基橙指示剂、甘油、乙醇。

【实验内容】

1. K^+、Na^+、Mg^{2+} 的鉴别

(1) K^+ 的鉴定：取 1 ~ 2 滴混合试液，加 2mol/L HAc 酸化至微酸性，加 3 滴 $Na_3[Co(NO_2)_6]$，若出现黄色沉淀，表示有 K^+ 存在。

(2) Na^+ 的鉴定：取 3 ~ 4 滴混合试液加 2mol/L KOH 碱化，出现 $Mg(OH)_2$ 沉淀，离心沉降，取出清液，加与清液等体积的 0.1mol/L $KSb(OH)_6$，用玻璃棒摩擦器壁，放置，若出现白色晶体，表示有 Na^+ 存在。

(3) Mg^{2+} 的鉴定：取 1 ~ 2 滴混合试液，加 2 滴 Mg 试剂，加 1 ~ 2 滴 6mol/L NaOH 碱化，搅拌，若有天蓝色沉淀产生，表示有 Mg^{2+} 存在。

2. 镁、钙、钡氢氧化物的制备和性质

(1) 取 0.5ml $MgCl_2$，滴加 6mol/L NH_3H_2O，观察所生成沉淀颜色，然后向沉淀中加入 1mol/L NH_4Cl，直至沉淀溶解，解释现象。

(2) 分别取等量的 $MgCl_2$、$CaCl_2$、$BaCl_2$，各加入等量的 2mol/L NaOH 溶液(必须新鲜配制)，观察每一试管中的沉淀量，由实验结果比较碱土金属氢氧化物溶解度递变顺序。

3. 硝酸、亚硝酸及其盐的性质

(1) 在试管内放入一小块铜屑，加入几滴浓 HNO_3，观察现象。然后迅速加水稀释，倒

掉溶液，回收铜屑。

（2）在试管中放入少量锌粉，加入 2.0mol/L HNO_3 溶液 1ml，观察现象（如不反应可微热）。

（3）在试管中加入 1.0mol/L $NaNO_2$ 溶液 10 滴，然后滴加 6.0mol/L H_2SO_4 溶液，观察溶液和液面上气体的颜色（若室温较高，应将试管放在冷水中冷却）。

（4）用 0.1mol/L $NaNO_2$ 溶液和 0.02mol/L KI 溶液及 1.0mol/L H_2SO_4 溶液试验 $NaNO_2$ 的氧化性。然后加入淀粉溶液，又有什么变化？

4. 硫化氢、亚硫酸、硫代硫酸及其盐的性质

（1）在 5 滴 0.01mol/L $KMnO_4$ 中，加入数滴 2mol/L H_2SO_4 酸化后，再加入 1ml 硫化氢水溶液，观察现象。

（2）在 5 滴 0.1mol/L $FeCl_3$ 中，加入 1ml 硫化氢水溶液，观察现象。

（3）用蓝石蕊试纸检验 SO_2 饱和溶液。

（4）在 10 滴 0.01mol/L I_2 水中，加入 1 滴淀粉溶液，然后再加入 SO_2 饱和溶液。

（5）在 10 滴 0.1mol/L $Na_2S_2O_3$ 溶液中，加入 10 滴 2mol/L HCl，片刻后，观察溶液是否变浑浊？有无 SO_2 的气味？

（6）在 10 滴碘水中，逐滴加入 0.1mol/L $Na_2S_2O_3$，观察碘水颜色是否褪去？

5. 正磷酸盐、硼酸及其化合物的性质

（1）取 3 支试管，分别加入 0.5ml 0.1mol/L Na_2HPO_4、0.5ml 0.1mol/L NaH_2PO_4、0.5ml 0.1mol/L Na_3PO_4，测定 pH，再加入少许 0.1mol/L $CaCl_2$，观察现象并测定 pH。

（2）取 1g 硼砂晶体放入试管，再加入 5ml 水，加热，测定 pH；然后加入 1ml 6mol/L H_2SO_4，冷却，观察现象。

（3）取少许硼酸晶体放入试管，加入 5ml 水，测定 pH；然后加入 1 滴甲基橙指示剂，将上述溶液分为成 2 份，一份加入 5 滴甘油，观察现象，并与原液的颜色进行对比。

（4）取少许硼砂放入蒸发皿，加入 1ml 乙醇和 5 滴浓硫酸，点燃乙醇，观察现象。

【注意事项】

（1）制备镁、钙、钡氢氧化物时，必须加入新鲜配制的 NaOH，否则得不到纯净的氢氧化物沉淀。

（2）注意，亚硝酸及其盐有毒，切勿入口！

（3）硫化氢具有强烈的臭鸡蛋味，是毒性较大的气体；除一氧化二氮外，所有氮的氧化物都有毒。其中，尤以 NO_2 为甚，因此凡涉及硫化氢参与以及氮氧化物生成的反应都应在通风橱内进行。

【思考题】

1. 由实验结果列出碱土金属氢氧化物溶解度递变顺序，并阐明原因。

2. 在 Ca^{2+}、Ba^{2+}分离的过程中，分析控制 Ca^{2+}、Ba^{2+}分离的条件必须注意的问题。

3. 本实验是怎样试验硫代硫酸及其盐的主要性质的？又怎样试验亚硫酸及其盐的主要性质？

4. 为什么 $NaNO_2$ 与 KI 的反应要在酸性介质中进行？在 $Na_2S_2O_3$ 与 I_2 的反应中，能不能加酸？

实验 4-8　d 区和 ds 区元素化合物的性质

【实验目的】

1. 了解铬和锰的各种重要价态化合物的生成和性质。
2. 了解铜和锌常见化合物的生成和性质。

【实验原理】

1. 铬和锰的化合物

铬和锰分别为周期表中ⅥB 族和ⅦB 族元素，它们都有可变的氧化值。铬的常见氧化值有+3、+6，锰的常见氧化值有+2、+4、+6、+7。

+3 价铬盐容易水解，其氢氧化物呈两性，碱性溶液中的+3 价铬（以 CrO_2^- 形式存在）易被强氧化剂氧化为黄色的铬酸盐。

$$2CrO_2^- + 3H_2O_2 + 2OH^- = 2CrO_4^{2-} + 4H_2O$$

铬酸盐和重铬酸盐中铬的氧化值相同，均为+6，它们的水溶液中存在下列平衡：

$$2CrO_4^{2-} + 2H^+ \rightleftharpoons Cr_2O_7^{2-} + H_2O$$

上述平衡在酸性介质中向右移动，在碱性介质中向左移动。

重铬酸盐是强氧化剂，易被还原成+3 价铬（+3 价铬离子溶液为绿色或蓝色）。

$Mn(OH)_2$ 为白色碱性氢氧化物，但在空气中易被氧化，逐渐变成棕色 MnO_2 的水合物[$MnO(OH)_2$]。

MnO_4^- 是一种强氧化剂，它的还原产物随介质的不同而不同。在酸性介质中，被还原成 Mn^{2+}，溶液变为近似无色；在中性介质中，被还原成棕色沉淀 MnO_2；在碱性介质中，被还原成绿色的 MnO_4^{2-}。

2. 铜和锌的化合物

铜、锌是第四周期的 ds 区元素，它们的价电子构型分别为 $3d^{10}4s^1$、$3d^{10}4s^2$。铜的氧化值通常为+2，但也有+1；而锌的氧化值则为+2。

Cu^{2+}、Zn^{2+} 与碱作用分别生成 $Cu(OH)_2$（浅蓝色↓）和 $Zn(OH)_2$（白色↓）。$Cu(OH)_2$ 两性偏碱，在浓 NaOH 溶液中形成亮蓝色 $[Cu(OH)_4]^{2-}$；而 $Zn(OH)_2$ 具有两性，在 NaOH 溶液中形成无色 $[Zn(OH)_4]^{2-}$。

铜、锌的盐与氨水作用时，先生成沉淀（注意，生成的是不同类型的沉淀物！），后溶解而生成氨配合物。例如：

$$2Cu^{2+} + SO_4^{2-} + 2NH_3 \cdot H_2O\ (\text{适量}) = \underset{(\text{蓝色})}{Cu_2(OH)_2SO_4} \downarrow + 2NH_4^+$$

$$Cu_2(OH)_2SO_4(s) + 8NH_3 \cdot H_2O\ (\text{过量}) = 2\underset{(\text{深蓝色})}{[Cu(NH_3)_4]^{2+}} + SO_4^{2-} + 2OH^- + 8H_2O$$

$$Zn^{2+} + 2NH_3 \cdot H_2O\ (\text{适量}) = Zn(OH)_2 \downarrow + 2NH_4^+$$

$$Zn(OH)_2(s) + 4NH_3 \cdot H_2O\ (\text{过量}) = \underset{(\text{无色})}{[Zn(NH_3)_4]^{2+}} + 4H_2O$$

Cu^{2+} 具有氧化性，与 I^- 反应时，不是生成 CuI_2，而生成白色的 CuI↓：

$$2Cu^{2+} + 4I^- = 2CuI \downarrow + I_2$$

将 $CuCl_2$ 溶液与铜屑混合,加入浓 HCl,加热,可得泥黄色配离子 $[CuCl_2]^-$ 的溶液,将这种溶液稀释可得到白色的 CuCl 沉淀:

$$Cu^{2+}+Cu+4Cl^- = 2[CuCl_2]^-$$

$$[CuCl_2]^- \rightleftharpoons CuCl\downarrow +Cl^-$$

【实验材料】

1. 仪器

离心机、普通试管、离心试管、烧杯、点滴板、酒精灯、玻璃棒、滴管。

2. 试剂

HCl(2mol/L,6mol/L)、H_2SO_4(1mol/L,0.1mol/L)、NaOH(2mol/L、6mol/L)、$NH_3 \cdot H_2O$(2mol/L、6mol/L)、$CrCl_3$(0.1mol/L)、$K_2Cr_2O_7$(0.1mol/L)、Na_2SO_3(0.1mol/L)、$KMnO_4$(0.01mol/L、0.1mol/L)、$MnSO_4$(0.1mol/L、0.5mol/L)、H_2O_2(3%)、$CuSO_4$(0.1mol/L)、$ZnSO_4$(0.1mol/L)、$Na_2S_2O_3$(0.1mol/L)。

【实验内容】

1. 铬的化合物

(1) 氢氧化铬的制备和性质。用 0.1mol/L $CrCl_3$ 和 2mol/L NaOH 制备氢氧化铬沉淀,观察沉淀的颜色,将沉淀分为两份,分别向两份沉淀中加入 2mol/L NaOH 和 HCl 各2~3滴至沉淀溶解,观察溶液颜色。

(2) +3 价铬的还原性。滴加 0.1mol/L $CrCl_3$ 5 滴和过量 NaOH 生成 CrO_2^-,再加入 2 滴 3%的 H_2O_2 溶液,加热,观察溶液颜色的变化,解释现象。

(3) +6 价铬的氧化性。滴加 5 滴 0.1mol/L $K_2Cr_2O_7$ 溶液,再加入 5 滴 0.1mol/L H_2SO_4 酸化,再加入 15 滴 0.1mol/L Na_2SO_3 溶液,观察溶液颜色的变化。

(4) 铬酸盐和重铬酸盐的相互转化。滴加 5 滴 0.1mol/L $K_2Cr_2O_7$ 溶液,再加入 4 滴 2mol/L NaOH 观察溶液颜色变化,再继续滴入 10 滴 1mol/L H_2SO_4 酸化,观察溶液颜色变化,解释现象。

2. 锰的化合物

(1) Mn^{2+}氢氧化物的制备和还原性。在 1 支试管中加入 10 滴 0.1mol/L $MnSO_4$ 溶液,再加入 5 滴 2mol/L NaOH 溶液,观察沉淀的生成,试管在空气中摇荡,观察沉淀颜色的变化并解释。

(2) +4 价 Mn 化合物的生成。在 10 滴 0.01mol/L $KMnO_4$ 溶液中滴加 2 滴 0.1mol/L $MnSO_4$ 溶液,观察棕色沉淀的生成。

3. 铜、锌氢氧化物的生成和酸碱性

分别取 5 滴 0.1mol/L 的 $CuSO_4$ 和 $ZnSO_4$溶液,分别加入 2mol/L NaOH 溶液,观察所得沉淀的颜色和形状。将每种沉淀分为两份,分别加入 5 滴 2mol/L HCl、5 滴 2mol/L NaOH,观察现象。根据实验结果,给出 $Cu(OH)_2$和 $Zn(OH)_2$的酸碱性。

4. Cu^{2+}、Zn^{2+}与氨水的反应

分别取 5 滴 0.1mol/L 的 $CuSO_4$、$ZnSO_4$ 溶液,分别逐滴加入稀氨溶液,直至过量,观察溶液的变化。

【注意事项】

试验+3 价铬的还原性，以 H_2O_2 为氧化剂，有时溶液会出现褐红色，这是由于生成的铬酸钠又被 H_2O_2 继续氧化成过铬酸钠的缘故：

$$2Na_2CrO_4+2NaOH+7H_2O_2 = 2Na_3CrO_8+8H_2O$$

（褐红色）

【思考题】

1. 怎样检验氢氧化物的酸碱性？

2. $CuSO_4$ 溶液与适量氨水作用时，生成的沉淀是什么物质？此沉淀溶于过量氨水后生成的产物是什么？写出相应的反应方程式。

3. 总结铬的各种氧化态之间相互转化的条件，注明反应在哪种介质中进行的，哪种物质是氧化剂，哪种物质是还原剂。

实验 4-9　硫酸亚铁铵的制备

【实验目的】

1. 了解硫酸亚铁铵的制备原理和方法。

2. 练习加热（水浴加热）、溶解、过滤（减压过滤）、蒸发、浓缩、结晶、干燥等基本操作。

【实验原理】

铁溶于稀硫酸后生成硫酸亚铁：

$$Fe+H_2SO_4 = FeSO_4+H_2\uparrow$$

若在硫酸亚铁溶液中加入等物质的量的硫酸铵，能生成硫酸亚铁铵，其溶解度较硫酸亚铁小。蒸发，浓缩所得溶液，可制取浅绿色的硫酸亚铁铵晶体。

$$FeSO_4+(NH_4)_2SO_4+6H_2O = (NH_4)_2SO_4 \cdot FeSO_4 \cdot 6H_2O$$

一般亚铁盐在空气中易被氧化，但形成复盐硫酸亚铁铵后却比较稳定，在空气中不易被氧化。此晶体叫摩尔（Mohr）盐，在含量测定中常用来配制亚铁离子的标准溶液。

【实验材料】

1. 仪器

锥形瓶（150ml）、烧杯（50ml，800ml 各一只）、酒精灯、石棉网、量筒（10ml）、漏斗、漏斗架、玻璃棒、布氏漏斗、吸滤瓶、温度计、蒸发皿、台秤、滤纸、水浴锅（可用 800ml 烧杯代替）。

2. 试剂

酸：3mol/L H_2SO_4（或浓 H_2SO_4）。

盐：$(NH_4)_2SO_4$（固体）。

3. 其他

铁屑、C_2H_5OH（95%）。

【实验内容】

1. 硫酸亚铁的制备

称 2g 铁屑，放入锥形瓶中，再加入 3mol/L H_2SO_4溶液 10ml，水浴加热（温度低于 80℃）至不再有气体冒出为止。反应过程中要适当补充些水，以保持原体积。趁热过滤，滤液接收在清洁的蒸发皿中，用数毫升（2~3ml）热水洗涤锥形瓶及漏斗上的残渣。

2. 硫酸亚铁铵的制备

根据加入的 H_2SO_4 量，计算所需固体 $(NH_4)_2SO_4$ 的量，称取 $(NH_4)_2SO_4$ 固体，并参照表 4-3 不同温度下 $(NH_4)_2SO_4$ 的溶解度数据将其配成饱和溶液，将此溶液倒入上面制得的 $FeSO_4$ 溶液中，并保持混合溶液呈微酸性。在水浴上蒸发、浓缩至溶液表面刚有结晶膜出现。从水浴锅中取出，放置，让其慢慢冷却，即有硫酸亚铁铵晶体析出。观察晶体颜色。用布氏漏斗减压过滤，尽可能使母液与晶体分离完全。再用少量酒精洗去晶体表面的水分（继续减压过滤）。将晶体取出，摊在两张干净的滤纸之间，并轻轻吸干母液。用托盘天平称量，计算理论产量和产率。

表 4-3　不同温度下硫酸铵的溶解度

温度/℃	溶解度/(g/100g 水)	温度/℃	溶解度/(g/100g 水)
10	70.6	50	81.0
20	73.0	60	88.0
30	75.4	80	95.3
40	78.0	100	103.3

【注意事项】

（1）铁屑与稀硫酸在水浴下反应时，产生大量的气泡，水浴温度不要高于 80℃，否则大量的气泡会从瓶口冲出影响产率，此时应注意一旦有泡沫冲出要补充少量水。

（2）铁与稀硫酸反应生成的气体中，大量的是氢气，还有少量有毒的 H_2S、PH_3 等气体，应注意打开排气扇或通风。

【思考题】

1. 在反应过程中，铁和硫酸哪一种应过量？为什么？反应为什么必须通风？

2. 混合溶液为什么要呈微酸性？

3. 浓硫酸的浓度是多少？用浓硫酸配制 3mol/L 溶液 40ml 时，应如何配制？在配制过程中应注意些什么？

实验 4-10　甲酸铜的制备

【实验目的】

1. 了解碱式碳酸铜的一种制备方法，进而制得甲酸铜。

2. 学习无机制备中的一些基本操作。

【实验原理】

金属有机酸盐，如甲酸铜、乙酸钴等，可以由相应的碳酸盐或碱式碳酸盐与相应的有机酸来制备。金属有机酸盐的分解温度一般都较低，而且有机酸根在分解后很容易完全挥发，得到纯的金属氧化物。在超导材料、催化材料等的制备中往往需要纯度很高的金属氧化物。例如，制备具有超导性的钇钡铜（$YBa_2Cu_8O_x$）化合物中的一种方法，是由甲酸与一定比例的 $BaCO_3$、Y_2O_3 和 $Cu(OH)_2 \cdot CuCO_3$ 混合物作用，生成甲酸盐的共晶体，经分解得到混合均匀的氧化物超细粉末，再压成片后在氧气氛围下高温烧结，冷却吸氧和相变氧迁移有序化后制得。

本实验中制备甲酸铜的步骤如下：

$$2CuSO_4+4NaHCO_3 = Cu(OH)_2 \cdot CuCO_3\downarrow +3CO_2\uparrow +2Na_2SO_4+H_2O$$

$$Cu(OH)_2 \cdot CuCO_3+4HCOOH+H_2O = 2Cu(HCOO)_2 \cdot 4H_2O+CO_2\uparrow$$

【实验材料】

1. 仪器

托盘天平、研钵、温度计。

2. 试剂

$CuSO_4 \cdot 5H_2O$(固体)、$NaHCO_3$(固体)、甲酸、HCOOH(液体)。

【实验内容】

称取 9.4g $CuSO_4 \cdot 5H_2O$ 和 7.2g $NaHCO_3$ 在研钵中磨细并混合均匀。然后在搅拌下将混合物分多次缓慢加入到 100ml 近沸腾蒸馏水中,为了防止暴沸,加入混合物时可停止加热。混合物加完后,再在近沸腾下加热几分钟。静止至上层液澄清后,用倾液法分离沉淀和溶液,洗涤沉淀至无 SO_4^{2-}(用 $BaCl_2$ 检查倾出液)。抽滤至干,称量。

从布氏漏斗中取出碱式碳酸铜放到烧杯中,加入约 15ml 蒸馏水,加热搅拌至 50℃左右,逐滴加入适量甲酸至沉淀完全溶解,趁热过滤(如无残渣可不滤)。滤液在通风橱内蒸发至原体积的 1/3 左右。冷至室温后减压过滤,用少量的乙醇洗涤晶体两次,再抽滤至干,得到产品 $Cu(HCOO)_2 \cdot 4H_2O$。将产品转移至表面皿上,称量并计算产率。

【注意事项】

(1) 混合盐加入到近沸腾的蒸馏水中时,要缓慢加入,不断搅拌,控制加入温度,避免暴沸。

(2) 含有产品的滤液蒸发时,在通风橱中进行,不可蒸干。

【思考题】

1. 可溶性金属盐和碳酸盐反应,哪些情况下生成碳酸盐?哪些情况下又生成碱式碳酸盐或金属氢氧化物?

2. 在制备碱式碳酸铜的过程中,如果温度太高,对产物有什么影响?

3. 制备碱式碳酸铜时,为什么不用氧化铜而用碱式碳酸铜为原料?

4. 简述固液分离的几种方法以及它们的适用条件。

第五章　有机化学实验

实验 5-1　卤代烃的化学性质

【实验目的】

1. 了解不同烃基结构对反应速率的影响。

2. 了解不同卤原子对反应速率的影响。

【实验原理】

亲核取代反应是卤代烃的主要化学性质之一。在亲核取代反应中，其反应历程又分为单分子亲核取代反应历程(S_N1)和双分子亲核取代反应历程(S_N2)，通常在反应中这两种反应历程相互竞争，只有在某些特定条件下才能按某一历程进行。

在卤代烃(R—X)中，当 R 相同，X 不同时，其活泼性次序为 RCl<RBr<RI。

当 X 相同，R 不同时，其活泼性顺序如下：

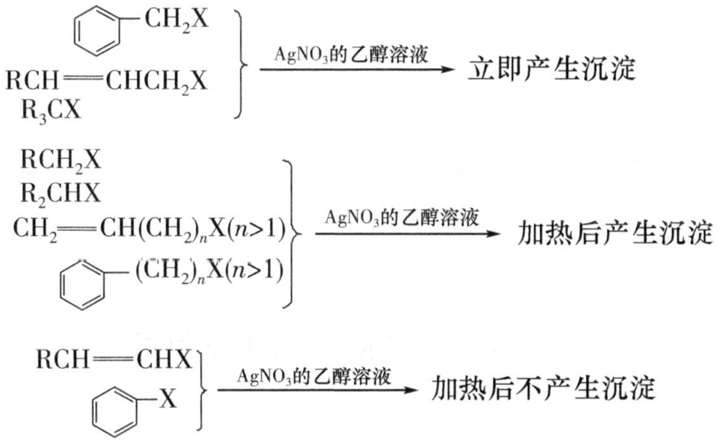

【实验材料】

1. 仪器

试管、酒精灯、烧杯等。

2. 试剂

饱和硝酸银乙醇溶液、1-氯丁烷、2-氯丁烷、2-氯-2-甲丙烷、1-溴丁烷、溴化苄、溴苯、1-碘丁烷、5%氢氧化钠溶液、硝酸(1mol/L)、2%硝酸银水溶液。

【实验内容】

1. 卤代烃与硝酸银的作用

(1) 不同烃基的反应

1) 在 3 支洁净干燥的试管(自来水中常含有游离的卤素离子，实验前必须将试管用蒸馏水反复荡洗后干燥，排除干扰)中，各加入 1ml 饱和硝酸银乙醇溶液，然后分别加入 3 滴 1-

氯丁烷、2-氯丁烷及 2-氯-2-甲丙烷，振摇三支试管，观察有无沉淀析出，大约 5min 后，再把没有出现沉淀的试管放在水浴里加热至微沸，再注意观察有没有沉淀产生，并记录出现沉淀的时间。根据实验结果，排出以上卤代烃的活性次序并解释。

2）在 3 支洁净干燥的试管中，各加入 1ml 饱和硝酸银乙醇溶液，然后分别加入 3 滴 1-溴丁烷、溴化苄及溴苯，如前操作方法观察沉淀生成的速度，记录活性次序并解释。

（2）不同卤原子的反应：在 3 支洁净干燥的试管中，各加入 1ml 饱和硝酸银乙醇溶液，然后分别加入 2~3 滴1-氯丁烷、1-溴丁烷及 1-碘丁烷。如前操作方法观察沉淀生成的速度，记录活性次序并解释。

2. 卤代烃与稀碱的作用

（1）不同烃基的反应：在 3 支洁净试管中各加入 10~15 滴 1-氯丁烷、2-氯丁烷、2-氯-2-甲基丙烷，然后分别加入 1~2ml 的 5% 氢氧化钠溶液，充分振荡后静置，小心取出水层数滴加入同体积硝酸（1mol/L）酸化，然后用 2% 硝酸银水溶液检查有无沉淀，若无反应可在水浴中小心加热，再检查。比较三种氯代烃的活性大小并解释。

（2）不同卤原子的反应：在 3 支洁净试管中各加入 10~15 滴 1-氯丁烷、1-溴丁烷及 1-碘丁烷，然后分别加入1~2ml的 5% NaOH 溶液，充分振荡后静置，小心取出水层数滴加入同体积硝酸（1mol/L）酸化，然后用 2% 硝酸银水溶液检查有无沉淀，若没有反应，可在水浴中小心加热，再检查。比较三种氯代烃的活性大小并解释。

【注意事项】

（1）1ml 溶液为 20~25 滴。

（2）滴管用完后放回原来的滴瓶上，注意不要放错。

【思考题】

1. 卤烃在不同反应中的活性为什么总是 RCl<RBr<RI？

2. 根据实验结果解释，为什么与硝酸银乙醇溶液的作用，不同级别卤烃的活性是 3°RX >2°RX>1°RX？

实验 5-2　醇和酚的化学性质

【实验目的】

1. 通过实验进一步掌握醇和酚的性质，比较它们在化学性质上的差异。

2. 掌握酚的鉴别方法。

【实验原理】

醇和酚的分子中都含有羟基，但由于羟基所连接的烃基不同，所以醇和酚在化学性质上有所不同。

（1）在 R—OH 的结构中，由于氧原子的电负性较强，所以，C—O 键和 O—H 键都具有一定的极性，醇的化学反应主要发生在这两个键上。例如，O—H 键断裂，H 原子可被金属钠取代，生成醇钠；C—O 键断裂，—OH 可被卤素取代，如低级醇可与卢卡斯（Lucas）试剂作用生成不溶性的卤烃而浑浊，静置后分层。从出现浑浊的快慢观察反应进行的速度，可区分伯、仲、叔三级醇。另外，由于-OH 的影响，α-H 具有一定的活性，可以发生氧化和脱氢反应，所以伯醇和仲醇都能被氧化生成相应的醛、酮或羧酸，叔醇则一般不能被氧化。

在多元醇分子中由于羟基数目增多,较一元醇酸性增大,故多元醇具有弱酸性。例如,邻羟基多元醇可以和氢氧化铜作用,生成鲜蓝色溶液,由此可鉴别邻羟基多元醇。

(2) 酚类分子中羟基直接与芳环相连,由于羟基与苯环的 p-π 共轭效应,使羟基氧原子上的电子云向苯环转移,使 O-H 键的极性增大,因此,酚类具有弱酸性、容易被氧化以及芳环上邻对位容易发生亲电取代反应。此外,大多数的酚类化合物(以及具有烯醇式结构的化合物)能与三氯化铁作用而显色。

【实验材料】

1. 仪器

试管、酒精灯、表面皿、烧杯、小塞子、玻璃棒、镊子、滤纸等。

2. 试剂

金属钠、正丁醇、1%重铬酸钠溶液、浓硫酸、正丁醇、仲丁醇、叔丁醇、卢卡斯试剂、5%硫酸铜溶液、10%氢氧化钠溶液、甘油、固体苯酚、10%硫酸、1%三氯化铁溶液、饱和溴水、0.1%高锰酸钾溶液、红色石蕊试纸、蓝色石蕊试纸。

【实验内容】

1. 醇与金属钠的作用

取 1 支干燥试管,加入 1ml 正丁醇,再加入一小粒(似绿豆大小)金属钠,观察现象。待金属钠全部消失后(若反应停止后溶液中仍有残余的钠,用镊子将钠取出,放在酒精中销毁。不要丢入水中,以免发生危险),将溶液倒在表面皿上,在水浴上蒸到有固体(是什么?)析出。将所得固体加 0.5ml 水,观察有无油状物出现,是什么原因?用红色石蕊试纸试之,有什么变化?

注:醇和金属钠反应能放出氢气,实际上这一反应并不是醇的独特反应,凡是含有活泼氢原子的分子都能发生此反应

2. 醇与氧化剂作用

取 3 支试管,各加入 1ml 的 1%重铬酸钠溶液和 5 滴浓硫酸,摇均后加样品 3~4 滴,振摇,必要时在水浴上微热之,观察颜色有无变化。

样品:正丁醇、仲丁醇、叔丁醇。

3. 醇与卢卡斯试剂作用

含 6 个碳以下的低级醇均溶于卢卡斯试剂,反应后生成不溶的氯代烷,反应液出现浑浊,静置后分层。此试剂可用作伯醇、仲醇、叔醇的鉴别。

在 3 支干燥试管中分别加入 0.5ml 正丁醇、仲丁醇和叔丁醇,各加 1ml 卢卡斯试剂,管口塞塞子(为什么?),振摇后静置,温度最好保持在 25~30℃,观察变化(注意,起初 5min~1h 后混合物有什么变化?记下混合物变浑浊和出现分层的时间)。

4. 多元醇与氢氧化铜的作用

取 1 支试管,加入 1ml 的 5%硫酸铜溶液,再加入数滴 10%氢氧化钠溶液,待沉淀全部析出后,滴加甘油,振荡,观察现象。

5. 酚的弱酸性

取 1 支试管,加入少许固体苯酚,加 0.5ml 水,振摇,苯酚不能完全溶解。用玻璃棒蘸取少许苯酚溶液于蓝色石蕊试纸上,观察有无变化?在此溶液中滴加 10%氢氧化钠至溶液澄

清为止(为什么溶液会变澄清?),再在此溶液中滴加 10% 硫酸至酸性,有什么现象出现?

6. 酚与三氯化铁的显色反应

取 1 支试管,加入少许固体苯酚,加水溶解,加 1% 三氯化铁溶液 1 滴,摇匀,观察颜色。

7. 酚的溴代反应

取 1 支试管,加入少许固体苯酚,加水溶解,滴加饱和溴水,观察有无沉淀析出。

8. 酚的易氧化性

取 1 支试管,加入少许固体苯酚,加水溶解,加 3 滴 0. 1% 高锰酸钾溶液,观察现象。

【注意事项】

(1) 苯酚对皮肤有强烈的腐蚀作用,取用时注意不要触及皮肤。苯酚易被氧化,应储存于棕色瓶内避光保存。

(2) 金属钠的取用方法:金属钠非常活泼,遇水反应猛烈,易被空气中的氧气氧化,故通常保存于煤油中。使用时不能与水接触,不能在空气中放置过久,也不能直接用手拿,应用镊子从煤油中取出放在滤纸上,用滤纸擦去表面的煤油,如果表面有黄白色的固体物质存在,说明表面已经被氧化了,此时应用刀切去氧化层,然后再切取具有金属光泽的金属钠一小粒,用于做实验。切剩下的金属钠及钠屑一定要放回原瓶,不能乱丢,以防着火。

【思考题】

如何用化学方法区别苯酚与苯甲醇?

实验 5-3　醛和酮的化学性质

【实验目的】

1. 通过实验掌握醛类和酮类化合物的共性和个性。
2. 掌握醛和酮的鉴别方法。

【实验原理】

1) 醛、酮的分子结构中都有羰基,因此,它们有很多相似的化学性质。

羰基的典型反应是亲核加成。例如,醛、酮都能与 2,4-二硝基苯肼加成,生成黄色的 2,4-二硝基苯腙沉淀。不同的羰基化合物生成的苯腙熔点不同,可用于羰基化合物的鉴定。醛、脂肪族甲基酮以及 8 个碳以下的环酮可与亚硫酸氢钠加成,生成白色的 α-羟基磺酸钠沉淀。

醛、酮分子中 α-C 上的氢原子因受羰基的影响具有较大的活性。凡具有甲基酮结构(CH_3CO—)的醛或酮,在碱性溶液中其 α-H 都容易被卤素取代发生卤仿反应生成卤仿,如碘仿反应。碘仿反应中的次碘酸钠(NaOI)是一个氧化剂,它能使具有“$CH_3CH(OH)$—”结构的醇氧化成含有甲基酮结构(CH_3CO—)的醛或酮,所以,具有“$CH_3CH(OH)$—”结构的醇也能发生碘仿反应。

2) 醛类的羰基分别与烃基及氢原子相连接,而酮类的羰基分别与两个烃基相连接,这种结构上的差别,也使醛和酮的化学性质有所不同。例如,醛很容易被氧化,醛可与弱氧化剂土伦(Tollen)试剂或费林(Fehling)试剂作用,而酮则不能。

3) 在芳香族醛、酮分子中,由于芳基的影响使羰基的活性降低,因此,它们在性质上与脂肪族醛、酮也有一定的差别。

【实验材料】

1. 仪器

试管、酒精灯、烧杯、小塞子、玻璃棒、镊子、滤纸、冰水浴、温度计等。

2. 试剂

2,4-二硝基苯肼、乙醛、丙酮、苯甲醛、苯乙酮、亚硫酸氢钠饱和溶液、环己酮、5%硝酸银溶液、10%氢氧化钠溶液、2%氨水、硝酸、甲醛、费林试剂(甲)、费林试剂(乙)、碘试液、乙醇、异丙醇。

【实验内容】

1. 与2,4-二硝基苯肼反应

取4支试管,分别加入1ml的2,4-二硝基苯肼溶液和1滴样品,观察现象。

样品:乙醛、丙酮、苯甲醛、苯乙酮。

2. 与亚硫酸氢钠加成

取4支试管,分别加入1ml新配制的亚硫酸氢钠饱和溶液和5滴样品,剧烈振摇2min,若无结晶析出,将试管浸入冰水中5min,观察有无结晶析出(结晶有时不易析出,这时可酌情加乙醇,因亚硫酸氢钠加成物不溶于饱和的亚硫酸氢钠溶液和有机溶剂,加乙醇可促使亚硫酸氢钠加成物结晶析出。另外,用玻璃棒摩擦试管壁也可加速晶体析出。所用试管最好是干燥的)。

样品:丙酮、苯甲醛、苯乙酮、环己酮。

3. 与土伦试剂反应

取5支试管,分别加入0.5ml的5%硝酸银溶液、1滴10%氢氧化钠溶液,在振摇下逐滴加入2%氨水,至生成的沉淀恰好溶解为止。然后加3滴样品,振摇,若无变化,放在温水(约40℃)中微热几分钟,观察现象。实验完毕先加硝酸少许,洗去银镜后,再洗试管。

样品:甲醛、乙醛、丙酮、苯甲醛、苯乙酮。

4. 与费林试剂反应

取5支试管,分别加入费林试剂甲、乙各10滴,混均,加5滴样品,沸水浴中加热,观察现象。

样品:甲醛、乙醛、丙酮、苯甲醛、苯己酮。

5. 碘仿反应

取7支试管,分别加入2滴样品,加15滴碘试液,在振摇下逐滴滴入10%氢氧化钠溶液,至碘的棕色消失,观察有无沉淀生成。

样品:甲醛、乙醛、丙酮、乙醇、异丙醇、苯甲醛、苯乙酮。

【注意事项】

(1) 做银镜反应实验时要把试管刷洗干净,否则得不到漂亮的银镜。方法:依次用硝酸、水、10%氢氧化钠、水和蒸馏水洗涤。

(2) 土伦试剂久置后将析出黑色的氮化银(Ag_3N)沉淀,容易爆炸,故必须临时配用。进行实验时,切勿用灯焰直接加热,以免发生危险。

(3) 费林试剂呈深蓝色,与脂肪醛共热后,溶液颜色依次有下列变化:蓝色→绿色→黄色→红色沉淀(Cu_2O),甲醛还能进一步将氧化亚铜还原为暗红色的金属铜,若试管刷得干净,可得到铜镜。苯甲醛与费林试剂无此反应,借此可与脂肪醛区别。

【思考题】

1. 醛、酮与亚硫酸氢钠的加成反应中，为什么亚硫酸氢钠溶液需要用饱和溶液？为什么需要用新配制的？

2. 具有怎样结构的化合物可以发生碘仿反应？

3. 为什么只有醛、脂肪族甲基酮以及8个碳以下的环酮可以与亚硫酸氢钠发生加成？

4. 如何用化学方法区别：

(1) 1-戊醇、2-戊醇、3-戊酮、戊醛？

(2) 苯甲醛和戊醛？

实验5-4　羧酸及其衍生物的化学性质

【实验目的】

1. 了解羧酸及其衍生物的性质及鉴别方法。

2. 了解乙酰乙酸乙酯的性质。

【实验原理】

羧酸具有酸性，与碱作用可成盐，与醇作用可成酯。

羧酸衍生物是指酰氯、酸酐、酯、酰胺。羧酸衍生物可发生水解、醇解、氨解，反应的难易顺序为酰氯>酸酐>酯>酰胺。例如，乙酰氯遇水可发生猛烈的放热反应，乙酸酐需要加热才能水解完全，而酯和酰胺的水解则需要酸碱来催化。

酯、酰胺、酸酐可与羟氨作用生成异羟肟酸，异羟肟酸遇三氯化铁能生成酒红色的异羟肟酸铁，该反应可用于羧酸衍生物的鉴别。羧酸和酰氯不能直接发生这个反应，需要先转变为相应的酯才能发生反应。

乙酰乙酸乙酯是两种互变异构体(酮式和烯醇式)互成动态平衡的混合物，其酮式具有羰基的一般化学性质，其烯醇式可以与三氯化铁反应产生紫色。酮式和烯醇式在常温下可以相互转变，发生互变异构现象。

【实验材料】

1. 仪器

试管、酒精灯、玻璃棒、烧杯等。

2. 试剂

苯甲酸、蒸馏水、10%氢氧化钠溶液、10%盐酸、无水乙醇、冰醋酸、浓硫酸、饱和碳酸钠溶液、苯胺、1mol/L盐酸羟胺甲醇溶液、2mol/L氢氧化钾甲醇溶液、1%三氯化铁、乙酰乙酸乙酯、2,4-二硝基苯肼、饱和溴水。

【实验内容】

1. 羧酸的性质

(1) 成盐反应。取0.1g苯甲酸放入盛有1ml蒸馏水的试管中，加入数滴10%氢氧化钠溶液，振摇并观察现象。接着再加数滴10%盐酸，振摇并观察所发生的变化。

(2) 成酯反应。取1支试管，加入1ml无水乙醇和1ml冰醋酸，再加入5滴浓硫酸，振摇均匀后浸入60~70℃热水浴中约10min。然后将试管浸入冷水中冷却，最后再加入5ml蒸馏水。这时试管中有酯层析出并浮于液面之上，可闻到酯的气味。

2. 羧酸衍生物的性质

（1）酸酐与水、醇、胺的反应

1）与水的反应：取1支试管，加入3～5滴乙酸酐，再加入1ml水，先勿摇，观察后振摇之，如仍不溶可微热之。

2）与醇的反应：取1支干燥试管，加入1ml无水乙醇，再加入0.5ml乙酸酐，混合后加1滴浓 H_2SO_4 催化，振荡，这时反应物逐渐发热，以至沸腾，然后冷却，慢慢滴加饱和碳酸钠溶液中和直至无气泡产生，观察现象并闻其味。

3）与胺的反应：取1滴苯胺于一干燥的表面皿上，再加2滴乙酸酐，观察现象。略加少许水，现象又如何？

（2）异羟肟酸铁反应。取1支试管，加入10滴1mol/L盐酸羟胺甲醇溶液，再加4滴样品，摇匀，加1～2ml的2mol/L氢氧化钾甲醇溶液，使呈碱性，在水浴上微热，冷却后加稀盐酸（10%）使呈弱酸性，再加2滴1%三氯化铁溶液，如出现酒红色为阳性反应。

样品：乙酸乙酯、乙酸酐。

（3）乙酰乙酸乙酯的性质

1）取1支试管，加入10滴2,4-二硝基苯肼溶液，再加2～3滴乙酰乙酸乙酯，观察结果。

2）取1支试管，加入5滴乙酰乙酸乙酯，加入1滴1%三氯化铁，有紫红色出现，这表明分子中有烯醇型结构。在此溶液中加入0.5～1ml饱和溴水，紫红色消失，因为溴在双键处加成，使烯醇型结构消失。但稍待片刻，紫红色又出现，这是因为酮型的乙酰乙酸乙酯又有一部分变为烯醇型所致。

【注意事项】

（1）在乙酰乙酸乙酯的互变异构实验中滴加溴水时，不要一滴一滴地加，应一次将0.5～1ml的饱和溴水全部加入，使紫红色马上消失。

（2）苯胺和2,4-二硝基苯肼有毒，使用时要注意安全。

【思考题】

乙酰乙酸乙酯为什么既能和2,4-二硝基苯肼作用，又能和三氯化铁作用？

实验5-5　糖类的化学性质

【实验目的】

掌握糖类的化学性质和鉴别方法。

【实验原理】

糖类化合物是指多羟基内半缩醛（酮）及其缩聚物。按其水解情况可分为单糖、低聚糖（常见的为双糖）、多糖。

单糖都有还原性，都是还原糖。它们能被土伦试剂或费林试剂氧化；能与过量苯肼作用生成脎；有变旋现象；在稀碱介质中可发生差向异构化；可与含羟基的化合物成苷。

双糖由两个单糖缩合而成，根据两个单糖的结合方式不同，又分为还原性双糖（分子内仍保留半缩醛羟基或半缩酮羟基）和非还原性双糖（分子中无半缩醛羟基或半缩酮羟基）。还原性双糖具有单糖的性质，非还原性双糖需水解成单糖后，才具有单糖的性质。

多糖是由许多个单糖缩合而成，它难溶于水，无甜味，不具有单糖的性质，在酸性条件或在酶的存在下，多糖可逐步水解为单糖。

淀粉是常见的多糖，在酸性条件下可水解成为相对分子质量较小的多糖（各种糊精）、麦芽糖，最终水解为葡萄糖。淀粉遇碘呈蓝色，此反应可作为淀粉的鉴别反应。

糖在浓酸的作用下与酚类化合物能产生颜色反应。例如，在中药化学中用 α-萘酚可检查是否有糖或苷的存在；用盐酸间苯二酚可将酮糖（果糖）和醛糖（葡萄糖）区别开来。

【实验材料】

1. 仪器

试管、酒精灯、烧杯、温度计、棉花、显微镜、白瓷板、玻璃棒等。

2. 试剂

费林试剂甲、费林试剂乙、2% 葡萄糖、2% 果糖、2% 蔗糖、2% 乳糖、2% 淀粉、3mol/L 硫酸、10% 氢氧化钠溶液、红色石蕊试纸、盐酸苯肼溶液、5% α-萘酚乙醇溶液、浓硫酸、盐酸间苯二酚试剂、碘试液。

【实验内容】

1. 与费林试剂反应

取 5 支试管，分别加入费林试剂甲、费林试剂乙各 10 滴，摇匀，各加入 10 滴 2% 葡萄糖、2% 果糖、2% 蔗糖、2% 乳糖、2% 淀粉溶液，再各加入 2 滴 10% 氢氧化钠溶液，将 5 支试管同时放入 60～80℃ 的水浴中加热，观察哪些糖类有砖红色沉淀生成。

2. 与土伦试剂反应

取 5 支试管，各配制 1ml 银氨溶液（方法见醛、酮性质），再各加入 10 滴 2% 葡萄糖、2% 果糖、2% 蔗糖、2% 乳糖、2% 淀粉溶液，将 5 支试管同时放入 40～50℃ 的水浴中加热，观察哪些糖类有银镜反应。

3. 蔗糖的水解

取 1 支试管，加入 1ml 的 2% 蔗糖溶液，再加入 4 滴 3mol/L 硫酸，在沸水浴中加热 5～10min。加 10% 氢氧化钠溶液调至碱性（红色石蕊试纸变色）。加入费林试剂甲、费林试剂乙各 10 滴，在水浴中加热，观察现象。

4. 糖脎的生成

取 2 支试管，各加入 1ml 的 2% 葡萄糖、2% 乳糖溶液，再加 1ml 新配制的盐酸苯肼溶液，摇匀后用棉花堵塞管口，以免苯肼（有毒）挥发，在沸水浴中加热 30min，取出并自然冷却，即有黄色结晶生成，取少许结晶在显微镜下观察糖脎的晶形。

5. 糖的颜色反应

（1）Molisch 反应：取 3 支试管，各加入 1ml 2% 葡萄糖、2% 乳糖、2% 淀粉溶液，再各加入 4 滴 5% α-萘酚乙醇溶液，摇匀后，将试管倾斜，沿管壁徐徐滴入 10 滴浓硫酸，硫酸应与糖液清楚地分成两层，静置，观察两液面间出现紫红色环。

Molisch 反应以浓硫酸为脱水剂，浓硫酸可使单糖脱水成为糠醛及糠醛衍生物，然后糠醛及糠醛衍生物与 α-萘酚作用，生成具有醌型结构的化合物，显紫红色。

浓硫酸是个强脱水剂，它能使单糖迅速脱水，所以 Molisch 反应辨别不出醛糖和酮糖在反应速率上的差别。

多糖在浓硫酸的作用下可以部分水解为单糖，所以单糖、双糖和多糖一般都可发生此反应,但氨基糖不发生此反应。此外,糖苷、丙酮、甲酸、乳酸、草酸、葡萄糖醛酸、糠醛及其衍生物和甘油醛等均产生近似的颜色反应。因此,发生此反应可能有糖存在,但需要进一步做其他试验才能确定,而不发生此反应则为无糖类物质存在的确证。

(2) Seliwanoff 反应:取试管 2 支,各加入 1ml 盐酸间苯二酚试剂,再各加入 0.5ml 的 2% 葡萄糖、2% 果糖溶液,在沸水中加热,2min 内显红色的为果糖。

Seliwanoff 反应以盐酸为脱水剂,盐酸使单糖脱水成为糠醛类化合物,然后糠醛类化合物与间苯二酚作用显红色。

在盐酸作用下,酮糖脱水速度快,并且呈现鲜红色(2min 以内);醛糖脱水速度缓慢,在较长时间加热下,才能呈现微弱的红色。所以利用这个反应,可以区别酮糖(果糖)和醛糖(葡萄糖)。蔗糖被盐酸水解生成果糖也能发生鲜红色反应。

6. 淀粉的性质

(1) 取试管 1 支,加入 6 滴 2% 淀粉溶液,加 10 滴水稀释,加 1 滴碘试液,观察有什么颜色产生,将溶液加热,有什么现象?放冷后又有什么变化?

(2) 淀粉的水解:取试管 1 支,加入 2ml 的 2% 淀粉溶液,加 10 滴 3mol/L 硫酸,在水浴中煮沸 15min,加热时每隔 2min 取出 1 滴反应液滴在白瓷板上,加 1 滴碘试液,记录颜色变化,待反应液对碘试液不再显色时,加 10% 氢氧化钠溶液中和至碱性,再加费林试剂甲、费林试剂乙各 1ml,水浴中加热,观察颜色变化。

【注意事项】

(1) 做银镜反应实验时要把试管刷洗干净,否则得不到漂亮的银镜。

(2) 与土伦试剂、费林试剂的反应时,要做平行实验(即 5 支试管同时放入水浴,同时从水浴中取出),并且控制好水浴温度,反应发生后应尽快从水浴中拿出,否则温度过高,加热时间过长,蔗糖也会发生反应。

(3) 苯肼有毒,使用时要注意安全。

【思考题】

1. 果糖是酮糖为什么能发生银镜反应?
2. 哪些糖类可形成相同的糖脎?为什么?
3. 如何用化学方法区别葡萄糖、果糖、麦芽糖、蔗糖和淀粉?

实验 5-6　熔点测定操作练习

【实验目的】

1. 了解测熔点的意义。
2. 掌握 b 形管熔点测定法的装置和测定方法。

【实验材料】

1. 仪器

熔点测定管(b 形管)、150℃温度计、铁架台、铁夹、药匙、酒精灯、表面皿、玻璃管(内径 5mm,长 50~80cm)、毛细管、开口塞、玻璃钉等。

2. 试剂

苯甲酸、萘、尿素、肉桂酸、二苯胺、水杨酸以及混合样品。

【实验原理】

内容详见第三章第六节。

【实验内容】

1. 毛细管的封口

取一根直径为 1～1.5mm，长约 7cm 的毛细管，一端在酒精灯上封口。然后，将封好口的一端插入水中，观察是否有毛细现象，即封口是否完整。若有毛细现象，需另取毛细管再封口。

2. 样品的填装

取 0.1～0.2g 干燥并研细的样品置于干净的表面皿上，聚成小堆。将毛细管开口端插入粉末堆中挤入样品，取出毛细管，开口端朝上，将其放入一支长约 80cm 并直立于硬物面上的干净玻璃管中，任其自由落下，重复此操作，使样品紧密集结于毛细管的底部 2～3mm。操作要迅速，以防样品吸潮。在测定同一物质的熔点时，应同时装 3 支这样的毛细管备用。

3. 熔点测定

按图 3-25(a) 安装 b 形管熔点测定装置进行测定，记录初熔和全熔温度。要求至少做两次平行实验，两次数据应较为接近，若差距较大应做第三次测定。

样品：苯甲酸、萘、尿素、肉桂酸、二苯胺、水杨酸以及混合样品。

【注意事项】

(1) 毛细管的封口处不能太厚，更不能封成疙瘩。

(2) 样品要干燥、研细、填装要紧密。

(3) 控制好升温速度。

【思考题】

1. b 形管的塞子为什么要切缺口？
2. 为什么用 b 形管测熔点时加热的位置在 b 形管支管的端部？
3. 能否用第一次测定时已熔化后又固化的毛细管再做第二次测定？为什么？
4. 如果样品研磨的不细，对熔点测定有影响吗？
5. 如果加热速度太快，对测定结果有什么影响？

实验 5-7　重结晶操作练习

【实验目的】

1. 学习重结晶的原理与方法。
2. 掌握趁热过滤、抽滤、脱色、固体的干燥等操作。

【实验材料】

1. 仪器

烧杯、电炉、玻璃钉、胶头滴管、250ml 抽滤瓶、布氏漏斗、安全瓶、水泵、表面皿、量筒、水浴锅等。

2. 试剂

自制乙酰苯胺、活性炭。

【实验原理】

内容详见第三章第五节。

【实验内容】

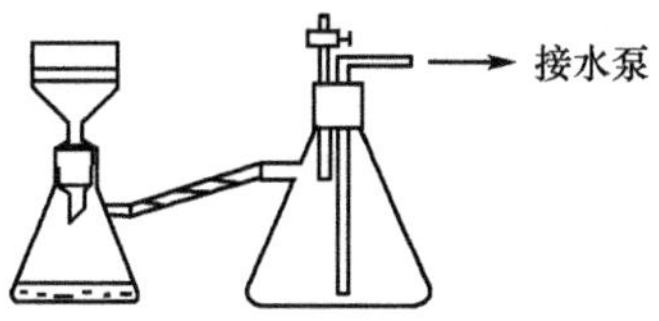

图 5-1　减压过滤装置

称取 5g 粗乙酰苯胺(100℃时,在 100ml 水中溶解乙酰苯胺 5.55g;80℃时,溶解 3.45g;50℃时,溶解 0.84g; 20℃时,溶解 0.46g),放入 250ml 烧杯中,加入 90ml 水,加热煮沸。若不溶或有油珠可适当添加少量热水(乙酰苯胺溶解过程中出现的油状物不是杂质,而是已熔化而未溶解的乙酰苯胺,此时应加适量热水并继续加热,直至油状物完全溶解),至乙酰苯胺全溶。再加入 20ml 水,稍冷后加入 0.1~0.3g 活性炭(活性炭是一种多孔蜂窝状物质,有很强的吸附力,可吸附有色杂质。在有机合成上常用来脱去有机物中的有色杂质,该操作称为"脱色"。加入活性炭后,应搅拌并慢慢加热煮沸,不能在沸腾的溶液中加入活性炭,否则,会引起暴沸,使溶液溢出容器。此外,活性炭的用量和煮沸时间也要视粗品的颜色而定),煮沸 5~10min,趁热过滤(预先将抽滤瓶和布氏漏斗放入水浴锅中,与水浴同时加热)。将滤液静置冷却,使乙酰苯胺结晶析出,抽滤,洗涤晶体 1~2 次,取出结晶,干燥后测熔点,称量,计算收率。

减压过滤装置如图 5-1 所示。

【注意事项】

(1) 抽滤时应先将滤纸湿润并抽紧,再倒入滤液,并且滤纸的大小要合适,否则易发生漏炭。为防止抽破滤纸,可使用两层滤纸。

(2) 活性炭的用量应视粗品的颜色(杂质)而定,通常为粗品质量的 1%~5% 。

(3) 若加热时间过长溶剂挥发过多,应再补加溶剂,否则在趁热过滤时结晶会在漏斗中析出。

(4) 为防止溶剂挥发,加热时可在烧杯上加盖表面皿。

【思考题】

1. 为什么活性炭不能加入正在沸腾的溶液中?

2. 在重结晶操作中为什么溶剂的加入量不能过多,也不能太少?

3. 抽滤时为什么在关闭水泵前,要先打开安全瓶上的活塞通大气?

4. 重结晶加热溶解时,为什么加入比计算量略少的溶剂而后再逐渐加至恰好溶解,最后再多加少量溶剂?

实验 5-8　正溴丁烷的制备

【实验目的】

1. 学习以溴化钠、浓硫酸和正丁醇为原料制备正溴丁烷的原理及方法。

2. 练习带有吸收有害气体装置的回流加热操作。

3. 掌握分液漏斗的使用方法;液体样品的干燥技术;折光率的测定;简易水蒸气蒸馏等操作。

【实验原理】

卤代烷的制备有多种方法，本实验以醇为原料，通过和溴化氢的亲核取代反应，使卤原子取代羟基。反应中的溴化氢由溴化钠和浓硫酸反应生成。醇和溴化氢的反应为可逆反应，故增加溴化钠的用量，同时加入过量的浓硫酸以吸收反应中生成的水分，使平衡向右移动，提高收率。反应式为

$$NaBr+H_2SO_4 \longrightarrow HBr+NaHSO_4$$

$$n\text{-}C_4H_9OH+HBr \rightleftharpoons n\text{-}C_4H_9Br+H_2O$$

可能的副反应：

$$CH_3CH_2CH_2CH_2OH \xrightarrow[\triangle]{浓 H_2SO_4} CH_3CH_2CH{=}CH_2+H_2O$$

$$2CH_3CH_2CH_2CH_2OH \xrightarrow[\triangle]{浓 H_2SO_4} (CH_3CH_2CH_2CH_2)_2O+H_2O$$

$$2HBr+H_2SO_4 \xrightarrow{\triangle} Br_2+SO_2+H_2O$$

【实验材料】

1. 仪器

100ml 圆底烧瓶、锥形瓶、球形冷凝管、小漏斗、75°弯管、直形冷凝管、分液漏斗、150℃温度计等。

2. 试剂

正丁醇 6. 2ml（5g，0. 068mol），无水溴化钠 8. 3g（0. 08mol），浓硫酸 10ml（相对密度 1. 84，0. 18mol），10%碳酸氢钠溶液，无水氯化钙，沸石。

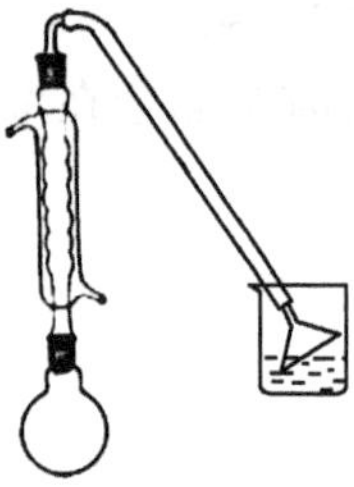

图 5-2　带有气体吸收装置的回流冷凝

【实验内容】

在 100ml 圆底烧瓶中加 6. 2ml 正丁醇、8. 3g 研细的溴化钠和沸石。在一锥形瓶中加入 10ml 水，放在冰水中冷却，在搅拌下缓慢加入 10ml 浓硫酸。然后将水-硫酸混合物分数次加入烧瓶中，每加一次都需充分振摇，混合均匀。装上冷凝管，冷凝管上端装一个气体吸收装置（图 5-2）。圆底烧瓶于石棉网上小火加热回流 30min，并经常摇动。冷却后拆去回流装置，加入沸石，瓶口通过 75°弯管改为蒸馏装置（这是一种简易的水蒸气蒸馏装置），蒸出所有的正溴丁烷（正溴丁烷是否蒸完可从下列几方面判断：①馏液是否由浑浊变澄清；②蒸馏瓶中上层油层是否消失；③取一试管收集几滴馏液，加水振摇，观察有无油珠出现。如无，表示馏液中已无有机物，蒸馏完成。蒸馏不溶于水的有机物时，常可用此法检验）。馏液移至分液漏斗，将下面油层分至另一干燥的分液漏斗中（馏出液应油层在下，水层在上。但若未反应的正丁醇较多或蒸馏时间过长，可能蒸出氢溴酸的部分恒沸物，这时液层的密度可能发生变化，即油层可悬浮在上面，而水层在下面，此时应加入适量水稀释，使油层下沉），用 3ml 冷的浓硫酸洗涤，分去下层硫酸层，油层倒入另一分液漏斗中，依次用 10ml 水洗涤（如水洗后产物尚呈红色，是由于浓硫酸的氧化作用生成游离溴之故。可加入几毫升饱和亚硫酸氢钠溶液洗涤除去。$2NaBr+3H_2SO_4(浓) \longrightarrow Br_2+SO_2+2H_2O+2NaHSO_4$　$Br_2+3NaHSO_3 \longrightarrow 2NaBr+NaHSO_4+2SO_2+H_2O$），5ml 的 10%碳酸氢钠溶液洗涤，10ml 水洗涤（使油层达到中性）。将下层产物放入一干燥的小锥形瓶中，加 1～2g 块状无水氯化钙，塞紧

瓶塞，干燥约 2h。将已干燥的产物通过小漏斗（内置少许棉花）滤入干燥的蒸馏瓶中，加入沸石，加热蒸馏，收集 99～102℃ 的馏分于已称量的锥形瓶中。产量约 6. 5g。

纯正溴丁烷为无色透明液体，沸点 101. 6℃，折光率 n_D^{20}1. 4399。

【注意事项】

（1）浓硫酸加入到水中时要充分振摇和冷却，直到冷至室温为止。否则，下一步与溴化钠混合时溶液可呈现红色，即有溴游离出来。

（2）回流时要小火缓慢加热，控制回流速度 1～2 滴/s，并不断振摇，使醇和溴化氢充分接触。否则收率降低。

（3）回流时振摇反应瓶的方法：可用手握住铁架台的铁杆，轻轻前后晃动，同时注意气体吸收装置末端的小漏斗不要全部侵入水面内，以免倒吸。

【思考题】

1. 加料时，先使溴化钠与浓硫酸混合，然后加正丁醇和水，可以吗？为什么？

2. 蒸馏正溴丁烷之后的残余物应趁热倒入烧杯中，为什么？

3. 反应后的产物可能含有哪些杂质？各步洗涤的目的何在？用浓硫酸洗涤时为什么要用干燥的分液漏斗？

4. 为什么使用分液漏斗时振摇后要放气？应从哪里放气？指向什么方向？

实验 5-9　邻硝基苯酚和对硝基苯酚的制备

【实验目的】

1. 掌握以苯酚为原料，通过硝化反应制备邻硝基苯酚和对硝基苯酚的反应原理及方法。

2. 进一步练习水蒸气蒸馏、重结晶等基本操作。

【实验原理】

芳烃的硝化反应是亲电取代反应，如果苯环上有邻对位定位基，则硝化反应易于进行。例如，苯酚用稀硝酸即可被硝化，得到邻硝基苯酚和对硝基苯酚。

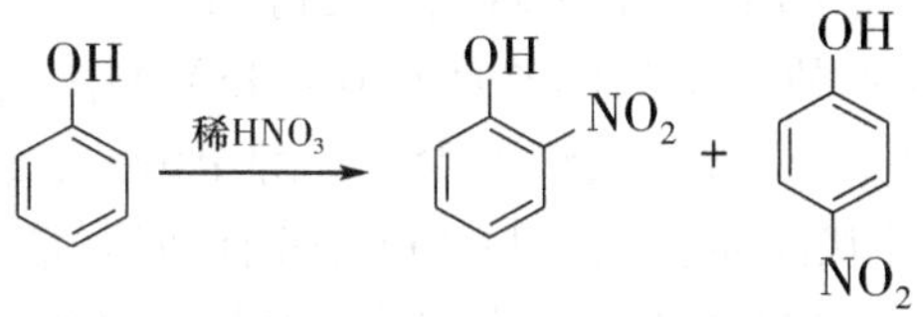

硝化反应是一个放热过程，引入一个硝基放出约 152kJ/mol 热量，因此必须在冷却下缓慢进行。

直接使用稀硝酸对酚类进行硝化时，常伴有严重的氧化反应，如果将反应温度控制在 20℃ 以下，可以使硝酸的氧化作用比硝化作用弱很多。苯酚的硝化也可以用硝酸钠或硝酸钾与硫酸的混合物在水溶液中进行，这样可减少氧化反应发生。

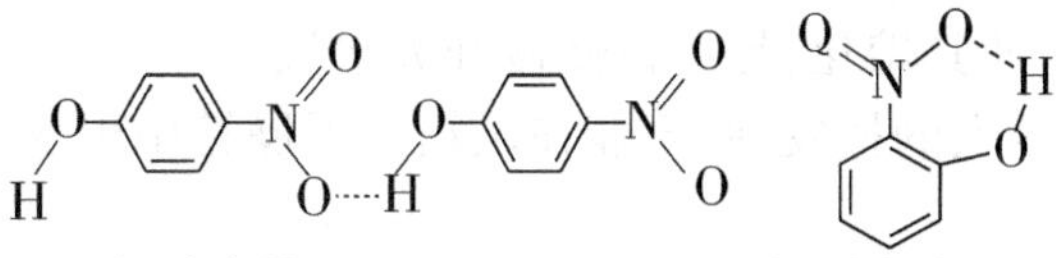

分子间氢键　　　　分子内氢键

对硝基苯酚由于分子间氢键作用形成缔合体，沸点高，挥发性小，不随水蒸气挥发；而邻硝基苯酚可形成分子内氢键，所以沸点低，挥发性大，可随水蒸气挥发，因此利用水蒸气蒸馏可将两者分离。

【实验材料】

1. 仪器

150ml 锥形瓶、温度计、滴液漏斗、分液漏斗、克氏蒸馏瓶等。

2. 试剂

苯酚（4.5g，0.048mol）、浓硝酸（4ml，0.095mol）、苯、乙醇、2%稀盐酸。

【实验内容】

在 150ml 的锥形瓶中加入 4.5g 苯酚[苯酚在室温时为固体（m.p. 41℃），加少量水可降低苯酚的熔点，使呈液态，有利于反应]、0.5ml 水和 15ml 苯并放入一支温度计。滴液漏斗固定在铁圈上，加入 4ml 浓硝酸。将滴液漏斗的下口伸入到锥形瓶中，锥形瓶置于冰水浴中冷却，待瓶内混合物温度降至 10℃以下时，自滴液漏斗逐滴滴入浓硝酸，立即发生剧烈的放热反应，不断振摇锥形瓶（由于酚与酸不互溶，故必须不断振摇使其充分接触，达到反应完全，同时也防止局部过热），控制反应温度在 5～10℃[控制反应温度是关键，如果温度过高（超过 20℃），生成的硝基苯酚可继续硝化或被氧化，使产量降低。若温度过低，则对硝基苯酚所占比例有所增加]。浓硝酸滴加完后，锥形瓶继续在冰水浴中放置 5min 并不断振摇，然后再在室温下放置 1h 并不断振摇，使反应完全。重新将锥形瓶置于冰水浴中冷却（苯的冰点为 5.5℃，温度不能过低，否则苯会一起析出），析出固体。抽滤，固体用 10ml 苯洗涤，得到对硝基苯酚的粗品。然后用 2%稀盐酸重结晶，得到无色棱柱状的对硝基苯酚晶体，熔点 114～116℃，无气味。

将上一步的滤液和苯洗涤液转入分液漏斗中，分去含有稀硝酸的水层（硝化结束后，应除去反应中的酸溶液，再进行水蒸气蒸馏，否则酸在水蒸气作用下会氧化产物），将苯层转入克氏蒸馏瓶中，加 15ml 水进行水蒸气蒸馏，如图 3-38 所示。当苯全部蒸出后（苯和水形成共沸混合物，在 69.4℃时被蒸出。当冷凝管中刚出现黄色时，表示苯已经蒸完，立即调换接收器。蒸出的苯应倒入回收瓶中），调换接收器，继续水蒸气蒸馏，收集到黄色的液体，至馏出液为无色时结束，冷却馏出液，析出固体，抽滤，得到邻硝基苯酚。再用乙醇和水的混合溶剂重结晶[先将粗邻硝基苯酚溶于热的乙醇（40～45℃）中，过滤后，滴入温水至出现浑浊。然后在温水浴（40～45℃）中温热或滴入少量乙醇至澄清，冷却后即析出亮黄色针状的邻硝基苯酚]，得到淡黄色针状晶体，m.p.44～45℃，带有强烈气味。

克氏蒸馏瓶中的残液主要含 2,4-二硝基苯酚，因其毒性很大，且能渗入皮肤为人体所吸收，故应加入 10ml 1%的氢氧化钠处理，再倒入废液缸。

【注意事项】

（1）苯酚对皮肤有很强的腐蚀性，如果触及皮肤，要立刻用肥皂和水冲洗，并用乙醇擦洗至不再有苯酚味。

（2）水蒸气蒸馏时，往往由于邻硝基苯酚的晶体析出而堵塞冷凝管。此时可适当调小冷凝水，让热的蒸气通过使其熔化，然后再慢慢开大水流。

（3）邻硝基苯酚有较大的挥发性，不能在烘箱或干燥箱中干燥。

【思考题】

1. 本实验有哪些副反应？怎样减少这些副反应？

2. 比较苯、苯酚、和硝基苯酚的进行硝化反应的难易程度，并解释其原因。

3. 为什么邻硝基苯酚和对硝基苯酚可采用水蒸气蒸馏来分离？水蒸气蒸馏的基本原理是什么？

实验 5-10 无水乙醇的制备

【实验目的】

1. 学习实验室中制备无水乙醇的原理和方法。

2. 掌握防潮的回流装置及其操作、防潮的常压蒸馏装置。

【实验原理】

工业乙醇的含量为 95.5%，其中还有 4.5% 的水分。若要得到含量较高的无水乙醇，用普通的蒸馏方法不能实现，因为工业乙醇是一个恒沸物。在实验室中可采用工业乙醇与氧化钙作用，则工业乙醇中的水分与氧化钙反应生成不挥发性的氢氧化钙，然后通过蒸馏可得到纯度为 99.5% 的乙醇，即无水乙醇。反应式：

$$CaO+H_2O \longrightarrow Ca(OH)_2\downarrow$$

【实验材料】

1. 仪器

100ml 圆底烧瓶、球形冷凝器、直形冷凝器、75°弯管、干燥管（磨口和非磨口）、锥形瓶、试管等。

2. 试剂

工业乙醇、氧化钙、氯化钙、高锰酸钾。

【实验内容】

1. 无水乙醇的制备

取 100ml 圆底烧瓶，加入工业乙醇 30ml，加入碎成小块的氧化钙 7.5g，在烧瓶上装球形冷凝器，冷凝器上口装氯化钙干燥管（图 5-3），加热回流 40min，取下冷凝器，通过 75°弯管改为蒸馏装置，并在接受管的支管上安装干燥管（图 5-4），收集馏液。蒸馏速度不宜过快（1~2 滴/s），直至无乙醇蒸出为止。

图 5-3 防潮的回流装置

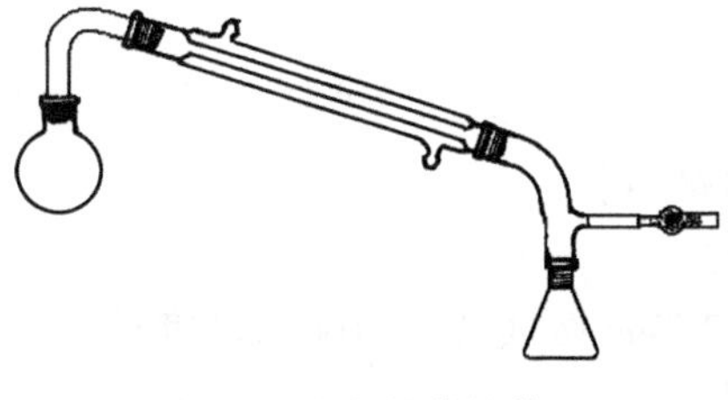

图 5-4 防潮的蒸馏装置

2. 乙醇含水的检验

取干燥小试管两支，各加入一小粒高锰酸钾晶体，分别加入工业乙醇和自制无水乙醇约 2ml，加塞，振摇后观察现象。

测量无水乙醇的体积，计算收率。

【注意事项】

(1) 本实验所用仪器均须干燥，整个装置要严密。

(2) 氧化钙块不宜过大或过碎，过大不能充分反应，过碎则易发生暴沸。

(3) 由于无水乙醇有很强的吸水性，故在操作中和保存时必须防止一切水汽侵入。

(4) 停止回流，改为蒸馏时，必须关闭加热源。

(5) 一般用干燥剂干燥有机溶剂时，在蒸馏前应将干燥剂过滤除去，但氧化钙与乙醇中的水反应生成的氢氧化钙在加热时不分解，故可留在瓶中一起蒸馏。

(6) 蒸馏速度不宜过快，否则会使氢氧化钙浆冲出，使产物浑浊。

【思考题】

1. 制备无水试剂时应注意什么事项？

2. 本实验为什么在回流和蒸馏时要在其装置上安装干燥管？

3. 回流在有机制备中有什么优点？为什么在回流装置中要用球形冷凝管？

实验 5-11 环己酮的制备

【实验目的】

1. 学习铬酸氧化法制备环己酮的原理及方法。

2. 学习和掌握低沸点易燃液体的蒸馏方法。

3. 掌握空气冷凝管的使用、萃取和分液漏斗的使用、常压蒸馏、简易水蒸气蒸馏、液体样品的干燥、折光率的测定等操作技能。

【实验原理】

酮可分为脂肪酮和芳香酮，仲醇的氧化和脱氢是制备脂肪酮的主要方法，工业上多用催化氧化或催化脱氢法，实验室一般用氧化剂氧化。本实验以环己醇为原料，以酸性重铬酸钠为氧化剂制备环己酮。

反应中重铬酸盐在硫酸作用下先生成铬酸酐，再进一步和醇发生氧化作用。因酮较稳定，不易进一步被氧化，故能得到较满意的产率。该反应是放热反应，应严格控制反应温度，勿使氧化反应进行得过于激烈，以免产物进一步因氧化而发生断链。反应式为

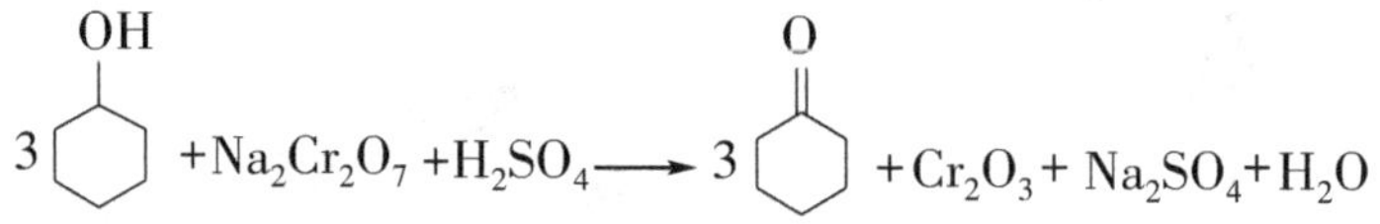

【实验材料】

1. 仪器

烧杯、250ml 圆底烧瓶、100℃温度计、75°弯管、直形冷凝器、接液管、锥形瓶、分液漏斗、空气冷凝器等。

2. 试剂

重铬酸钠($Na_2Cr_2O_7 \cdot 2H_2O$) 10.5g(0.035mol)、环己醇 10.5ml(0.1mol)、浓硫酸、食盐、无水硫酸镁、乙醚。

【实验内容】

在烧杯中加 60ml 水和 10. 5g 重铬酸钠，搅拌使其全部溶解，在搅拌和冷却下分批加入 8. 5ml 浓硫酸，得橙红色溶液，冷至室温备用。

在 250ml 圆底烧瓶中加入 10. 5ml 环己醇，再将上述铬酸溶液分批加入，每次加入后充分振摇使混合均匀；混合液中放入一支温度计，当瓶内温度达到 55℃ 时用水浴冷却，控制反应温度在 55～60℃；待前一批重铬酸钠的橙红色消失后，方可加入下一批。加完后继续振摇，直至温度开始下降。移去水浴，室温振摇 40min。反应液呈褐绿色。

往反应瓶中加 60ml 水和沸石，装成蒸馏装置（这里进行的是一种简易水蒸气蒸馏），将环己酮与水一并蒸出（环己酮与水可形成共沸混合物，沸点为 95℃，含环己酮 38. 4%），收集约 45ml 馏液，加食盐（约 16g）饱和（环己酮在水中有一定的溶解度，为了减少损失，采用盐析法，加入精盐饱和，使溶于水的环己酮析出），然后倾入分液漏斗中，分出有机层，水层用 12ml 乙醚萃取一次，萃取液并入有机层，加约 1g 无水硫酸镁干燥，将干燥后的液体滤入干燥蒸馏瓶内，先回收乙醚，再蒸馏（用何种冷凝管？）收集 151～156℃ 馏分。重 6～7g，收率约 62%。

纯的环己酮为无色液体，b.p.155. 7℃，n_D^{20} 1. 4507 。

【注意事项】

（1）水蒸气蒸馏时水的馏出量不宜过多，否则，即使采用盐析仍不可避免地有少量环己酮溶于水中而损失掉。31℃ 时环己酮在水中的溶解度为 24g/100g。

（2）加食盐饱和时要充分振摇，直至食盐不溶为止。

（3）蒸馏乙醚时周围不能有明火，接受瓶可放入冰水浴中，未冷凝的乙醚蒸汽应通入下水道或窗外。

（4）用食盐饱和后的溶液倾入分液漏斗中时，注意不要把食盐倒进去，以免堵塞分液漏斗。

【思考题】

蒸馏收集环己酮时，为什么用空气冷凝管？

实验 5-12　苯乙酮的制备

【实验目的】

1. 学习傅-克酰基化反应制备芳酮的原理和方法。
2. 掌握有毒气体的处理方法，学会正确使用电动搅拌器。
3. 练习萃取、洗涤等基本操作。

【实验原理】

芳烃和酰氯或酸酐发生亲电取代反应，苯环上的氢原子可被酰基取代，称为傅-克酰基化反应。这是制备芳酮的常用方法。

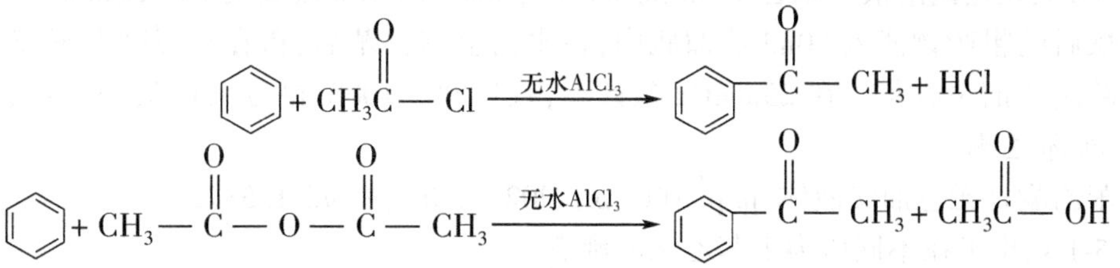

催化剂主要有无水 $AlCl_3$、$FeCl_3$、$ZnCl_2$ 等，作用是生成亲电试剂酰基碳正离子。

$$\overset{\overset{\displaystyle O}{\|}}{RCCl}+AlCl_3 \rightleftharpoons \overset{\overset{\displaystyle O}{\|}}{RC^+}+AlCl_4^-$$

其中，最常用的催化剂是 $AlCl_3$，它吸湿性很强，容易水解，所以试剂和溶剂必须充分干燥，反应装置也应当防潮。

在烷基化反应中，$AlCl_3$ 仅作催化剂使用，故 1mol 卤代烷仅需 0.1mol $AlCl_3$。在酰化反应中，$AlCl_3$ 不仅作催化剂，它还可以和羰基化合物形成稳定的络合物，所以 $AlCl_3$ 的使用量增大。例如，用 1mol 的乙酰氯需要 1.1mol 的 $AlCl_3$；1mol 的乙酸酐需要 2.2mol 的 $AlCl_3$，这是因为用乙酸酐作酰化剂时，反应中生成的乙酸也可以与 $AlCl_3$ 反应，生成 $CH_3COOAlCl_2$。

产物芳酮和催化剂作用会形成络合物，在无水溶剂中比较稳定，水解时才会解离出酮，因此反应结束后需冷却混合物，将其倾入冰和盐酸的混合物中，分解络合物并溶解 $Al(OH)_3$ 沉淀。

本实验采用乙酸酐作酰化剂，因为乙酸酐比乙酰氯原料易得，纯度高，操作方便，无明显的副反应或有害气体放出，反应平稳且产率高，产生的芳酮容易提纯。

【实验材料】

1. 仪器

搅拌器、三颈瓶(100ml)、温度计、滴液漏斗、回流冷凝器、分液漏斗等。

2. 试剂

三氯化铝 16g(0.12mol)、乙酸酐 4.7ml(5g,0.05mol)、苯 20ml(17.6g,0.22mol)、浓盐酸、无水硫酸镁、5% 氢氧化钠溶液。

【实验内容】

在 100ml 的三颈瓶上，分别安装搅拌器、滴液漏斗和回流冷凝器。冷凝器上装有氯化钙干燥管，干燥管上再接一个气体吸收装置。

迅速称取 16g 研碎的无水三氯化铝(三氯化铝的质量对反应成败很关键，由于它有很强的吸湿性，所以称量、研磨都应该迅速，反应所用的仪器及其他试剂应当充分干燥)和 20ml 苯加入三颈瓶中，然后在搅拌下滴加 4.7ml 新蒸馏的乙酸酐和 5ml 苯的混合液。反应很快开始，放出氯化氢气体，三氯化铝逐渐溶解，反应物的温度也自行升高。应严格控制滴加速度缓慢进行，约 10min 滴加完毕。为了使反应完全，再在 60℃ 以下水浴中加热 0.5～1h，至三氯化铝溶完，此时应无氯化氢气体放出。

冷却至室温，将反应物倾入装有 100g 冰水和 30ml 浓 HCl 的烧杯中，当固体全部溶解后(在通风橱内进行。固体要全部溶解，否则会吸附产品。如果仍有固体存在，再适当增加一点盐酸)。将混合物转入分液漏斗中，分出苯层，水层用 20ml 苯分两次提取，合并苯溶液，依次用 5% 氢氧化钠溶液及水各 15ml 洗涤，分出苯层，用无水硫酸镁干燥 30min。

干燥后的粗产物滤入 50ml 蒸馏瓶中，在水浴上蒸去苯后，再在石棉网上蒸馏(苯乙酮也可用减压蒸馏法收集。在 25mmHg 条件下，收集 98～100℃ 馏分)，收集 198～202℃ 的馏分，得到纯苯乙酮。

纯苯乙酮是无色油状液体，m.p.20℃，b.p.202℃，折光率 n_D^{20} 1.5372。

表 5-1 列出了在不同压力下苯乙酮的沸点。

表 5-1　在不同压力下苯乙酮的沸点

压力/kPa	26.7	20.0	8.0	6.7	5.3	4.0	3.3	1.6
压力/mmHg	200	150	60	50	40	30	25	12
b.p./℃	155	146	120	115.5	110	102	98	88

【注意事项】

反应中三氯化铝分解会产生刺激的氯化氢气体，应正确使用氯化氢气体吸收装置。在反应容器的回流冷凝管上塞一个带孔塞子，连接到装有氯化钙的U形干燥管，干燥管的另一端连接一只倒置的玻璃漏斗，漏斗放在盛有水的烧杯中，漏斗的边缘距水面不超过1cm。

【思考题】

1. 水和潮气对实验有什么影响？如何防止？
2. 反应结束后，为什么反应物要倾入酸性的冰水溶液中？
3. 在傅-克酰基化反应和傅-克烷基化反应中三氯化铝的用量有什么不同？为什么？

实验5-13　巴比妥酸的制备

【实验目的】

1. 学习丙二酸二乙酯与尿素在碱作用下的缩合成环反应。
2. 通过制备巴比妥酸了解杂环化合物的合成。
3. 掌握无水实验操作。
4. 掌握电动搅拌器、回流、重结晶等实验操作。

【实验原理】

巴比妥酸又称丙二酰缩二脲，化学名为六氢嘧啶-2,4,6-三酮，为白色晶体，m.p.245℃。在空气中容易风化，易溶于热水和稀酸，微溶于乙醚，难溶于冷水和乙醇。

丙二酸二乙酯的活泼亚甲基很容易进行烷基化反应，但在本反应中，活泼亚甲基并没有参与反应。丙二酸二乙酯和尿素在乙醇钠的作用下发生氨解反应，生成的巴比妥酸是一个双酰胺环，然后可互变为嘧啶环。

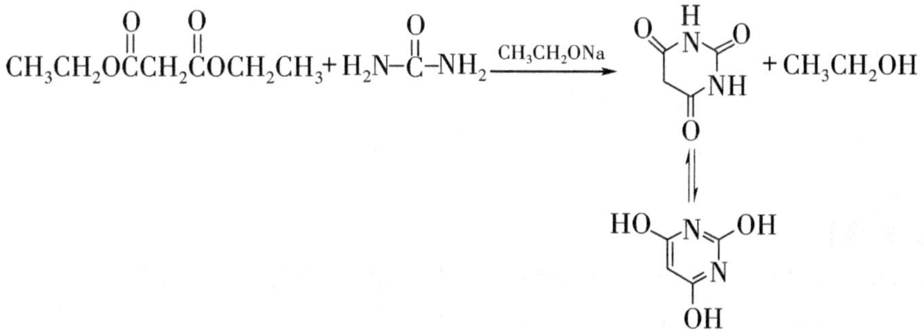

巴比妥酸是一种镇静催眠药，也是合成维生素B_{12}的中间体。巴比妥酸分子中亚甲基上的活泼氢若被烃基取代，则生成巴比妥酸的衍生物，如巴比妥、苯巴比妥等，它们具有更好的药理活性。

【实验材料】

1. 仪器

电动搅拌器、三颈瓶、冷凝器、温度计、布氏漏斗、抽滤瓶、氯化钙干燥管。

2. 试剂

丙二酸二乙酯(6.5ml,0.0428mol)、金属钠(1g)、干燥的尿素(2.4g,0.04mol)、绝对无水乙醇(20ml)、3mol/L 盐酸(15ml)。

【实验内容】

100ml 三颈瓶上安装搅拌器,温度计,冷凝管(装有氯化钙干燥管)。反应瓶中先加入20ml 绝对无水乙醇[绝对无水乙醇,市售的分析级试剂可以满足要求。也可以用普通规格的无水乙醇(99.5%)中加入金属镁和少量碘,加热回流 5h,再蒸馏出绝对无水乙醇],再加入 1g 金属钠(金属钠要用滤纸擦净外层的石蜡,除去氧化物,露出金属光泽,切成小颗粒使用),开动电搅拌,使其完全溶解。然后加入 6.5ml 新蒸馏的丙二酸二乙酯(丙二酸二乙酯,可在减压下收集 90~91℃/15mmHg 的馏分),搅拌混合均匀后,再加入 2.4g 干燥的尿素(尿素应在 105~110℃烘箱中干燥约 45min),然后用 20ml 的绝对乙醇冲洗瓶口,加热回流反应 2h。

反应物形成黏稠的半固状物,降低温度至 50℃左右,在搅拌下加入 30ml 热水(大约50℃),再用浓盐酸酸化(反应生成的固状物为巴比妥酸钠盐,需要在酸作用下转变为巴比妥酸)至 pH 为 3,得到澄清溶液,趁热过滤,冷却析晶(先自然冷却,再在冰水浴中冷却),抽滤,用少量冷水洗涤固体,得到粗产品。用热乙醇重结晶,得到白色棱柱状晶体。晶体在110℃下干燥 2h(生成的巴比妥酸晶体带有两个结晶水,在 110℃下干燥 2h,可以脱去结晶水),m.p.245~246℃。

【注意事项】

本实验所用仪器和试剂均应保证无水。

【思考题】

1. 本实验使用乙醇钠的作用是什么?
2. 实验所制得的产品为什么称酸?

实验 5-14　乙酸乙酯的制备

【实验目的】

1. 学习由有机酸合成酯的一般原理及方法。
2. 掌握回流和常压蒸馏的装置及操作;分液漏斗使用方法;液体样品的干燥技术;折光率的测定。

【实验原理】

本实验由乙酸和乙醇反应,在浓硫酸的催化和加热下得到乙酸乙酯。

该反应为可逆反应,提高温度和使用催化剂可加快反应速率,本实验加入过量的乙醇,同时不断蒸出生成物(酯和水)可提高收率。在工业生产中,是加入过量的乙酸,使乙醇完全转化,因为乙醇能和水及乙酸乙酯形成二元或三元共沸混合物,给后处理分离带来困难。

反应式为

$$CH_3COOH+CH_3CH_2OH \xrightleftharpoons{H_2SO_4} CH_3COOC_2H_5+H_2O$$

【实验材料】

1. 仪器

100ml 圆底烧瓶、球形冷凝管、75°弯管、直形冷凝管、锥形瓶、分液漏斗、小漏斗、60ml 圆底烧瓶、蒸馏头、100℃温度计等。

2. 试剂

冰醋酸、95%乙醇、浓硫酸、饱和碳酸钠溶液、饱和氯化钙溶液、无水硫酸镁。

【实验内容】

方法一：在 100ml 圆底烧瓶中加入 15ml 冰醋酸和 23ml 95%乙醇，在振摇和冷却下分次加入 7.5ml 浓硫酸，混合均匀，加入沸石，装上回流冷凝管，水浴加热回流 30min。稍冷，拆去回流装置，加入沸石，瓶口通过 75°弯管改为蒸馏装置，水浴蒸馏至不再有油珠馏出为止。往馏液中加 10ml 饱和碳酸钠溶液（馏液中除了酯和水外，还有少量未反应的乙醇和乙酸等杂质，故用碱除去其中的酸，用饱和氯化钙溶液除去其中的醇，否则会影响收率），振摇，有机相呈碱性或中性。移至分液漏斗中，再振摇，分去水相，有机相加 10ml 饱和食盐水洗涤［当酯层用碳酸钠溶液洗后，若紧接着就用氯化钙溶液洗涤，可能产生絮状的碳酸钙沉淀，使分离变得困难，故在这两步操作之间加一步水洗，由于乙酸乙酯在水中有一定的溶解度（每 17 份水溶解 1 份乙酸乙酯），为了尽可能减少损失，故用饱和食盐水洗涤］，再用饱和氯化钙溶液洗涤两次，每次用量 10ml。分出有机相于干燥小锥形瓶中，加入 1g 无水硫酸镁，塞紧瓶塞，干燥（乙酸乙酯与水和乙醇可分别形成二元、三元共沸混合物，其组成如表 5-2 所示。若乙酸不除净或干燥不够时，都会使前馏分增加，影响收率）。干燥后的产物通过小漏斗（内置少许棉花）滤入干燥的蒸馏瓶中，加入沸石，水浴加热蒸馏，收集 73～78℃的馏分于已称量的锥形瓶中。产量 13～15g。

表 5-2　乙酸乙酯与水和乙醇形成二元、三元共沸混合物的组成和沸点

沸点/℃	组成/%		
	酯	乙醇	水
70.2	82.6	8.4	9.0
70.4	91.9		8.1
71.8	69.0	31.0	

纯净的乙酸乙酯：b.p.77.06℃，折光率 n_D^{20} 1.3723。

方法二：在 125ml 三口烧瓶中加入 40ml 95%乙醇，在不断振摇和冷却下分次加入 40ml 浓硫酸。按图 5-5 装置仪器，温度计水银球和滴液漏斗末端均应浸入液面以下距瓶底 0.5～1cm。将 30ml 95%乙醇和 30ml 冰醋酸混合液装入滴液漏斗，用电热套加热。当反应液温度慢慢升到 115℃时，开始滴加液体（约 1 滴/s），并控制反应液温度在 110～120℃，滴加完毕后，继续加热至反应液温度升到 130℃且不再有液体为止，馏出液中慢慢加入饱和碳酸钠溶液，并时加振摇，直至无气体放出。混合液移入分液漏斗，充分振摇（注意放气），静置、分去水相，酯层用 25ml 饱和食盐水洗涤后，再每次用 25ml 饱和氯化钙溶液洗涤两次，酯层倒入干燥的小锥形瓶中，加入适量无水硫酸镁，塞紧瓶塞，干燥 30s 以上。

干燥后的产物通过小漏斗（内置少许棉花）滤入干燥的 60ml 蒸馏瓶中，加入沸石，在水浴上加热蒸馏，收集 73～78℃的馏分于已称量的锥形瓶中。称量，计算产率。纯净的乙酸乙酯：b.p.77.06℃，密度 0.901g/ml（25/4）。

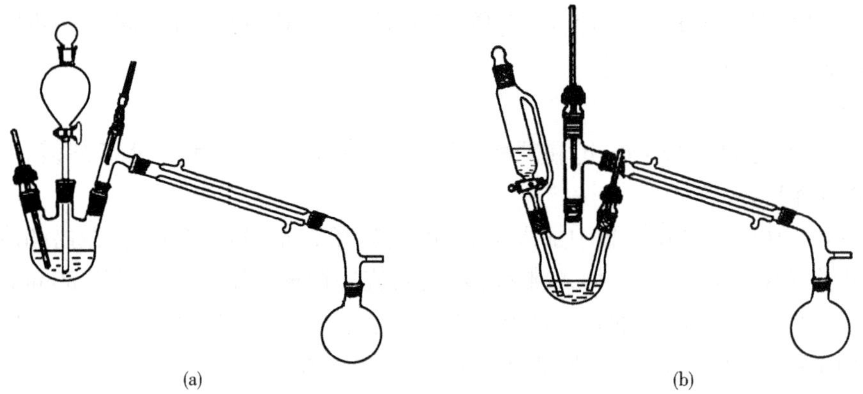

图 5-5　乙酸乙酯制备装置

（a）使用普通滴液漏斗　（b）使用恒压滴液漏斗

【注意事项】

（1）加浓硫酸时一定要分次加入，并且要充分振摇和冷却，以免乙醇炭化。

（2）用碱液洗涤时振摇不可太剧烈，以免发生乳化。

（3）使用分液漏斗分离时，先静置→快速分离→再静置→精确分离。要求分离操作准确无误。

（4）乙醇和水必须除净，干燥要充分。

【思考题】

1. 酯化反应有什么特点？本实验如何创造条件促使酯化反应尽量向正反应方向进行。

2. 本实验可能有哪些副反应？

实验 5-15　乙酰苯胺的制备

【实验目的】

1. 学习苯胺乙酰化反应的原理和方法。

2. 学习分馏柱的使用及分馏原理；进一步熟练重结晶、测熔点等基本操作。

【实验原理】

芳香族伯胺易于进行酰化反应，常用的酰化剂有乙酰氯、乙酸酐、冰醋酸。这些酰化剂的反应活性为：乙酰氯>乙酸酐>冰醋酸。乙酰氯和乙酸酐虽然酰化能力强，反应时间短，但价格贵。所以，本实验采用冰醋酸作酰化剂。

苯胺与过量冰醋酸共热，于 105℃左右反应约 30min，除去水分即得乙酰苯胺。

这是一个可逆反应，反应采用过量的冰醋酸，同时不断地把反应中生成的水分离出来，以提高收率。利用此法制备乙酰苯胺反应时间较长，但较用乙酰氯或乙酸酐经济。

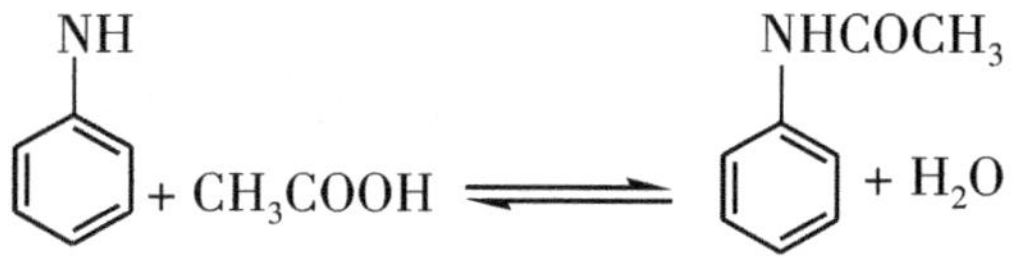

【实验材料】

1. 仪器

50ml 圆底烧瓶、刺形分馏柱（韦氏分馏柱）、直形冷凝器、蒸馏头、150℃的温度计、烧杯、抽滤瓶、布氏漏斗、锥形瓶等。

2. 试剂

苯胺（新蒸）6ml（0. 065mol）、冰醋酸 8ml（8. 4g，0. 14mol）、锌粉 0. 5g、活性炭、沸石。

【实验内容】

在 50ml 圆底烧瓶中加入 6ml 新蒸的苯胺（久置的苯胺色深有杂质，会影响乙酰苯胺的质量，故用新蒸的无色或淡黄色苯胺）、8ml 冰醋酸、0. 5g 锌粉（为了防止苯胺在反应过程中氧化，必须加入少量锌粉。锌粉的量不可太多，否则，会产生不溶于水的氢氧化锌，影响乙酰苯胺的质量）及沸石，瓶口装一刺形分馏柱，接上直形冷凝器，柱顶插一支 150℃的温度计，如图 5-6 所示。在石棉网上小火加热，微沸 15min，然后逐渐升温，当温度达到 100℃时，有液体馏出，馏出温度保持在 105℃左右（反应温度控制在 105℃ 左右，以防止冰醋酸过多地馏出，影响产量），分馏 30～40min，反应所生成的水（含少量乙酸）可完全蒸出。当温度计的读数发生上下波动时，反应即完成。

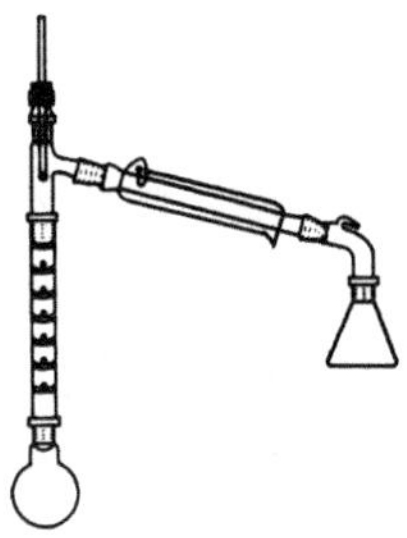

图 5-6　分馏装置

在搅拌下，趁热将反应混合物以细流倒入盛有 100ml 冷水的烧杯中，待完全冷却后抽滤，用少量水洗涤，抽干，得粗品乙酰苯胺。

粗品乙酰苯胺的精制：

将粗品溶于 100ml 热水中，加热至沸腾，若有不溶解的油珠，再补加热水，至油珠恰好完全溶解为止，停止加热，再多加 20% 的水，稍冷，加活性炭约 0. 5g，搅拌，煮沸 5～10min 进行脱色，趁热过滤，滤液冷至室温，抽滤，结晶用少量水洗涤两次，抽干，干燥，得精制乙酰苯胺。产量约 5g。

纯乙酰苯胺为无色片状结晶，m.p.114℃。

【注意事项】

（1）该反应为可逆反应，故应使用干燥的烧瓶。

（2）分馏速度不易太快，以每 2～3s 1 滴为宜，否则将影响分离效果。

（3）分馏过程中应尽量减少柱身热量散失，故可在分馏柱外包扎石棉绳或石棉布等隔热材料，以保证分馏效果。

（4）重结晶操作中，溶剂的用量和活性炭的用量要适当。

【思考题】

1. 本实验为什么要用分馏装置？
2. 为什么分馏时馏速太快会影响分离效果？
3. 在重结晶操作中应注意什么？

实验 5-16 呋喃甲醇和呋喃甲酸的制备

【实验目的】

1. 学习由糠醛制备糠醇和糠酸的原理和方法。
2. 学习低沸点易燃液体的蒸馏方法。
3. 进一步熟练萃取、重结晶、蒸馏、测熔点、测折光率等基本操作。

【实验原理】

无 α-H 的醛类与浓的强碱溶液作用，发生分子间的自身氧化还原反应（歧化反应），即一分子醛被氧化成酸（在碱性溶液中为羧酸盐），而另一分子的醛被还原成醇，此反应称为坎尼扎罗（Cannizzaro）反应。

呋喃甲醛俗名糠醛，无色液体，在空气中易被氧化。糠醛在浓碱作用下可发生坎尼扎罗反应，生成呋喃甲酸（糠酸）和呋喃甲醇（糠醇）。反应式为

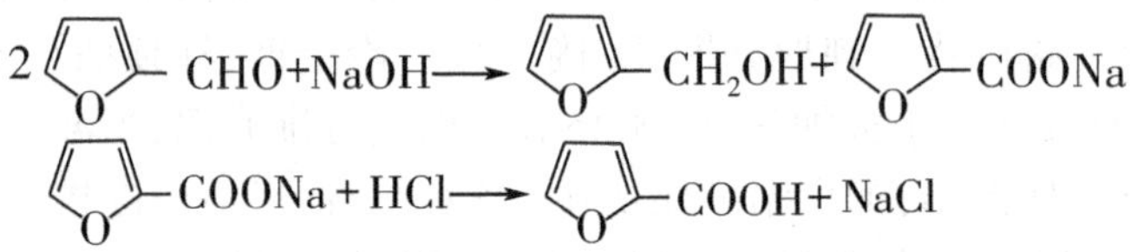

呋喃甲醇在乙醚中的溶解度比在水中的溶解度大，故可用乙醚萃取呋喃甲醇，使其与呋喃甲酸的钠盐分离，然后再将其钠盐通过酸化使呋喃甲酸游离出来。

【实验材料】

1. 仪器

250ml 烧杯、温度计、玻璃棒、分液漏斗、圆底烧瓶、直形冷凝器、蒸馏头、烧杯、抽滤瓶、布氏漏斗、锥形瓶等。

2. 试剂

呋喃甲醛（新蒸）16. 4ml（0. 2mol）、氢氧化钠、乙醚、盐酸、无水碳酸钾。

【实验内容】

在 250ml 烧杯中加入 16. 4ml 新蒸馏的呋喃甲醛（呋喃甲醛存放过久会变成棕色甚至黑色，并且往往含有水分。因此，使用呋喃甲醛前需要蒸馏提纯，收集 155 ~ 162℃ 的馏分。新蒸呋喃甲醛为无色或淡黄色液体），烧杯浸在冰水中冷至 5 ~ 6℃。另取 8g 氢氧化钠溶于 12ml 水中，冷却后在搅拌下用滴管滴加到呋喃甲醛中，保持反应温度8 ~ 12℃（反应开始后很激烈，大量放热。若反应温度高于 12℃，则温度极易升高，难以控制，致使反应物呈深红色；若低于 8℃，则反应速率过慢，并且可能积累一些氢氧化钠，一旦发生反应就会过于激烈，使温度升高，最终也使反应物变成深红色）。加完后，在此温度下继续搅拌反应 40 ~ 50min。得黄色浆状物。

在搅拌下向反应混合物中加适量水（约 20ml），使沉淀恰好溶解为止（生成的黄色浆状物加水不宜过多，否则损失产品），此时溶液呈暗红色，将此溶液移入分液漏斗中，每次用 15ml 乙醚萃取四次，合并萃取液并用无水碳酸钾干燥。将干燥后的乙醚萃取液用适当的加热方式蒸馏回收乙醚，然后，再加热蒸馏呋喃甲醇，收集 169 ~ 172℃ 馏分（用何种冷凝管？）。产量 6 ~ 7g。纯粹呋喃甲醇为无色透明液体，折光率 n_D^{25} 1. 4868。

乙醚提取后的水溶液，在冰水浴中搅拌并加入浓盐酸，调 pH=3（需 5~10ml）。冷却结晶，抽滤，洗涤抽干，得粗品。将粗品用水重结晶，经干燥，得呋喃甲酸约 8g，m.p.128~130℃。

纯净的呋喃甲酸：m.p.为 133~134℃。

【注意事项】

（1）反应阶段应严格控制温度 8~12℃，否则影响收率。

（2）在搅拌下向反应混合物中加水时应缓慢，直至沉淀恰好溶解为止。

（3）加入盐酸酸化时，调 pH=3，或者使刚果红试纸变蓝。

（4）蒸馏乙醚时周围不能有明火，接收瓶可放入冰水浴中，未冷凝的蒸气应通入下水道或窗外。

（5）粗品重结晶时，注意掌握加水量和活性炭的用量。

【思考题】

试比较坎尼扎罗反应与羟醛缩合反应，对于醛在结构上的要求有什么不同。

实验 5-17　从黄连中提取黄连素

【实验目的】

1. 学习从中草药中提取生物碱的方法。

2. 进一步练习减压蒸馏、抽滤等基本操作。

【实验原理】

黄连为多年生草本植物，是我国名产药材之一。其根、茎中含有多种生物碱，如小檗碱（黄连素）、甲基黄连碱、棕榈碱和非洲防己碱等。

随野生和栽培以及产地的不同，黄连中黄连素的含量为 4%~10%。含黄连素的植物很多，如黄柏、三颗针、伏牛花、白屈菜、南天竹等均可作为提取黄连素的原料，但以黄连和黄柏含量为高。

黄连素是黄色针状体，微溶于冷水，易溶于热水和热乙醇中，难溶于乙醚、苯。在自然界中黄连素多以季铵碱的形式存在，其结构为

季铵碱式

黄连素可溶于乙醇，故用乙醇作为提取剂，提取后回收乙醇，在提取物中加入盐酸，使其成为盐酸盐形式析出，得到盐酸黄连素，又名盐酸小檗碱。盐酸黄连素带有两个结晶水，为黄色结晶性粉末，微溶于冷水，易溶于沸水，几乎不溶于乙醇、氯仿和乙醚。

黄连素（berberine）对多种细菌有抑制作用，如痢疾杆菌、结核杆菌、肺炎球菌、伤寒杆菌及白喉杆菌，其中对痢疾杆菌作用最强，故常用来治疗细菌性肠胃炎。

【实验材料】

1. 仪器

研钵、250ml 圆底烧瓶、球形冷凝管、水浴、抽滤瓶、布氏漏斗、直形冷凝器、冰水浴、

250ml 烧杯、表面皿、蒸馏头、温度计、圆底烧瓶等。

2. 试剂

黄连 10g、95% 乙醇、1% 乙酸、浓盐酸、丙酮、漂白粉、稀盐酸。

【操作步骤】

称取 10g 黄连切碎，在研钵中磨烂，放入 250ml 圆底烧瓶中，加入 100ml 95% 的乙醇，装上球形冷凝管，水浴加热回流 30s（也可用索氏提取器连续提取 2h，效果更好），再静置浸泡 1h，抽滤，滤渣重复上述操作处理两次（后两次提取可适当减少乙醇用量和缩短浸泡时间）合并三次所得滤液于 250ml 圆底烧瓶中，在减压下回收乙醇，当烧瓶内残留物呈棕红色糖浆状时，停止蒸馏（不可蒸干），向烧瓶内加 1% 乙酸（30~40ml），加热溶解，抽滤，以除去不溶物，然后在滤液中滴加浓盐酸，直至溶液浑浊为止（约需 10ml），在冰水浴中冷却，即有黄色针状体的黄连素盐酸盐析出，抽滤，结晶用冰水洗涤两次，再用丙酮洗涤一次，干燥后重约 1g（得到纯净的黄连素晶体比较困难。将黄连素盐酸盐加热水至刚好溶解，煮沸，用石灰乳调节 pH 为 8.5~9.8，冷却后滤去杂质，滤液继续冷却到室温以下，即有针状的黄连素晶体析出，抽滤，将结晶在 50~60℃ 下干燥，熔点 145℃）。

鉴定方法：取盐酸小檗碱少许，加稀盐酸 2ml 溶解后，加漂白粉少许，即产生樱红色。

【注意事项】

本实验提取液在蒸馏时不可蒸干，否则烧瓶内残留物发红，影响收率。

【思考题】

1. 黄连素为哪种生物碱类的化合物？
2. 黄连素的提取方法是根据黄连素的什么性质来设计的？

实验 5-18　从牡丹皮中提取丹皮酚

【实验目的】

1. 学习中草药中易挥发成分的提取和分离方法。
2. 学水蒸气蒸馏的原理，掌握水蒸气蒸馏装置和基本操作。

【实验原理】

牡丹皮为毛莨科植物牡丹的干燥根皮。性微寒，味苦，具有清热凉血、活血化瘀的作用。丹皮酚是牡丹皮的有效成分之一，它主要存在于牡丹的根和根须中，此外，中药徐长卿的根中也含有较多的丹皮酚。

现代医学研究证明丹皮酚具有抑菌抗炎、镇痛、抗过敏、增强免疫功能等作用。临床上用于治疗风湿病、牙痛、胃痛、皮肤病及慢性支气管炎、哮喘等症。

丹皮酚是具有芳香气味的白色针状结晶，m.p.50℃，难溶于水，易溶于乙醇、乙醚、氯仿、苯等有机溶剂。化学名称为 2-羟基-4-甲氧基苯乙酮，结构如下：

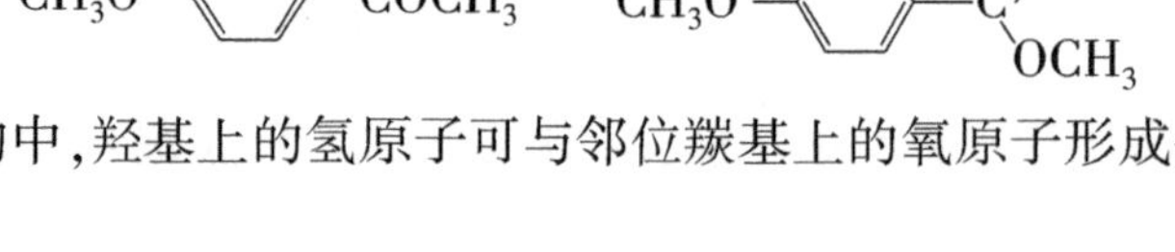

在丹皮酚的结构中，羟基上的氢原子可与邻位羰基上的氧原子形成分子内氢键，故熔点

较低，具有一定的挥发性，并且丹皮酚难溶于水，在沸腾的情况下与水不发生化学反应，所以，利用水蒸气蒸馏能将其从牡丹皮中提取出来。

【实验材料】

1. 仪器

250ml 的圆底烧瓶（或长颈圆底烧瓶）、克氏蒸馏头、直形冷凝管、锥形瓶、水蒸气发生器、抽滤瓶、布氏漏斗、50ml、烧杯、三通等。

2. 试剂

牡丹皮。

【实验内容】

在 250ml 的圆底烧瓶（或长颈圆底烧瓶）中，加入 20g 已粉碎的牡丹皮和 40ml 水，圆底烧瓶上接克氏蒸馏头，安装成水蒸气蒸馏装置，如图 3-37 和图 3-38 所示，进行蒸馏。当馏出液澄清时停止蒸馏。将馏出液放置 24h，得到白色针状结晶。抽滤得到丹皮酚粗品结晶。

将丹皮酚粗品转入 50ml 烧杯中，加入 95% 的乙醇至刚好溶解，抽滤；滤液中加入 4 倍乙醇量的蒸馏水，溶液先呈乳白色，静置后有大量白色针状结晶析出，抽滤；结晶用水洗涤2～3次，自然干燥，即得丹皮酚纯品。称量。纯净的丹皮酚：m.p.50℃。

【注意事项】

（1）在水蒸气蒸馏时，丹皮酚有时会在冷凝管中析出，这时应调小冷凝水的流速，使丹皮酚冷凝后仍然保持液态。如果析出的固体较多，可暂时停止冷凝水的流通，甚至需要将冷凝水暂时放出。万一冷凝管被堵塞，应立即停止蒸馏，并设法疏通。

（2）若在水蒸气蒸馏过程中得不到白色结晶，只出现油状物质，可在馏出液中加入少量丹皮酚结晶，或者用玻璃棒摩擦瓶壁，即会有结晶出现。

【思考题】

1. 叙述一下水蒸气蒸馏的操作要点及装置要领。

2. 在水蒸气蒸馏装置中，水蒸气导入管为什么要伸入到蒸馏瓶的底部？

3. 在水蒸气蒸馏过程中如果安全管中的水柱上升，说明哪个部位出了问题？应如何处理？

4. 在水蒸气蒸馏过程中，要经常检查装置的哪个部位？

第六章　化学分析实验

实验 6-1　分析天平的称量练习

【实验目的】

1. 了解分析天平的结构。

2. 掌握正确使用分析天平的方法。

3. 掌握常用的称量方法。

【实验原理】

见第三章第十五节“称量”。

【实验材料】

1. 仪器

万分之一分析天平、台秤、称量瓶、烧杯、表面皿、锥形瓶、药勺等。

2. 试剂

$K_2Cr_2O_7$、NaCl。

【实验内容】

1. 直接称量法练习

取一洁净、干燥的称量瓶或小烧杯，在台秤上预称质量后，采用直接称量法在分析天平上称出其准确质量，记录称量数据，重复 3 次。

2. 固定质量称量法练习

取一洁净、干燥的表面皿，准确称量后，采用固定质量称量法准确称取 0.1000g $K_2Cr_2O_7$，记录称量数据。

3. 差减称量法练习

取装有 NaCl 试样的称量瓶，在分析天平上准确称量后，记录其质量 m_1。从称量瓶中转移约 0.2g(0.18~0.22g) NaCl 试样于锥形瓶中，再次称定并记录其质量 m_2。两次质量之差即为 NaCl 样品质量。

【注意事项】

(1) 分析天平是精密称量仪器，使用时必须严格按照分析天平使用规则进行练习，避免损坏仪器。

(2) 注意取放被称物品和加减砝码时，必须关闭升降枢纽，否则会使横梁或吊耳移位甚至脱落，损坏玛瑙刀口和刀承。

(3) 称量操作时应戴上手套或用纸条取放称量瓶。

(4) 天平使用完毕后，认真检查天平的电源、升降枢纽、加码器及天平盘内的砝码是否复原。

【思考题】

1. 常用的称量方法有几种？如何进行选择？

2. 采用减量称量法称量样品过程中，零点是否需要参加计算？称量时若称量瓶内试样吸湿，对称量会造成什么误差？若试样倾入烧杯后再吸湿，对称量是否有影响？为什么？

3. 在称量的记录和计算中，如何正确运用有效数字？

实验 6-2　葡萄糖干燥失重的测定

【实验目的】

1. 巩固分析天平的称量操作。

2. 掌握干燥失重的测定方法。

【实验原理】

物质的干燥失重是指物质在规定的条件下，经干燥后所减失的质量，主要是指水分、结晶水，也包括其他挥发性成分。

葡萄糖干燥失重的测定可采用挥发重量法，即通过将样品加热，使其中水分及挥发性物质逸出，根据样品所减失的质量计算其干燥失重。

测定干燥失重时样品需干燥至恒重。恒重是指试样连续两次干燥或灼烧后称得的质量之差不超过规定的范围。《中华人民共和国药典》规定两次质量差在 0. 3mg 以下。

【实验材料】

1. 仪器

分析天平、干燥箱、扁形称量瓶。

2. 试剂

葡萄糖试样。

【实验内容】

1. 称量瓶的干燥恒重

将洗净的称量瓶置恒温干燥箱中，打开瓶盖，放于称量瓶旁，于 105℃ 干燥。取出称量瓶，加盖，置于干燥器中冷却至室温（约 20min），精密称定质量。按上法操作，再干燥 1h，冷却，称量，直至恒重，记录称量瓶质量 $m_{称量瓶}$。

2. 葡萄糖干燥失重的测定

取混合均匀、研细为 2mm 以下颗粒的葡萄糖试样约 1g，精密称定，平铺于已恒重的称量瓶中，厚度不可超过 5mm，加盖，精密称定质量。记录样品加称量瓶重 $m_{(试样+称量瓶)}$，并计算样品重 $m_{样}$。

将称量瓶置于干燥箱中，打开瓶盖，先于 60℃ 加热 30min，然后逐渐升温，再于 105℃ 干燥。取出，置干燥器中冷却，称量。按上法再干燥 1h，冷却，称量，直至恒重，记录干燥后样品加称量瓶重 $m_{干燥后(样品+称量瓶)}$

3. 结果计算

样品中干燥失重的量按下式计算

$$葡萄糖干燥失重(\%)=\frac{m_{(试样+称量瓶)}-m_{干燥后(试样+称量瓶)}}{m_{样}}\times 100\%$$

【注意事项】

(1) 试样在干燥器中每次冷却的时间应相同。

(2) 称量应迅速,以免试样或称量瓶在空气中久置后吸潮而不易达恒重。

(3) 葡萄糖受热温度较高时可能融化于吸湿水及结晶水中,因此测定本品干燥失重时,宜先于较低温度(60℃左右)干燥一段时间,使大部分水分挥发后再在105℃下干燥至恒重。

【思考题】

1. 什么叫干燥失重?常压加热干燥的方法适宜于哪些药物的测定?

2. 什么叫恒重?哪些因素会影响恒重?

实验6-3 盐酸黄连素的含量测定

【实验目的】

1. 掌握沉淀重量法的基本操作。

2. 了解晶形沉淀的条件。

【实验原理】

盐酸黄连素为季铵型小檗碱的盐酸盐,是一种常用杀菌药物。其分子式为 $C_{20}H_{18}O_4N \cdot Cl \cdot 2H_2O$,相对分子质量为407.85。

盐酸黄连素微溶于冷水,在热水中易溶。在酸性条件下,以三硝基苯酚为沉淀剂,可形成苦味酸小檗碱沉淀($C_{20}H_{17}O_4N \cdot C_6H_3O_7N_3$,相对分子质量为564.56)。

$$C_{20}H_{18}O_4N \cdot Cl + C_6H_3O_7N_3 \rightleftharpoons C_{20}H_{17}O_4N \cdot C_6H_3O_7N_3 \downarrow + HCl$$

经过滤、洗涤、干燥后测定其质量,即可计算 $C_{20}H_{18}O_4N \cdot Cl$ 的含量。

【实验材料】

1. 仪器

恒温干燥箱、干燥器、分析天平、4号垂熔玻璃漏斗、称量瓶等。

2. 试剂

(1) 盐酸(0.1mol/L)。取盐酸约9ml,加水适量使成1000ml,摇匀。以基准无水碳酸钠标定。

(2) 三硝基苯酚试液。三硝基苯酚的饱和水溶液。

(3) 三硝基苯酚黄连素饱和液。制备纯净的三硝基苯酚黄连素沉淀,用蒸馏水制备其饱和液。

(4) 盐酸黄连素样品。

【实验内容】

1. 样品处理及含量测定

取盐酸黄连素样品约0.2g,精密称定,置250ml烧杯中,加热蒸馏水100ml使溶解,加0.1mol/L盐酸液10ml,立即缓缓加入三硝基苯酚饱和液30ml,置水浴上加热15min,静置2h以上,用已于100℃干燥至恒重的4号垂熔玻璃漏斗过滤,沉淀用三硝基苯酚黄连素的饱和水溶液洗涤,继续用水洗涤3次,每次15ml;再于100℃干燥至恒重,精密称定,根据沉淀质量计算样品中 $C_{20}H_{18}O_4N \cdot Cl$ 的含量。平行测定2~3份。

2. 结果计算

按下式计算样品中 $C_{20}H_{18}O_4N \cdot Cl$ 的含量：

$$C_{20}H_{18}O_4N \cdot Cl(\%)=\frac{m(g)\times 0.6587}{S(g)}\times 100$$

式中：m 为沉淀质量；S 为样品质量；0. 6587 为换算因子。

【注意事项】

（1）沉淀时注意搅拌。

（2）过滤前注意检查沉淀是否完全。

【思考题】

1. 加 0. 1mol/L 盐酸液的作用是什么？
2. 为什么要在热溶液中缓缓加入沉淀剂？
3. 如何检查沉淀作用完全与否？
4. 为什么置水浴上加热，并静置 2h 以上？
5. 干燥后为什么要在干燥器中冷至室温？冷却时间过长或过短对结果有什么影响？
6. 除沉淀重量法外，还可采用什么方法测定盐酸黄连素含量？

实验 6-4　草酸的含量测定

【实验目的】

1. 掌握碱标准溶液的配制和标定方法。
2. 掌握草酸含量测定的原理及操作。
3. 掌握酚酞指示剂的应用及终点判断。

【实验原理】

（1）标准溶液是指已知准确浓度的试剂溶液。其配制方法通常有两种：直接法和间接法。NaOH 固体易吸收空气中的二氧化碳和水分，故只能选用间接法配制。

（2）常用于标定碱标准溶液的基准物质有邻苯二甲酸氢钾、草酸等。本实验选用邻苯二甲酸氢钾作基准物质，其反应为

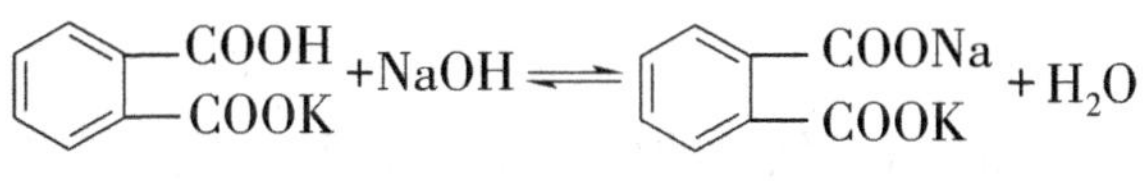

化学计量点时，溶液呈弱碱性（pH＝9. 20），可选用酚酞作指示剂。

（3）草酸（$H_2C_2O_4 \cdot 2H_2O$）是二元弱酸，易溶于水，在水溶液中离解常数为 $K_{a1}=5.9\times 10^{-2}$，$K_{a2}=6.4\times 10^{-5}$，因此可用氢氧化钠标准溶液直接滴定。计量点时溶液的 pH＝8. 4，可用酚酞作指示剂。

滴定反应为

$$H_2C_2O_4 \cdot 2H_2O+2OH^- \rightleftharpoons C_2O_4^- +4H_2O$$

【实验材料】

1. 仪器

分析天平、称量瓶、滴定管、锥形瓶等。

2. 试剂

邻苯二甲酸氢钾(基准物)、NaOH 固体试剂、酚酞指示液(0.2%的乙醇溶液)、草酸样品等。

【实验内容】

1. NaOH 标准溶液(0.1mol/L)的配制

(1) 用玻璃烧杯在台秤上迅速称取 4.4g NaOH 固体,加新煮沸过的冷蒸馏水约 50ml 溶解,转移至试剂瓶中,用蒸馏水稀释至 1000ml,摇匀后,用橡皮塞塞紧。

(2) 取 NaOH 约 120g,加蒸馏水 100ml,搅拌使溶解,此为 NaOH 的饱和水溶液,冷后转入塑料瓶中,静置数日。量取 NaOH 的饱和水溶液 5.6ml,加新煮沸过的冷蒸馏水稀释至 1000ml。

2. NaOH 标准溶液(0.1mol/L)的标定

取 0.4~0.5g 于 105~110℃已干燥至恒量的邻苯二甲酸氢钾,精密称定,置 250ml 锥形瓶中,加 20~30ml 新煮沸后刚冷却的蒸馏水溶解(若不溶可稍加热或用超声使其溶解),加入 1~2 滴酚酞指示液,用 NaOH 标准溶液(0.1mol/L)滴定至溶液呈淡粉红色,保持 30s 不褪色,即为终点。记录所耗用的 NaOH 溶液的体积,计算 NaOH 标准溶液的浓度。平行测定 3 次。

3. 草酸含量测定

取草酸样品约 0.15g,精密称定,置 250ml 锥形瓶中,加水 50ml 使完全溶解,加酚酞指示液 1 滴。用 0.1mol/L 的氢氧化钠标准溶液滴定至溶液呈淡粉红色,保持 30s 不褪色即为终点。记录所耗用的 NaOH 溶液的体积,计算样品中 $H_2C_2O_4 \cdot 2H_2O$ 的含量。平行测定 3 次。

4. 结果计算

(1) NaOH 标准溶液浓度计算

$$c_{NaOH}=\frac{m_{KHC_8H_4O_4}\times 1000}{M_{KHC_8H_4O_4}\times V_{NaOH}} \quad (M_{KHC_8H_4O_4}=204.2g/mol)$$

(2) 样品中 $H_2C_2O_4 \cdot 2H_2O$ 的含量计算

$$w_{H_2C_2O_4 \cdot 2H_2O}(\%)=\frac{c_{NaOH}\times V_{NaOH}\times M_{H_2C_2O_4 \cdot 2H_2O}}{2\times S\times 1000}\times 100 \quad (M_{H_2C_2O_4 \cdot 2H_2O}=126.07g/mol)$$

【注意事项】

滴定时要注意观察终点时溶液颜色的变化,终点时溶液应呈淡粉红色。

【思考题】

1. 采用何种措施才能配制得到不含 Na_2CO_3 的 NaOH 溶液?
2. 为什么草酸可用 NaOH 标准溶液直接滴定?可否分级滴定?
3. 称取草酸样品的称量范围是多少?

实验 6-5　混合碱各组分的含量测定

【实验目的】

1. 掌握酸标准溶液的配制及标定方法

2. 掌握用双指示剂法测定混合碱中各组分的含量。

3. 熟悉酸碱分步滴定的原理。

【实验原理】

浓 HCl 易挥发，故酸标准溶液需要采用间接法配制。常用于标定酸标准溶液的基准物质有无水碳酸钠和硼砂。本实验选用基准无水碳酸钠标定盐酸溶液，滴定反应为

$$2HCl+Na_2CO_3 \longrightarrow 2NaCl+CO_2\uparrow+H_2O$$

终点时溶液呈弱酸性(pH=3.9)，可选用甲基橙或甲基红-溴甲酚绿作指示剂。

混合碱是指 Na_2CO_3 与 $NaHCO_3$ 或 Na_2CO_3 与 NaOH 的混合物。混合碱中各组分含量可采用酸碱滴定法进行测定。常用的分析方法有两种：双指示剂法和氯化钡法。其中，双指示剂法简便、快捷，在生产实际中应用较广。

所谓双指示剂法即是分别以酚酞和甲基橙为指示剂，在同一份溶液中用盐酸标准溶液作滴定剂进行连续滴定，根据两种指示剂变色时所消耗的盐酸溶液的体积计算混合碱中各组分的含量。

若混合碱是由 Na_2CO_3 和 NaOH 组成，先以酚酞作指示剂，用盐酸标准溶液滴定至溶液由红色恰变为无色时，到达第一个滴定终点，此时消耗的盐酸溶液的体积记为 V_1(ml)，溶液中的滴定反应为

$$Na_2CO_3+HCl \longrightarrow NaHCO_3+NaCl$$
$$NaOH+HCl \longrightarrow NaCl+H_2O$$

再加入甲基橙指示剂，继续用盐酸标准溶液滴定至溶液由黄色变为橙色，此时反应为

$$NaHCO_3+HCl \longrightarrow NaCl+H_2O+CO_2\uparrow$$

消耗的盐酸溶液的体积为 V_2(ml)。根据 V_1、V_2 值可分别计算得到试样中 Na_2CO_3 和 NaOH 的含量。

【实验材料】

1. 仪器

分析天平、称量瓶、25ml 酸式滴定管、250ml 锥形瓶、量筒、烧杯、电炉、洗瓶等。

2. 试剂

HCl(A.R.)、无水碳酸钠(基准试剂)、甲基红-溴甲酚绿混合指示液(取 0.1%的甲基红的乙醇溶液 20ml，加 0.2%的溴甲酚绿的乙醇溶液 30ml，摇匀)、酚酞指示剂(0.2%的乙醇溶液)、甲基橙指示剂(0.2%的水溶液)。混合碱液试样：将 3g Na_2CO_3 和 2g NaOH 用蒸馏水溶解后稀释至 1000ml。

【实验内容】

1. 盐酸标准溶液(0.1mol/L)的配制

用量筒量取盐酸 9ml，倒入一洁净的具有玻璃塞的试剂瓶中，加蒸馏水稀释至 1000ml，摇匀。

2. 盐酸标准溶液(0.1mol/L)的标定

取在 270~300℃干燥至恒重的基准无水碳酸钠约 0.12g，精密称定，置 250ml 锥形瓶中，加蒸馏水 50ml 使溶解后，加甲基红-溴甲酚绿指示液 10 滴。用 0.1mol/L 的盐酸溶液滴定至上述溶液由绿色变为暗紫色，即为终点。记录消耗盐酸标准溶液的体积，计算盐酸标准溶液的浓度。平行测定 3 次。

3. 混合碱中各组分含量测定

精密移取 20. 00ml 混合碱液于锥形瓶中，加入 2 滴酚酞指示剂，用上述 HCl 标准溶液滴定至溶液由红色变为无色，此时即为第一个终点，记下所用 HCl 体积 V_1(ml)。再加 1~2 滴甲基橙指示剂，继续用 HCl 标准溶液滴定至溶液由黄色变为橙色，煮沸 2min，冷却至室温，继续滴定至溶液出现橙色，即为第二个终点，记录所用 HCl 标准溶液的体积 V_2(ml)，根据 V_1、V_2 及盐酸标准溶液的浓度计算混合碱中各组分含量。平行测定 3 次。

4. 结果计算

(1) HCl 标准溶液浓度的计算

$$c_{HCl}=\frac{2\times m_{NaC_2O_3}\times 1000}{M_{NaC_2O_3}\times V_{HCl}}\quad (M_{NaC_2O_3}=105.99g/mol)$$

(2) 混合碱中各组分含量计算

$$w_{Na_2CO_3}(g/100ml)=\frac{c_{HCl}\times 2V_2\times M_{Na_2CO_3}}{2\times 20.00\times 1000}\times 100\quad (M_{Na_2CO_3}=105.99g/mol)$$

$$w_{NaOH}(g/100ml)=\frac{c_{HCl}\times (V_1-V_2)\times M_{NaOH}}{20.00\times 1000}\times 100\quad (M_{NaOH}=40.00g/mol)$$

【注意事项】

(1) HCl 标准溶液滴定至近终点，加热后需完全冷却后才开始滴定。

(2) 混合碱滴定时，平行滴定 3 次，每次量取混合碱后应立即滴定，否则吸收空气中二氧化碳后溶液组分发生变化。

(3) 煮沸前不必精密读数。

【思考题】

1. HCl 标准溶液能否直接配制？为什么？

2. 什么是“双指示剂法”？混合碱各组分含量测定的原理是什么？

3. 用 HCl 标准溶液滴定至甲基橙变橙色后为什么还要煮沸、冷却，继续滴定至橙色为终点？

实验 6-6　水杨酸钠的含量测定

【实验目的】

1. 掌握高氯酸标准溶液的配制与标定方法。

2. 熟悉非水溶液酸碱滴定基本操作。

【实验原理】

(1) 冰醋酸是滴定弱碱常用的溶剂。在冰醋酸中以高氯酸的酸性最强，故在非水弱碱滴定中常用高氯酸的冰醋酸溶液作标准溶液。邻苯二甲酸氢钾在冰醋酸中显碱性，以其为基准物标定高氯酸标准溶液浓度，滴定反应为

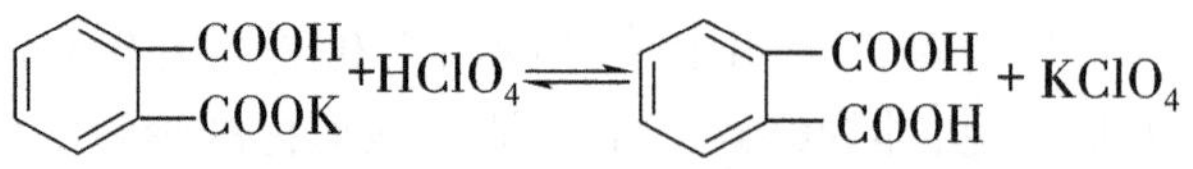

采用结晶紫为指示剂，用高氯酸的冰醋酸溶液滴定至溶液由紫色变为蓝色为终点。

（2）水杨酸钠是有机酸的碱金属盐，在水溶液中碱性较弱，不能直接进行酸碱滴定。在非水 HAc 介质中，由于 HAc 的酸性，使水杨酸钠在此溶液中的碱性增强，可用高氯酸标准溶液滴定，其滴定反应为

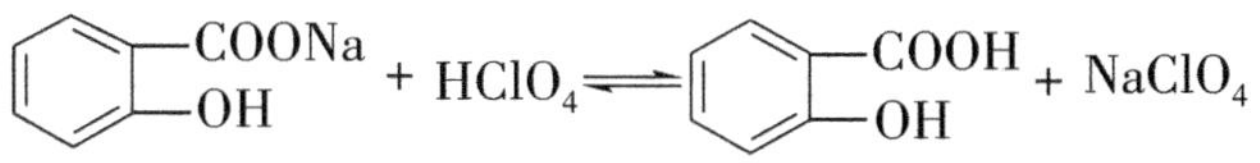

采用结晶紫为指示剂，用高氯酸的冰醋酸溶液滴定至溶液由紫色变为蓝色即为终点。

【实验材料】

1. 仪器

分析天平、称量瓶、25ml 酸式滴定管、250ml 锥形瓶、量筒、烧杯、滴定装置。

2. 试剂

高氯酸（A.R.）、冰醋酸（A.R.）、乙酸酐（A.R.）、邻苯二甲酸氢钾（基准物）、水杨酸钠试样、结晶紫指示剂（取 0.5g 结晶紫，加 100ml 无水冰醋酸溶解）。

【实验内容】

1. 高氯酸标准溶液（0.1mol/L）的配制

取无水冰醋酸（按含水量计算，每 1g 水加乙酸酐 5.22ml）350ml，加入高氯酸（70%～72%）4.2ml，摇匀，在室温下缓缓滴加乙酸酐 12ml，边加边摇，加完后再振摇均匀，放冷，加无水冰醋酸适量使成 500ml，摇匀，放置 24h。

2. 高氯酸标准溶液（0.1mol/L）的标定

取在 105℃ 干燥至恒量的基准邻苯二甲酸氢钾约 0.16g，精密称定，置于锥形瓶中，加无水冰醋酸 20ml 使其溶解，加结晶紫指示剂 1 滴，用高氯酸标准溶液滴定至溶液由紫色变为蓝色为终点，并将滴定结果用空白试验校正。平行测定 3 次。

3. 水杨酸钠的含量测定

取在 105℃ 干燥的水杨酸钠试样约 0.12g，精密称定，置于锥形瓶中，加入乙酸酐-冰醋酸（1∶4）混合溶剂 10ml 使其溶解，加结晶紫指示剂 1 滴，用高氯酸标准溶液（0.1mol/L）滴定至溶液由紫色变为蓝绿色即为终点，并将滴定结果用空白试验校正。平行测定 3 次。

4. 结果计算

（1）高氯酸标准溶液浓度的计算

$$c_{HClO_4}=\frac{m_{KHC_8H_4O_4}\times 1000}{M_{KHC_8H_4O_4}(V_{HClO_4}-V_{空})}\quad (M_{KHC_8H_4O_4}=204.2\text{g/mol})$$

（2）水杨酸钠含量的计算

$$w_{C_7H_5O_3Na}(\%)=\frac{c_{HClO_4}\times(V_{样}-V_{空白})\dfrac{M_{C_7H_5O_3Na}}{1000}}{S_{样}}\times 100\%\quad (M_{C_7H_5O_3Na}=160.1\text{g/mol})$$

【注意事项】

（1）配制高氯酸标准溶液时，不能将乙酸酐直接加入高氯酸中，应先用冰醋酸将高氯酸稀释后再缓缓加入乙酸酐。

（2）冰醋酸的体积膨胀系数较大，其体积随温度会有较大变化，故高氯酸冰醋酸标准溶液测定试样时的温度与标定时温度差异超过 10℃，应重新标定。若未超过 10℃，可根据下式对高氯酸标准溶液的浓度进行温差校正。

$$c_1=\frac{c_0}{1+0.0011\times(t_1-t_0)}$$

式中：t_0 和 t_1 分别为标定和测定时的温度；c_0 和 c_1 分别为标定和测定时高氯酸标准溶液的浓度。

（3）所使用的仪器均应干燥。

【思考题】

1. 为什么邻苯二甲酸氢钾既可标定碱（NaOH），又可标定酸（$HClO_4$ 的冰醋酸溶液）？

2. 在非水酸碱滴定中，若容器、试剂含有微量水分，对测定结果有什么影响？

实验 6-7 溴化钾的含量测定

【实验目的】

1. 掌握 $AgNO_3$ 标准溶液的配制和标定原理及方法。

2. 熟悉银量法所用指示剂种类、变色原理和滴定终点的判断。

【实验原理】

（1）用基准物 NaCl 标定 $AgNO_3$ 标准溶液，采用吸附指示剂法，以荧光黄（HFI）作指示剂，用 $AgNO_3$ 标准溶液滴定 NaCl 溶液，终点时浑浊液由黄绿色变为微红色。

终点前，Cl^- 过量：

$$(AgCl)Cl^- \mid M^+$$

终点时，Ag^+ 过量：

$$(AgCl)Ag^+ + FI^- \rightleftharpoons (AgCl)Ag^+ \mid FI^-$$

（黄绿色）　（微红色）

溶液中加入糊精以增大沉淀的比表面积，保护胶体，防止沉淀凝聚。反应条件 pH=7~10。

（2）KBr 是一种镇静剂，其含量测定可采用沉淀滴定法。本实验采用铬酸钾指示剂法测定。以硝酸银为滴定剂，K_2CrO_4 为指示剂，在中性或弱碱性溶液中测定 KBr 的含量。

终点前：　$Ag^+ + Br^- \rightleftharpoons AgBr\downarrow$（淡黄色）

终点时：　$2Ag^+ + CrO_4^{2-} \rightleftharpoons Ag_2CrO_4\downarrow$（砖红色）

因为 $S_{AgBr}<S_{Ag_2CrO_4}$，根据分步沉淀原理，先生成 AgBr 沉淀，当达到计量点时，稍过量的 Ag^+ 与 CrO_4^{2-} 作用，生成砖红色的 Ag_2CrO_4 沉淀。

【实验材料】

1. 仪器

分析天平、25ml 酸式滴定管、250ml 锥形瓶、100ml 容量瓶、25ml 移液管、量筒、烧杯、玻璃棒、滴定装置、洗瓶。

2. 试剂

$AgNO_3$（A. R.）、NaCl（基准试剂）、2% 糊精水溶液、0. 1% 荧光黄乙醇溶液 、5%（质量浓度）K_2CrO_4 指示剂、KBr 试样。

【实验内容】

1. $AgNO_3$ 标准溶液（0. 1mol/L）的配制

称取 9g $AgNO_3$ 置烧杯中，加适量蒸馏水（经检验不含 Cl^-）溶解，然后转入棕色试剂瓶中，加蒸馏水稀释至500ml，摇匀，密塞，避光储存。

2. $AgNO_3$ 标准溶液(0.1mol/L)的标定

取在270℃干燥至恒重的基准 NaCl 约 0.1g，精密称定，置 250ml 锥形瓶中，加蒸馏水 50ml 使其溶解后，再加糊精 5ml，荧光黄指示剂 8 滴，用 $AgNO_3$ 标准溶液滴定至浑浊液由黄绿色转变为微红色，即为终点。记录消耗 $AgNO_3$ 标准溶液的体积，计算 $AgNO_3$ 标准溶液的浓度。平行测定 3 次。

3. 溴化钾的含量测定

取 KBr 试样约 1g，精密称定，置烧杯中，加适量蒸馏水溶解后，定量转移至 100ml 容量瓶中，加蒸馏水稀释至刻度，摇匀。用移液管精密量取 25.00ml KBr 样品溶液，置锥形瓶中，加水 25ml 与 K_2CrO_4 指示剂 10 滴，在不断振摇下，用 $AgNO_3$ 标准溶液滴定至浑浊液由淡黄色转变为橙红色，即为终点。记录消耗 $AgNO_3$ 标准溶液的体积，计算溴化钾含量。平行测定 3 次。

4. 结果计算

(1) $AgNO_3$ 标准溶液浓度的计算

$$c_{AgNO_3}=\frac{m_{NaCl}\times 1000}{M_{NaCl}\times V_{AgNO_3}}\quad (M_{NaCl}=58.44g/mol)$$

(2) 样品中溴化钾含量的计算

$$w_{KBr}(\%)=\frac{c_{AgNO_3}\times V_{AgNO_3}\times M_{KBr}}{\frac{25.00}{100.00}\times S_{样}\times 1000}\times 100\%\quad (M_{KBr}=119.0g/mol)$$

【注意事项】

(1) 由于 $AgNO_3$ 具有氧化性，所以 $AgNO_3$ 标准溶液应装入酸式滴定管中。

(2) 因为 AgBr 沉淀易吸附 Br^-，使溶液中 Br^- 浓度降低，终点提前出现，所以在滴定过程中应充分振摇，使被吸附的 Br^- 释放出来。

(3) 该项实验一般应做空白实验，即用 50ml 蒸馏水加 10 滴 K_2CrO_4 指示剂及少量 $CaCO_3$(须不含 Cl^- 及 Br^-)，混合后用 $AgNO_3$ 标准溶液滴定至橙红色终点，记下校正值 $AgNO_3$ 的毫升数，此值应在 0.05ml 以内。由上面所需 $AgNO_3$ 毫升数减去校正值，即为用于滴定 AgBr 时真正所消耗 $AgNO_3$ 的量。

【思考题】

1. 按指示终点的方法不同，可采用哪些方法标定 $AgNO_3$ 标准溶液的浓度？条件是什么？

2. 配制 $AgNO_3$ 标准溶液为什么要用不含 Cl^- 的蒸馏水？如何检查蒸馏水中是否含 Cl^-？

3. 溴化钾的含量测定有几种方法？条件是什么？

4. 为什么在滴定过程中要不断振摇？

实验 6-8　中药白矾中硫酸铝钾的含量测定

【实验目的】

1. 掌握 EDTA 标准溶液的配制和标定方法。

2. 掌握配位滴定法中直接滴定法及剩余量滴定法的原理、操作及相关计算。

3. 掌握用铬黑 T 和二甲酚橙指示终点的判断。

【实验原理】

（1）EDTA 标准溶液常用乙二胺四乙酸的二钠盐（$Na_2H_2Y \cdot 2H_2O$，相对分子质量为 372.26）配制，因其不宜制得纯品，故采用间接法配制。以 ZnO 为基准物标定其浓度，在 pH＝10 的条件下，用铬黑 T 为指示剂，终点时溶液颜色由紫红色变为纯蓝色。

滴定前：$Zn^{2+} + HIn^{2-} \rightleftharpoons ZnIn^{-} + H^{+}$

（纯蓝色）（紫红色）

滴定中：$Zn^{2+} + H_2Y^{2-} \rightleftharpoons ZnY^{2-} + 2H^{+}$

终点时：$ZnIn^{-} + H_2Y^{2-} \longrightarrow ZnY^{2-} + HIn^{2-} + H^{+}$

（紫红色）　　（纯蓝色）

（2）中药白矾中主要含 $KAl(SO_4)_2 \cdot 12H_2O$，通过测定其中铝的含量，再换算成硫酸铝钾的含量。Al^{3+}能与 EDTA 形成比较稳定的配合物，但反应速率较慢，因此采用剩余量滴定法。首先在样品溶液中准确加入过量的 EDTA 标准溶液，并加热使反应完全。

$$Al^{3+} + H_2Y^{2-} \longrightarrow AlY^{-} + 2H^{+}$$

（过量）

然后再用 Zn^{2+}标准溶液滴定剩余的 EDTA。

$$H_2Y^{2-} + Zn^{2+} \longrightarrow ZnY^{2-} + 2H^{+}$$

（剩余量）

返滴定时以二甲酚橙作指示剂，用六亚甲基四胺控制溶液的 pH＝5～6，到达终点时溶液由黄色变为紫红色。

$$Zn^{2+} + XO \longrightarrow Zn\text{-}XO$$

（黄色）（紫红色）

【实验材料】

1. 仪器

分析天平、称量瓶、25ml 酸式滴定管、25ml 移液管、250ml 锥形瓶、100ml 量瓶、量筒、烧杯、玻璃棒、滴定装置、水浴锅、洗瓶。

2. 试剂

$Na_2H_2Y \cdot 2H_2O$（A. R.）、ZnO（基准试剂）、稀 HCl（1∶1）、甲基红指示剂（0.02% 乙醇溶液）。

NH_3-NH_4Cl 缓冲溶液（pH＝10）：取 5.4gNH_4Cl，加蒸馏水 20ml 溶解后，加入 35ml 浓氨水，用蒸馏水稀释至 100ml。

铬黑 T 指示剂：取铬黑 T 0.1g 与研细的干燥的 NaCl 10g 混匀。

氨试液：取浓氨水 40ml，加蒸馏水稀释到 100ml。

$ZnSO_4$ 标准溶液（0.05mol/L）、中药白矾、0.2%二甲酚橙水溶液、六亚甲基四胺（乌洛托品）。

【实验内容】

1. EDTA 标准溶液（0.05mol/L）的配制

称取 $Na_2H_2Y \cdot 2H_2O$ 约 9.5g，加蒸馏水 100ml 温热使溶解，然后加蒸馏水稀释至 500ml，摇匀，储存于聚乙烯瓶中。

2. EDTA 标准溶液(0.05mol/L)的标定

取已在 800℃灼烧至恒重的基准 ZnO 约 0.1g,精密称定,加稀 HCl(1：1)3ml 使溶解,加蒸馏水 25ml,甲基红指示剂 1 滴,滴加氨试液使溶液呈微黄色,再加蒸馏水 25ml,NH_3-NH_4Cl 缓冲溶液 10ml 和铬黑 T 指示剂约 0.1g,摇匀,用 EDTA 标准溶液滴定至溶液由紫红色变为纯蓝色为终点。记录所消耗的 EDTA 标准溶液的体积,计算 EDTA 标准溶液的浓度。平行测定 3 次。

3. 白矾中硫酸铝钾含量的测定

取白矾约 0.9g,精密称定,置于烧杯中,加稀 HCl(1：1)5ml 及适量蒸馏水使溶解,定量转移至 100ml 容量瓶中,加蒸馏水稀释至刻度,摇匀。精密量取 25.00ml 于锥形瓶中,准确加入 EDTA 标准溶液(0.05mol/L) 25.00ml,在沸水浴中加热 10min,冷至室温,加蒸馏水 50ml,六亚甲基四胺 5g 及 4 滴二甲酚橙指示剂,再用 $ZnSO_4$ 标准溶液(0.05mol/L)滴定至溶液由黄色变为橙色即为终点。平行测定 3 次。

4. 结果计算

(1) EDTA 标准溶液浓度的计算

$$c_{EDTA}=\frac{m_{ZnO}\times 1000}{V_{EDTA}\times M_{ZnO}}\quad (M_{ZnO}=81.38\text{g/mol})$$

(2) 白矾中硫酸铝钾含量的计算

$$w_{KAl(SO_4)_2\cdot 12H_2O}(\%)=\frac{[(cV)_{EDTA}-(cV)_{ZnSO_4}]\times\frac{M_{KAl(SO_4)_2\cdot 12H_2O}}{1000}}{S_{样}\times\frac{25.00}{100.00}}\times 100\%$$

$$[M_{KAl(SO_4)_2\cdot 12H_2O}=474.39\text{g/mol}]$$

【注意事项】

(1) EDTA 溶液应储存在硬质玻璃瓶或聚乙烯瓶中,防止 EDTA 与玻璃中的金属离子作用。

(2) 滴加氨试液至溶液呈微黄色,应边加边摇,加多了会生成 $Zn(OH)_2\downarrow$,此时应再用稀 HCl 调回至沉淀刚溶解。

(3) 加热促进 Al^{3+} 与 EDTA 配位反应加速,一般在沸水浴中加热 3min 反应程度可达 99%,为使反应完全,加热 10min。

(4) pH<6 时,游离的二甲酚橙呈黄色,滴定至终点时,微过量的 Zn^{2+} 与二甲酚橙形成红紫色配合物,黄色与红紫色混合使溶液呈橙色。

(5) 在滴定溶液中加入六亚甲基四胺控制溶液的酸度 pH 5~6,因 pH<4 时,配合不完全,pH>7 时,生成 $Al(OH)_3$ 沉淀。

【思考题】

1. 为什么 ZnO 溶解后要加甲基红指示剂以氨试液调节至微黄色？
2. 为什么在滴定时要加 NH_3-NH_4Cl 缓冲溶液？
3. 为什么常将铬黑 T 指示剂配成固体,而不用铬黑 T 水溶液？
4. 测定铝盐为什么必须采用剩余滴定法？
5. 二甲酚橙是如何指示终点的？为什么二甲酚橙只能在酸性溶液中滴定？还可采用

什么指示剂?

实验 6-9　水的硬度测定

【实验目的】

1. 掌握配位滴定法测定水的硬度的原理和方法。
2. 了解水的硬度的测定意义及常用硬度的表示方法。
3. 熟悉 K-B 指示剂、铬黑 T 指示剂的使用及终点颜色变化的观察。

【实验原理】

水的硬度主要反映水中钙、镁的含量,其他金属离子如铁、铝、锰、锌等也形成硬度,但一般含量很少,测定水的硬度时可忽略不计。

水的硬度有暂时硬度和永久硬度之分。暂时硬度是指水中含有的钙、镁的酸式碳酸盐,遇热即成碳酸盐沉淀而失去硬性;永久硬度是指水中含有的钙、镁的硫酸盐、氯化物、硝酸盐,在加热时也不生成沉淀。

暂时硬度和永久硬度的总和称为"总硬度"。此外,由镁离子形成的硬度称为"镁硬",由钙离子形成的硬度称为"钙硬"。

测定水的硬度常采用配位滴定法。在 pH = 10 的 NH_3-NH_4Cl 缓冲溶液中,以铬黑 T(EBT)为指示剂,用 EDTA 标准溶液滴定至溶液由酒红色变为纯蓝色即为终点。根据EDTA标准溶液的浓度及消耗量可计算水的总硬度。

滴定前:

$$\text{EBT}+\begin{matrix}Mg^{2+}\\Ca^{2+}\end{matrix} = \begin{matrix}\text{Mg-EBT}\\\text{Ca-EBT}\end{matrix}$$

(蓝色)　　　(酒红色)

终点时:

$$\text{EDTA}+\begin{matrix}\text{Mg-EBT}\\\text{Ca-EBT}\end{matrix} = \begin{matrix}\text{Mg-EDTA}\\\text{Ca-EDTA}\end{matrix}+\text{EBT}$$

(酒红色)　　　　　(蓝色)

钙硬度的测定是在 pH≥12 时,采用 K-B 指示剂,用 EDTA 标准溶液滴定至溶液由紫红色变为淡紫色即为终点。此时,当 pH≥12 时,

$$Mg^{2+} + OH^- = Mg(OH)_2\downarrow$$

由总硬度减去钙硬度即为镁硬度。

对于水的硬度,世界各国有不同的表示方法。常用的主要有以下两种:

(1) 将测得的钙、镁离子折算为氧化钙的量,以每升水中含有 10mg CaO 为 1°(德国度)。

(2) 将测得的钙、镁离子以每升水中含 $CaCO_3$ 的质量数表示,即 mg $CaCO_3$/L 。

我国采用的硬度单位与德国相同,即以度(°)计。

【实验材料】

1. 仪器

25ml 酸式滴定管、250ml 锥形瓶、移液管、量筒、烧杯、滴定装置、洗瓶。

2. 试剂

铬黑 T 指示剂、氨-氯化铵缓冲液(pH=10)、10% 的 NaOH 溶液。

EDTA 标准溶液(0.01mol/L):精密移取 0.05mol/L EDTA 标准溶液 20.00ml,置于容量

瓶中,加蒸馏水稀释至100ml。

K-B 指示剂:称取酸性铬蓝 K 1g、萘酚氯 B 2g 和 KCl 40g 研细,混匀,即得。

【实验内容】

1. 水的总硬度的测定

精密量取水样100ml 于250ml 锥形瓶中,加入5ml 氨-氯化铵缓冲液(pH=10),加铬黑 T 指示剂少许(绿豆大小),摇匀,用 EDTA 标准溶液(0.01mol/L)滴定至溶液由紫红色变为纯蓝色,即为终点。记录所消耗的 EDTA 标准溶液的体积,计算水的总硬度。平行测定3次。

2. 钙的硬度测定

精密量取水样100ml 于250ml 锥形瓶中,加入4ml 10%的 NaOH 溶液,摇匀,再加入绿豆大小的 K-B 指示剂,摇匀后用 EDTA 标准溶液(0.01mol/L)滴定至溶液由酒红色变为淡紫色即为终点。计算钙硬度。平行测定3次。

由总硬度和钙硬度求出镁硬度。

3. 结果计算

$$硬度=\frac{c_{EDTA}\times V_{EDTA}\times M_{CaO}\times 1000}{V_{水}\times 10}\quad (M_{CaO}=56.08\text{g/mol})$$

【注意事项】

滴定时因反应速率较慢,在接近终点时滴定速度要放慢,并充分摇动。

【思考题】

1. 什么叫水的硬度?其表示方法有几种?

2. EDTA 法测定水的硬度时,哪些离子有干扰?如何消除?

实验6-10　胆矾中硫酸铜的含量测定

【实验目的】

1. 掌握硫代硫酸钠标准溶液的配制和标定方法

2. 熟悉间接碘量法测定胆矾中硫酸铜含量的原理和方法。

3. 学习碘量瓶的使用和正确判断淀粉指示剂指示终点。

【实验原理】

(1) 硫代硫酸钠($Na_2S_2O_3\cdot 5H_2O$)试剂中常含有 S、Na_2SO_3、Na_2SO_4、Na_2CO_3 等微量杂质,同时还容易风化和潮解,因此,$Na_2S_2O_3$ 标准溶液只能用间接法配制。

$Na_2S_2O_3$ 溶液遇酸会分解产生 S,水中溶解的 CO_2 和微生物等也可促使其分解。因此,需用新煮沸后冷却的蒸馏水配制,并加入少量 Na_2CO_3 使溶液呈弱碱性(浓度约为0.02%,pH=9~10),以抑制微生物生长。此外,日光能促使 $Na_2S_2O_3$ 溶液分解,所以 $Na_2S_2O_3$ 溶液应储于棕色瓶中,放置7~10天后再标定。

(2) 标定 $Na_2S_2O_3$ 溶液常用 $K_2Cr_2O_7$、$KBrO_3$、KIO_3 等基准物质,以 $K_2Cr_2O_7$ 最为常用。标定时采用置换滴定法,称取一定量 $K_2Cr_2O_7$ 与过量的 KI 作用,析出相当量的 I_2,再用 $Na_2S_2O_3$ 标准溶液滴定析出的 I_2。

第一步反应:　$$Cr_2O_7^{2-}+14H^++6I^-=\!=\!=3I_2+2Cr^{3+}+7H_2O$$

第二步反应：　　$2S_2O_3^{2-}+I_2 = S_4O_6^{2-}+2I^-$

第一步反应在酸性溶液中进行。由反应式可知，增加酸度可使其速度加快，但酸度太强又会使 I^- 被空气中 O_2 氧化为 I_2。故酸度以 $[H^+]\approx 1mol/L$ 为宜。在此酸度下，反应溶液于密闭碘量瓶中放置 10min，使反应定量完成。

第二步为滴定反应，只能在中性或弱酸性溶液中进行。在碱性溶液中会发生副反应：

$$S_2O_3^{2-}+4I_2+10OH^- = 2SO_4^{2-}+8I^-+5H_2O$$

在强酸性溶液中，$Na_2S_2O_3$ 会分解：

$$S_2O_3^{2-}+2H^+ = S\downarrow+SO_2\uparrow+H_2O$$

所以，在滴定前应加蒸馏水将溶液稀释，以降低酸度，使 $[H^+]=0.2\sim0.4mol/L$，同时使产物 Cr^{3+} 的绿色变浅，便于终点观察。

滴定反应以淀粉为指示剂，必须在近终点时加入，否则大量碘被淀粉牢固吸附，不易完全释放与 $Na_2S_2O_3$ 反应，造成滴定误差。

(3) 胆矾中硫酸铜的含量测定采用置换滴定法。在弱酸性溶液中，Cu^{2+} 被过量 I^- 还原为 CuI 沉淀，同时定量析出 I_2；产生的 I_2 用 $Na_2S_2O_3$ 标准溶液滴定，以淀粉为指示剂，蓝色消失为终点。

$$2Cu^{2+}+4I^- = 2CuI\downarrow+I_2$$

$$2S_2O_3^{2-}+I_2 = S_4O_6^{2-}+2I^-$$

Cu^{2+} 与 I^- 的反应为可逆反应，加入过量的 KI 可使反应趋于完全。此外，由于 CuI 沉淀易吸附 I_2，使终点变色不敏锐并产生误差，在近终点时需加入 KSCN 使 CuI($K_{sp}=1.1\times10^{-12}$)转化为溶解度更小的 CuSCN($K_{sp}=4.8\times10^{-15}$)，使结果更准确。

溶液的 pH 一般控制在 3~4，酸度过低时，Cu^{2+} 易水解，使反应不完全，结果偏低，而且反应速率慢，终点拖长；酸度过高时，则 I^- 易被空气中的 O_2 氧化为 I_2，使测定结果偏高。

【实验材料】

1. 仪器

分析天平、称量瓶、10ml 和 50ml 量筒、50ml 酸式滴定管、250ml 碘量瓶。

2. 试剂

$K_2Cr_2O_7$（基准试剂）、$Na_2S_2O_3\cdot5H_2O$(A.R.)、KI(A.R.)、Na_2CO_3(A.R.)、HAc 溶液(6mol/L)、KI 溶液(20%)、淀粉溶液(0.5%)、KSCN 溶液(10%)、胆矾(试样)、HCl 溶液(1：1)。

【实验内容】

1. $Na_2S_2O_3$ 标准溶液(0.1mol/L)的配制

取 $Na_2S_2O_3\cdot5H_2O$ 13g 与无水 Na_2CO_3 0.1g，加新沸过的冷蒸馏水适量使成 500ml，储于棕色瓶中，放置 7~10 天后标定。

2. $Na_2S_2O_3$ 标准溶液(0.1mol/L)的标定

取在 140~150℃ 干燥至恒重的基准 $K_2Cr_2O_7$ 约 0.15g，精密称定，置 250ml 碘量瓶中，加蒸馏水 50ml 使溶解。加 KI 2.0g，轻轻振摇使溶解，加 HCl 溶液(1：1)5ml，密塞，摇匀，封水，在暗处放置 10min 使反应完全。

取出碘量瓶，轻启瓶塞，顺瓶塞边加水 50ml 稀释，随即用 $Na_2S_2O_3$ 标准溶液滴定至近终点（淡黄绿色）时，加淀粉溶液 2ml，继续滴定至蓝色消失而显亮绿色，即为终点。记录所消耗的 $Na_2S_2O_3$ 标准溶液的体积，计算 $Na_2S_2O_3$ 标准溶液的浓度。平行测定 3 次。

3. 胆矾中硫酸铜的测定

准确称取胆矾试样约 0. 5g，置 250ml 碘量瓶中，加蒸馏水 40ml，溶解后，加 HAc 溶液（6mol/L）4ml，KI 溶液（20%）10ml，用 $Na_2S_2O_3$ 标准溶液（0. 1mol/L）滴定至近终点（浅黄色）时，加淀粉溶液 2ml，继续滴定至溶液呈浅蓝色。再加入 10ml 10% 的 KSCN 溶液，摇动数秒后继续小心滴定至蓝色刚好消失，即为终点，此时溶液为白色略带粉红色悬浊液。记录 $Na_2S_2O_3$ 标准溶液的用量，计算胆矾中 $CuSO_4 \cdot 5H_2O$ 的含量。平行测定 3 次。

4. 结果计算

$Na_2S_2O_3$ 标准溶液浓度的计算：

$$c_{Na_2S_2O_3} = \frac{6 \times m_{K_2Cr_2O_7} \times 1000}{M_{K_2Cr_2O_7} \times V_{Na_2S_2O_3}} \quad (M_{K_2Cr_2O_7} = 294.20 g/mol)$$

胆矾中硫酸铜含量的计算：

$$w_{CuSO_4 \cdot 5H_2O}(\%) = \frac{c_{Na_2S_2O_3} \times V_{Na_2S_2O_3} \times M_{CuSO_4 \cdot 5H_2O}}{S_{样} \times 1000} \times 100 \quad (M_{CuSO_4 \cdot 5H_2O} = 249.69 g/mol)$$

【注意事项】

（1）操作条件对碘量法的准确度影响很大。为防止碘的挥发和碘离子的氧化，必须严格按分析规程谨慎操作。滴定开始时要快滴慢摇，减少碘的挥发。近终点时要慢滴，大力振摇，减少淀粉对碘的吸附。

（2）用重铬酸钾标定硫代硫酸钠溶液时，滴定结束后的溶液放置一定时间可能又变为蓝色。如果放置 5min 后变蓝，是由于空气中 O_2 的氧化作用所致，可不予以考虑；如果很快变蓝，说明 $K_2Cr_2O_7$ 与 KI 的反应没有定量进行完全，必须弃去重做。

（3）KSCN 只能在近终点时加入，以免过多的 I_2 被 SCN^- 还原，使结果偏低。

【思考题】

1. 影响 $Na_2S_2O_3$ 溶液稳定性的因素有哪些？
2. 用 $K_2Cr_2O_7$ 标定 $Na_2S_2O_3$ 溶液时，为什么需要采取下列措施？

（1）加入 KI 后于暗处放置 10min；

（2）滴定前加 50ml 水稀释；

（3）近终点时加淀粉指示剂。

3. 碘量法误差来源主要是 I^- 的氧化和 I_2 的挥发，结合本实验说明应如何避免。
4. 加入 KSCN 的作用是什么？淀粉加入过早对结果有什么影响？

实验 6-11　维生素 C 的含量测定

【实验目的】

1. 掌握碘标准溶液的配制与标定方法。
2. 掌握直接碘量法的原理和方法。
3. 了解维生素 C 的含量测定方法。

【实验原理】

1) 用升华法可制得纯碘,但由于碘的挥发性及对天平的腐蚀性,故不宜用直接法而采用间接法配制 I_2 标准溶液。

碘在水中的溶解度很小(25℃时为 1.8×10^{-3}mol/L),易挥发,因此在配制的过程中加入适量的KI,使 I_2 与 I^- 生成 I_3^-,增大 I_2 的溶解度,减少其挥发。I_2 易溶于浓的KI溶液,配制时应使 I_2 在浓的KI溶液中溶解后再稀释。光照和受热都能促使空气中的 O_2 氧化 I^-,配制的 I_2 标准溶液应储存于棕色试剂瓶中,置冷暗处保存。此外,I_2 能缓慢腐蚀橡胶和其他有机物,应避免与这类物质接触。

I_2 溶液的标定,可以用基准物 As_2O_3,也可用已知准确浓度的 $Na_2S_2O_3$ 溶液。由于 As_2O_3 为剧毒物,实际工作中常用已知准确浓度的 $Na_2S_2O_3$ 溶液标定 I_2 溶液。

2) I_2 标准溶液可以直接测定一些强还原性物质,如维生素C。反应在稀酸中进行,维生素C分子中的烯二醇基被 I_2 定量地氧化成二酮基:

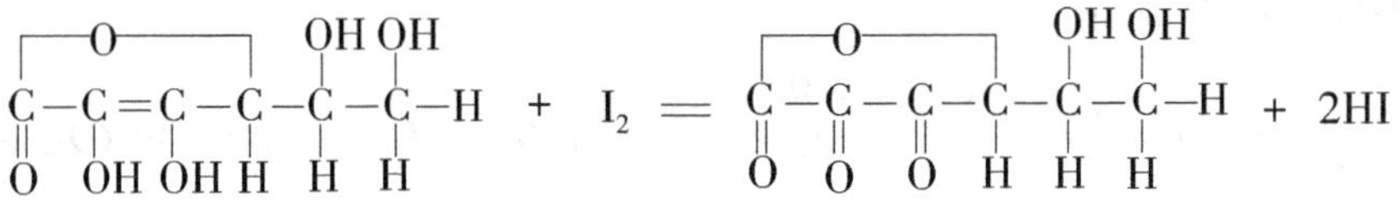

从反应式可知,碱性条件有利于反应向右进行完全。但由于维生素C的还原性很强,在空气中极易被氧化,尤其是在碱性条件下更甚,在酸性溶液中则比较稳定。故滴定在稀乙酸介质中进行,以减少维生素C的副反应。

【实验材料】

1. 仪器

分析天平、称量瓶、10ml 量筒、50ml 酸式滴定管、250ml 碘量瓶、垂熔玻璃滤器。

2. 试剂

KI(A.R.)、I_2(A.R.)、维生素C原料、$Na_2S_2O_3$ 标准溶液(0.1mol/L)、HCl 溶液(1∶1、4mol/L)、HAc 溶液(1∶1)、淀粉指示剂(0.5%)。

【实验内容】

1. I_2 标准溶液(0.05mol/L)的配制

称取6.5g I_2 和18g KI,置于玻璃研钵中,加少量水研磨。待 I_2 全部溶解后,将溶液转入棕色试剂瓶中,加盐酸2滴与水适量使成500ml,摇匀,用垂熔玻璃滤器过滤,置于阴暗处保存。

2. I_2 标准溶液的标定

精密移取20.00ml待标定的 I_2 溶液于250ml碘量瓶中,加50ml蒸馏水,用 $Na_2S_2O_3$ 标准溶液滴定至溶液呈浅黄色,加入0.5%淀粉指示剂2ml,继续用 $Na_2S_2O_3$ 溶液滴定至蓝色恰好消失,即为终点。记录所消耗的 $Na_2S_2O_3$ 标准溶液的体积,计算 I_2 标准溶液的浓度。平行测定3次。

3. 维生素C的含量测定

取维生素C样品约0.2g,精密称定。置250ml碘量瓶中,加新煮沸放冷的蒸馏水100ml与HAc溶液(1∶1)10ml使溶解后,加淀粉指示剂1ml,立即用 I_2 标准溶液滴定至溶液为持续的蓝色,即为终点。记录所消耗的 $Na_2S_2O_3$ 标准溶液的体积,计算样品中维生素C的含量。平行测定3次。

4. 结果计算

(1) I_2 标准溶液浓度的计算

$$c_{I_2}=\frac{c_{Na_2S_2O_3}\times V_{Na_2S_2O_3}}{2\times V_{I_2}}$$

(2) 维生素C的含量计算

$$w_{维生素C}(\%)=\frac{c_{I_2}\times V_{I_2}\times M_{C_6H_8O_6}}{S_{样}\times 1000}\times 100 \quad (M_{C_6H_8O_6}=176.12g/mol)$$

【注意事项】

(1) 配制碘溶液时,一定要待 I_2 完全溶解后再转移。实验结束后,剩余的 I_2 溶液应倒入回收瓶中。

(2) 在酸性介质中,维生素C在空气中的氧化速度稍慢,较为稳定,但样品溶解后仍需立即进行滴定。

(3) 在有水或潮湿的情况下,维生素C易分解。

【思考题】

1. 碘溶液应装在何种滴定管中?为什么?
2. 配制 I_2 溶液时为什么要加KI?
3. 滴定维生素C时,为什么要加稀HAc?
4. 除了碘量法,维生素C含量测定还可采用什么方法?

实验6-12　医用双氧水中 H_2O_2 的含量测定

【实验目的】

1. 掌握 $KMnO_4$ 标准溶液的配制、标定和保存方法。
2. 掌握 $KMnO_4$ 法测定 H_2O_2 含量的原理及方法。
3. 掌握液体样品的取样方法

【实验原理】

(1) $KMnO_4$ 试剂中常含有少量的 $MnO_2 \cdot nH_2O$ 及其他杂质,配制溶液所用水中的微量还原性物质也会与 $KMnO_4$ 作用产生 $MnO_2 \cdot nH_2O$ 或 $MnO(OH)_2$,这些四价锰的物质会进一步促使 $KMnO_4$ 溶液的分解。因此,$KMnO_4$ 溶液只能采用间接法配制;而且为了得到稳定的 $KMnO_4$ 溶液,新配制的 $KMnO_4$ 溶液需煮沸一段时间,冷却后,放置7~10天,使之充分作用,然后将沉淀用垂熔玻璃滤器过滤除去。

标定 $KMnO_4$ 溶液的基准物质有 $Na_2C_2O_4$、$H_2C_2O_4 \cdot 2H_2O$、As_2O_3 等,其中以 $Na_2C_2O_4$ 最为常用。$Na_2C_2O_4$ 标定 $KMnO_4$ 溶液的反应为

$$2KMnO_4+5Na_2C_2O_4+8H_2SO_4 = 2MnSO_4+5Na_2SO_4+K_2SO_4+10CO_2+8H_2O$$

滴定过程中可利用 $KMnO_4$ 自身的颜色变化指示终点。

(2) 医用双氧水为3%的 H_2O_2 溶液,常用作消毒剂和杀菌剂。室温下,在酸性溶液中,H_2O_2 可被 $KMnO_4$ 定量氧化:

$$2MnO_4^-+5H_2O_2+6H^+ = 2Mn^{2+}+5O_2\uparrow+8H_2O$$

【实验材料】

1. 仪器

台秤、分析天平、1.0ml 移液管、50ml 量筒、50ml 酸式滴定管、250ml 锥形瓶。

2. 试剂

$KMnO_4$(A.R.)、$Na_2C_2O_4$(基准试剂)、H_2SO_4 溶液(3mol/L,2mol/L)、医用双氧水(3%过氧化氢溶液)。

【实验内容】

1. $KMnO_4$ 标准溶液(0.02mol/L)的配制

称取 1.6g $KMnO_4$,溶于 500ml 蒸馏水中,盖上表面皿,加热至沸并保持微沸状态 20~30min,冷却后转移至棕色试剂瓶中,暗处放置 7~10 天,用垂熔玻璃滤器过滤。滤液存于另一棕色试剂瓶中备用。

2. $KMnO_4$ 标准溶液(0.02mol/L)的标定

取在 105℃ 干燥至恒重的基准草酸钠约 0.2g,精密称定,置 250ml 锥形瓶中,加新沸过的冷蒸馏水 50ml 使溶解,再加入 3mol/L H_2SO_4 溶液 15ml,于水浴上加热至 70~80℃,趁热用 $KMnO_4$ 标准溶液滴定。开始时滴定速度要慢,待滴入的 $KMnO_4$ 溶液红色褪去后可逐渐加快滴定速度。滴定至溶液显微红色并保持 30s 不褪色,即为终点。记录所消耗的 $KMnO_4$ 标准溶液的体积,计算 $KMnO_4$ 标准溶液的浓度。平行测定 3 次。

3. 医用双氧水中 H_2O_2 含量测定

精密量取医用双氧水溶液 1.0ml,置储有蒸馏水 20ml 的锥形瓶中,加入 2mol/L H_2SO_4 溶液 10ml,用 0.02mol/L $KMnO_4$ 标准溶液滴定至溶液呈微红色并保持 30s 不褪色,即为终点,记录所消耗的 $KMnO_4$ 标准溶液的体积,计算双氧水中 H_2O_2 的含量。平行测定 3 次。

4. 结果计算

$KMnO_4$ 标准溶液浓度的计算:

$$c_{KMnO_4}=\frac{m_{Na_2C_2O_4}\times1000\times2}{5\times M_{Na_2C_2O_4}\times V_{KMnO_4}}\quad(M_{Na_2C_2O_4}=134.00\text{g/mol})$$

双氧水中 H_2O_2 的含量计算:

$$w_{H_2O_2}(\%)=\frac{c_{KMnO_4}\times V_{KMnO_4}\times M_{H_2O_2}}{V_s\times1000}\times\frac{5}{2}\times100\quad(M_{H_2O_2}=34.02\text{g/mol})$$

式中:V_s 为所取试样体积(ml)

【注意事项】

(1) 光照或受热会使 $KMnO_4$ 溶液发生分解,因此配制的溶液应存于棕色试剂瓶中,并置于冷暗处保存。

(2) 开始滴定时反应速率较慢,所以要缓慢滴加,待溶液中有 Mn^{2+} 产生后,由于 Mn^{2+} 对反应有催化作用,使反应速率加快,这时滴定速度可以适当加快。近终点时,反应物浓度降低,反应速率也随之变慢,必须小心缓慢加入。

(3) 滴定完成时,溶液温度应不低于 55℃,否则反应速率慢而影响终点的观察与准确性。操作中不要直火加热或使溶液温度过高,以免 $H_2C_2O_4$ 分解。

(4) 锥形瓶中应先装蒸馏水再加样品溶液,否则 H_2O_2 易挥发,导致测定结果偏低。

（5）市售 H_2O_2 中常含有少量乙酰苯胺或脲素作为稳定剂，它们也具有还原性，妨碍测定，在这种情况下，以采用碘量法为宜。

【思考题】

1. 在配制 $KMnO_4$ 标准溶液时，应注意哪些问题？为什么？
2. 用 $Na_2C_2O_4$ 标定 $KMnO_4$ 溶液浓度的过程中，加酸、加热和控制滴定速度的目的是什么？
3. 用 $KMnO_4$ 法测定 H_2O_2 含量时，能否用 HNO_3、HCl 或 HAc 来控制酸度？为什么？
4. 除 $KMnO_4$ 法外，还可用什么方法测定 H_2O_2 含量？

实验 6-13　乙酸的电位滴定

【实验目的】

1. 掌握电位滴定法的基本操作及确定滴定终点的方法。
2. 掌握用电位滴定法测定乙酸浓度和离解平衡常数 $pK_a^{\ominus}$ 的方法。

【实验原理】

电位滴定法是利用滴定过程中指示电极电位的变化以确定滴定终点的方法，可用于酸碱、沉淀、配位、氧化还原及非水等各种滴定反应。

在酸碱电位滴定过程中，随着滴定剂的不断加入，被测物与滴定剂发生反应，溶液 pH 不断变化。每加一定体积滴定剂，测定一次 pH，这样就得到一系列滴定剂用量 V 和相应的 pH 数据。按 pH-V 或 $\Delta pH/\Delta V$-V 作图法及 $\Delta^2 pH/\Delta V^2$)-V 计算法确定计量点，可计算被测物溶液的浓度。

利用酸碱电位滴定也可以测定弱酸或弱碱的离解平衡常数。采用 NaOH 标准溶液滴定乙酸时，半计量点时溶液的 pH 即是乙酸的离解平衡常数 $pK_a^{\ominus}$。

$$HAc \rightleftharpoons H^+ + Ac^-$$

$$K_a^{\ominus} = \frac{[H^+][Ac^-]}{[HAc]}$$

半计量点时，$V = \frac{1}{2}V_e$，$[HAc] = [Ac^-]$，则

$$K_a^{\ominus} = [H^+] \quad pK_a^{\ominus} = pH$$

因此，pH-V 曲线中 $\frac{1}{2}V_e$ 处所对应的 pH 即为 $pK_a^{\ominus}$，从而可求出乙酸的离解平衡常数 $K_a^{\ominus}$。

【实验材料】

1. 仪器

pHS-25 型 pH 计、电磁搅拌器、pH 玻璃电极、饱和甘汞电极、10ml 半微量碱式滴定管、100ml 小烧杯、10.00ml 移液管、100.0ml 容量瓶。

2. 试剂

HAc 试样溶液（0.6mol/L）、NaOH 标准溶液（0.1mol/L）、0.05mol/L 邻苯二甲酸氢钾标准缓冲溶液（pH＝4.00，25℃）。

【实验内容】

（1）正确安装电位滴定装置。

（2）按 pH 计使用方法“调零”、“校正”，用 pH 4. 00（25℃）的邻苯二甲酸氢钾标准缓冲溶液将 pHS-25 型 pH 计“定位”。

（3）乙酸的电位滴定：吸取 HAc 试样溶液 10. 00ml 置 100ml 烧杯中，放入搅拌磁子，加水约 20ml，插入玻璃电极和饱和甘汞电极，测定 HAc 溶液的 pH。开启电磁搅拌器，在不断搅拌下用 0. 1mol/L NaOH 标准溶液进行滴定。开始时每加入 2. 0ml NaOH 溶液记录一次 pH，在接近化学计量点（NaOH 的加入使 pH 变化较大）时，每次加入 NaOH 的量应逐渐减少，在化学计量点附近时每间隔 0. 10ml 或 0. 05ml 读数一次 pH。

滴定结束后，取下玻璃电极浸泡于蒸馏水中，饱和甘汞电极套好橡胶套，用水洗净，滤纸吸干，存放电极盒中。

（4）数据处理。①以 V_{NaOH} 为横坐标，pH 为纵坐标，绘制 pH-V 曲线。用作图法求出化学计量点 pH_e 和相应的 NaOH 标准溶液体积 V_e，求出 HAc 试样溶液的浓度。②用（ΔpH/ΔV）-V 曲线和二级微商内插法求出化学计量点 V_e，并与 1）法加以比较。③根据pH-V滴定曲线，计算 HAc 的 $pK_a^{\ominus}$。

【注意事项】

（1）每个电极接口处应拧紧，以免接触不良。

（2）电极浸入溶液的深度要合适，既要插入液面，又要让磁性转子有充分的旋转余地，避免电极损坏。

（3）注意观察化学计量点的到达，在计量点前后应等量小体积加入 NaOH 标准溶液。

【思考题】

1. 用电位滴定法确定终点与指示剂法相比有什么优缺点？
2. 从 pH-V 曲线上确定化学计量点位置，是否在突跃的中点？为什么？

第七章　物理化学实验

实验 7-1　恒温槽组装及性能测试

【实验目的】

1. 了解恒温槽构造及控温原理，学习恒温槽的装配方法。
2. 熟练掌握变温和控温的技巧。
3. 测定恒温槽灵敏度曲线。

【实验原理】

物质的物理化学性质，如黏度、密度、蒸气压、表面张力等都随温度而改变，要测定这些性质必须在恒温条件下进行。一些物理化学常数，如平衡常数、反应速率常数等也与温度有关，其测定也需要在恒温条件下进行。

温度控制可分为两类：一是利用物质的相变点温度来获得恒温；二是利用调节系统获得恒温。利用调节系统控温范围较宽，且可根据需要调整所设温度高低。

在常温区间，通常以液体为介质的控温装置称为恒温槽，它由浴槽、搅拌器、温度计、电加热器、接点温度计（也称导电表）和温度控制器组成。其装置如图 7-1 所示。

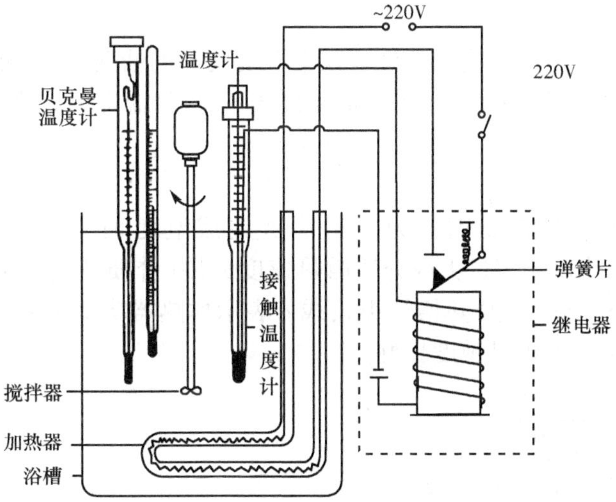

图 7-1　恒温槽装置示意图

（1）浴槽。以圆形玻璃缸作容器，以液体为工作介质，搅拌时不出现死角，读数清晰。

（2）搅拌器。一般采用 40W 的电动搅拌器，搅拌速度可以调节。搅拌器应安装在加热器附近，使热量迅速传递。

（3）温度计。选用 1/10 温度计作为测温部件，温度计应尽量靠近被测系统，测灵敏度曲线时需用数字贝克曼温度计。

(4) 电加热器。要求电加热器热惰性小，导热快，功率要合适。为了能够快速升温，加热器功率适当大一些。当温度达到恒定时，利用功率较小的加热器维持恒温。

(5) 接点温度计。接点温度计是恒温槽的感觉中枢，其构造如图 7-2 所示。它内有两个电极，一个电极与水银柱连接，另一电极与金属丝连接，两电极的另一端分别与温度控制器相接，金属丝上端与装在螺杆上的滑块连接。接点温度计的顶部有一个可转动的磁铁，磁铁转动带动螺杆转动滑块上下移动，调整金属丝下端与水银面的距离，从而调节所设定的温度。滑块的上沿对着温度标尺的刻度线为给定的控制温度。

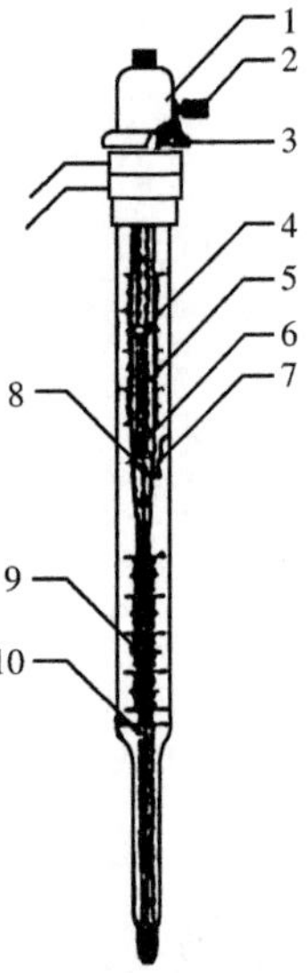

图 7-2　接点温度计

1. 调节帽　2. 固定螺丝　3. 磁铁　4. 螺母　5. 钨丝　6. 调节螺杆　7. 钨丝接点　8. 铂弹簧　9. 水银柱　10. 螺丝接点

(6) 温度控制器。温度控制器有两个作用：当浴槽温度上升，导电表的水银界面和金属丝接通，温控器自动断开加热器电源；当温度下降，水银界面与金属丝断开，温控器自动接通加热器电源，相当于继电器。利用温控器可以改变加热器电源电压，控制升温速度，调整为最佳电压时温度波动最小，相当于调压器。常见晶体管继电器工作原理如图 7-3 所示。

恒温槽的温度控制装置属于"通"、"断"类型，当加热器接通后，恒温介质温度上升，热量传递需要时间，则会出现温度传递的滞后，加热器附近的温度超过指定温度。同理降温时也会出现滞后现象。恒温槽性能的优劣常以灵敏度表示。

恒温槽灵敏度的测定是在指定温度下观察温度波动的情况，用较灵敏的温度计，如贝克曼温度计，记录温度随时间的变化。若最高温度为 t_1，最低温度为 t_2，则灵敏度 t_E 定义为

$$t_E = \pm \frac{t_1 - t_2}{2}$$

灵敏度常以温度为纵坐标、时间为横坐标，绘制成温度-时间曲线表示，如图 7-4 所示。图 7-4 中线 a 表示加热器功率过大或介质散热速度太慢(介质热惰性大)；线 b 表示加热器功率太小或介质散热太快(介质热惰性小)；线 c 表示加热器功率适中导电表灵敏度差；线 d 表示加热器功率适中导电表灵敏度良好。

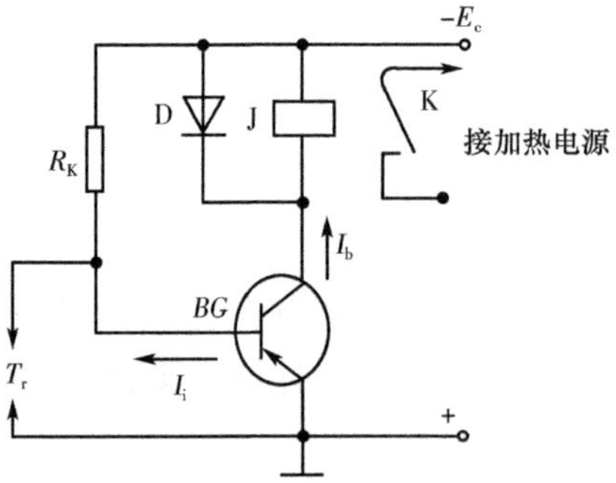

图 7-3　晶体管继电器工作原理

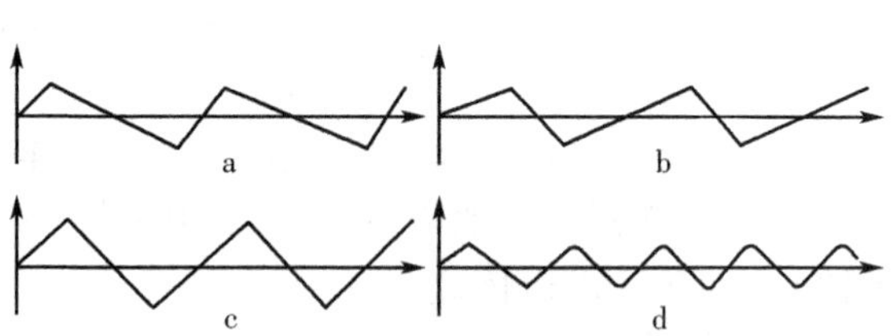

图 7-4　恒温槽的灵敏度曲线

【实验材料】

1. 仪器

玻璃缸 1 个,加热器 1 支,水银接触温度计 1 支,贝克曼温度计 1 支,水银温度计(0～100℃,分度值 0.1℃)1 支,继电器 1 套,秒表 1 个,搅拌器 1 套。

2. 试剂

蒸馏水。

【实验内容】

(1) 将蒸馏水加入浴槽至容积的 4/5 处。然后按图 7-1 接线。先安装加热器,再安装搅拌器、接触温度计、继电器、温度计。

(2) 将贝克曼温度计的水银柱调至刻度为 2.5℃左右。

(3) 调节恒温水浴至设定温度。假定室温为 20℃,欲设定实验温度为 25℃,其调节方法如下:先旋开水银接触温度计上端螺旋调节帽的锁定螺丝,再旋动磁性螺旋调节帽,使温度指示螺母位于大约 24℃ 处。接通电源,开启加热器和搅拌器,观测温度计的读数。当达到 24℃左右,再次转动磁性螺旋调节帽,使触点与水银柱处于刚刚接通与断开的状态。此时要缓慢加热,直到温度升至 25℃为止,然后旋紧锁定螺丝。

(4) 恒温水浴灵敏度曲线的测定。当恒温水浴的温度在 25℃处上下波动时,每隔 2min 记录一次贝克曼温度计读数,将数据整理列表。在时间允许的情况下,可设定若干个温度值,分别测定其恒温性能。

(5) 数据记录与结果计算。

1) 按表 7-1 记录恒温状态下加热与冷却的时间差。

表 7-1　恒温槽恒温状态下的时间差

设定温度/℃	
加热时间/s	
冷却时间/s	

2) 按表 7-2 记录恒温槽灵敏度测定数据,并绘制灵敏度曲线图。

表 7-2　恒温槽灵敏度测定

时间/min	
贝克曼温度计读数/℃	
灵敏度 t_E	

【注意事项】

(1) 恒温槽搅拌棒安装要直。

(2) 电路接线时,调压器的一输出端与继电器的“常闭”柱相连,另一个输出端先接加热器,再与继电器另一“常闭”柱相连。

(3) 恒温槽中恒定温度以 1/10 温度计指示为准。

(4) 恒温槽实验中导线连接较多,应注意用电安全。

【思考题】

1. 如果想使恒温槽温度快速准确地上升到指定温度,在操作上要注意哪些事项?

2. 影响恒温槽灵敏度的因素有哪些？

附　贝克曼温度计使用

1. 贝克曼温度计的构造及特点

在化学实验中,常常需要对体系的温度变化进行精确的测量,如溶解热的测定,凝固点降低法测定摩尔质量等,均要求温度测量精确到 0.002℃。然而普通温度计不能到达此精确度,需用贝克曼温度计进行测量。

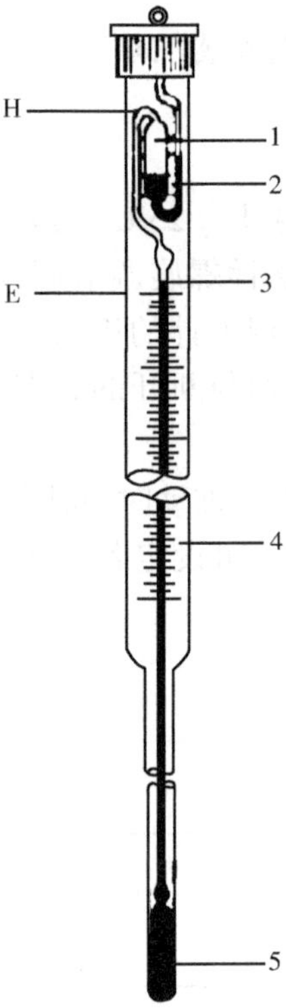

图 7-5　贝克曼温度计
1. 水银储槽　2. 温度标尺
3. 毛细管　4. 温度刻度
5. 水银球

贝克曼温度计的构造如图 7-5 所示。它是水银温度计的一种,但与一般水银温度计不同,它除在毛细管下端有一水银球外,在温度计的上部有一辅助水银储槽。它的刻度精细,刻度间隔为 0.01℃,用放大镜读数可估计到 0.002℃;量程较短,一般全程只有 5℃,不能测定温度的绝对值,一般只用于测温差。要测不同范围内(−20~200℃)温度的变化,则需要利用上端的水银储槽来调节下端水银球中的水银量。

2. 贝克曼温度计的调节

贝克曼温度计的调节视实验情况而异。如用在凝固点降低法测摩尔质量实验中,起始时应使它的水银柱位于刻度的上段;用于沸点升高法测摩尔质量,则起始时应使水银柱停在刻度下段;用来测定温度的波动,应使水银柱停在刻度的中间部分。常用的调节方法有以下两种。

(1) 恒温水浴法:如在室温(t)22℃下测定 KCl 在水中积分溶解热。样品溶解前,当贝克曼温度计插入溶剂中,水银柱应处于温度测度(r)3°左右的位置(KCl 溶解时吸热,体系温度将下降)。在调节之前,首先估计从刻度 E 到毛细管上端 H 间长度所相当的温度刻度数值(R),约为 2°(图 7-5)。调节时,将贝克曼温度计倒立,水银由于重力作用将沿毛细管向下流动,与储汞器中水银在 H 处相接,然后缓慢正立使水银球向下。此动作应轻,以防水银柱在 H 处重新断开。然后把温度计插入 $t+R+(a-r)$(a 为温度刻度的量程),即 22+2+(5−3)= 26(℃)的水中,待汞柱稳定后,取出温度计,右手握住温度计中间部位,温度计垂直向下,以左手掌轻拍右手腕(注意,在操作时应远离实验台,且不可直接敲打温度计以免损坏温度计),依靠振动的力量使毛细管中的水银与储槽中的水银在其接口处断开,这时温度计可满足实验要求。若不适合时,应重新调整。由于温度计从水中取出后水银体积迅速变化,因此这一操作要求迅速轻快,但不能慌乱,以免造成失误。

(2) 标尺读数法:实验使用中也可利用小刻度板标尺进行调节。若仍在上述实验中,首先将贝克曼温度计倒立,使毛细管中水银与储汞器水银在 H 处连接。若储汞器中水银面在小刻度板尺上的示数与 26℃不符,表明水银球中水银量不合适,应进行调节。若示值超过 26℃,水银球中水银量不足,应缓慢将温度计正立,借水银的重力作用将储槽中水银拉入下部水银球中(必要时可将水银球浸入较低温度的水中),待储汞器中水银面正好落在 26℃,振动温度计,使水银柱在 H 处断开。若示值不足 26℃,则水银球中水银过量,应保持温度计倒立,借重力作用使水银球中水银流入储槽中,当示值为 26℃时,迅速正立温度计并使水银柱在 H 处断开。

因小刻度板标尺刻度粗糙,用此法调节误差较大。

调节好的温度计应放入待测体系或温度与待测体系相同的水中,检查水银柱高度是否符合实验要求,如不符合则应重新调节。

3. 使用贝克曼温度计的注意事项

(1) 贝克曼温度计属于贵重的玻璃仪器，且毛细管较长易于损坏，使用时必须十分小心，不能随便放置。使用时应安装在仪器上，调节时握在手中，不用时应放置在温度计盒里。

(2) 调节时，注意不可骤冷骤热，以防止温度计破裂。操作时动作不可过大，以免振断毛细管，与实验台要有一定距离，防止触碰实验台损坏温度计。

(3) 调节时，如温度计下部水银球中水银与上部储槽中的水银始终不能相接时，应停下来，检查一下原因。不可一味对温度计升温，使下部水银过多导入上部储槽中。

(4) 安装时不可夹得过紧，拆卸仪器时应首先取出温度计。

实验 7-2　溶解热的测定

【实验目的】

1. 用量热法测定 KCl 在水中的积分溶解热，了解量热技术的基本原理和实验方法。
2. 掌握贝克曼温度计的调节和使用方法。
3. 学习用雷诺图解法校正温度改变值。

【实验原理】

恒温恒压下一定量物质溶于一定量溶剂中的热效应，称为该物质的溶解热。实验所得的是溶于物质的量为 n(mol) 的溶剂中形成一定浓度溶液的热效应，故所测量的结果是摩尔积分溶解热 $\Delta_{sol}H_m$(kJ/mol)。

晶体盐类溶解过程包括在溶剂作用下晶格离子由晶格进入溶液及离子溶剂化过程，破坏晶格是吸热过程，而离子溶剂化是放热过程，故盐溶解过程的热效应是这些过程热效应的总和。溶解热与溶质及溶剂的特性、温度、所形成溶液的浓度等有关。

本实验测定 KCl 在水中的摩尔积分溶解热。实验用量热计如图 7-6 所示。

量热容器为 800ml 的杜瓦瓶，内装一定量蒸馏水。瓶盖上装有搅拌器、电加热器、样品管和贝克曼温度计。搅拌器由调速电机带动。电加热器为一根浸入绝缘油中的阻值为 2Ω 的锰铜丝。用贝克曼温度计测定温度变化值，用放大镜可以读至 0.002℃。

在样品管中装入一定量 KCl，实验时击破样品管底部，盐溶于水中，测定溶解过程温度改变值 $\Delta T_{溶}$，则溶解过程热效应 $Q_{溶}$ 为

$$Q_{溶} = K\Delta T_{溶} \qquad (7\text{-}1)$$

式中：K 为量热计常数，即量热计各部分的热容，kJ/K。为测定量热计常数，在与待测量系统接近的 ΔT 范围内用电热法对量热系统输入一定热量 $Q_{电}$，测定电热过程温度的变值 $\Delta T_{电}$，由

$$Q_{电} = K\Delta T_{电} \qquad (7\text{-}2)$$

可计算出 K 值，电热法提供的热量由式(7-3)得

$$Q_{电} = 10^{-3}IVt \qquad (7\text{-}3)$$

式中：I 为电流，A；V 为电压，V；t 为时间，s。量热计常数也可由已知溶解热的物质进行平行实验求得。

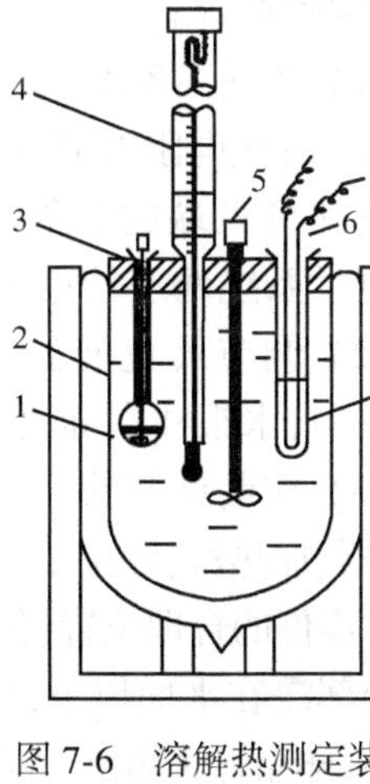

图 7-6　溶解热测定装置

1.样品　2.杜瓦瓶　3.样品管　4.贝克曼温度计　5.搅拌器　6.电热丝　7.绝缘油

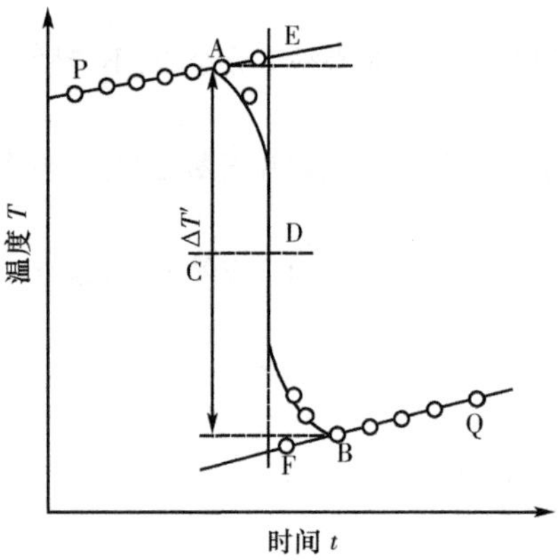

图 7-7　雷诺图解法校正温度读数

因杜瓦瓶不是严格的绝热体系，因此在盐溶解过程中体系与环境仍有微小的热交换。为了消除热交换的影响，求得绝热条件下的温度改变值 ΔT，本实验采用雷诺图解法对温度读数进行校正，见图 7-7。

将观察到的温度读数对时间作图，连成 PADBQ 线，PA 为初期，ADB 为主期，BQ 为末期。由 A 点和 B 点的温度值可求得主期的温度读数变化值为 $\Delta T'$。过 $\Delta T'$ 的中点 C 作平行于时间轴的直线交曲线于 D 点，过 D 点作垂线分别交 PA 和 BQ 的延长线于 E 点和 F 点，E 点、F 点对应的温度差值即为校正后的温度改变值 ΔT。该法分别用初期和末期的温度变化率对前半主期和后半主期体系与环境间的热交换进行了补偿。

求得 ΔT 后，按式(7-4)计算溶质的摩尔积分溶解热(kJ/mol)

$$\Delta_{sol}H_m = \frac{10^{-3}IVt}{\Delta T_{电}} \times \Delta T_{溶} \frac{M}{m} \tag{7-4}$$

式中：M 为溶质的摩尔质量，kg/mmol；m 为溶质的质量，kg；$\Delta T_{溶}$、$\Delta T_{电}$ 分别为校正后的盐溶解和电加热过程体系温度改变值，K。

【实验材料】

1. 仪器

晶体管稳压器 1 个，直流电流表 1 只，直流电压表 1 只，滑线电阻 1 只，单刀双掷换向开关 1 只；杜瓦瓶量热器及附件(搅拌器、电加热器、样品管等) 1 套，贝克曼温度计 1 支，放大镜 1 只，停表 1 只，量筒 1 个。

2. 试剂

KCl(A.R.)。

【实验内容】

(1) 按图 7-8 接好线路，由晶体管稳压器 P 输出的直流电压经滑线电阻 R 加在电加热器 H 上，滑线电阻 R 用来调节电流强度。通过电流表 A 和电压表 V 可以读出流经加热器 H 的电流和 H 两端的电压。若将开关 K 倒向接点 2，电流在滑线电阻上放电，使其在电加热前整个电学系统处于较稳定的状态，以便正式加热时在 H 上稳定地放电。

(2) 调节贝克曼温度计，将其插于待测体系中，水银柱在标尺刻度 3~4℃。

(3) 在量热器的盖上安装好各个附件(搅拌器、加热器、贝克曼温度计等)。要注意调整各零件的合理位置(例如，温度计的水银球要全部浸在水面以下，搅拌器与其余部件无摩擦，样品管底部位于搅拌器以上等)。

(4) 量取 500ml 蒸馏水倒入杜瓦瓶中，盖好量热器的盖子。

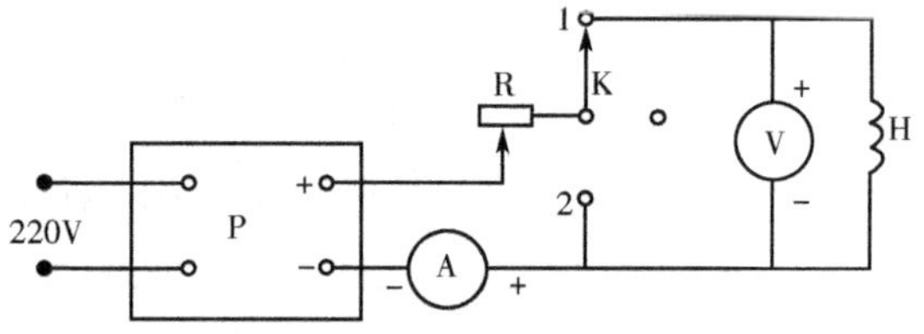

图 7-8　电加热线路示意

A.直流电流表　H.电加热器　K.单刀双掷开关
P.稳压电源　R.滑线电阻　V.直流电压表

(5) 在干燥的样品管中用分析天平称入 KCl 晶体 7~7.5g(称准至 0.0002g),放好玻璃棒,安装在量热器盖子上。

(6) 开关 K 置于断开状态,把滑线电阻调至最大阻值。接通晶体管稳压器电源,然后将开关 K 倒向 1,调节滑线电阻 R,使电压在 2.0~2.5V,然后立即将开关 K 倒向 2,任其在电阻 R 上放电。

(7) 开动同步电机,用放大镜读出贝克曼温度计上读数,读准至 0.002℃,每分钟读一次,读数前用套有橡胶管的玻璃棒在温度计的水银柱面附近轻敲几下,以消除水银在毛细管中的黏滞性。

(8) 在温度变化率恒定 5min 后,将样品管击破使 KCl 溶解,切勿用力过猛,使杜瓦瓶损坏。继续读取温度,直到杜瓦瓶中温度回升。

(9) 在温度回升且温度变化率稳定 5min 后,记取第 5min 末(t_1)的温度,同时使开关 K 倒向 1,电加热器 H 正式加热,在加热期间每分钟记录电流、电压、温度各一次。

(10) 当量热器内水温上升到接近加入 KCl 以前的最高温度,将开关 K 再倒向 2,停止加热,同时记下准确时间(t_2)。再继续记录温度读数 10 次。

(11) 切断所有电源,打开量热器,检查 KCl 是否溶解完全,如 KCl 未溶解完全,则必须重新实验。

(12) 数据记录与结果计算。

1) 按表 7-3 记录实验数据。

表 7-3　溶解热测定数据

大气压强:________Pa;室温:________℃

样品重:________g;溶剂量:________ml

溶解前	溶解		加热			
温度/℃	时间/min	温度/℃	时间/min	温度/℃	电压/V	电流/A

2) 在坐标纸上绘制温度-时间曲线,用雷诺图解法分别求出 $\Delta T_{电}$ 和 $\Delta T_{溶}$。

3) 求出电加热时间 $t=t_2-t_1$,计算加热电压和电流的平均值:

$$V=\frac{1}{n}\sum_{i=1}^{n}V_i \qquad I=\frac{1}{n}\sum_{i=1}^{n}I_i$$

式中:n 为电加热过程中读数次数。

D. 计算 $\Delta_{sol}H_m$。

【注意事项】

(1) 在安装量热计盖子上各附件时,若样品管底部位于搅拌器以下,击穿样品管后因搅拌效果差致使样品沉于杜瓦瓶底部,延长溶解过程,引入误差,故应调整好搅拌器位置。

(2) 调节电流、电压值时操作动作应快,以避免加热器工作时间过长,引起水温明显升高,增加体系与环境间的热交换。

(3) 击穿样品管时切勿用力过猛,以防损坏杜瓦瓶。

【思考题】

1. 讨论量热计常数的物理意义和测定方法。

2. 温度和浓度对溶解热有无影响? 如何由实验温度下测得的溶解热计算其他温度下的溶解热? 还需要什么数据?

3. 实验中若先进行电加热测定量热器常数 K,再溶解 KCl,对测定结果有无影响?

4. 讨论实验中所取水量和 KCl 量的精度对实验结果的影响。

实验 7-3 凝固点降低法测定物质的摩尔质量

【实验目的】

1. 掌握凝固点降低法测定物质摩尔质量的原理与技术。

2. 掌握贝克曼温度计的使用。

【实验原理】

在溶液浓度很稀时,如果溶质与溶剂不生成固溶体,溶液的凝固点降低值 ΔT_f 与溶质的质量摩尔浓度 m_B(mol/kg)成正比,即

$$T_f = K_f m_B \tag{7-5}$$

或

$$\Delta T_f = \frac{K_f m_B}{M_B m_A} \tag{7-6}$$

$$M_B = K_f \frac{m_B}{\Delta T_f m_A} \tag{7-7}$$

式中:m_A、m_B 分别为溶剂、溶质的质量,kg;K_f 为溶剂的凝固点降低常数,K · kg/mol;M_B 为溶质的摩尔质量,kg/mol。

若已知 K_f,测得了 T_f,便可用式(7-7)求得 M_B。

纯溶剂和溶液在冷却过程中,其温度随时间而变化的冷却曲线如图 7-9 所示。纯溶剂的冷却曲线如图 7-9(a)所示,曲线中的底下部分表示发生了过冷现象,即溶剂冷至凝固点

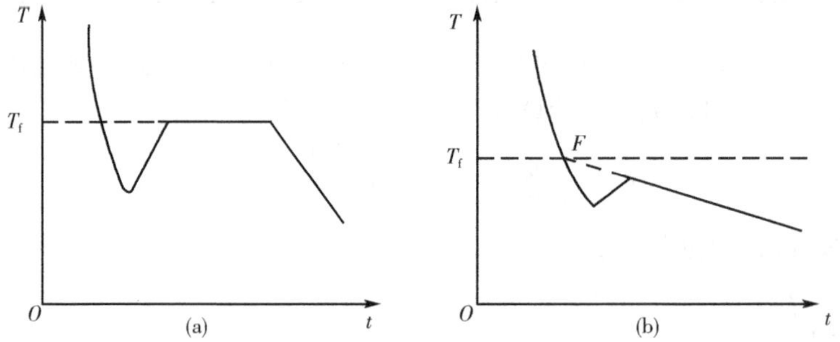

图 7-9 冷却曲线

(a)纯溶剂的冷却曲线 (b)溶液的冷却曲线

以下仍无固相析出，这是由于开始结晶出的微小晶粒的饱和蒸气压大于同温度下普通晶体的饱和蒸气压，所以往往产生过冷现象，即液体的温度要降到凝固点以下才析出固体，随后温度再上升到凝固点。

溶液的冷却情况与此不同，当溶液冷却到凝固点时，开始析出固态纯溶剂。随着溶剂的析出，溶液的浓度相应增大，所以溶液的凝固点随着溶剂的析出而不断下降，在冷却曲线上得不到温度不变的水平线段，如图7-9(b)所示。因此，在测定浓度一定的溶液的凝固点时，析出的固体越少，测得的凝固点才越准确。同时过冷程度应尽量减小，一般可采用在开始结晶时，加入少量溶剂的微小晶体作为晶种的方法，以促使晶体生成，或者用加速搅拌的方法促使晶体成长。当有过冷情况发生时，溶液的凝固点应从冷却曲线上待温度回升后外推而得，如图7-9(b)所示。

【实验材料】

1. 仪器

凝固点降低实验装置1套，贝克曼温度计1支，普通温度计(0~15℃)1支，烧杯(600ml)1个，移液管(25ml)1支，分析天平1台

2. 试剂

苯(A.R.)，萘(A.R.)，碎冰。

【实验内容】

1. 安装实验装置

凝固点测定装置如图7-10所示。冰槽中装入2/3的冰和1/3的水，使浴槽温度低于被测液体凝固点2~3℃。在测定管中加入苯约20g(准确到±0.02g)，或用移液管移入25.00ml苯，再根据该温度下苯的密度计算其质量。注意，冰-水面应高于测定管中的苯液面。将贝克曼温度计擦干，插入测定管，检查小搅拌棒，使其能上下自由运动而不与温度计摩擦。

2. 测定纯溶剂苯的凝固点

先测定近似凝固点。将测定管浸入冰-水浴中，快速搅拌。当液态苯温度下降几乎停顿时，取出测定管，放入外套管内继续搅拌，记录最后稳定的温度值，即近似凝固点。

取出测定管，不断搅拌，用手将其微热，使结晶完全熔化。将测定管在冰-水中浸一下后立即放入外套管内，快速搅拌，此时液态苯温度下降。当温度降至凝固点以上0.2℃时停止搅拌，液温继续下降。过冷到凝固点以下0.5℃时迅速搅拌，温度先下降随后迅速上升，读出稳定的最高温度，即为苯的凝固点。重复测定，直到取得3个偏差不超过0.005℃的数据为止。

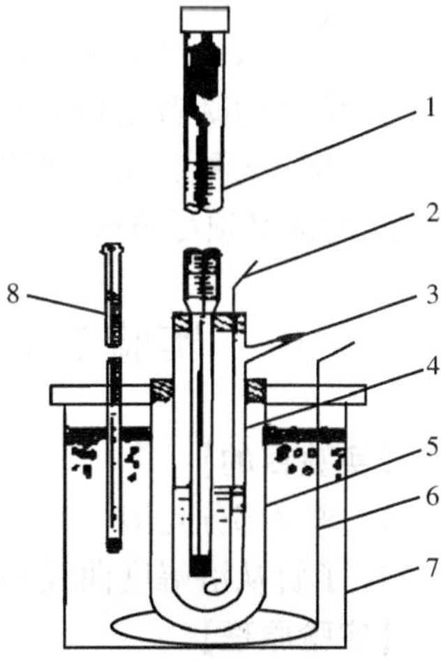

图7-10　凝固点降低实验装置

1.贝克曼温度计　2.内管搅棒　3.投料支管　4.凝固点管　5.空气套管　6.搅拌棒　7.冰槽　8.温度计

3. 测定溶液的凝固点

用分析天平称取约0.3g的萘片，放入测定管并搅拌，使萘片全部溶解。测定溶液的近似凝固点方法同上，再准确测定凝固点。测定过程中过冷不得超过0.2℃。

4. 苯的密度

苯的密度可用下面的经验公式计算：

$$\rho = 900.05 - 1.0636t + 0.0376 \times 10^{-3}t^2$$

式中：t 为温度，℃。

5. 数据记录与结果计算

(1) 按表 7-4 记录并计算各种数据。

表 7-4　凝固点降低数据表

大气压强：________Pa；室温：________℃

物质的质量/g		凝固点/℃				$\Delta T_f = T_f^* - T_f$	摩尔质量
		1	2	3	均值		
苯							
萘	1						
	2						

(2) 根据实验数据由式(7-7)计算萘的摩尔质量。

(3) 与标准值比较，计算本实验的相对误差。

【注意事项】

(1) 调节、安装贝克曼温度计要特别小心，以免折断。要安装得稳固、垂直。

(2) 测定管一定要插入冰-水面内部。安装温度计时要注意，内管搅棒能上下自由运动而不与温度计摩擦。

(3) 测定凝固点时要准确掌握时机。

(4) 称量试剂要准确。

(5) 贝克曼温度计是贵重的精密仪器，且容易损坏，实验前要了解它的性能及使用方法，在使用过程中，勿让水银柱与顶端水银槽中的水银相连。

(6) 苯液使用后必须倒入回收瓶。

【思考题】

1. 凝固点降低法测摩尔质量的公式，在什么条件下才能应用？

2. 为什么要使用外套管？

3. 溶剂的凝固点和溶液的凝固点的读取法有什么不同？为什么？

4. 为什么测定纯溶剂的凝固点时，过冷程度大一些对测定结果影响不大，而测定溶液凝固点时却必须尽量减小过冷程度？

实验 7-4　二组分液-液平衡体系相图的绘制

【实验目的】

1. 掌握部分互溶二组分液-液平衡体系的溶解度曲线绘制方法。

2. 了解从溶解度曲线确定体系的临界溶解温度。

【实验原理】

液体在液体中的溶解也适用“相似相溶”的规律。组成、结构、极性和分子大小近似的液体往往可以完全互溶。例如，水和乙醇、苯和甲苯等都能完全互溶。

若两种液体的性质有显著差异，可导致两液体发生部分互溶的现象。这种在定压下温度对两种液体互溶程度的影响，可归纳为三种情况：具有最高临界溶解温度的体系；具有最低临界溶解温度的体系与同时具有最高和最低临界溶解温度的体系。

本实验主要验证具有最高临界溶解温度的水-苯酚体系，相图见图 7-11。在常温下将少量苯酚加入水中，它能完全溶解于水。

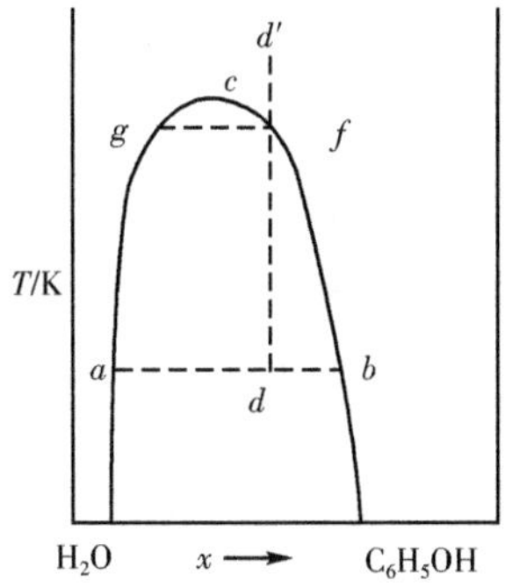

图 7-11　水-苯酚体系相图

若继续加入苯酚，最终会达到或超过苯酚的溶解度，苯酚不再溶解，此时体系会出现两个液层：一层是苯酚在水中的饱和溶液（简称水层）；另一层是水在苯酚中的饱和溶液（简称苯酚层）。在定温定压下两液层达到平衡后，其组成不变。这时在温度-组成（T-x）图上有相应的两个点，如图 7-11 中 a、b 两点所示。在定压下升高温度时，两液体的相互溶解度都会增加，即两液层的组成发生变化并逐渐接近；当升到一定温度，两液层的组成相等，两相变为一相，如图 7-11 中 c 点，c 点的温度称为最高临界溶解温度。定压下通过实验可测得不同温度下两液体的相互溶解度，由精确得到的一系列温度及相应组成的数据，就可以绘出水-苯酚体系溶解度图，并找出最高点（即该体系能完全互溶的温度）。

【实验材料】

1. 仪器

1000ml 烧杯 1 只（水浴用），2. 5cm×18cm 试管 1 支，0～100℃ 1/10 刻度温度计 1 支，搅拌器 1 支，2ml 移液管 1 支，5ml 移液管 1 支，电炉 1 个。

2. 试剂

苯酚（C.P.），蒸馏水。

【实验内容】

（1）实验装置如图 7-12 所示。

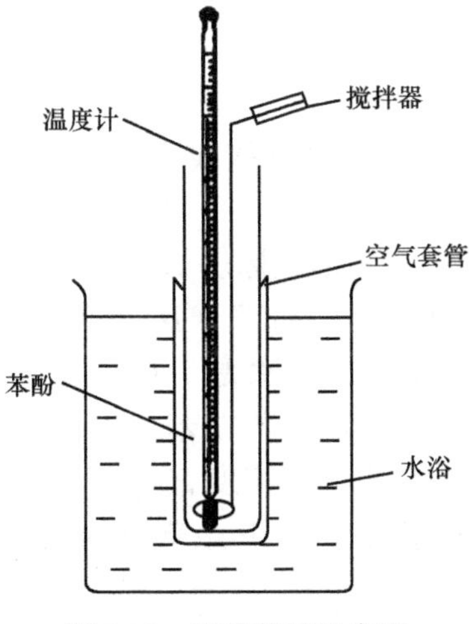

图 7-12　实验装置示意图

（2）在试管内加入 2. 5g 苯酚（称量精确到 0. 1g），然后加入 1. 25ml 蒸馏水，放入空气套管中，并保持管内混合物的液面低于水浴的液面。

（3）将水浴加热（约 85℃）。搅拌内管的混合液，当混合物刚由浑浊变为澄清时，迅速读取温度（即上升温度）。然后将套管连同试管提出水面，不断搅拌，使混合液逐渐冷却，记录混合物由澄清变为浑浊时的温度（即下降温度）。此两温度的差值不应超过 0. 2℃，否则必须重复上述加热和冷却的操作，直到符合要求为止，其平均值作为混合物的溶解温度。温度升高和降低得越慢，两个温度越接近。

（4）按下面表格所示量在试管中分批加入蒸馏水进行测定。测定时溶解温度开始会逐渐升高，而后又逐渐降低，每次加蒸馏水要尽量准确。

（5）数据记录与结果计算。

1）按表 7-5 记录并计算各种数据。

表 7-5　水-苯酚二组分体系溶解温度数据表

大气压强：________Pa；室温：________℃

加水量/ml	1.25	0.50	0.50	1.00	1.50	1.50	2.00	4.00	5.00	5.00
苯酚含量/%										
上升温度/℃										
下降温度/℃										
平均温度/℃										

2）以溶解温度为纵坐标，组成为横坐标，作水-苯酚体系的溶解度曲线。

3）求出最高临界溶解温度（图 7-11 上标出的 *c* 点）。

【注意事项】

（1）苯酚腐蚀性强，易潮解，称量要小心，用后盖好瓶盖。

（2）加液时，勿取出温度计和搅拌器，以免溶液滴落，影响浓度。

（3）相图最高点溶液澄清时发蓝色，此时以温度计水银球清晰可见为判断原则。

【思考题】

1. 为什么温度升高和降低得越快，两个温度的差值越大？
2. 为什么记录混合物由澄清变为浑浊时的温度时要将套管连同试管提出水面？
3. 本实验如何证实图 7-11*c* 点为最高临界溶解温度？

实验 7-5　三组分液-液体系相图的绘制

【实验目的】

1. 测绘苯-水-乙醇三组分体系的相图。
2. 熟悉杠杆规则的应用。
3. 了解三角形相图的应用。
4. 用溶解度法绘制有一对共轭溶液的三组分相图（溶解度曲线和连接线）。

【实验原理】

三组分体系的组成关系，在一定温度和压力下用平面等边三角形坐标表示。

苯-水-乙醇三组分体系是一对部分互溶的三组分体系，如图 7-13 所示。其中，苯和水是不互溶的，而乙醇和苯及乙醇和水都是互溶的。若在苯-水体系中不断加入乙醇，则可增加苯与水的互溶度直至完全互溶。曲线以内的区域为两液相共存区，其余部分为液相单相区。

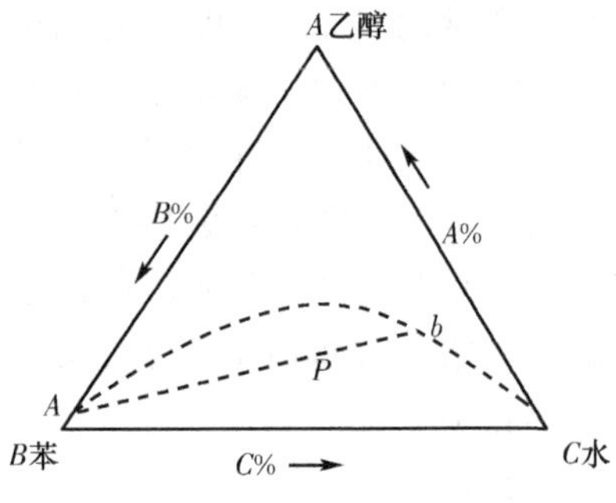

图 7-13　部分互溶的三组分体系

在苯-水体系中加入乙醇使体系总组成为 *P*，则两个共轭溶液的组成可用 *a* 和 *b* 表示，*ab* 称为连接线。由于乙醇在苯层和水层中是非等量的分配的，因此 *ab* 连接线与底边不平行。体系总组成 *P* 点在两相区内，对应的这两层共轭溶液的重量比可用杠杆规则表示：

$$\frac{m_a}{m_b}=\frac{Pb}{Pa}$$

式中：m_a、m_b 分别为两层共轭溶液的质量，Pa、Pb 分别为线段长度。

现有一个苯-水二组分体系，其组成为 θ（图 7-14），向其中逐渐加入乙醇，则体系总组成沿 θA 变化（苯-水比例保持不变）。在曲线以下区域内体系为互不相溶的两共轭液相，将溶液振荡时则出现浑浊现象。继续滴加乙醇直到曲线上的 c 点，体系将由两相区进入单相区，液体将由浑浊变为澄清，继续加乙醇至 d 点，液体仍为澄清的单相。

如对 d 点体系中滴加水则体系总组成将沿线 dC 变化（体系中乙醇-苯比例保持不变），直到曲线上 e 点，则由单相区进入两相区，液体由澄清变浑浊，继续滴加水至 f 点液体仍为浑浊的两液相。再对 f 点体系滴加乙醇至 g 点则又由两相区进入单相区，液体由浑浊变澄清。如此反复进行，则可获得 c、e、i 等位于曲线上的点，将它们连接即得单相区与两相区分界曲线（互溶度曲线）。

【实验材料】

1. 仪器

上皿天平 1 台，烧杯（50ml）1 个，酸式滴定管（25ml）2 个，刻度移液管（5ml）1 支，刻度移液管（2ml）1 支，刻度移液管（1ml）2 支，碘量瓶（50ml）2 个，锥形瓶（15ml）1 个，分液漏斗（125ml）1 个。

2. 试剂

苯（A.R.），无水乙醇（A.R.），蒸馏水。

【实验内容】

1. 测定互溶度曲线

滴定按图 7-14 中的路线进行。

用刻度移液管（2ml）吸取苯 2.00ml 放入干燥的 150ml 锥形瓶中，另用刻度移液管（1ml）加入水 0.10ml，振荡，溶液呈浑浊。然后用滴定管滴加乙醇至溶液恰由浑浊变澄清时停止滴定，记录所加乙醇毫升数。于此液中再加入乙醇 0.50ml，用水滴定至溶液刚刚由澄清返回浑浊，记录所用水的毫升数。按照表 7-6 所示数据依次继续加入水或加入乙醇，再分别用乙醇或水滴定。如此反复进行滴定实验，完成互溶度曲线上 10 个点组成的测定。

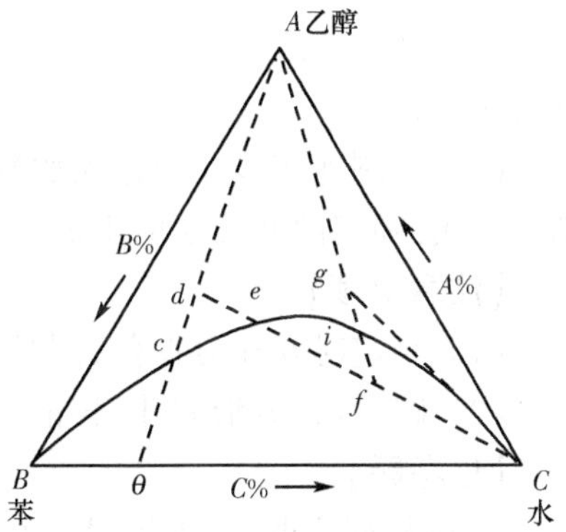

图 7-14　部分互溶的三组分体系

2. 连接线的测定

用刻度移液管分别取苯 6.00ml，水 6.00ml，乙醇 4.00ml，放入干燥的分液漏斗中，充分振摇后静置，待其分层；然后将两液层分别加入干燥的已称量的 50ml 碘量瓶中再称其总重量。

3. 数据记录与结果计算

（1）按表 7-6、表 7-7 记录并计算各种数据。

表 7-6　互溶度曲线测定数据

大气压强:________Pa;室温:________℃

$\rho_{苯}$:________;$\rho_{水}$:________;$\rho_{乙醇}$:________

编号	苯/ml	水/ml		乙醇/ml		滴定终点	质量/g				质量分数/%		
		加入量	总量	加入量	总量		苯	水	乙醇	总量	苯	水	乙醇
1	2.00	0.10				浊变清							
2	2.00			0.50		清变浊							
3	2.00	0.20				浊变清							
4	2.00			0.90		清变浊							
5	2.00	0.60				浊变清							
6	2.00			1.50		清变浊							
7	2.00	1.50				浊变清							
8	2.00			3.50		清变浊							
9	2.00	4.50				浊变清							
10	2.00			7.50		清变浊							

表 7-7　连接线测定数据

物系点	苯	水	乙醇	称量/g				$m_{水}:m_{苯}$
体积/ml	6.00	6.00	4.00	水	空重	苯	空重	
质量/g				层	总重	层	总重	
组成(质量分数)/(%)					净重		净重	

(2) 互溶度曲线的绘制。首先计算滴定终点时各编号溶液中各成分的体积(苯约为2ml,只在编号1时取1次;水和乙醇的体积要依次累加),再根据其密度换算成质量求出各编号溶液的质量分数,把计算结果填入表7-6中,再将组成数据绘于三角形坐标纸上,把各点连成一平滑曲线,用虚线将曲线延到三角形的两个顶点(水与苯在室温下看成是完全不互溶体系)。

(3) 绘制连接线。根据实验数据计算物系点 P 的组成、两共轭液层的质量及比值。绘制连接线,确定两共轭层的组成。

【注意事项】

(1) 滴定时要充分振荡,同时注意观察相变点(微浑浊或刚刚变澄清)。

(2) 碘量瓶、分液漏斗、移液管要清洁干燥。

【思考题】

1. 用相律说明,当温度、压力恒定时,互溶度曲线内、外的相数和自由度数。
2. 连接线与曲线相交的两点(a 和 b)表示什么意思?

实验 7-6　分配系数的测定

【实验目的】

1. 掌握分配定律及其应用。

2. 测定苯甲酸在苯和水中的分配系数,并判断其在水中有无缔合现象。

【实验原理】

在一定温度和压力下,将一溶质溶解在两种不互溶的溶剂中,则溶质往往同时分配地溶入这两种溶剂中。如果溶质在两种溶剂中分子大小相同,且浓度不大,那么达到平衡时,溶质在两种溶剂中的浓度比值等于常数,即

$$K = \frac{c_A}{c_B} \tag{7-8}$$

式中:c_A、c_B 分别为溶质在 A、B 溶剂中的浓度;K 为分配分数。

在一些体系中由于分子的离解或缔合,溶质在不同溶剂中质点的平均大小不同,如在溶剂 A 中的质点比在溶剂 B 中小一半,则分配定律表述为

$$K = \frac{c_A}{\sqrt{c_B}} \tag{7-9}$$

为了判断苯甲酸在水中有无缔合现象,假定其缔合度为 n,则分配定律为

$$K = \frac{c_A}{\sqrt[n]{c_B}} \tag{7-10}$$

对式(7-10)取对数,得

$$\lg K = \lg c_A - \frac{1}{n}\lg c_B \tag{7-11}$$

如测得一系列的 c_A、c_B,后用 $\lg c_A$ 对 $\lg c_B$ 作图,由直线的斜率和截距即可分别计算出分配系数 K,缔合度 n。

【实验材料】

1. 仪器

碘量瓶(150ml)5 个,锥形瓶(100ml)2 个,量筒(50ml)1 个,分液漏斗(100ml)1 个,碱式滴定管(50ml)1 支。

2. 试剂

苯甲酸(A.R.)、苯(A.R.)、氢氧化钠标准溶液(0.1mol/L)、酚酞指示剂(1%的乙醇溶液)。

【实验内容】

1. 测定

(1) 取 5 个洗净的 150ml 碘量瓶,标明号码,分别加入约 0.6g、0.8g、1.0g、1.2g、1.4g 的苯甲酸,用量筒分别加入 25ml 苯和 25ml 蒸馏水,盖好塞子,振摇 30s,使两相充分混合接触。

(2) 将 1 号试样转移至分液漏斗中,静置分层。

(3) 用移液管移取下层(水层)5.00ml,放入 100ml 锥形瓶中,加入 25ml 蒸馏水和 1 滴酚酞指示液,用标准碱液滴定,记录所用碱液体积。重复测定一次。

(4) 用移液管移取上层(苯层)2.00ml,放入 100ml 锥形瓶中,加入 25ml 蒸馏水和 1 滴酚酞指示液,用标准碱液滴定,记录所用碱液体积。重复测定一次。

(5) 用上述方法依次测定 2 号、3 号、4 号、5 号试样。

2. 数据记录与结果计算

（1）按表 7-8 记录并计算各种数据。

表 7-8　分配系数测定数据表

大气压强：________Pa；室温：________℃

标准氢氧化钠溶液：________mol/L

样品编号		1	2	3	4	5
滴定水层碱消耗量/ml	1					
	2					
	均值					
水层浓度/(mol/L) $\lg c_B$						
滴定苯层碱消耗量/ml	1					
	2					
	均值					
苯层浓度/(mol/L) $\lg c_A$						

（2）用 $\lg c_A$ 对 $\lg c_B$ 作图，由直线的斜率和截距计算出分配系数 K，缔合度 n。

【注意事项】

实验中所用苯对环境有较大污染，废液应倒入回收瓶中，统一处理。

【思考题】

分配系数的影响因素有哪些？

实验 7-7　电导率的测定

【实验目的】

1. 用电导率仪法测定乙酸的电离平衡常数。
2. 掌握电导率仪的使用方法。

【实验原理】

电导率仪法测定溶液电导率是以“电阻分压”原理为基础的不平衡测量法。常用 DDS-11A型电导率仪。

用电导法测定 MA 型弱电解质电离平衡常数的基本公式为

$$\kappa = \frac{\frac{c}{c^{\ominus}} \cdot \Lambda_m^2}{\Lambda_m^{\infty}(\Lambda_m^{\infty} - \Lambda_m)} \tag{7-12}$$

其中 Λ_m^{∞} 可由 $\Lambda_m^{\infty} = \nu_+ \lambda_{m,+}^{\infty} + \nu_- \lambda_{m,-}^{\infty}$；$\Lambda_m$ 可由 $\Lambda_m = \frac{\kappa}{c}$（$c$ 的单位为 mol/m^3）求出。

由实验测出电解质溶液的电导率 κ，就可由上两式求出弱电解质的电离平衡常数。

【实验材料】

1. 仪器

DDS-11A 型电导率仪 1 台,超级恒温水浴 1 套,100ml 烧杯 6 个,25ml 移液管 1 支,洗耳球 1 个,50ml、100ml 容量瓶各 1 个。

2. 试剂

0.0100mol/L KCl 溶液、0.1000mol/L HAc 溶液、$BaSO_4$ 饱和溶液、重蒸馏水。

【实验内容】

(1) 用逐步稀释法配制 0.0500mol/L、0.0250mol/L 的 HAc 溶液。

(2) 调节恒温水浴至 25.00℃。将待测溶液置恒温水浴中恒温。

(3) 按要求调整好电导率仪。

(4) 用已恒温好的 0.0100mol/L KCl 溶液测电极常数。先将“高低周”挡开关扳至“高周”挡,将量程开关扳到 10^3 红线处,再将“测量”“校正”开关扳到“测量”位置。然后,把电极常数旋钮调至“1.0”处,再调节调正器使红字读数指在 25℃时 0.0100mol/L KCl 溶液的电导率数值处(0.1413S/m)。此时,再把测量开关扳到“校正”位置,旋转电极常数旋钮,使电表指示于满度。则此时电极常数旋钮指示的读数,即为该电极的电极常数。

(5) 用重蒸馏水充分清洗电导池和铂电极,然后在电导池中装入已在恒温水浴中恒温 15min 的重蒸馏水,用电导率仪测量重蒸馏水的电导率 3 次,取平均值。

(6) 依次用重蒸馏水,HAc 溶液荡洗电导池 3 次,向电导池内加入已恒温好的 HAc 溶液。用电导率仪从稀到浓依次测各浓度 HAc 溶液的电导率。每个样品测 3 次,取平均值。

(7) 依次用重蒸馏水、$BaSO_4$ 饱和溶液荡洗电导池 3 次,向电导池内加入已恒温好的 $BaSO_4$ 饱和溶液,用电导率仪测 $BaSO_4$ 饱和溶液的电导率,测 3 次取平均值。

(8) 实验结束后,切断电源,取出电导池,洗涤电极,然后将电极浸泡在重蒸馏水中待用。

(9) 数据记录与结果计算。

按表 7-9 记录并计算结果。

表 7-9 乙酸的电离平衡常数测定

大气压强:_______Pa;室温:_______℃

水浴温度:_______℃;电极常数:______m^{-1}

溶液	κ/(S/m)				Λ_m/($S \cdot m^2$/mol)	α	K	$K_{平均}$
	1	2	3	均值				
重蒸馏水								
0.0250mol/L HAc								
0.0500mol/L HAc								
0.1000mol/L HAc								
$BaSO_4$ 饱和溶液								

【注意事项】

(1) HAc 溶液浓度一定要配制准确。

(2) 电极的引线不能潮湿,否则,测定误差较大。

(3) 测量重蒸馏水时要迅速,否则,电导率会变化很快,因空气中 CO_2 溶入水中,致水中有碳酸根离子生成，影响结果。

(4) 使用铂电极时不可发生碰撞。用蒸馏水冲洗电极时不可直接冲击铂黑。

(5) 盛被测溶液的容器必须清洁，无电解质离子玷污。

【思考题】

1. 什么是溶液的电导、摩尔电导率和电导率?

2. 强、弱电解质溶液的摩尔电导率与浓度的关系有什么不同?

3. 为什么要测定电导池常数? 如何测定?

4. 为什么测定溶液的电导要用交流电源? 在什么情况下可用低频交流电甚至直流电源?

5. 交流电桥平衡的条件是什么?

6. 影响溶液电导的因素主要有哪些? 实验中应采取哪些相应措施来防止这些因素的影响?

7. 电极在不使用时，应把它浸在蒸馏水中，为什么?

8. 在实验过程中，不小心触动了电极，为什么会对最后的结果有影响?

附　电导仪的使用

电导测定广泛用于物理化学及分析化学中。常用的 DDS-11A 型电导率仪为一种直读式测定电导率的仪器，具有测量范围广、测定速度快、仪器操作简便、可直接读数且可以连续测量并自动记录等优点。

1. 工作原理

电导率仪采用“电阻分压”原理来测量溶液的电导，其原理图见图 7-15。

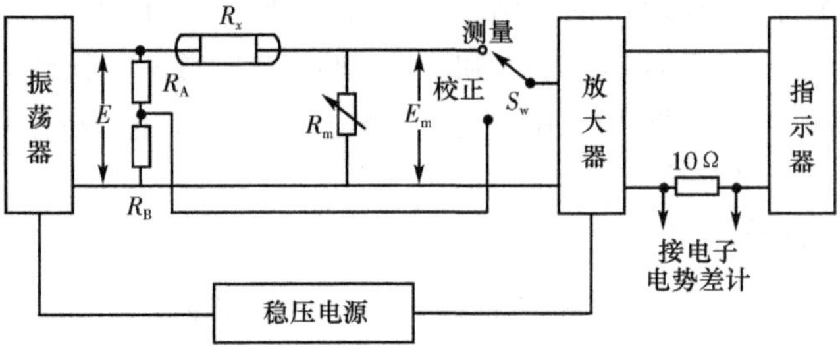

图 7-15　DDS-11A 型电导率仪测量原理图

当振荡器输出的交流电压为 E 时，在电导池 R_x 及电阻 R_m 串联组成的电阻分压回路中，从欧姆定律得

$$E_m = \frac{E \cdot R_m}{R_m + R_x} \tag{7-13}$$

式中：R_m 为分压电阻，Ω；R_x 为待测液电阻，Ω；E 为标准测量电压，V；E_m 为分压电阻两端电压，V。

由于 $R_m \ll R_x$，故

$$E_m = \frac{E \cdot R_m}{R_x} \tag{7-14}$$

又因为

$$R_x = \rho\left(\frac{l}{A}\right) = \rho \cdot K_{cell} \tag{7-15}$$

而

$$\kappa = \frac{1}{\rho} \tag{7-16}$$

故由式(7-14)、式(7-15)、式(7-16)可得

$$\kappa = \frac{E_m \cdot E_{cell}}{E \cdot R_m} \tag{7-17}$$

式中：κ 为被测溶液电导率；K_{cell} 为电导池常数。由式(7-17)可知，当 K_{cell}、E、R_m 一定时，电导率 κ 的变化一定会引起 E_m 的相应变化。故可通过测量 E_m 求得 κ 值。E_m 经放大器放大，再经信号整流而成直流信号，由刻有电导读数的 0~1mA 的电流表指示出被测溶液的电导率值。

为了降低极化作用造成的误差，采用交流电源并在电极上镀以铂黑以扩大电极的有效面积。交流电由电感负载多谐振荡器产生。由转换开关改变电容可获得约 140 周/s 的低周及 1100 周/s 的高周，分别用于低电导及高电导的测量。变压器耦合输出振荡器发出的信号可保证仪器在较大的电导测量范围测量时，E 不随 R_x 的变化而变。

为了提高测量准确度，仪器中设有校正器。当开关拨至"校正"位置时，E 被 R_A 与 R_B 分压，R_B 两端电压被直接送入放大器并由电流表指示出来。调节振荡器的输出电压，使表针指在规定刻度处，即完成校正，保证振荡器输出规定的电压。

2. 使用方法

DDS-ⅡA 型电导率仪面板图如图 7-16 所示。使用时按以下步骤操作：

(1) 打开电源开关之前，观察表针是否指零，如未指零，可调整表头上的螺丝，使指针指零。

(2) 接好电源线，将电极引线插头插入插口，旋紧固定螺丝，并将电极插入待测液。

(3) 将校正、测量开关 K 扳向"校正"位置，打开电源开关并预热数分钟(待指针完全稳定下来为止)。

(4) 当被测液电导率低于 300μS/cm 时，将 K_2 扳向"低周"。当被测液电导率在 300~10^5μS/cm 时将 K_2 扳向"高周"。

(5) 将量程选择开关 K_5 调到所需要的测量范围，如预先不知被测电导率的大小，应先将量程选择开关扳到最大测量挡，然后在测量时再逐挡下降至合适位置，以防表针打弯。

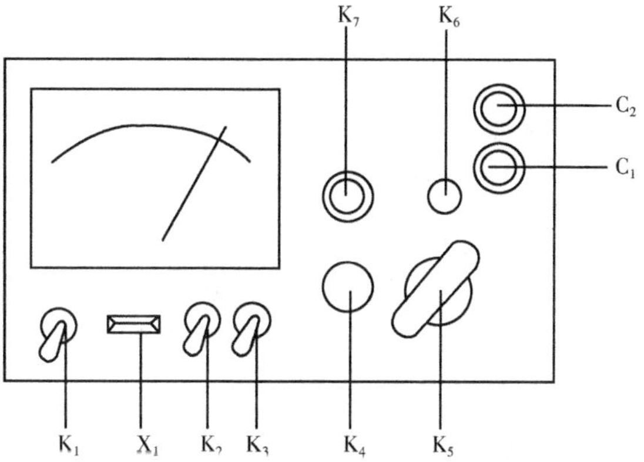

图 7-16　DDS-11A 型电导率仪面板图

K_1.电源开关　K_2.高周低周开关　K_3.校正、测量开关　K_4.校正调节　K_5.量程选择开关　K_6.电容补偿调节　K_7.电极常数调节　C_1.电极插口　C_2.10mV 输出插口　X_1.氖泡

(6) 根据所用电极的电极常数，将电极常数调节旋钮调至相应数值处。

(7) 旋转校正调节器旋钮使表针指示满度。

(8) 将 K_3 扳向"测量"位置，此时指示电表读数乘以量程选择开关的倍率即为被测溶液的实际电导率。

(9) 电极的使用。在使用电极时，用电极夹夹紧电极的胶帽并通过电极夹把电极固定在电极杆上，并注意按以下几点操作：

1) 当被测溶液的电导率低于 10μS/cm 时，使用 DJS-1 型光亮电极。

2) 当被测液的电导率在 10~10^4μS/cm 时，使用 DJS-1 型铂黑电极。

3) 当被测液的电导率大于 1×10^4μS/cm 时，用 DJS-1 型电极测不出液体的电导率。此时选用 DJS-10 型铂黑电极，按电极常数值的 1/10 调节电极常数调节旋钮，测得读数乘以 10 即得被测溶液的电导率。

【注意事项】

(1) 当用 0~0.1μS/cm 或 0~0.3μS/cm 这两挡测量高纯水的电导率时，先把电极引线插入电极插孔，在电极未浸入纯水之前，调节电阻补偿器 K_6 使电表指示为最小值(此值即

为电极铂片间的漏电阻所对应的电导率值)，然后进行测量。

(2) 如果要了解在测量过程中电导率的变化情况，把 10mV 输出接至自动电子记录仪即可。

(3) 当量程选择开关所选数值为红点位置挡时，读表头上红色数字；而量程选择开关指向黑点位置时，可读表头上黑色数字。

(4) 在使用过程中，每次测量前应先将"校正、测量"开关扳向"校正"位置，检查指针是否指向满度，否则需再次调整，在测量时尽可能使表针接近满度，此时误差最小。

(5) 电导电极使用前后均应浸在蒸馏水内以防止铂黑惰化。任何硬物，包括吸水纸及清洗时均不能直接接触或冲击铂黑电极片。

实验 7-8　蔗糖水解反应速率常数的测定

【实验目的】

1. 根据物质的光学性质研究蔗糖水解反应，测定其反应速率常数和半衰期，并验证为一级反应。
2. 了解旋光仪的基本原理，掌握旋光仪的正确使用方法。

【实验原理】

蔗糖在水中水解成葡萄糖与果糖，反应为

$$\underset{(蔗糖)}{C_{12}H_{22}O_{11}} + H_2O \xrightarrow{H^+} \underset{(葡萄糖)}{C_6H_{12}O_6} + \underset{(果糖)}{C_6H_{12}O_6}$$

此反应的反应速率与蔗糖的浓度、水的浓度以及催化剂 H^+ 的浓度有关。在催化剂浓度固定条件下，这个反应本是二级反应，但由于有大量水存在，虽然有部分水分子参加反应，在反应过程中水的浓度变化极小。因此，反应速率只与蔗糖浓度成正比。故可以视为一级反应，速度方程为

$$-\frac{dc}{dt} = kc \tag{7-18}$$

式中：k 是反应速率常数；c 为时间 t 时蔗糖剩余浓度。其定积分式为

$$k = \frac{2.303}{t}\lg\frac{c_0}{c} \tag{7-19}$$

式中：c_0 为蔗糖的初浓度；c 为时间 t 时蔗糖剩余浓度。

在本反应中，蔗糖及其水解产物均为旋光物质。蔗糖是右旋的，水解混合物是左旋的。当反应进行时，如以一束偏振光通过溶液，则可以观察到偏振面由右边旋向左边。偏振面的转移角度称为旋光度，以 α 表示。故可用体系反应过程中旋光度的改变来量度反应的进程。测得之旋光度的大小与溶液中所含旋光物质的旋光能力、溶液浓度、溶剂性质及液层厚度、光源波长以及温度等因素均有关系。

为了比较各种物质的旋光能力，引入比旋光度[α]这一概念并以式(7-20)表示：

$$[\alpha]_D^t = \frac{\alpha}{l \cdot c} \tag{7-20}$$

式中：t 为实验时的温度；D 为所用光源的波长；α 为旋光度；l 为液层厚度；c 为浓度。式(7-20)可写成

$$\alpha = [\alpha]_D^t l \cdot c \tag{7-21}$$

由式(7-21)可以看出，当其他条件不变时，旋光度 α 与反应浓度成正比，即

$$\alpha = Kc \tag{7-22}$$

式中：K 为与物质的旋光能力、液层厚度、溶剂性质、光源的波长、反应时的温度等有关系的常数。

蔗糖是右旋光性物质（比旋光度 $[\alpha]_D^n = 66.6°$），产物中葡萄糖也是右旋性物质（比旋光度 $[\alpha]_D^2 = 52.5°$），果糖是左旋性物质（比旋光度 $[\alpha]_D^2 = -91.9°$）。因此，当水解反应进行时，右旋角不断减小，当反应终了时体系将经过零变成左旋。

因为上述蔗糖水解反应中，反应物与生成物都具有旋光性。旋光度与浓度成正比，且溶液的旋光度为各组成旋光度之和（加和性）。若反应时间为 0、t、∞ 时，溶液的旋光度各为 α_0、α_t、α_∞。则由式(7-22)可以写出：

最初的旋光度

$$\alpha_0 = K_{反} c_0 \quad (蔗糖尚未转化\ t=0) \tag{7-23}$$

最后的旋光度

$$\alpha_\infty = K_{生} c_\infty \quad (蔗糖全部转化\ t=\infty) \tag{7-24}$$

式中：$K_{反}$、$K_{生}$ 分别为反应物与生成物之比例常数；c_0 为反应物质的最初浓度，即生成物最后之浓度。

当反应时间为 t 时，蔗糖浓度为 c，旋光度为 α_t，可以写出：

$$\alpha_t = K_{反} c + K_{生}(c_0 - c) \tag{7-25}$$

由式(7-23)－式(7-24)，式(7-25)－式(7-24)即导出：

$$c_0 = \frac{\alpha_0 - \alpha_\infty}{K_{反} - K_{生}} = K(\alpha_0 - \alpha_\infty) \tag{7-26}$$

$$c = \frac{\alpha_t - \alpha_\infty}{K_{反} - K_{生}} = K(\alpha_t - \alpha_\infty) \tag{7-27}$$

将式(7-26)、式(7-27)代入式(7-19)，即得

$$k = \frac{2.303}{t}\lg\frac{\alpha_0 - \alpha_\infty}{\alpha_t - \alpha_\infty} \tag{7-28}$$

或

$$\lg(\alpha_t - \alpha_\infty) = -\frac{k}{2.303} \cdot t + \lg(\alpha_0 - \alpha_\infty) \tag{7-29}$$

由式(7-29)可以看出，如以 $\lg(\alpha_t - \alpha_\infty)$ 对 t 作图可得一直线，由直线的斜率即可求出反应速率常数 k。

【实验材料】

1. 仪器

圆盘旋光仪 1 台，秒表 1 块，烧杯(50ml) 1 个，烧杯(250ml) 1 个，容量瓶(50ml) 1 个，移液管(25ml) 2 个，上皿天平 1 台，温度计(0～100℃) 1 支

2. 试剂

4mol/L 盐酸，蔗糖(A.R.)。

【实验内容】

1. 旋光仪零点的校正

洗净旋光管各部分零件，将旋光管一端内盖子旋紧，向管内注蒸馏水（蒸馏水为非旋光物质），取玻璃盖片沿管口轻轻推入盖好，再旋紧套盖，勿漏水或有气泡产生。用滤纸擦净旋光管的外部，再用软擦镜纸擦干两端的玻璃盖片。把旋光管放入旋光仪内，打开光源，调整目镜焦距使视野清晰。然后旋转检偏镜，使在视野中能观察到明暗相等的三分视野（即零度视场）为止。记下刻度盘读数（即 $\alpha=0$ 时仪器对应的刻度），重复操作三次，取其平均值，即此为旋光仪的零点。测完取出旋光管，倒出蒸馏水。

2. 蔗糖水解过程中 α_t 的测定

称取 6g 蔗糖于 50ml 容量瓶中，加水配成溶液。用 25ml 移液管吸取蔗糖溶液于小烧杯中，然后再用另一支 25ml 移液管吸取 4mol/L 盐酸溶液加入此蔗糖溶液中。当盐酸溶液由移液管中流出约一半时开动秒表，作为反应的开始时间。不断摇动混合液使之均匀，迅速用少量混合液清洗两次旋光管，然后将此混合液注满旋光管，盖好玻璃片，旋紧套盖（检查不许漏水或有气泡）。擦干旋光管及两端玻璃片，立刻置入旋光仪中，测量各时间 t 时溶液的旋光度 α_t 。测定时要迅速准确，当将三分视野明暗相同后，先记录时间，再读旋光数值。在反应开始的前 15min 要求每分钟测定一次旋光值，以后可每 5min 测一次，直至旋光值从正值经过零到负值（即溶液旋光角从右旋到左旋）为止（反应时间约为 100min）。

3. α_∞ 的测定

为了测定反应终了时的旋光度 α_∞ ，可将步骤 2 小烧杯中剩余的混合液置 60℃左右的水浴中温热 60min，以加速水解反应。然后冷却到室温，再按上述方法测定旋光值即为 α_∞ 。

4. 数据记录与结果计算

（1）按表 7-10 记录并计算各种数据。

表 7-10　蔗糖水解旋光度测定数据

大气压强：________Pa；室温：________℃

反应时间/min	α_t	反应时间/min	α_t	反应时间/min	α_t	反应时间/min	α_t
						∞	

（2）以 α_t 对 t 作图。从 α_t 图曲线上，读出等间隔时间 t（要求每间隔 5min）时的旋光角 α_t，并算出（ $\alpha_t-\alpha_\infty$ ）和 lg（ $\alpha_t-\alpha_\infty$ ）的值。

（3）以 lg（ $\alpha_t-\alpha_\infty$ ）对 t 作图，由图线的形状判断反应的级数，由直线的斜率求出反应速率常数 k。

（4）由 k 值计算这一反应的半衰期 $t_{1/2}$。

【注意事项】

（1）旋光仪的读值方法要掌握熟练后，方可开始正式进行实验。

（2）旋光管的清洗和使用过程中，注意不要用力过猛，避免破碎。

（3）向旋光管中注入溶液时，可小心使液面在管口形成一凸形，然后把玻璃片贴紧管口后轻轻推入盖好，即可使管内没有气泡形成。

（4）实验结束应立刻将旋光管清洗干净，防止酸对旋光管腐蚀。

【思考题】

1. 为什么配蔗糖溶液可用粗天平称量？
2. 一级反应的特点是什么？
3. 如何判断某一旋光物质是左旋还是右旋？
4. 为什么可用蒸馏水测定旋光仪的零点校正？

附　旋光仪的使用

1. 工作原理

当偏振光通过某些透明物质后，偏振光的偏振面将旋转一定的角度，这种现象称为旋光现象。能产生旋光现象的物质称为旋光物质，如石英、石油、酒石酸溶液、蔗糖溶液等。当观察者迎着光线观看时，振动面顺时针方向旋转的物质称为右旋（或正旋）物质；振动面反时针方向旋转的物质称为左旋（或负旋）物质。

对固体旋光物质，振动面的旋转角度 φ 与光透过该物质的厚度 d 成正比，即

$$\varphi=\alpha d \tag{7-30}$$

式中：α 为固体（或晶体）的旋光率，它在数值上等于偏振光通过厚度为 1mm 的固体（或晶体）片后振动面的旋转角度。

对于溶液，旋转角度 φ 与偏振光通过的溶液长度 L 和溶液中旋光物质浓度 c 成正比，即

$$\varphi=\alpha cL \tag{7-31}$$

其中 c 的单位是 g/ml，L 的单位是 mm。

实验表明，旋光率还与入射光的波长和溶液温度有关。同一旋光物质对不同波长的光有不同的旋光率。在一定温度下，它的旋光率与入射光波长的平方成反比，即随波长的减小而迅速增大。这个现象称为旋光色散。故在一般手册中所给出的旋光率是在 20℃时、用钠黄光的 D 线（5893Å）来测定的。

若已知旋光性溶液的浓度 c 和液柱的长度 L，则测出旋转角度就可以由式（7-31）算出其旋光率 α。由式（7-31）可知，若 L 不变，且溶液温度和环境温度保持不变，依次改变浓度 c，测出相应的旋转角度 φ，作 φ-c 曲线——旋光曲线，则得到一条直线，其斜率为 αL。从直线的斜率可计算出旋光率 α；反之，通过测量 φ，可以测定溶液中所含旋光物质的浓度 c。通常可根据测出的旋转角度 φ，从该物质的旋光曲线上查出对应的浓度 c。

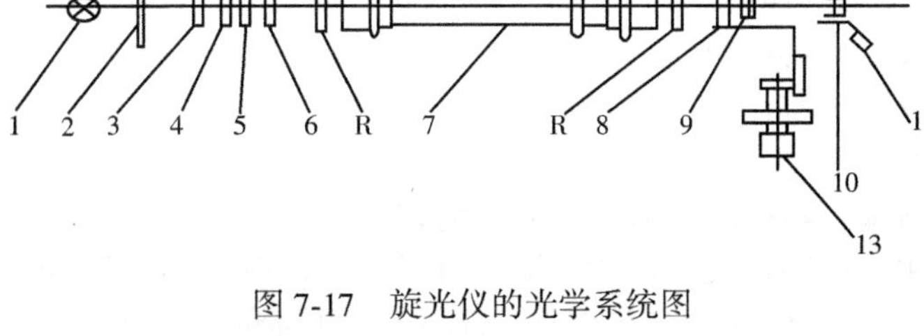

图 7-17　旋光仪的光学系统图

1.光源　2.毛玻璃　3.透镜　4.滤色镜　5.偏振器　6.石英半波片 7.试样管　8.检偏器　9.物镜　10.目镜及调节手轮　11.读数放大镜　12.刻度盘　13.刻度盘转动手轮

旋光仪的光学系统如图 7-17 所示。从光源(1)射出的光线,通过透镜(3)、滤色镜(4)经偏振器(5)成为平面偏振光,在半波片(6)处产生三分视场。通过检偏镜及物、目镜组可以观察到如图 7-18 所示的三种情况。转动检偏镜,只有在零度时(仪器出厂前调整好)视场中三部分亮度一致[图 7-18(b)]。

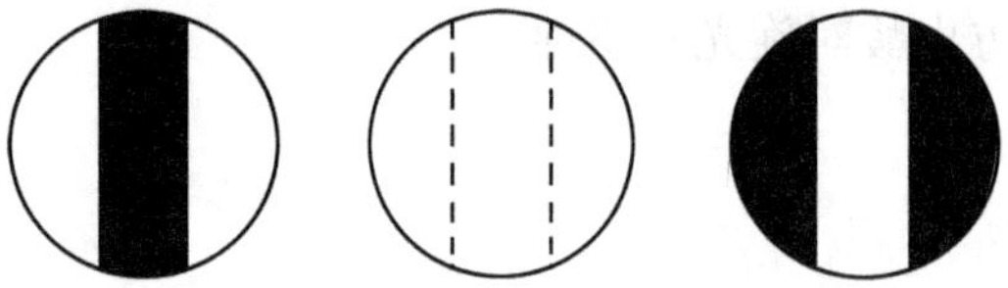

(a)　(b)　(c)

图 7-18　旋光仪的类型

(a) 大于(或小于)零度的视场　(b) 零度视场　(c) 小于(或大于)零度视场

当放进存有被测溶液的试样管后,由于溶液具有旋光性,使平面偏振光旋转了一个角度,零度视场便发生了变化[图 7-18(a)或(c)]。转动检偏镜一定角度,能再次出现亮度一致的视场。这个转角就是溶液的旋光度,它的数值可通过放大镜(11)从刻度盘(12)上读出(图 7-17)。

测得溶液的旋光度后,就可以求出物质的比旋度。根据比旋度的大小就能确定该物质的纯度和含量了。

若已知某溶液的比旋光度,且测出溶液试样管的长度 l 和旋光度 φ,可根据式(7-31)求出待测溶液的浓度,即

$$c = \frac{\varphi}{l[\alpha]_{\lambda}^{t}} \tag{7-32}$$

通常溶液的浓度用 100ml 溶液中的溶质克数来表示,此时式(7-32)改写成

$$c = \frac{\varphi}{l[\alpha]_{\lambda}^{t}} \times 100 \tag{7-33}$$

在糖溶液浓度已知的情况下,测出溶液试样管的长度 l 和旋光度 φ,就可以计算出该溶液比旋光度,即

$$[\alpha]_{\lambda}^{t} = \frac{\varphi}{cl} \times 100 \tag{7-34}$$

2. 使用方法

(1) 接通电源,开启电源开关,约 5min 后,钠光灯发光正常,便可使用。

(2) 调节旋光仪调焦手轮,使其能观察到清晰的三分视场。

(3) 转动检偏镜,观察并熟悉视场明暗变化的规律,掌握零度视场的特点是测量旋光度的关键。零度视场即三分视界线消失,三部分亮度相等,且视场较暗。

(4) 检查仪器零位是否正确。在试样管未放入仪器前,掌握双游标的读法,观察零度视场的位置与零位是否一致。若不一致,说明仪器有零位误差,记下此时读数。重复测定零位误差三次,取其平均值。注意应在读数中减去(有正负之分)。

3. 注意事项

(1) 溶液注满试样管,旋上螺帽,两端不能有气泡,螺帽不宜太紧,以免玻璃窗受力而发生双折射,引起误差。

(2) 试样管两端均应擦干净方可放入旋光仪。

(3) 在测量中应维持溶液温度不变。

(4) 试样管中溶液不应有沉淀,否则应更换溶液。

4. 仪器的维护

(1) 仪器应放在通风干燥和温度适宜的地方,以免受潮发霉。

(2) 仪器连续使用时间不宜超过 4h。如果使用时间较长,中间应关闭电源 10~15min,待钠光灯冷却后再继续使用,或用电风扇散热,减少灯管受热程度,以免亮度下降和寿命降低。

(3) 试样管用后要及时将溶液倒出,用蒸馏水洗涤干净,揩干备用。所有镜片均不能用手直接擦拭,应用柔软绒布揩擦。

(4) 仪器停用时,应将塑料套套上。装箱时,应按固定位置放入箱内并压紧。

实验 7-9 乙酸乙酯皂化反应速率常数的测定

【实验目的】

1. 测定乙酸乙酯皂化反应速率常数,了解反应活化能的测定方法。

2. 了解二级反应的特点,学会用图解计算法求出二级反应的速率常数及反应活化能。

【实验原理】

乙酸乙酯的皂化是双分子反应,反应方程式为

$$CH_3COOC_2H_5+NaOH \longrightarrow CH_3COONa+C_2H_5OH$$

在反应过程中,各物质浓度随时间而改变,测定不同时刻溶液的电导率可求出 OH^- 的浓度,为处理的简单起见,选用相同的起始浓度。设反应 t 时刻 CH_3COONa 和 C_2H_5OH 的浓度 y,那么反应物 $CH_3COOC_2H_5$ 和 NaOH 的浓度应为(c_0-y),即

$$CH_3COOC_2H_5+NaOH \longrightarrow CH_3COONa+C_2H_5OH$$

$t=0$	c_0	c_0	0	0
$t=t$	(c_0-y)	(c_0-y)	y	y
$t=\infty$	0	0	$y\rightarrow c_0$	$y\rightarrow c_0$

因为是双分子反应,所以反应速率

$$\frac{dx}{dt}=k(c_0-y)(c_0-y)=k(c_0-y)^2 \tag{7-35}$$

积分得

$$kt=\frac{y}{c_0(c_0-y)} \tag{7-36}$$

式中:k 为速率常数。c_0 为已知,所以只要测出 t 和 y 的值,即可求出 k 值。

本实验中用测量溶液的电导率来测量溶液中的 y 变化。溶液中参与导电的离子有 Na^+、OH^-、CH_3COO^-,而 Na^+ 在反应前后浓度不变,OH^- 的电导率比 CH_3COO^- 的电导率要大得多,随着时间的增加,OH^- 不断减少,CH_3COO^- 不断增加,所以体系的电导率值不断下降。

显然,体系电导率值的减少量和 CH_3COONa 的浓度 y 的增加值成正比,即

$$t=0 \qquad y=0 \tag{7-37}$$

$$t=t \qquad y=K(\kappa_0-\kappa_t) \tag{7-38}$$

$$t=\infty \qquad y\rightarrow c_0=K(\kappa_0-\kappa_\infty) \tag{7-39}$$

式中:κ_0 为起始电导率;κ_t 为 t 时刻的电导率;κ_∞ 为 $t\rightarrow\infty$ 时的电导率;K 为比例常数。

将式(7-38)、式(7-39)代入式(7-36),得

$$kt=\frac{K(\kappa_0-\kappa_t)}{c_0K[(\kappa_0-\kappa_\infty)-(\kappa_0-\kappa_t)]}=\frac{(\kappa_0-\kappa_t)}{c_0(\kappa_t-\kappa_\infty)}$$

或可写成

$$c_0kt=\frac{(\kappa_0-\kappa_t)}{(\kappa_t-\kappa_\infty)}$$

$$\kappa_t = \frac{1}{c_0 k} \frac{(\kappa_0 - \kappa_t)}{t} + \kappa_\infty \tag{7-40}$$

测定 κ_0 及不同反应时间的 κ_t 以后，以 κ_t 对 $(\kappa_0-\kappa_t)/t$ 作图，应得一直线，直线的斜率就是反应速率常数值和原始浓度 c_0 的乘积的倒数，由此可求得此反应的速率常数 k[单位为 L/(s·mol)]。

依据同样方法，测量两个不同温度下的 k，由阿伦尼乌斯公式可计算该反应的活化能 E。

$$\ln \frac{k_2}{k_1} = \frac{E}{R}\left(\frac{T_2 - T_1}{T_1 T_2}\right)$$

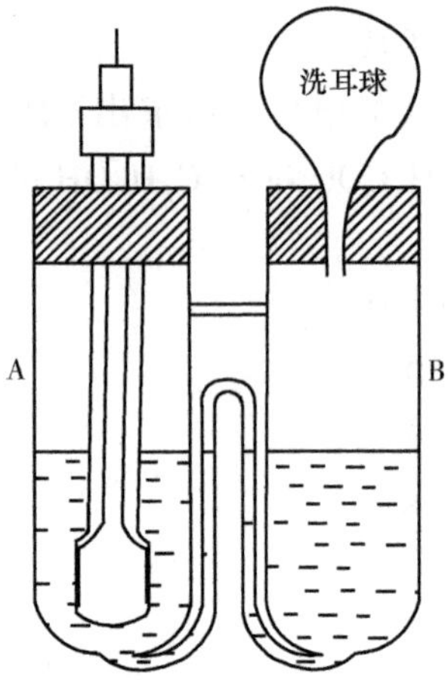

图 7-19　双管电导池示意图

【实验材料】

1. 仪器

电导率仪 1 台，恒温槽 1 套，双管电导池 1 支(图 7-19)，100ml 烧杯 1 只，10ml 移液管 3 支，玻璃棒 1 支，滴管 1 支，洗耳球 1 个，秒表 1 只。

2. 试剂

0.02mol/L NaOH(新配制)、0.02mol/L $CH_3COOC_2H_5$(新配制)、蒸馏水。

【实验内容】

(1) 调节恒温槽温度(若只做 25℃ 条件下可不用恒温槽，而采用电导率仪的温度补偿功能)。

(2) 电导率仪的调节和使用：打开电源，预热 10min；将电极浸入被测溶液，电极插头插入插座；将“校正/测量”开关扳向“校正”挡；将“温度”旋钮指在室温；将“常数”旋钮旋至与电极所标常数数值一致；将“校正/测量”开关扳向“测量”挡，再将“量程”旋钮置于合适的量程挡；待显示稳定后，仪器显示值即为被测溶液在 25℃ 时的电导率。

(3) κ_0 的测量：分别用移液管取 10ml 0.02mol/L NaOH 和 10ml 蒸馏水装入干净且干燥的烧杯，充分混合均匀后，测定其电导率值，即为 κ_0。测量每种溶液的电导率之前，必须用蒸馏水和所测溶液洗涤测量电极。

(4) κ_t 的测量：用移液管移取 10ml 0.02mol/L NaOH 放入 B 管，用另一移液管移取 10ml 0.02mol/L $CH_3COOC_2H_5$ 溶液于 A 管，用洗耳球抽吸气将两溶液混合均匀，同时记录反应时间(以氢氧化钠压入一半时开始计时)。取少量混合液洗涤电导电极后，将其插入 A 管中，每 5min 测量一次溶液的电导率，半小时后每 10min 测量一次，反应到 1h 后停止。测量过程中电极不必取出，管口尽量用塞子塞住，以免溶液挥发。反应完毕后倾去反应液，电导池用蒸馏水洗净干燥。实验完毕后将铂黑电极洗涤后浸入饱和 KCl 溶液中。

(5) 若时间允许可用同样方法，测量 30℃ 的实验数据。

(6) 数据记录与结果计算。

1) 按表 7-11 记录并计算各种数据。

表 7-11　乙酸乙酯皂化反应速率实验数据表

大气压强:________Pa;室温:________℃

t/min	5	10	15	20	25	30	40	50	60
κ_t(25℃)									
κ_t(30℃)									
$(\kappa_0-\kappa_t)/t$(25℃)									
$(\kappa_0-\kappa_t)/t$(30℃)									

2）以 κ_t 对 t 作图将曲线外推至 $t=0$ 求 κ_0,与所测 κ_0 做比较。若所测与作图所得值相差太大,以作图值为准进行下列处理。

3）以 κ_t 对$(\kappa_0-\kappa_t)/t$ 作图,由斜率求出 k。

4）如果测定了 30℃的数据,可求出该反应的活化能 E。

【注意事项】

测 κ_0 时,量程可放在 20mS/cm;测 κ_t 时,量程放在 2mS/cm。

【思考题】

1. 为什么反应物的浓度要相等？如果反应物的浓度不等,应怎样计算？

2. 被测溶液的导电能力,是哪些离子的作用？电导率为什么会有变化？

实验 7-10　最大气泡法测定液体的表面张力

【实验目的】

1. 测定不同浓度乙醇水溶液的表面张力,计算表面吸附量和溶质分子的横截面积。

2. 了解表面张力的性质、比表面吉布斯(Gibbs)函数的意义以及表面张力和吸附的关系。

3. 掌握用最大气泡法测定表面张力的原理和技术。

【实验原理】

1. *比表面吉布斯函数*

从热力学观点看,液体表面缩小是一个自发过程,这是使体系总的比表面吉布斯函数减小的过程。如欲使液体产生新的表面 ΔA,则需要对其做功。功的大小应与 ΔA 成正比:

$$-W=\sigma\Delta A \tag{7-41}$$

式中:σ 为液体的比表面吉布斯函数,也称表面张力。它表示了液体表面自动缩小趋势的大小,其数值与液体的成分、溶质的浓度、温度及表面气氛等因素有关。

2. *溶液的表面吸附*

一定温度下,纯物质降低比表面吉布斯函数的唯一途径是尽可能缩小其表面积。对于溶液,则可以通过溶质自动调节其表面层的浓度来改变它的比表面吉布斯函数。

根据能量最低原则,溶质能降低溶剂的表面张力时,表面层溶质的浓度比溶液内部大;反之,溶质使溶剂的表面张力升高时,表面层中的浓度比内部的浓度低。这种表面浓度与溶液内部浓度不同的现象叫做溶液的表面吸附。显然,在指定的温度和压力下,溶质的吸附量与溶液的表面张力及溶液的浓度有关,从热力学方法可知它们之间的关系遵守吉布斯吸附方程：

$$\Gamma = -\frac{c}{RT}\left(\frac{d\sigma}{dc}\right)_T \quad (7\text{-}42)$$

式中：Γ 为表面吸附量，mol/m^2；T 为热力学温度，K；R 为摩尔气体常量；c 为稀溶液浓度，mol/dm。

若 $\left(\frac{d\sigma}{dc}\right)_T<0$，$\Gamma>0$，称为正吸附；若 $\left(\frac{d\sigma}{dc}\right)_T>0$，则 $\Gamma<0$，称为负吸附。

本实验研究正吸附。

凡溶解少量就能使溶液的表面张力显著降低的物质被称为表面活性物质。表面活性物质具有显著的不对称结构，它们是由亲水的极性基团和憎水的非极性基团构成的。对于有机化合物来说，表面活性物质的极性部分一般为—NH_3^+、—OH、—SH、—COOH、—SO_2OH等。乙醇就属这样的化合物。它们在水溶液表面排列的情况随其浓度不同而异。如图 7-20 所示，浓度很小时，分子可以平躺在表面上；浓度增大时，分子的极性基团取向溶液内部，而非极性基团基本上取向空间；当浓度增至一定程度，溶质分子占据了所有表面，就形成饱和吸附层。

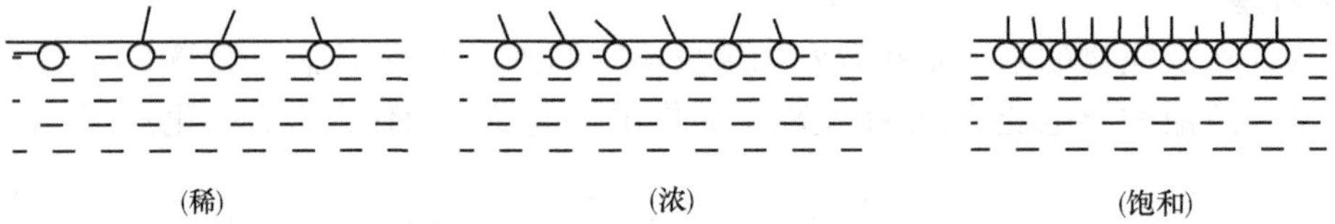

图 7-20　表面活性物质的表面吸附情况

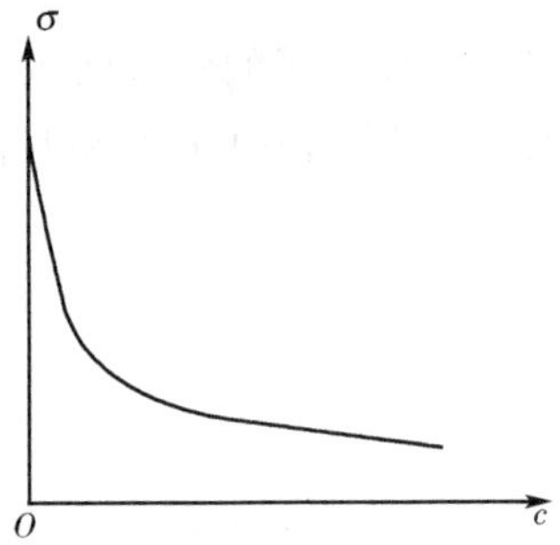

图 7-21　表面张力与浓度的关系

以表面张力对浓度作图，可得到 σ-c 曲线，如图 7-21 所示。从图 7-21 中可以看出，在开始时 σ 随浓度的增加而迅速下降，以后的变化比较缓慢。

在 σ-c 曲线上任选一点 i 作切线，即可得该点所对应浓度 c_i 的斜率 $(d\sigma/dc_i)_T$，再由式(7-42)，可求得不同浓度下的 Γ 值。

3. 饱和吸附与溶质分子的横截面积

吸附量 Γ 与浓度 c 之间的关系，可用朗缪尔(Langmuir)吸附等温式表示：

$$\Gamma = \Gamma_\infty \frac{Kc}{1+Kc} \quad (7\text{-}43)$$

式中：Γ_∞ 为饱和吸附量；K 为常数。将式(7-43)取倒数，可得

$$\frac{c}{\Gamma} = \frac{c}{\Gamma_\infty} + \frac{1}{\Gamma_\infty K} \quad (7\text{-}44)$$

作 $\frac{c}{\Gamma}$-c 图，直线斜率的倒数即为 Γ_∞。

如果以 N 代表 1m^2 表面上溶质的分子数，则有

$$N = \Gamma_\infty L \quad (7\text{-}45)$$

式中：L 为阿伏伽德罗常量。由此可得每个溶质分子在表面上所占据的横截面积：

$$s = \frac{1}{\Gamma_{\infty} L} \tag{7-46}$$

因此,若测得不同浓度的溶液的表面张力,从 σ -c 曲线上求出不同浓度的吸附量 Γ,再从 $\frac{c}{\Gamma}$ -c 直线上求出 Γ_{∞} ,便可计算出溶质分子的横截面积 s。

4. 最大气泡法测定表面张力

测定表面张力的方法很多。本实验用最大气泡法测定乙醇水溶液的表面张力,其实验装置和原理如图 7-22 所示。

将被测液体装于测定管中,使玻璃管下端毛细管端面与液面正好相切,液面将沿毛细管上升。打开抽气瓶的活塞缓缓放水抽气,测定管中的压力 p 逐渐减小,毛细管外压力 p_0 就会将管中液面压至管口,且逐渐形成气泡,直至气泡将要破裂,根据拉普拉斯(Laplace)公式,这时气泡能承受的压力差也最大:

$$\Delta p_{max} = \Delta p_r = \frac{2\sigma}{r} \tag{7-47}$$

最大压力差可用 U 形压力计中最大液柱差 Δh 来表示:

$$\Delta p_{max} = \rho g \Delta h \tag{7-48}$$

式中:ρ 为压力计中液体介质的密度。由式(7-47)和式(7-48)即得

$$\sigma = \frac{r}{2}\rho g \Delta h = K'\Delta h \tag{7-49}$$

式中:K'为仪器常数,可以用已知表面张力的物质测定,如水。

【实验材料】

1. 仪器

表面张力测定装置 1 套,恒温水浴 1 套,阿贝折射仪 1 台,洗耳球 1 个,10ml 量杯 1 只,200ml 烧杯 1 只。

2. 试剂

乙醇(C.P.)、蒸馏水。

【实验内容】

1. 配制溶液

用称量法粗略配制 5%、10%、15%、20%、25%、30%、35%、40%、45%、50%、65%、80%的乙醇水溶液待用(可由实验室预先准备好)。

2. 测定仪器常数

调节恒温水浴温度为 25℃。将仪器认真洗涤干净,在测定管中注入适量蒸馏水,使管内液面刚好与毛细管口相接触,置于恒温水浴内恒温 10min。注意使毛细管保持垂直并注意液面位置,然后按图 7-22 接好系统。

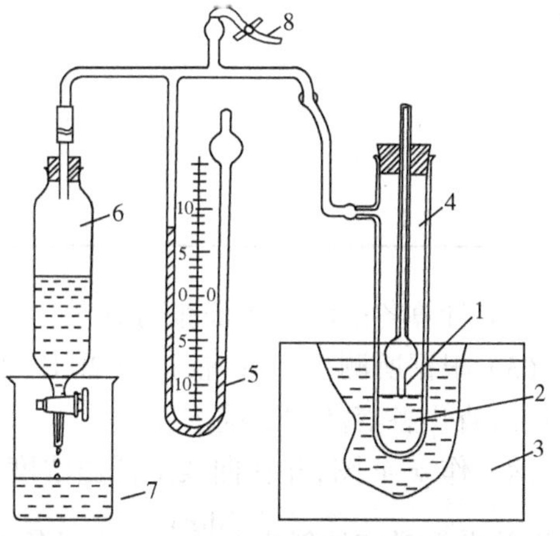

图 7-22　最大气泡法测定溶液表面张力装置

1. 毛细管　2. 待测液体　3. 恒温槽　4. 表面张力仪　5. U 型气压计　6. 滴液漏斗　7. 烧杯　8. 三通管

慢慢打开抽气瓶活塞,进行测定。

注意气泡形成的速率应保持稳定,通常以 8~12 个/min 气泡为宜。记录 U 形压力计两边最高和最低读数各 3 次,求出平均值。

3. 测定乙醇溶液的表面张力

以不同浓度的乙醇溶液进行测量,从稀到浓依次进行。每次测量前必须用少量被测液洗涤测定管,尤其是毛细管部分,确保毛细管内外溶液的浓度一致。

4. 不同浓度乙醇溶液的折光率测定

在测量乙醇溶液泡压差的同时,用阿贝折射仪测量对应溶液的折光率。

5. 数据记录与结果计算

(1) 按表 7-12 记录实验数据。

表 7-12　最大气泡法实验数据

大气压强:________Pa;室温:________℃

浓度/%	折光率 n	校正值 n	校正浓度/%	Δh				σ	$-\frac{\Delta\sigma}{\Delta c}$	$-\frac{d\sigma}{dc}$	Γ	$\frac{c}{\Gamma}$
				1	2	3	均值					
0												
5												
10												
15												
20												
25												
30												
35												
40												
45												
50												
55												
60												
65												
80												

(2) 计算各溶液的表面张力 σ 值。

(3) 根据所测折光率,校正至 20℃,然后由实验室提供的浓度-折光率工作曲线(数据见附录)查出各溶液的准确浓度。

(4) 作 σ-c 图,并在曲线上读出浓度为 5%、10%、15%…10 个点的表面张力,分别做出切线,并求得对应的斜率 $\left(\frac{d\sigma}{dc}\right)_T$,或以各点表面张力列表,并求得每相隔 5% 两点之间的 $\Delta\sigma$ 值,并算出各间隔的 $\frac{\Delta\sigma}{\Delta c}$,作 $\frac{\Delta\sigma}{\Delta c}$-$c$ 的台阶图,如图 7-23 所示,根据此图形状,绘出近似的光

滑曲线 $\left(\frac{d\sigma}{dc}\right)_T$ -c，再从图上读出 5%、10%、15%…各浓度时的 $\left(\frac{d\sigma}{dc}\right)_T$。

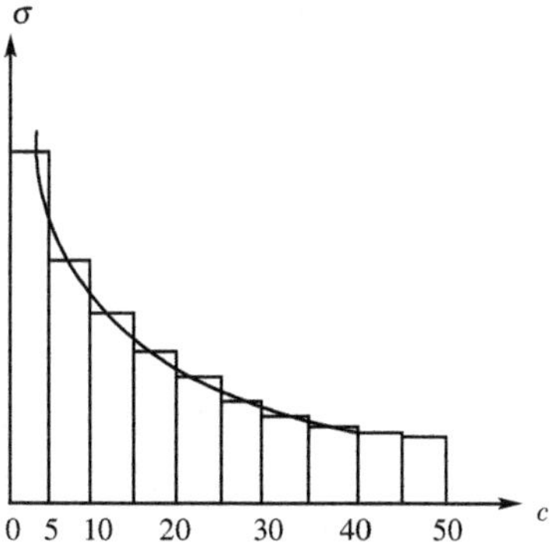

图 7-23 $\left(\frac{d\sigma}{dc}\right)_T$-$c$ 图

(5) 根据方程(7-42)求算各浓度的吸附量 Γ，并作出 $\frac{c}{\Gamma}$-c 图，由直线斜率求其 Γ_∞，并计算 s 值。

【注意事项】

(1) 缓慢调节恒温水浴，温度超出范围不得随意向其中加自来水以保持观察的清晰程度。

(2) 装置搭好后需要先检查系统是否漏气。

(3) 毛细管要保持与水面垂直，且末端与水面相切。

(4) 折光率校正公式：$n^{20℃}=n^t+(t-20)\times 4.5\times 10^{-4}$

【思考题】

1. 在测量中，如果抽气速率过快，对测量结果有什么影响？
2. 实验时，如果毛细管与水面不垂直，对测量有无影响？
3. 如果毛细管末端插入到溶液内部进行测量行吗？为什么？
4. 表面张力仪的清洁与否和水浴温度的不恒定对测量数据有什么影响？

附 折射仪的使用

折光率是物质的重要物理常数之一，测定物质的折光率可以定量地求出该物质的浓度或纯度。

1. 物质的折光率与物质浓度的关系

许多纯的有机物质具有一定的折光率，如果纯的物质中含有杂质，其折光率将发生变化，偏离了纯物质的折光率，杂质越多，偏离越大。纯物质溶解在溶剂中折光率也发生变化。例如，蔗糖溶解在水中，随着浓度越大，折光率越大，所以通过测定蔗糖的水溶液的折光率，也就可以定量地测出蔗糖水溶液的浓度。异丙醇溶解在环已烷中，浓度越大，其折光率越小。折光率的变化与溶液的浓度、测定温度、溶剂溶质的性质以及它们的折光率等因素有关，当其他条件固定时，一般情况下，当溶质的折光率小于溶剂的折光率时，浓度越大，折光率越小。反之亦然。

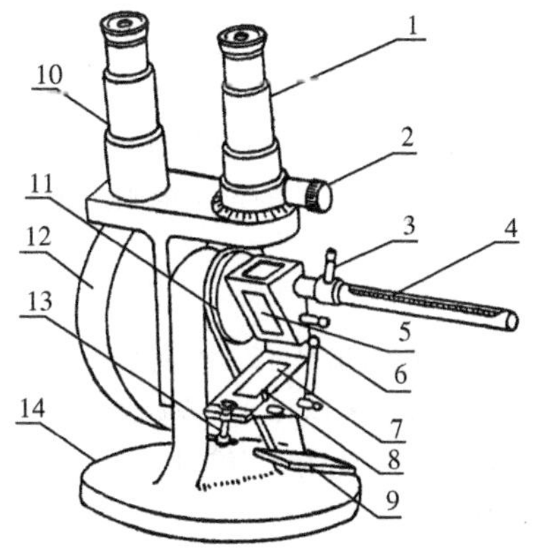

图 7-24 阿贝折射仪

1.测量望远镜 2.消色散手柄 3.恒温水入口 4.温度计 5.测量棱镜 6.铰链 7.辅助棱镜 8.加液槽 9.反射镜 10.读数望远镜 11.转轴 12.刻度罩盘 13.闭合旋钮 14.底座

测定物质的折光率，可以测定物质的浓度，其方法如下：制备一系列已知浓度的样品，分别测定各浓度的折光率；以浓度 c 与折光率 n_D^t 作图得一工作曲线；测未知浓度样品的折光率，在工作曲线上可以查得未知浓度样品的浓度。

用折光率测定样品的浓度所需试样量少，操作简单方便，读数准确。

实验室常用的阿贝折射仪，它既可以测定液体的折光率，也可以测定固体物质的折光率，同时可以测定蔗糖溶液的浓度。其结构外形如图 7-24 所示。

阿贝折射仪的标尺上除标有 1.300～1.700 折光率数值外，在标尺旁还标有 20℃糖溶液的百分浓度的读数，可以直接测定糖溶液浓度。

在指定的条件下,液体的折光率因所用单色光的波长的不同而不同。若用普通白光作光源(波长400~700nm),由于发生色散而在明暗分界线处呈现彩色光带,使明暗交界不清楚,故在阿贝折射仪中还装有两个各由三块棱镜组成的阿密西(Amic)棱镜作为消色散棱镜(又称补偿棱镜)。通过调节消色散棱镜,使折射棱镜出来的色散光线消失,使明暗分界线完全清楚,这时所测的液体折光率相当于用钠光D线(589nm)所测得的折光率为 n_D。

2. 阿贝折射仪的使用方法

将阿贝折射仪放在光亮处,但避免阳光直接暴晒。

用超级恒温槽将恒温水通入棱镜夹套内,其温度以折射仪上温度计读数为准。

扭开测量棱镜和辅助棱镜的闭合旋钮,并转动镜筒,使辅助棱镜斜面向上,若测量棱镜和辅助棱镜表面不清洁,可滴几滴丙酮,用擦镜纸沿单一方向轻擦镜面(不能来回擦)。

用滴管滴入2~3滴待测液体于辅助棱镜的毛玻璃面上(滴管切勿触及镜面),合上棱镜,扭紧闭合旋钮。若液体样品易挥发,动作要迅速,或将两棱镜闭合,从两棱镜合缝处的一个加液小孔中注入样品(特别注意不能使滴管折断在孔内,以免损伤棱镜镜面)。

转动镜筒使之垂直,调节反射镜使入射光进入棱镜,同时调节目镜的焦距,使目镜中十字线清晰明亮。再调节读数螺旋,使目镜中呈半明半暗状态。

调节消色散棱镜至目镜中彩色光带消失,再调节读数螺旋,使明暗界面恰好落在十字线的交叉处。如此时又呈现微色散,必须重调消色散棱镜,直到明暗界面清晰为止。

从望远镜中读出标尺的数值即 n_D,同时记下温度,则 n_D 为该温度下待测液体的折光率。每测一个样品需重复测3次,3次误差不超过0.0002,然后取平均值。

测试完后,在棱镜面上滴几滴丙酮,并用擦镜纸擦干。最后用两层擦镜纸夹在两镜面间,以防镜面损坏。

对有腐蚀性的液体如强酸、强碱以及氟化物,不能使用阿贝折射仪测定。

3. 阿贝折射仪的校正

折射仪的标尺零点有时会发生移动,因而在使用阿贝折射仪前需用标准物质校正其零点。

折射仪出厂时附有一已知折光率的"玻璃块",一小瓶 α-溴萘。滴1滴 α-溴萘在玻璃块的光面上,然后把玻璃块的光面附着在测量棱镜上,不需合上辅助棱镜,但要打开测量棱镜背的小窗,使光线从小窗口射入,就可进行测定。如果测得的值与玻璃块的折光率值有差异,此差值为校正值,也可以用钟表螺丝刀旋动镜筒上的螺丝进行校正,使测得值与玻璃块的折光率相等。这种校正零点的方法,也是使用该仪器测定固体折光率的方法,只要将被测固体代替玻璃块进行测定。

在实验室中一般用纯水作标准物质($n_D^{25}=1.3325$)来校正零点。在精密测量中,必须在所测量的范围内用几种不同折光率的标准物质进行校正,考察标尺刻度间距是否正确,把一系列的校正值画成校正曲线,以供测量对照校正。

4. 温度和压力对折光率的影响

液体的折光率是随温度的变化而变化的,多数液态的有机化合物当温度每增高1℃时,其折光率下降 $3.5\times10^{-4}\sim5.5\times10^{-4}$。纯水的折光率在15~30℃,温度每增高1℃,其折光率下降 1×10^{-4}。若测量时要求准确度为 $\pm1\times10^{-4}$,则温度应控制在 t(℃)±0.1℃,此时阿贝折射仪需要有超级恒温槽配套使用。

压力对折光率有影响,但不明显,只有在很精密的测量中,才考虑压力的影响。

实验 7-11　溶胶的制备、净化与性质

【实验目的】

1. 了解用凝聚法制备溶胶的方法及净化的作用。

2. 通过制备的 $Fe(OH)_3$ 溶胶,熟悉溶胶的基本性质。

【实验原理】

固体以胶体分散程度分散在液体介质中即得溶胶。溶胶的基本特征有三个:①多相体系,相界面很大;②高分散度,胶粒大小在 1~100nm;③是热力学不稳定体系,有相互聚结而降低表面积的倾向。溶胶的制备方法可分为两类:一是分散法,把较大的物质颗粒变为胶体大小的质点;二是凝聚法,把分子或离子聚合成胶体大小的质点。本实验采取化学凝聚法制备 $Fe(OH)_3$ 溶胶,原理如下:

$$FeCl_3+3H_2O \longrightarrow Fe(OH)_3+3HCl$$

$$Fe(OH)_3+HCl \longrightarrow FeOCl+2H_2O$$

$$\qquad\qquad\qquad\qquad | \longrightarrow FeO^++Cl^-$$

$$[Fe(OH)_3]_n+mFeO^++mCl^- \longrightarrow \{[Fe(OH)_3]_n \cdot mFeO^+ \cdot (m-x)Cl^-\}^{x+} \cdot xCl^-$$

溶液中少量的铁氧离子和氯离子作为稳定剂离子,按特性选择吸附规则而被吸附,但更多的离子属杂质,影响溶胶的稳定性,故必须用渗析法除去。渗析采用半透膜,做半透膜的火棉胶使用的是纤维素与硝酸结合而成的低氮硝化纤维素,可取乙醇与乙醚各 50ml 混合,加 8g 低氮硝化纤维素,溶解即得。半透膜的孔径大小与半透膜的干燥时间长短有关,时间短则膜厚而孔大,透过性强;时间长则膜薄而孔小,透过性弱。

溶胶的性质包括三个方面:光学性质、动力学性质和电学性质。

溶胶属热力学不稳定体系,外加电解质时易发生凝聚,但在大分子溶液的保护下,稳定性大大加强,抗凝结能力也就增强了。

【实验材料】

1. 仪器

电泳仪 1 套,电炉(300W)1 只,直流稳定电源 1 台,具暗视野镜头显微镜 1 台,试管架(小试管 5 只以上),150ml 锥形瓶 1 只,100ml、250ml、800ml 烧杯各 1 只,10ml、1ml 移液管各 1 支,滴管 1 支,玻璃棒 1 支。

2. 试剂

2% $FeCl_3$ 溶液、火棉胶、2%酒精松香溶液、1mol/L Na_2SO_4、2mol/L NaCl、0.5%白明胶溶液、稀盐酸、蒸馏水。

【实验内容】

1. 溶胶的制备

在 250ml 烧杯中加入 100ml 蒸馏水,加热至沸,逐滴加入 10ml 2% $FeCl_3$ 溶液,并不断搅拌,加完后继续沸腾几分钟,由于水解反应,得红棕色氢氧化铁溶胶。

2. 半透膜的制备

取 1 只干净的 150ml 锥形瓶,倒入约 10ml 火棉胶溶液,小心转动锥形瓶,使之在锥形瓶上形成均匀薄层,倾出多余的火棉胶液倒回原瓶,倒置锥形瓶于通风橱中的铁圈上,让剩余的火棉胶液流尽,并让溶剂挥发,10min 后,在瓶口剥开一部分膜,在此膜与瓶壁间加几毫升水,用水使膜与瓶壁分开,轻轻取出并吹气使之成袋,检验袋里是否有漏洞,若有漏洞,只需擦干有洞的部分,用玻璃棒醮少许火棉胶液补上即可。

3. 溶胶的净化

把制得的 $Fe(OH)_3$ 溶胶置于半透膜内,捏紧袋口,置于大烧杯内,先用自来水渗析

10min，再换成蒸馏水渗析 5min。

4. 溶胶的性质

(1) 光学性质：将渗析好的溶胶取一些放入小试管中，用聚光灯照射，从侧面观察到一束光锥，另取一支小试管，加几毫升水，滴 1 滴酒精松香溶液，制得松香溶胶，在光路上进行比较，观察乳光强度大小，此为丁铎尔现象，可区别溶胶与溶液，也可取一管蒸馏水做对比。

(2) 动力学性质：将制得的酒精松香溶胶醮一点在载玻片上，加一盖玻片，放在暗视野显微镜下。调节聚光器，直到能看到胶体粒子的无规则运动（即布朗运动）。（示教）

(3) 电学性质：取一电泳管洗净，加几毫升稀盐酸调至活塞内无空气，再夹到斐氏夹上。从小漏斗中加入氢氧化铁溶胶，小心开启活塞，让氢氧化铁缓慢上涌，不可太快，否则界面易冲坏，直到界面升至 U 形管分叉处，可再将界面上升速率调快些。等界面升到所需刻度，关上活塞，插上铂电极，画上划线。通直流电后，观察两极有什么现象，两极各发生什么反应，过一会再看界面移动情况，并由此判断溶胶带什么电荷。

5. 溶胶的凝聚与大分子溶液的保护作用

(1) 凝聚：在两支小试管中各注入约 1ml 溶胶，分别滴加 NaCl 与 Na_2SO_4 溶液，观察比较产生凝聚现象时，电解质溶液的用量各是多少。

(2) 大分子溶液的保护作用：取两支小试管，各加入 1ml 溶胶，分别加入 0. 1ml 及 1. 0ml 0. 5% 白明胶液，然后加蒸馏水使两管总量相等。再各加 1ml 2mol/L NaCl 溶液，观察。如加入 0. 1ml 白明胶液试管内有凝聚现象而加入 1ml 白明胶液试管内无凝聚现象，则表示保护作用发生在 0. 1~1. 0ml，为了更准确地测定，应当再用 0. 2ml、0. 5ml 及 0. 7ml 白明胶进行试验，依此类推，最后能较准确确定保护作用是在哪一条件发生的。

6. 数据记录与结果计算

按表 7-13 记录实验现象。

表 7-13　溶胶性质实验结果

大气压强：________Pa；室温：________℃

项　目	实验现象
溶胶的光学性质	
溶胶动力学性质	
溶胶的电学性质	
溶胶的凝聚与大分子溶液的保护作用	1ml $Fe(OH)_3$溶胶，加 NaCl 溶液____滴
	1ml $Fe(OH)_3$溶胶，加 Na_2SO_4 溶液____滴
	1ml $Fe(OH)_3$溶胶加 1ml 白明胶，加 1ml NaCl 溶液
	1ml $Fe(OH)_3$溶胶加 0. 1ml 白明胶，补水，加 1ml NaCl 溶液
	1ml $Fe(OH)_3$溶胶加 0. 2ml 白明胶，补水，加 1ml NaCl 溶液
	1ml $Fe(OH)_3$溶胶加 0. 5ml 白明胶，补水，加 1ml NaCl 溶液
	1ml $Fe(OH)_3$溶胶加 0. 7ml 白明胶，补水，加 1ml NaCl 溶液
结论	

【注意事项】

制备 $Fe(OH)_3$溶胶时必须是在沸腾的蒸馏水中逐滴缓慢加 $FeCl_3$ 溶液，若制得的体系浑浊或颜色较浅，需重新制备。

【思考题】

1. 制得的溶胶为什么要净化？加速渗析可以采取什么措施？
2. 电泳时两电极分别发生什么反应？试用电极反应方程式表示之。

实验 7-12　黏度法测定高聚物的摩尔质量

【实验目的】

1. 掌握用乌贝路德(Ubbelohde)黏度计测定高聚物溶液黏度的原理和方法。
2. 测定高聚物聚乙二醇的黏均摩尔质量。

【实验原理】

单体分子经加聚或缩聚过程可合成高聚物。高聚物中每个分子的大小并非都相同,即聚合度不一定相同,所以高聚物的摩尔质量是一个统计平均值。对于聚合和解聚过程的机制和动力学的研究,以及为了改良和控制高聚物产品的性能,高聚物的摩尔质量是必须掌握的重要数据之一。

高聚物溶液的特点是黏度特别大,原因在于其分子链长度远大于溶剂分子,加上溶剂化作用,使其在流动时受到较大的内摩擦阻力。

黏性液体在流动过程中,必须克服内摩擦阻力而做功。其所受阻力的大小可用黏度系数 η（简称黏度)来表示[kg/(m·s)]。

高聚物稀溶液的黏度是液体流动时内摩擦力大小的反映。纯溶剂黏度反映了溶剂分子间的内摩擦力,记作 η_0,高聚物溶液的黏度则是高聚物分子间的内摩擦、高聚物分子与溶剂分子间的内摩擦以及 η_0 三者之和。在相同温度下,通常 $\eta > \eta_0$,相对于溶剂,溶液黏度增加的分数称为增比黏度,记作 η_{sp},即

$$\eta_{sp} = \frac{\eta - \eta_0}{\eta_0} \tag{7-50}$$

而溶液黏度与纯溶剂黏度的比值称作相对黏度,记作 η_r,即

$$\eta_r = \eta/\eta_0 \tag{7-51}$$

η_r 反映的也是溶液的黏度行为,而 η_{sp} 则意味着已扣除了溶剂分子间的内摩擦效应,仅反映高聚物分子与溶剂分子间和高聚物分子间的内摩擦效应。

高聚物溶液的增比黏度 η_{sp} 往往随质量浓度 c 的增加而增加。为了便于比较,将单位浓度下所显示的增比黏度 η_{sp}/c 称为比浓黏度,而 $\ln(\eta_r/c)$ 则称为比浓对数黏度。当溶液无限稀释时,高聚物分子彼此相隔很远,它们的相互作用可忽略,此时有关系式

$$\lim_{c\to 0}\frac{\eta_{sp}}{c} = \lim_{c\to 0}\frac{\ln\eta_r}{c} = [\eta] \tag{7-52}$$

式中:$[\eta]$ 为特性黏度,它反映的是无限稀释溶液中高聚物分子与溶剂分子间的内摩擦,其值取决于溶剂的性质及高聚物分子的大小和形态。由于 η_r 和 η_{sp} 均是无因次量,所以 $[\eta]$ 的单位是质量浓度 c 单位的倒数。

在足够稀的高聚物溶液里,η_{sp}/c 与 c 和 $\ln\eta_r/c$ 与 c 之间分别符合下述经验关系式:

$$\eta_{sp}/c = [\eta] + \kappa[\eta]^2 c \tag{7-53}$$

$$\ln\eta_r/c = [\eta] - \beta[\eta]^2 c \tag{7-54}$$

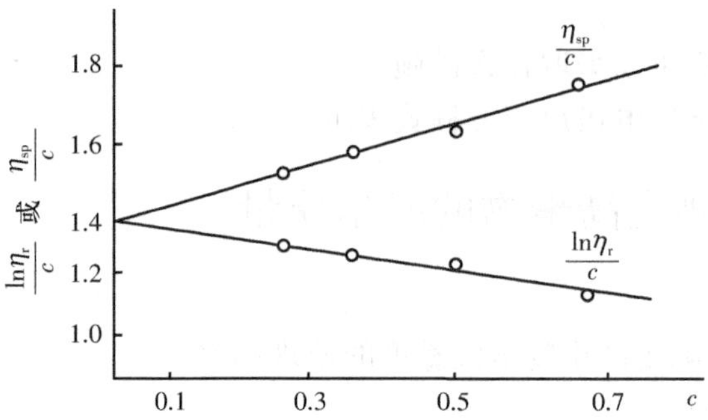

图 7-25　外推法求特性黏度图

式中：κ 和 β 分别为 Huggins 和 Kramer 常数。这是两直线方程，通过 η_{sp}/c 对 c 或 $\ln\eta_r/c$ 对 c 作图，外推至 $c=0$ 时所得截距即为 $[\eta]$。显然，对于同一高聚物，由两线性方程作图外推所得截距交于同一点，如图 7-25 所示。

高聚物溶液的特性黏度 $[\eta]$ 与高聚物摩尔质量之间的关系，通常用带有两个参数的 Mark-Houwink 经验方程式来表示：

$$[\eta] = K \cdot \overline{M}_\eta^\alpha \tag{7-55}$$

式中：$\overline{M}_\eta$ 为黏均摩尔质量；K、α 分别为与温度、高聚物及溶剂的性质有关的常数，只能通过一些绝对实验方法（如膜渗透压法、光散射法等）确定，聚乙二醇水溶液在 25℃ 时 $K=1.56\times10^{-3}$ml/g，$\alpha=0.5$。

本实验采用毛细管法测定黏度，通过测定一定体积的液体流经一定长度和半径的毛细管时所需时间而获得。本实验使用的乌贝路德黏度计如图 7-26 所示。当液体在重力作用下流经毛细管时，其遵守Poiseuille定律：

$$\eta = \frac{\pi p r^4 t}{8lV} = \frac{\pi h \rho g r^4 t}{8lV} \tag{7-56}$$

式中：η 为液体的黏度 kg/(m · s)；p 为当液体流动时在毛细管两端间的压力差，kg/(m · s^2)（即液体密度 ρ、重力加速率 g 和流经毛细管液体的平均液柱高度 h 三者的乘积）；r 为毛细管的半径，m；V 为流经毛细管的液体体积，m^3；t 为 V 体积液体的流出时间，s；l 为毛细管的长度，m。

用同一黏度计在相同条件下测定两个液体的黏度时，它们的黏度之比就等于密度与流出时间之比，即

$$\frac{\eta_1}{\eta_2} = \frac{p_1 t_1}{p_2 t_2} = \frac{\rho_1 t_1}{\rho_2 t_2} \tag{7-57}$$

如果用已知黏度 η_1 的液体作为参考液体，则待测液体的黏度 η_2 可通过式(7-57)求得。

在测定溶剂和溶液的相对黏度时，如溶液的浓度不大（$c<10$kg/m^3），溶液的密度与溶剂的密度可近似地看成相同，故 $\eta_r = \frac{\eta}{\eta_0} = \frac{t}{t_0}$。

所以，只需测定溶液和溶剂在毛细管中的流出时间就可得到 η_r。

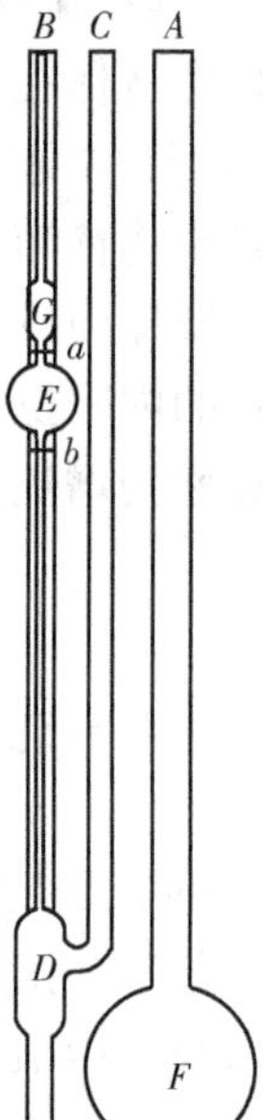

图 7-26　乌氏黏度计

【实验材料】

1. 仪器

恒温槽 1 套，乌氏黏度计 1 支，5ml 移液管 1 支，10ml 移液管 2 支，洗耳球 1 个，秒表 1 只，细乳胶管 2 根，弹簧夹 1 个，吊锤 1 只，电吹风 1 只。

2. 试剂

聚乙二醇(C.P.)、蒸馏水。

【实验内容】

(1) 将恒温水槽调至25℃。

(2) 溶液配制。精密称取聚乙二醇1.000g(称准至0.001g)于100ml带有塞子的锥形瓶中,加入约60ml蒸馏水溶解。因不易溶解,可在60℃水浴中加热数小时,待其颗粒膨胀后,放在电磁搅拌器上加热搅拌,加速其溶解。溶解后,小心转移至100ml容量瓶中,将容量瓶置入恒温水槽内,加蒸馏水稀释至刻度(可由教师准备)。

(3) 测定溶剂流出时间 t_0。将黏度计垂直夹在恒温槽内,用吊锤检查是否垂直。将约20ml纯溶剂自A管注入黏度计内(不必量取),恒温数分钟,夹紧C管上连接的乳胶管,同时在连接B管的乳胶管上接洗耳球慢慢抽气,待液体升至G球的1/2左右即停止抽气,打开C管乳胶管上夹子使毛细管内液体同D球分开,用秒表测定液面在a、b两线间移动所需的时间(图7-26)。重复测定3次,每次相差不超过0.3s,取平均值。

(4) 测定溶液流出时间 t。取出黏度计,倒出溶剂,用乙醇润洗、吹干、冷却后同样方法装入水浴。用专用移液管吸取10ml聚乙二醇溶液,同上法测定流经时间。再用另一移液管加入5ml溶剂,用洗耳球从B管鼓气搅拌,并将溶液慢慢地抽上流下数次,使之混合均匀,恒温后再如上法测定流经时间。同样,依次再加入5ml、10ml、10ml溶剂,逐一测定溶液的流经时间。实验结束后,将溶液倒入回收瓶内,用溶剂仔细冲洗黏度计3次,装满蒸馏水浸泡,备下次用。

(5) 数据记录与结果计算。

1) 按表7-14记录并计算各种数据。

表7-14　黏度法测定高聚物摩尔质量实验数据

大气压强:_______Pa;室温:_______℃

编号	1	2	3	4	5	6
溶液量/ml	0	10	—	—	—	—
每次加溶剂量/ml	20	0	5	5	10	10
溶液浓度/(g/100ml)	0	1.00	0.67	0.50	0.33	0.25
t_1						
t_2						
t_3						
t(平均)						
η_r						
η_{sp}						
$\ln\eta_r/c$						
η_{sp}/c						

2) 以 $\ln\eta_r/c$ 及 η_{sp}/c 分别对 c 作图,作直线外推至 $c\to 0$ 求 $[\eta]$。

3) 取常数 K、α 值,计算出聚乙二醇的黏均摩尔质量 $\overline{M}_\eta$。

【注意事项】

(1) 黏度计必须竖直。

(2) 实验完毕后应反复抽洗黏度计的毛细管部分,以防堵塞。

【思考题】

1. 乌氏黏度计中的支管C的作用是什么？能否去除C管改为双管黏度计使用？为什么？
2. 在测定流出时间时，C管的夹子忘记打开了，所测的流出时间正确吗？为什么？
3. 黏度计为什么必须竖直？为什么总体积对黏度测定没有影响？

实验7-13　中药的离子透析

【实验目的】

1. 了解离子透析在中医药中的应用。
2. 掌握离子透析的原理。
3. 掌握半透膜的制备方法。

【实验原理】

半透膜是根据粒径大小，选择性地让分散介质分子或其他低分子、离子透过，而不让溶胶粒子和大分子透过的薄膜。常见的半透膜有动物膀胱膜、火棉胶等人造薄膜。半透膜具有选择性透过的性质，可用于净化胶体溶液，除去其中的小分子、小离子。这种方法常称为渗析或透析。

近年来，临床上采用数10种中药，以单味或复方的形式通过离子透析法达到治疗疾病的目的。此法对某些疾病的疗效显著，所以逐渐受到重视。其治疗原理是在电场的作用下，药液中的离子向电性相反的电极迁移，离子在迁移中透过皮肤进入机体内部，起到治疗效果。皮肤是一个半透膜，其特点是只允许小分子，小离子自由通过，而大于1 nm的大分子、大离子不能透过。人造的火棉胶膜也是一种半透膜，其通透性与皮肤相似，可用火棉胶膜代替皮肤作探讨。

通过溶液的电流大小与溶液中离子的浓度有关。当温度、溶剂、溶质的种类、浓度及其他条件一定时，则电流的大小取决于离子的浓度。根据这一原理可测定膜内外溶液的导电性，进而推测膜的通透性，即离子的迁移情况；并且通过对比的方法，可用电流的大小说明离子迁移的数目及速度。此外，测定已知的不同浓度溶液中通过的电流，做出浓度与电流的关系曲线，利用曲线可得出某溶液的电流所对应的大约浓度，也可说明膜的通透情况。

本实验通过测量当归、大黄和金银花3种中药的提取液及其透析液的导电性，比较它们提取液中离子的总浓度及其透析液中离子的总浓度。

【实验材料】

1. 仪器

电泳仪1套，直流稳压电源1台，安培计1台，扭力天平1台，定时钟1台，烧杯(1000ml) 6个，量筒(50ml)1个，炭棒电极2个，电键1支，导线等。

2. 试剂

乙醚(C.P.)、无水乙醇(C.P.)、硝化纤维(火棉胶)、中药(当归、大黄、金银花)。

【实验内容】

1. 仪器安装

按图7-27接好线路。

2. 浓度-电流强度工作曲线的绘制

(1) 测定自来水的电流:将自来水装入电泳仪内,两边都在10cm处分别插入炭棒电极(铂电极更好),接通电源,调节直流电源的电压为10V,20min后测定其电流强度约为0.5mA,说明自来水中有少量离子,故不能用来煎煮用于离子透析的中药。

(2) 测定蒸馏水的电流:将电泳仪及电极都用蒸馏水冲洗2或3遍。按上述实验步骤操作,电流强度约为零,说明蒸馏水纯度符合实验要求。

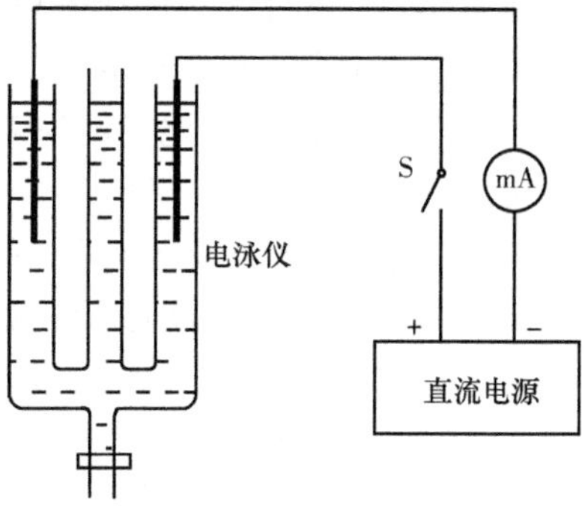

图7-27　离子透析仪器装置图

(3) 绘制工作曲线:精确配制0.1%、0.2%、0.3%、0.4%、0.5%、0.6%、0.7%、0.8%的氯化钾水溶液各500ml。例如,精密称取氯化钾0.5000g,加入500ml蒸馏水,混匀,即为0.1%氯化钾溶液。依法配制其他浓度的溶液。

测定前用被测液冲洗电泳仪1或2次,然后装入80ml被测液,将直流电源电压维持在10V,测定不同浓度氯化钾水溶液的电流强度。

3. 半透膜的制备

火棉胶膜的配方:火棉胶(硝化纤维素)1g,乙醚15ml,乙醇5ml。

取洁净的烧杯,放入1g火棉胶,立即倒入15ml乙醚和5ml乙醇,搅匀,至无气泡时,静置一两分钟待用。另选内壁光滑的1个锥形瓶和6个试管,洗净后烘干。向其中倒入火棉胶液,小心转动容器,使火棉胶黏附在壁内形成均匀薄层。倾出多余的火棉胶胶液(可将容器倒置在滤纸上,并不断旋转,待剩余的火棉胶流尽)。然后,将锥形瓶及试管中的乙醚蒸发完(可用电吹风的冷风吹锥形瓶及试管口,加速挥发),直到嗅不出乙醚的味道为止。此时,用手指轻轻触及火棉胶膜,已不粘手。将锥形瓶及试管放正,往其中注蒸馏水至满(若乙醚未蒸发完全,加水过早,则半透膜呈白色,即不能用。若吹风时间过长,会使膜变得干硬、易裂开)。将膜浸入水中约10min,使膜中剩余的乙醇溶去,倒去瓶中及试管内的水,然后用小刀在瓶口及试管口将膜割开,用手指轻挑即可使膜与瓶壁脱离,再慢慢地注水于夹层,使膜脱离瓶壁,轻轻取出即成膜袋。膜袋灌水而悬空,袋中的水应能逐渐渗出,否则不符合要求,需重新制备(利用锥形瓶制备的半透膜是为净化溶胶使用的)制好半透膜,不用时要保存在蒸馏水中,否则膜袋易发脆,且渗析能力显著降低。

4. 中药提取液及其透析液的光学性质与电学性质比较

(1) 当归提取液制备。取当归30g,放入1000ml烧杯中,加入500ml蒸馏水;加热、煮沸20min后停火、放凉;用双层纱布过滤,弃去药渣,溶液为棕红色,进行实验。

1) 观察丁铎尔效应:中药液是胶体溶液,其胶粒大小应在1~100nm。

2) 提取液的电流测定:将提取液装入电泳仪内,两边至10cm处,分别插入炭棒电极,接通电源,调节电源电压为10V,20min后,读取电流恒定值。

3) 透析液的电流测定:以略小于电泳仪内径的试管为模型,制备半透膜。然后在半透膜内注入原液,将口扎住,一次装2个袋子(约80ml药液),分别放入电泳仪的两边。然后从电泳仪的中间管口注入蒸馏水,使2个袋子漂浮起来离液面2~3cm为好,静止后再分别插入2个电极,接通电源,调节电源电压为10V,每隔5min读取电流值,直至30min。

4) 透析液的光学性质测定:从电泳仪中放出透析液于试管中,进行观察,也应有较明显的丁铎尔效应，说明它含有胶体粒子；但是其大小只能是近似于或小于 1nm 的质点。因为大的穿不过半透膜，太小的质点没有丁铎尔现象。

（2）不同中药的对比。依法对大黄、金银花进行测定。

5. 数据记录与结果计算

（1）按表 7-15 记录自来水、蒸馏水及不同浓度氯化钾水溶液的电流值，绘制氯化钾溶液浓度 c 与电流强度 I 的工作曲线图。

表 7-15　不同溶液电流值的测定

样品	自来水	蒸馏水	氯化钾溶液/%							
			0.1	0.2	0.3	0.4	0.5	0.6	0.7	0.8
电流/mA										

（2）按表 7-16 记录中药提取液及其透析液的电流值，从工作曲线图中查出溶液中离子浓度。

表 7-16　不同中药提取液及其透析液中离子浓度的比较

样品		当归		大黄		金银花	
		电流/mA	浓度/%	电流/mA	浓度/%	电流/mA	浓度/%
提取液							
透析时间/min	5						
	10						
	15						
	20						
	25						
	30						

【注意事项】

（1）制备半透膜必须严格按操作规程，否则不易制成功。

（2）观察电流的大小一定要细心，否则不易测定准确。

（3）氯化钾溶液浓度越大，电流上升的速度越偏低，这可能是因为两极之间产生了过电位。即在两极附近有相反离子堆积，影响迁移离子的导电性能，使之电阻增大，电流强度减小。

（4）利用氯化钾溶液浓度与电流强度的关系曲线图所查出的中药浓度只能是近似的离子浓度，因为中药的成分很复杂，目前还不能确定真实浓度。

【思考题】

1. 皮肤给药为什么会起到与口服和注射用药相同的效果？
2. 如何确定有效离子是正离子还是负离子？
3. 本实验的实际意义是什么？

第八章　仪器分析实验

实验 8-1　分光光度计性能检查

【实验目的】

1. 掌握分光光度计的波长精度、重复性等性能检查的方法。

2. 熟悉分光光度计的使用方法。

【实验原理】

（1）分光光度计的性能好坏，直接影响测定结果的准确度，因此新购仪器及使用一定时间后，均需进行性能检查。

（2）在更换光源灯、重新安装、搬运或检修后，以及仪器工作不正常时，都要进行波长校正。

（3）同种厚度的比色皿，由于材料及工艺等原因，往往造成透光率的不一致，从而影响测定结果，故在使用时需加以配对。

【实验材料】

1. 仪器

可见分光光度计（配石英比色皿一对、镨钕滤光片）。

2. 试剂

60mg/L $K_2Cr_2O_7$溶液（称取 $K_2Cr_2O_7$约 60mg，精密称定，用 0.005mol/L 的 H_2SO_4溶液溶解并稀释至 1000ml）。

【实验内容】

1. 波长精度的检查

调节仪器在透光率状态下，波长调置 580nm 处，$T\%$ 调至最大，在光路处放一白纸条，观察是否有光强均匀、边缘无光晕或杂光的光斑，如不符合要求，可调节灯的位置使其符合要求，视为波长校正的粗调。符合要求后，将镨钕滤光片（比色皿盒中，蓝色）放置在比色皿架中，移入光路，将波长调至约 500nm（或 780nm）处，一边缓缓转动波长旋钮，一边观察数字显示器，当显示读数为最小值时，即为镨钕滤光片的吸收峰，此时读出波长值，波长值应等于 529nm±2nm（或 808nm±2nm），说明该仪器波长精度符合使用要求。

也可以用仪器中氘灯的 486.02nm 与 656.10nm 谱线进行校正。

2. 比色皿的配对性

同种厚度的比色皿之间，透光率误差应小于 0.5%。检查方法如下：将蒸馏水注入厚度相同的两个比色皿中，以其中一个作空白，在 440nm 波长处测定另一个比色皿的透光率，如果两个比色皿的透光率之差小于 0.5%，这两个比色皿能配对；如果两个比色皿的透光率之差大于 0.5%，这两个比色皿不能配对，需要校正。

3. 重复性

仪器在相同工作条件下,用同种溶液连续测定 7 次,其透光率最大读数与最小读数之差(极差)应小于 0.5%。方法如下:以 0.005mol/L 的 H_2SO_4溶液的透光率为 100%,用 60mg/L $K_2Cr_2O_7$溶液在 440nm 波长处连续测定 7 次,求出极差,如小于 0.5%,则符合要求。

4. 吸光度的准确度

取 60mg/L $K_2Cr_2O_7$溶液,在 235nm、257nm、313nm、350nm 波长处测定吸光度,计算其吸收系数,并与规定的吸收系数(表 8-1)比较,应符合表 8-1 中的规定。

表 8-1 $K_2Cr_2O_7$溶液不同波长下规定吸收系数

波长/nm	235(最小)	257(最大)	313(最小)	350(最大)
吸收系数 $E_{1cm}^{1\%}$ 的许可范围	123.0~126.0	142.8~146.2	47.0~50.3	105.5~108.5

【注意事项】

(1) 大幅度改变测试波长时,需要等数分钟后才能正常工作。

(2) 每台仪器所配套的比色皿不能与其他仪器上的比色皿单个调换。

(3) 仪器使用完毕后,用随机提供的塑料套罩住,在套子内应放数袋硅胶,以免灯室受潮,反射镜发霉会影响仪器性能。

(4) 比色皿每次使用完毕,应立即用蒸馏水洗净后,存于比色皿盒内。

(5) 仪器工作 1 月左右或搬动后,要重新进行波长精度等方面的检查,以确保仪器的精确。

【思考题】

1. 同种比色皿透光率的差异对测定有什么影响?
2. 检查分光光度计的波长精度,重复性对测定有什么实际意义?

附 7230G 型分光光度计使用方法

(1) 开机,仪器显示“F7230”。

(2) 按“CLEAR”键,仪器显示“YEA”。

(3) 按“0%”键,仪器显示“00-00”。

(4) 调节波长旋钮使波长移到所需之处。

(5) 2 个比色皿,其中一个放入参比试样,另外一个放入待测试样。将比色皿放入比色皿架中,夹子夹紧,盖上样品池盖。

(6) 将参比试样推入光路,按“MODE”键,使显示 T 状态或 A 状态。

(7) 按“100%”键,至显示“T100.0”或“A0.000”。

(8) 打开样品池盖,按“0%”键,显示“T0.0”或“A E1”。

(9) 将待测试样推入光路,显示试样的 T 值或 A 值。

(10) 要记录数据,按“PRINT”键即可。

实验 8-2 维生素 B_{12}或丹皮酚吸收曲线的测绘及含量测定

【实验目的】

1. 掌握测绘吸收曲线的方法。

2. 掌握吸收系数法进行含量测定的方法。

【实验原理】

（1）在实验条件固定的情况下，化合物的吸收曲线所出现的 λ_{max}、λ_{min} 或 λ_{sh} 为一定值，且它们的数目也一定，从而为鉴别化合物提供了有力的证据。

（2）根据 Lambert-Beer 定律，当平行的单色光通过均匀溶液时，

$$A = ELC$$

由上式可计算出样品中所需测定的化合物的含量。

【实验材料】

1. 仪器

紫外-可见分光光度计、石英比色皿（一对）、容量瓶、移液管。

2. 试剂

丹皮酚对照品、牡丹皮药材、95% 乙醇、维生素 B_{12} 注射液。

【实验内容】

1. 丹皮酚吸收曲线的测绘及含量测定

（1）丹皮酚吸收曲线的测绘

1）称取丹皮酚对照品 10mg，用 95% 乙醇溶解，定容至 10ml，摇匀。吸取 5.0ml 于 100ml 容量瓶内，用 95% 乙醇定容，作为母液备用，此溶液中丹皮酚的含量为 0.005%。

2）吸收曲线的测绘。吸取母液 1ml 于 10ml 容量瓶内，用 95% 乙醇定容。此时，丹皮酚含量为 0.0005%。将此溶液与空白溶液（95% 乙醇）分别用两个相同的比色皿盛装后，放置在仪器的比色架上，按仪器使用方法在 200～400nm 波长范围内进行光谱扫描，得到吸收曲线图。

（2）牡丹皮中丹皮酚的含量测定。取牡丹皮粗粉约 0.2g，精密称定，用水蒸气蒸馏，收集馏出液约 450ml，加水至 500ml，摇匀。在 274nm 的波长处测定吸光度，按丹皮酚在 274nm 处的吸收系数（$E_{1cm}^{1\%}$）为 862 计算。

牡丹皮含丹皮酚（$C_9H_{10}O_3$）不得少于 1.20%。

2. 维生素 B_{12} 注射液吸收曲线的绘制及含量测定

（1）维生素 B_{12} 注射液吸收曲线的绘制。精密量取维生素 B_{12} 注射液适量，加水稀释成 1ml 中约含维生素 B_{12} 25μg 的溶液，将此溶液与空白溶液（水）分别用两个相同的比色皿盛装后，放置在仪器的比色架上，按仪器使用方法在 200～400nm 波长范围内进行光谱扫描，得到吸收曲线图。

（2）维生素 B_{12} 注射液中维生素 B_{12} 的含量测定。精密量取维生素 B_{12} 注射液适量，加水稀释成 1ml 中约含维生素 B_{12} 25μg 的溶液，在 361nm 的波长处测定吸光度，按维生素 B_{12} 在 361nm 处的吸收系数（$E_{1cm}^{1\%}$）为 207 计算，即得。

【注意事项】

使用比色皿时，应先进行比色皿的配对。

【思考题】

采用吸收系数法进行含量测定，有什么优缺点？

实验 8-3　分光光度法测定槐花中总黄酮的含量

【实验目的】

1. 掌握用标准曲线法测定槐花中总黄酮含量的方法。

2. 巩固紫外-可见分光光度计的操作方法。

【实验原理】

黄酮类化合物分子结构中多含有羰基和羟基等结构,这些结构可与金属盐类试剂如铝盐、铅盐等生成有色配合物。

铝盐比色法是指用三氯化铝或硝酸铝与黄酮类化合物生成稳定的有色配合物,在 $NaNO_2$ 的碱性溶液中呈红色,在 510nm 波长处有最大吸收,此显色反应可用于定量分析。

【实验材料】

1. 仪器

紫外-可见分光光度计、容量瓶、移液管、量筒、洗耳球。

2. 试剂

芦丁对照品、槐花药材、5% 亚硝酸钠溶液、10% 硝酸铝溶液、4% 氢氧化钠溶液、甲醇、乙醇。

【实验内容】

1. 对照品溶液的制备

精密称取在 120℃ 干燥至恒重的芦丁对照品 50mg,置 25ml 容量瓶中,加甲醇适量,置水浴上微热使溶解,放冷,加甲醇至刻度,摇匀。精密吸取 10ml,置 100ml 容量瓶中,加水至刻度,摇匀,即得(1ml 中含无水芦丁 0. 2mg)。

2. 标准曲线的制备

精密量取对照品溶液 0. 5ml、1. 0ml、1. 5ml、2. 0ml、2. 5ml,分别置 10ml 容量瓶中,各加水至 5ml,加 5% 亚硝酸钠溶液 0. 3ml,摇匀,放置 6min,加 10% 硝酸铝溶液 0. 3ml,摇匀,放置 6min,加 4% 氢氧化钠溶液 4ml,加水至刻度,摇匀,放置 15min,以相应试剂为空白,在 500nm 的波长处测定吸光度,以吸光度为纵坐标,浓度为横坐标,绘制标准曲线。

3. 样品测定

取槐花粗粉约 1g,精密称定,置索氏提取器中,加乙醚适量,加热回流至提取液无色,放冷,弃去乙醚液。再加甲醇 90ml,加热回流至提取液无色,转移至 100ml 容量瓶中,用甲醇少量洗涤容器,洗液并入容量瓶中,加甲醇至刻度,摇匀。精密量取 10ml,置 100ml 容量瓶中,加水至刻度,摇匀。精密量取 3ml,至 10ml 容量瓶中,照标准曲线制备项下的方法,自“加水至 5ml”起,依法测定吸光度,从标准曲线上读出供试品溶液中无水芦丁的质量(μg),计算,即得。

槐花中含总黄酮以无水芦丁($C_{27}H_{30}O_{16}$)计,不得少于 8. 0%。

【注意事项】

(1) 对照品溶液和样品溶液的取样要准确。

(2) 要使显色反应顺利进行,应依次加入亚硝酸钠溶液、硝酸铝溶液、氢氧化钠溶液。

(3) 对照品和样品应同时显色。

(4) 加入试液后，放置一定时间，可保证反应完全。

【思考题】

1. 显色反应受哪些因素的影响?

2. 标准曲线法的优点有哪些?

实验 8-4　分光光度法测定药物中铁的含量

【实验目的】

1. 掌握用标准曲线法测定药物中铁含量的方法。

2. 巩固分光光度计的操作方法。

【实验原理】

铁是人体必需元素之一，也是某些含铁药物中的主要成分，对于其他药物，铁又是常见的一种杂质，含量大时易产生特殊气味，因此对药物中的铁要进行检查和测定。铁的测定所用的显色剂较多，其中邻二氮菲是目前普遍采用的一种；溶液 pH 为 2～9 时，Fe^{2+} 与邻二氮菲生成稳定的橙红色配合物。最大吸收波长为 508nm，$\varepsilon = 1.1\times10^4 L/(mol \cdot cm)$。当铁以 Fe^{3+} 的形式存在于溶液中时，可用还原剂（盐酸羟胺或对苯二酚等）将其还原为 Fe^{2+}。常见的金属离子在量少的情况下不影响 Fe^{2+} 测定，量大时可用 EDTA 掩蔽或预先分离。

【实验材料】

1. 仪器

可见分光光度计、比色皿、容量瓶、移液管、量筒。

2. 试剂

铁标准溶液（c:100μg/ml）：准确称取 0.8634g $NH_4Fe(SO_4)_2 \cdot 12H_2O$（A.R.）于 200ml 烧杯中，加入 20ml 6mol/L HCl 溶液和水，溶解后定量转移至 1000ml 容量瓶中。

1.5g/L 邻二氮菲溶液；100g/L 盐酸羟胺溶液（用时配制）。

1mol/L NaAc；1mol/L NaOH；6mol/L HCl。

【实验内容】

1. 标准曲线的制备

精密量取 10ml 铁标准溶液（c:100μg/ml）于 100ml 容量瓶中，加入 2ml 6mol/L HCl 溶液，用水稀释至刻度，摇匀，配制成 10μg/ml 铁标准溶液。量取 10μg/ml 铁标准溶液 2.0ml、4.0ml、6.0ml、8.0ml、10.0ml 分别于 50ml 容量瓶内，均加入 1.0ml 盐酸羟胺溶液，摇匀，再加入 2.0ml 邻二氮菲溶液，5.0ml NaAc 溶液，摇匀，用水稀释至刻度，摇匀，放置 10min，以相应试剂为空白，在 508nm 波长处测定吸光度。以铁含量为横坐标，吸光度为纵坐标，绘制标准曲线。

2. 样品测定

生地黄粉碎后干燥，取约 0.2g，精密称定，置 50ml 锥形瓶中，加入 25ml 浓硝酸与 3ml 浓硫酸封口过夜。次日，将锥形瓶放在电炉上加热煮沸至棕色，冷却，逐滴加入 1～2ml 的浓硝酸，再煮沸，重复以上操作，当最后一次加浓硝酸不再变棕色时，停止添加浓硝酸，继续煮到冒白烟并持续几分钟，溶液保持淡黄色，冷却后用较浓的 NaOH 调 pH 到 4～6，转移至 50ml 容量瓶中定容作储备液备用。准确吸取储备液 5.0ml，置于 50ml 容量瓶中，自“加入 1.0ml 盐酸羟胺溶液”起依法测定吸光度，从标准曲线上读出供试品溶液中铁的含量，计算，即得。

【注意事项】

(1) 进行测定时，比色皿应配对或校正。

(2) 比色皿内外应清洁透明，如有气泡或颗粒，应重新装液。

(3) 比色皿用毕应充分洗净保存。

(4) 关闭仪器，检查干燥剂及防尘措施。

(5) 显色反应严格按照实验条件进行。

【思考题】

1. 标准曲线法和标准对照法分别适用于何种情况？
2. 显色反应受哪些因素的影响？

实验 8-5　薄层板的制备与薄层色谱定性分析（天麻、大黄、五味子的定性鉴别）

【实验目的】

1. 掌握薄层板的制备方法。
2. 掌握薄层色谱的定性分析方法。
3. 熟悉薄层色谱的一般操作方法。

【实验原理】

中药天麻中，天麻素为其主要有效成分之一，选用天麻素对照品进行对照；中药大黄中，大黄酸为其主要有效成分之一，选用大黄酸对照品进行对照；中药五味子中，五味子甲素为其主要有效成分之一，选用五味子甲素对照品进行对照；根据相同的组分在相同的条件下，应该有相同的颜色和比移值作为定性鉴别的依据。

【实验材料】

1. 仪器

天平、研钵、玻璃板（10cm×20cm）、毛细管、双槽层析缸。

2. 试剂

羧甲基纤维素钠的水溶液、薄层层析用硅胶 G、硅胶 H、硅胶 GF_{254}。

3. 天麻定性鉴别的试剂、样品与仪器

天麻药材，天麻素对照品；乙酸乙酯，甲醇，磷钼酸，乙醇；喷雾器。

4. 大黄定性鉴别的试剂、样品与仪器

大黄药材，大黄酸对照品；石油醚（30～60℃），甲酸乙酯，三氯甲烷，乙醚，甲酸，甲醇，盐酸；三用紫外线分析仪。

5. 五味子定性鉴别的试剂、样品与仪器

五味子药材，五味子甲素对照品；石油醚（30～60℃），甲酸乙酯，甲酸 ，三氯甲烷；三用紫外线分析仪。

【实验内容】

1. 薄层板的制备

（1）洗板：选取板面平整的玻璃板，洗净后放置在薄层板放置架上阴干备用。

（2）匀浆：取吸附剂1份（3.0g）和水3份在研钵中向同一方向研磨成匀浆。

（3）铺制：将匀浆均匀涂布于玻璃板上，置水平台上阴干。

（4）活化：将阴干的薄层板置烘箱中，于110℃烘30min，冷却后放入干燥器中备用。

2. 薄层色谱定性分析

（1）天麻的定性鉴别

1）供试品溶液的制备：称取天麻粉末0.5g，加70%甲醇5ml，超声处理30min，过滤，滤液作为供试品溶液。

2）对照品溶液的制备：取天麻素对照品，加甲醇制成1ml含1mg的溶液。

3）点样：吸取供试品溶液10μl，对照品溶液5μl，分别点于同一硅胶G薄层板上。

4）展开：以乙酸乙酯-甲醇-水（9：1：0.2）为展开剂，展开，取出，晾干。

5）检视：在薄层板上喷以10%磷钼酸乙醇溶液，在105℃加热至斑点显色清晰。供试品色谱中，在与对照品色谱相应的位置上，显相同颜色的斑点。

（2）大黄的定性鉴别

1）供试品溶液的制备：取大黄粉末0.1g，加甲醇20ml，浸泡1h，过滤，取滤液5ml，蒸干，残渣加水10ml使溶解，再加盐酸1ml，加热回流30min，立即冷却，用乙醚分2次提取，每次20ml，合并乙醚液，蒸干，残渣加三氯甲烷1ml使溶解，作为供试品溶液。

2）对照品溶液的制备：取大黄酸对照品，加甲醇制成1ml含1mg的溶液。

3）点样：吸取供试品溶液与对照品溶液各4μl，分别点于同一以羧甲基纤维素钠为黏合剂的硅胶H薄层板上。

4）展开：以石油醚（30~60℃）-甲酸乙酯-甲酸（15：5：1）的上层溶液为展开剂，展开，取出，晾干。

5）检视：置紫外灯（365nm）下检视。供试品色谱中，在与对照品色谱相应的位置上，显相同的橙黄色荧光斑点。

（3）五味子的定性鉴别

1）供试品溶液的制备：取五味子粉末1g，加三氯甲烷20ml，加热回流30min，过滤，滤液蒸干，残渣加三氯甲烷1ml使溶解，作为供试品溶液。

2）对照品溶液的制备：取五味子甲素对照品，加三氯甲烷制成每1ml含1mg的对照品溶液。

3）点样：吸取供试品溶液与对照品溶液各2μl，分别点于同一硅胶GF_{254}薄层板上。

4）展开：以石油醚（30~60℃）-甲酸乙酯-甲酸（15：5：1）的上层溶液为展开剂，展开，取出，晾干。

5）检视：置紫外灯（254nm）下检视。供试品色谱中，在与对照品色谱相应的位置上，显相同颜色的斑点。

【注意事项】

（1）自制的薄层板应平整、均匀、无麻点。

（2）点样用定量毛细管或微量点样器，点样形状一般为圆形点，点样基线距底边1.0~

1.5cm，样点直径为2~3mm，点间距离可视斑点扩散情况而定。

（3）展开剂的用量以浸入薄层板下端高度不超过0.5cm为宜。

（4）展开前如需预平衡，可在缸中加入适量的展开剂，密闭，一般保持15~30min，再放入点好样的薄层板。

（5）展距，一般为8~15cm。

【思考题】

1. 薄层板的制备过程中应注意哪些问题？
2. 如何克服薄层展开过程中的边缘效应？

实验8-6　高效液相色谱仪的使用

【实验目的】

1. 掌握高效液相色谱仪的使用方法。
2. 了解高效液相色谱仪的结构。

【实验原理】

高效液相色谱仪的工作过程：输液泵将流动相以稳定的流速输送，流动相将样品（由进样器导入）带入色谱柱，在色谱柱中，根据各组分在固定相中的分配系数不同而达到分离，并依次流入检测器，检测信号送入数据处理系统记录、处理，得到色谱图。

【实验材料】

1. 仪器

L-2000液相色谱仪（紫外检测器、250mm×4.6mm C_{18}反相键合色谱柱、25μl微量进样器），过滤器及脱气装置。

2. 试剂

苯、甲苯、萘、甲醇（色谱纯）、高纯水。

【实验内容】

1. 流动相的预处理

（1）过滤流动相。

（2）对过滤后的流动相进行超声脱气处理。

2. 安装色谱柱

3. 液相色谱仪的使用方法

（1）启动液相色谱仪。

1）检查仪器的电源线是否已连接。

2）打开仪器的电源开关。

3）打开输液泵电源。

4）打开检测器电源（在平衡和冲洗色谱柱时请将检测器关闭）。

（2）排除管道内空气。

1）将吸滤头放入经过处理后的流动相内。

2）将输液泵阀打开（逆时针旋转180°）。

3）按下 pump on/off 键，开启输液泵。
4）按下 purge 键，开始排管道内气泡。
5）仔细观察管路，至无气泡流出时，再次按下 purge 键，暂停排液。
6）按下 pump on/off 键，关闭输液泵。
7）顺时针旋紧输液泵阀。
（3）泵流速的设定。
1）按下 manual 键。
2）按下 1 键，按 ent 键确认。
3）输入需要的流速，按 ent 键确认。
（4）检测器波长的设定。按下 wl 键，输入需要的波长，按 ent 键确认。
（5）打开 T2000P 色谱工作站。
1）选择实时进样通道 1，进入样品信号采集界面。
2）鼠标左键点击“方法”，修改或者新建分析方法。
3）鼠标左键点击“谱图”，设置谱图显示。
4）在“停止时间”项下输入采集停止时间。
5）在“路径及文件名规则”项下输入文件保存路径。
6）鼠标右键点击“使用方法”项下分析方法，选择分析方法。
（6）色谱柱预平衡。按下 pump on/off 键，开启输液泵，至基线平稳时可开始进样。
（7）进样。
1）进样前按 A/Z 键将基线调零。
2）将进样阀逆时针旋至于 load 位，插入进样针，进样。
3）进样后立即将进样阀顺时针旋至 inject 位，工作站开始采集信息。
（8）数据采集完毕后，点击停止进样。
（9）点击“再处理”和“报告”图标对图谱进行再处理，出报告图。
（10）实验完毕后冲洗色谱柱。
（11）关闭工作站，关闭输液泵电源，关闭检测器电源，关闭仪器电源。

附　练习液相色谱仪使用的色谱条件、样品溶液和进样量

色谱条件：流动相为甲醇：水（80：20）；固定相为 C_{18} 反相键合色谱柱；检测波长为 254nm；流速：1ml/min。

样品溶液：含苯、甲苯、萘浓度分别为 1μg/ml 的甲醇溶液。

进样量：10μl。

【注意事项】

（1）安装色谱柱时，要注意色谱柱上的箭头，流动相的流向应该与箭头方向一致。
（2）流动相一般储存于玻璃容器内。
（3）在调节流速时应该缓慢进行。

【思考题】

流动相在使用前为什么要过滤和脱气？

实验 8-7　高效液相色谱定量分析（赤芍、大黄、陈皮的定量分析）

【实验目的】

1. 掌握用外标法进行定量分析的方法。

2. 巩固高效液相色谱仪的使用。

【实验原理】

利用高效液相色谱法进行定量的方法有多种，其中以外标法使用较为普遍。外标法可分为外标一点法及标准曲线法。当标准曲线截距为零时，可用外标一点法进行定量。在药物的分析中，为了减小实验条件波动对分析结果的影响，采用随行对照，即在每次测定时都同时进对照品与样品溶液。

【实验材料】

1. 仪器

液相色谱仪（紫外检测器，C_{18}反相键合色谱柱）、超声波提取器、索氏提取器、微量进样器、具塞锥形瓶。

2. 试剂

（1）赤芍定量分析用试剂与样品：芍药苷对照品、赤芍药材、甲醇（C. R.）、甲醇（A. R.）、磷酸二氢钾。

（2）大黄定量分析用试剂与样品：大黄素对照品、大黄酚对照品、大黄药材、甲醇（C. R.）、甲醇（A. R.）、三氯甲烷、磷酸、盐酸。

（3）陈皮定量分析的试剂与样品：橙皮苷对照品、陈皮药材、石油醚（60～90℃）、甲醇（C. R.）、甲醇（A. R.）、乙酸。

【实验内容】

1. 中药赤芍中芍药苷的定量分析

（1）色谱条件：C_{18}反相键合色谱柱；以甲醇-0. 05mol/L 磷酸二氢钾溶液（40 ∶ 65）为流动相；检测波长为 230nm。

（2）对照品溶液的制备：精密称取芍药苷对照品适量，加甲醇制成 1ml 含 0. 5mg 的溶液。

（3）供试品溶液的制备：取赤芍粗粉约 0. 5g，精密称定，置具塞锥形瓶中，精密加入甲醇 25ml，称定质量，浸泡 4h，超声处理 20min，放冷，再称定质量，用甲醇补足减失的重量，摇匀，过滤，取续滤液，即得。

（4）测定：分别精密吸取对照品溶液与供试品溶液各 10μl，注入液相色谱仪，测定，即得。

赤芍含芍药苷（$C_{23}H_{28}O_{11}$）不得少于 1. 8%。

2. 中药大黄中大黄素、大黄酚的定量分析

（1）色谱条件：C_{18}反相键合色谱柱；甲醇-0. 1% 磷酸溶液（85 ∶ 15）为流动相；检测波长为 254nm。

(2) 对照品溶液的制备：精密称取大黄素对照品、大黄酚对照品适量，加甲醇制成每1ml中含大黄素、大黄酚各16μg的溶液。

(3) 供试品溶液的制备：取大黄粉末（过四号筛）约0.15g，精密称定，置具塞锥形瓶中，精密加甲醇25ml，称定质量，加热回流30min，放冷，再称定质量，用甲醇补足减失的质量，摇匀，过滤。精密量取续滤液5ml，置烧瓶中，挥去甲醇，加8%盐酸溶液10ml，超声处理2min，再加三氯甲烷10ml，加热回流1h，冷却，置分液漏斗中，用少量三氯甲烷洗涤容器，并入分液漏斗中，分取三氯甲烷层，酸液用三氯甲烷提取3次，每次10ml，合并三氯甲烷液，减压回收溶剂至干，残渣加甲醇溶解，转移至10ml容量瓶中，用甲醇至刻度，摇匀，过滤，取续滤液，即得。

(4) 测定法：分别精密吸取对照品溶液与供试品溶液各10μl，注入液相色谱仪，测定，即得。

大黄含大黄素（$C_{15}H_{10}O_5$）和大黄酚（$C_{15}H_{10}O_4$）的总量不得少于0.05%。

3. 中药陈皮中橙皮苷的定量分析

(1) 色谱条件：C_{18}反相键合色谱柱；甲醇-乙酸-水（35∶4∶61）为流动相；检测波长为283nm。

(2) 对照品溶液的制备：精密称取橙皮苷对照品适量，加甲醇制成每1ml含0.4mg的溶液，即得。

(3) 供试品溶液的制备：取陈皮粗粉约1g，精密称定，置索氏提取器中，加石油醚（60～90℃）80ml，加热回流2～3h，弃去石油醚，药渣挥干，加甲醇80ml，再加热回流至提取液无色，放冷，过滤，滤液置100ml容量瓶中，用少量甲醇分数次洗涤容器，洗液滤入同一容量瓶中，加甲醇至刻度，摇匀，即得。

(4) 测定法：分别精密吸取对照品溶液与供试品溶液各5μl，注入液相色谱仪，测定，即得。

陈皮含橙皮苷（$C_{28}H_{34}O_{15}$）不得少于3.5%。

【注意事项】

(1) 样品和对照品的称量要准确。

(2) 流动相在使用前要进行过滤和脱气处理。

【思考题】

1. 外标一点法的主要误差来源是什么？
2. 紫外检测器是一种常用检测器，它的优缺点是什么？

实验8-8　气相色谱仪的使用

【实验目的】

1. 掌握气相色谱仪的使用方法。
2. 了解气相色谱仪的结构。

【实验原理】

气相色谱法是采用气体作流动相（载气）流经色谱柱进行分离分析的方法。所用的仪器为气相色谱仪，主要由气路系统进样系统、分离系统、温度控制系统、检测系统和数据处理系统组成。

【实验材料】

1. 仪器

安捷伦 GC-6890 气相色谱仪(手动进样，FID 检测器)或岛津 GC-2014 气相色谱仪(FID 检测器)，微量进样器。

2. 试剂

樟脑、无水乙醇。

【实验内容】

1. 安捷伦 GC-6890 气相色谱仪的使用

(1) 开机。

1) 检查仪器的电源线及氮气、空气、氢气的接头是否连好。

2) 打开氮气、空气、氢气钢瓶及减压阀。

3) 打开仪器的电源开关，待自检完成后，开启电脑。

4) 双击 instrument 1 online 图标，化学工作站自动与 6890N 通信，此时 6890N 显示“loading”。

(2) 数据采集方法编辑。

1) 进样器设置。在“select injection source/location”画面中选择 manual，并选择所用的进样口的物理位置(front 或 back 或 double)；点击“ok”，进入下一画面。

2) 柱参数设定。首先点“columns”图标，进入柱参数设定画面，在“columns”下放选择 1 或 2，然后点击“change…”钮。然后点击“add”钮，点击“increment”钮，点击 ok，从柱子库中选择柱子，点击“install as columns 1”或“install as columns 2”；mode-选择合适的模式，恒压或恒流；inlet-柱连接进样口的物理位置；detector-柱连接检测器的物理位置；outlet psi-选择；ambient-选择合适的柱头压、流速、线速度。点击“apply”钮。

3) 分流不分流进样口参数设定。点击“inlets”图标，进入进样口设定画面。点击“apply”上方的下拉式箭头，选中进样口的位置选项；点击“gas”右下方的下拉式箭头，选择合适的载气类型，设置流速；点击“mode”下的下拉式箭头，选择进样方式为不分流方式 splitless(分流方式 split)，在“set point”下方的空白框内输入进样口的温度，进样口的压力，然后选中 on 下方的所有方框；在“split vent”右边的空白框内输入吹扫流量，点击“apply”钮。

4) 柱温箱温度参数设定。点击“oven”图标，进入柱温箱参数设定。在“set point”右边的空白框内输入初始温度，点击“on”右边的方框；ramp 下输入升温阶次；℃/min 下输入升温速率；hold min 下输入在 next℃保持的时间；也可输入柱子的最大耐高温、平衡时间。

5) FID 检测器参数设定。点击“detector”图标，进入检测器参数设定。点击“apply”上方的下拉式箭头，选中使用的检测器的选项。在“set point”右方的空白框内输入：H2-40ml/min；air-450ml/min；输入检测器温度；并选择辅助气体的类型，并选中 on 下面的所有参数。lit offset 后输入点火下限值，若显示信号小于输入值，仪器将自动点火，两次点不着，仪器发生报警信息，并关闭 FID 气体。编辑完，点击“apply”钮。

(3) 数据保存设置。

1) 在电脑 C:/windows1/data 下创建保存文件夹。

2）点击“method”菜单，选中“save methods as…”，输入一方法名，点击 ok。

3）从菜单“view”中选中“online signal”，选中 windows 1，然后点击 change 钮，将所要的绘图信号移到右边的框中，点击 ok。

4）从“run control”菜单中选择“sample info…”选项，输入操作者名称，在“data file”中输入保存路径，点击“ok”。

（4）运行 GC-6890 气相色谱仪。

1）在监视栏中观察流量、柱温、进样口温度、检测器温度的变化。

2）待温度达到设定值后，点击 flame on，确认点火是否成功。

3）确认点火成功后，观察图谱的基线。

（5）进样。等基线平稳，将进样针迅速插入进样口，并快速进样，同时按下数据采集开关，稍过片刻后拔出进样针，启动运行。

（6）待数据采集完毕后，点击“stop”停止采集。

（7）待样品分析结束后，再离线处理数据，察看数据报告，打印报告。

（8）关机。

1）将进样口、柱温箱、检测器的温度设为室温。

2）待各单元温度低于 50℃ 后，停止采集，退出化学工作站，退出 windows 所有的程序。

3）关闭 GC-6890 色谱工作站，关闭主机电源。

4）关闭氮气、空气、氢气钢瓶。

2. 岛津 GC-2014 气相色谱仪的使用

（1）开机。

1）检查仪器的电源线及氮气、空气、氢气的接头是否连好。

2）打开氮气、空气、氢气钢瓶及减压阀。

3）打开仪器的电源开关，待自检完成后，开启电脑。

（2）参数的设定。

1）进样口温度：按下“inj”键，设定进样口温度。

2）柱温：按下“col”键，设定柱温。

3）检测器温度：按下“det”键，设定检测器温度。

4）载气的流量：按下“flow”键，设定载气的流量。

5）分流比：按下“flow”键后，设定“split ratio”项。

（3）打开 N2000 色谱工作站。

（4）运行 GC-2014 气相色谱仪。

1）点击“system”，按下“startgc”键开启系统，再按下“monitor”键，在监视栏中观察流量、柱温、进样口温度、检测器温度的变化。

2）待温度达到设定值后，点击“monitor”键后，点击 flame on，确认点火是否成功。

3）确认点火成功后，观察图谱的基线。

（5）进样。

1）进样前按“zero adjust”键，将基线调零。

2）将进样针迅速插入进样口，并快速进样，然后立即按下数据采集开关，稍过片刻后拔出进样针。

（6）待数据采集完毕后，点击停止采集。

（7）待样品分析结束后，再离线处理数据，察看数据报告，打印报告。

（8）关机。

1）将进样口、柱温箱、检测器的温度设为室温。

2）待各单元温度低于 80℃后，点击“monitor”键后，按下“system”键，再点击“STOPGC”键关闭系统。

3）关闭 N2000 色谱工作站，关闭主机电源。

4）关闭氮气、空气、氢气钢瓶。

附　练习气相色谱仪使用的色谱条件、样品溶液和进样量

色谱条件：聚乙二醇（PEG）-20M 毛细管柱（柱长 30m，内径 0.53mm，膜厚 1.0μm）；柱温为 160℃。

样品溶液：樟脑溶液（称取樟脑 50mg，精密稳定，置 100ml 容量瓶中，加无水乙醇溶解并稀释至刻度，摇匀）。

进样量：1μl。

【注意事项】

（1）使用气相色谱仪的过程中，注意气源的安全性，气源应与仪器室分开，放置在通风好的地方。

（2）使用前对色谱仪整个气路系统进行检漏。

【思考题】

1. 如何选择气相色谱柱？

2. 使用气相色谱仪时，应该注意哪些问题？

实验 8-9　樟脑、冰片和薄荷脑混合样品中樟脑的定性鉴别和含量测定

【实验目的】

1. 掌握用内标法进行定量分析的方法。

2. 熟悉气相色谱的定性分析方法。

【实验原理】

在已知待测组分的情况下，得到的气相色谱图可以借助对照品加以对照，利用保留值进行定性。

利用气相色谱进行定量分析时，采用内标法进行定量，以消除由于进样不准确和仪器稳定性差等原因造成的误差。计算公式为

$$f = \frac{A_s / c_s}{A_R / c_R}$$

$$c_x = f \times \frac{A_x}{A'_s / c'_s}$$

式中：A_s 为内标物质的峰面积；A_R 为对照品的峰面积；c_s 为内标物溶液的浓度；c_R 为对照品溶液的浓度；A_x 为供试品中待测成分的峰面积；c_x 为供试品溶液中待测成分的浓度；A'_s 为供

试品中内标物质的峰面积；c_s'为供试品中内标物溶液的浓度；f 为校正因子。

【实验材料】

1. 仪器

气相色谱仪（FID 检测器）、微量进样器。

2. 试剂

萘、樟脑对照品、混合样品溶液（取樟脑 30g、冰片 20g、薄荷脑 10g 混合，加乙醇溶解，定容为 1000ml）、无水乙醇。

【实验内容】

1. 仪器条件

聚乙二醇（PEG）-20M 毛细管柱（柱长 30m、内径 0.53mm、膜厚度 1.0μm），氮气为载气，柱温 160℃。

2. 校正因子的测定

取萘适量，精密称定，加无水乙醇制成 1ml 含 4mg 的溶液，作为内标溶液。取樟脑对照品 6mg 精密称定，置 10ml 容量瓶中，精密加入内标溶液 1ml，加无水乙醇稀释至刻度，摇匀。吸取 1μl，注入气相色谱仪，计算校正因子。

3. 测定法

精密吸取样品溶液 1ml，置 50ml 容量瓶中，精密加入内标溶液 5ml，加无水乙醇稀释至刻度，摇匀。吸取 1μl，注入气相色谱仪，测定，计算，即得。

【注意事项】

（1）实验前，对仪器的气路系统进行检查，如有漏气，应进行排除。

（2）微量进样器使用前后要认真清洗。

【思考题】

1. 内标法定量的优点是什么？

2. 如何选择内标物？

实验 8-10　气相色谱法测定白酒中乙醇含量

【实验目的】

1. 掌握用内标法进行定量分析的方法。

2. 巩固气相色谱仪的使用方法。

【实验原理】

白酒中乙醇属于低沸点化合物，可以采用气相色谱法对其含量进行测定。内标法是气相色谱常用的定量方法，通过选择样品中不含有的纯物质作为内标物质加入待测样品溶液中，以待测组分和内标物质的峰面积进行比较，可测定待测组分的含量。

【实验材料】

1. 仪器

气相色谱仪、1μl 微量注射器。

2. 试剂

乙醇（色谱纯）、正丙醇（色谱纯）、市售白酒、双蒸水。

【实验内容】

1. 色谱条件

(1) 色谱柱:HP-5 石英毛细管柱,30m×0.53mm;FID 检测器。

(2) 气体:氮气作为载气,流量 1.0ml/min;空气流量 450ml/min;氢气流量 45ml/min;尾吹气为氮气,流量 30ml/min。

(3) 柱温:45℃ 保持 5min,以 5℃/min 速率程序升温至 70℃,保持 5min,再以 20℃/min 速率程序升温至 230℃,保持 2min。

(4) 温度:进样口 250℃ 。

(5) 进样方式:分流进样(分流比为 25 : 1)。

2. 标准溶液的配制

精密量取无水乙醇和内标物质正丙醇各 1ml 于 50ml 容量瓶中,以水定容至刻度。

3. 样品溶液的配制

精密吸取白酒 1.5ml 于 50ml 容量瓶中,加入内标物质正丙醇 1ml,以水定容至刻度。

4. 测定

分别吸取标准溶液和样品溶液各 1μl,注入气相色谱仪,测定峰面积。

5. 数据记录与结果计算

(1) 分别记录标准溶液与样品溶液中乙醇和正丙醇的色谱峰保留时间和峰面积。

(2) 根据计算公式计算样品中乙醇含量:

$$\frac{(A_i/A_s)_{样品}}{(A_i/A_s)_{标准}} = \frac{(c_i\%)_{样品}}{(c_i\%)_{标准}}$$

【注意事项】

(1) 使用气相色谱仪前注意查漏。

(2) 取样量要准确。

(3) 微量进样器使用前后要认真清洗。

【思考题】

1. 含量测定时,采用内标法有哪些优点和不足之处?

2. 内标法如何选择内标物?

实验 8-11　原子吸收分光光度计测定水中镁的含量

【实验目的】

1. 掌握微量元素含量测定的方法。

2. 熟悉原子吸收分光光度计的基本操作。

【实验原理】

采用标准曲线法测定水中镁的含量,镁离子对特定波长光的吸收与水中镁离子的浓度成正比。当铝、磷、硅、钛等存在时,对镁的测定有干扰;有含氧酸存在时,干扰程度增大。如果加入锶、镧盐等释放剂可消除干扰。

【实验材料】

1. 仪器

原子吸收分光光度计(镁元素空心阴极灯,波长:285.2nm,灯电流:3mA,火焰:乙炔-

空气）。

2. 试剂

镁标准溶液：称取氧化镁约1.6g，精密称定，加lmol/L HCl至完全溶解，移入1000ml容量瓶中，用去离子水稀释至制度，摇匀，此溶液中含镁约1.0mg/ml。实验前以去离子水稀释至50μg/ml，摇匀备用。

$SrCl_2$溶液：称取$SrCl_2 \cdot 6H_2O$约3.04g，精密称定，用去离子水溶解并稀释至100ml。

【实验内容】

1. 标准曲线的绘制

精密量取镁标准溶液0.5ml、1.0ml、2.0ml、3.0ml、4.0ml、5.0ml分别置50ml容量瓶中，各加入2.0ml $SrCl_2$溶液，然后以去离子水稀释至刻度，摇匀。同时作空白试剂，测定各标准溶液的吸光度，绘制标准曲线，计算出回归方程。

2. 样品的测定

取5.0ml待测水样，照标准曲线的绘制项下的方法，自"加入2.0ml $SrCl_2$溶液"起依法测定吸光度，从标准曲线上读出样品中镁的浓度，计算，即得。

【注意事项】

(1) 注意乙炔流量和压力的稳定性。

(2) 乙炔为易燃易爆气体，实验过程中注意保持实验室空气流通，严禁明火！

【思考题】

1. 除了标准曲线法，还有哪些方法可以用于原子吸收进行含量测定？

2. 加释放剂和不添加释放剂的水样溶液，所测吸光度哪一个高？为什么？释放剂起什么作用？

实验8-12　固体试样红外光谱的测定

【实验目的】

1. 掌握KBr压片的制样方法。

2. 熟悉红外分光光度计的一般操作方法。

【实验原理】

进行红外分析，要求样品的纯度必须大于98%，且不含水；不同的化合物具有不同的官能团，因此具有不同的红外光谱特征，可以采用样品的红外光谱进行定性鉴别和结构鉴定。

【实验材料】

1. 仪器

红外分光光度计、压片机、玛瑙研钵、分析天平、红外灯等。

2. 试剂

200目干燥的光谱纯KBr、苯甲酸。

【实验内容】

取样品1~2mg，另取200目干燥的光谱纯KBr粉末200mg，于红外灯下在玛瑙研钵中研匀，装入压片模具，至压强到规定的压强时，维持压力10min，卸掉压力，得到厚约1mm的

KBr样品片。取下压片装入样品架,置于样品窗口;同时,压一片空白KBr片作为补偿,置于参比光路上,进行红外光谱扫描测定,通过计算机处理信息后得到光谱数据;将得到的光谱数据与计算机检索光谱库中的标准品光谱数据进行比较。

【注意事项】

(1) 样品的研磨应在红外灯下操作。

(2) 压片模具用后应立即用擦镜纸擦干净,以免吸湿腐蚀模具。

【思考题】

1. 制备KBr空白片的作用是什么?
2. 为什么样品的研磨需要在红外灯下操作?
3. 制备高质量KBr样品片,需要注意哪些问题?

第九章　综合性及设计性实验

实验 9-1　配合物中心原子 d 轨道分裂能的测定

【实验目的】

1. 了解测定吸收曲线及最大吸收波长的方法。

2. 熟悉 721 型分光光度计的使用。

3. 掌握配合物中心原子 d 轨道分裂能 Δ 的测定方法。

【实验原理】

过渡金属配合物的中心原子在配体晶体场的影响下,5 个简并的 d 轨道发生能级分裂。在八面体场的情况下,中心离子的 5 个 d 轨道分裂成能量相差较大的两组轨道:一组是 d_r 轨道,一组是 d_ε 轨道,这两组 d 轨道的能量差值称为配合物中心原子 d 轨道的分裂能 Δ。

当中心离子的 d 轨道没有被电子充满时,电子吸收了一定能量后从低能量 d 轨道跃迁到高能量 d 轨道上,这种 d-d 跃迁所需能量较小,吸收波长一般在可见光区内。

具有一定波长或频率的光的能量为:

$$E = h\upsilon = h\ c/\ \lambda = \Delta$$

式中:h 为普朗克常量,$5.539\times10^{-35}cm^{-1}\cdot s$;$c$ 为光速,$2.9979\times10^{10}cm/s$;υ 为频率,s^{-1};λ 为波长,nm。

当 1mol 电子跃迁时,$hc\approx1$。所以,$\Delta=1/\ \lambda\ (nm^{-1})=(1/\ \lambda\ )\times10^7(cm^{-1})$。

可以利用分光光度计测定其吸收波长,进一步求出晶体场分裂能。即选取一定浓度的配合物溶液,用分光光度计测不同波长下溶液的吸光度 A,以 A 为纵坐标、λ 为横坐标作图,可得吸收曲线。利用最大吸收峰所对应的波长 λ_{max} 来计算 Δ 值,即 $\Delta=(1/\lambda_{max})\times10^7(cm^{-1})$。

【实验材料】

1. 仪器

721 型分光光度计或其他型号的同类仪器、移液管(10ml,5ml)、洗耳球、容量瓶(50ml)。

2. 试剂

硫酸铜溶液(0.01mol/L)、氨水溶液(0.5mol/L)、乙二胺水溶液(0.2mol/L)、$TiCl_3$ 水溶液(15%)、去离子水。

【实验内容】

1. 溶液的配制

(1) $[Cu(NH_3)_4]^{2+}$溶液的配制:用移液管移取 0.01mol/L 硫酸铜溶液 5.00ml 于 50ml 容量瓶中,再加 0.5mol/L 氨水 10ml,加蒸馏水稀释至刻度,摇匀,得$[Cu(NH_3)_4]^{2+}$溶液。

(2) $[Cu(en)_2]^{2+}$溶液的配制:用移液管移取 0.01mol/L 硫酸铜溶液 5.00ml 于 50ml 容

量瓶中，再加 0.2mol/L 乙二胺水溶液 10ml，加蒸馏水稀释至刻度，摇匀，得到$[Cu(en)_2]^{2+}$溶液。

(3) $[Ti(H_2O)_6]^{2+}$溶液的配制：用移液管移取 $TiCl_3$ 水溶液（15%）5.00ml 置于 50ml 容量瓶中，加蒸馏水稀释至刻度，摇匀，得到$[Ti(H_2O)_6]^{2+}$溶液。

2. 吸光度 A 的测定

以去离子水为参比溶液，用 721 型分光光度计在 500～700nm 波长范围内，每间隔 10nm 分别测定以上三种配离子溶液的吸光度。

3. 数据记录及处理

(1) 以表格形式记录有关实验数据。

(2) 以 A 为纵坐标、λ 为横坐标作图，绘制配离子的吸收曲线。

(3) 在吸收曲线上找出最高峰所对应的波长 λ_{max}，分别计算这些配合物的分裂能 Δ 值。

【注意事项】

(1) 配制溶液时应小心操作，不可流到瓶外。

(2) 测吸光度 A 时，在接近吸收峰最大值附近，波长间隔可适当减少。

【思考题】

1. 配合物的分裂能受哪些因素影响？

2. 配合物的颜色与分裂能的大小有什么关系？

附　721 型分光光度计的使用

1. 721 型分光光度计的构造及特点

721 型分光光度计是上海第三分析仪器厂生产的一种固定狭缝、单光束仪器，其各部件组装成一体。它主要用于波长范围为 360～800nm 的光吸收测量，且适宜于高吸光度的示差分析。

光源采用 12V、25W 的钨丝灯，安装在可调节的灯架上，使辐射正确地射入单色器内。仪器使用多圈电位器调节灯电流，以改变光源强度达到光量调节的目的。

仪器的单色器包括狭缝、棱镜、准直镜、凸轮及波长盘等几部分，采用立特罗光路结构。狭缝的宽度固定不变。棱镜固定在圆形活动板上，并通过杠杆与带有波长刻度盘的凸轮相连。转动波长刻度盘，棱镜相应的转动一个角度，即可选择波长。准直镜是一块圆形凹面反射镜。整个单色器密封于暗盒内，并用硅胶干燥。

单色器获得的单色光经透镜再一次聚光，进入液槽，宽度约为 3mm，使液槽架不致挡光。液槽架的定位装置能使液槽正确地进入光路。

仪器使用 GD-7 型光电管，并与微电流放大器电路板一起安装在液槽架后的暗盒内。光电管前设有一套光门部件，依靠光门板的重量自然下垂，以及仪器液槽暗盒盖的关闭与开启，通过杠杆作用使光门相应地开启或关闭。光电管暗盒内始终保持干燥，以保证放大器正常工作。光电管受光后所产生的光电流，流过一组高值电阻，形成电压降，并选用了一个高阻毫伏计的典型线路，使仪器获得较高的灵敏度。

仪器内部安装了一组具有辅助稳压装置的晶体管稳压电源，使用 50 周/s 交流电，工作范围在 190～230V。输出的稳定电压为 11.5V，其稳定度在 0.1% 以内，供给光源灯和直流放大器工作。

2. 721 型分光光度计的使用方法

(1) 将仪器电源开关接通，开启液槽暗盒盖，调节“0”旋钮，使电表指针处于透光率“0”位。预热 20min 后，再调节波长调节钮，使波长读数盘的刻线对准选用单色光的波长，并选择合适的灵敏度挡，再用调“0”旋钮复校电表透光率“0”位。

(2) 将液槽暗盒盖合上，将参比溶液推入光路，顺时针旋转“100%”旋钮，使电表指针处于透光率

"100%"处。

(3) 按上述方式连续几次调整透光率"0"及"100%",直至不变,即可进行测量工作。

(4) 将待测溶液推入光路,读取吸光度 A。

3. 仪器使用注意事项

(1) 连续测定时间太长,光电管会疲劳,造成吸光度读数漂移。此时应将仪器稍歇,再继续使用。

(2) 使用参比溶液调节透光率为 100%时,应先将光量调节器调至最小,然后合上液槽暗盒盖(即开启光门),再慢慢开大光量。

(3) 仪器灵敏度挡的选择原则:当参比溶液进入光路时,应能用光量调节器调至透光率 100%。各挡的灵敏度范围是:第一挡×1 倍;第二挡×10 倍;第三挡×100 倍;第四挡×200 倍;第五挡×400 倍。一般选择在×1 挡。

实验 9-2　阿司匹林的制备、纯化与定性鉴别

【实验目的】

1. 掌握酰化反应及乙酰化物的制备与纯化方法。
2. 掌握减压过滤、重结晶等基本操作。
3. 掌握阿司匹林的鉴别方法。

【实验原理】

阿司匹林即乙酰水杨酸,是水杨酸类解热镇痛药的代表。白色结晶或结晶性粉末,易溶于乙醇、氯仿,微溶于水或无水乙醚,在氢氧化钠溶液或碳酸钠溶液中溶解,但同时分解,m.p.135~140℃。

水杨酸由于形成分子内氢键,阻碍了酚羟基的乙酰化,水杨酸与酸酐直接作用必须加热至 150~160℃才能生成乙酰水杨酸;如果加入浓硫酸(或磷酸),氢键被破坏,酰化作用可在较低温度下进行,同时副产物大大减少。

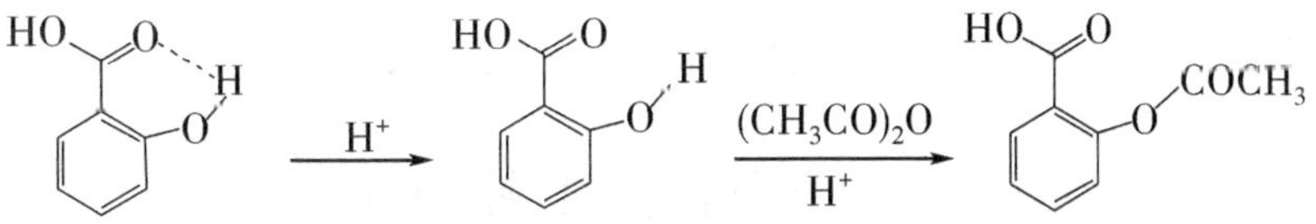

【实验材料】

1. 仪器

锥形瓶(100ml,干燥)、量筒(10ml,100ml,干燥)、100℃温度计、短颈漏斗、减压过滤装置、大烧杯、铁架台、铁圈、电热套、试管。

2. 试剂

浓硫酸、95%乙醇、固体水杨酸、乙酸酐、三氯化铁溶液。

【实验内容】

1. 制备

将 5g 水杨酸置于干燥的 50ml 锥形瓶中,加入乙酸酐 7ml 和浓硫酸几滴,摇匀,放置温度计,立即放入 75~80℃的热水浴中加热 20min,保持反应温度在 70~75℃,并振摇。自然冷却至室温后加入冷水 50ml,并在冷水浴中冷却,加速结晶的析出。抽滤,用少量冷水洗涤晶体。

将湿的晶体转入锥形瓶中，加入 95% 乙醇 5ml，水浴上加热至接近乙醇的沸点，滴加 70~80℃的热水至刚好产生的浑浊不再消失（约 18ml）。滴加数滴 95% 乙醇使刚好溶解透明。将锥形瓶放入冷水浴中冷却，并不断振摇，抽滤，用约 18% 乙醇的水溶液洗涤 2~3 次，抽干，干燥称量，计算产率，测定熔点。

2. 定性鉴别

（1）取乙酰水杨酸约 0.1g，加水 10ml，于试管底部用酒精灯微火煮沸，放冷，加三氯化铁试液 1 滴，应出现紫红色。

（2）取乙酰水杨酸约 0.5g，加碳酸钠试液 10ml，煮沸 2min，放冷，滴加稀硫酸至析出白色沉淀，并发出乙酸的臭味。

【注意事项】

（1）反应的关键是仪器干燥和控制好反应的温度（反应温度不能超过 90℃）。水杨酸应当是完全干燥的，可在烘箱中 105℃下干燥 1h；乙酸酐应重新蒸馏，收集 139~140℃的馏分。

（2）加入的乙酸酐必须将附着在瓶壁上的水杨酸全部冲下去，否则，附着的水杨酸将作为杂质带入产品。

（3）反应完成后加冷水时应小心操作，过剩的乙酸酐遇水强烈分解，产生的热量使液体沸腾，大量的乙酸蒸气刺激人体。

（4）重结晶时不宜长时间加热，因为在此条件下乙酰水杨酸容易水解；加入乙醇的量应恰好使沉淀溶解，若乙醇过量则很难析出结晶。

（5）在水杨酸的鉴别操作中，若供试药品为片剂，则阿司匹林片不需提取，可直接用于鉴别；但在水解反应中，加稀硫酸前，应进行过滤，除去片剂中的赋形剂，以便观察水杨酸白色沉淀的生成。

【思考题】

1. 进行酰化反应时所用的水杨酸和玻璃器材都必须是干燥的，为什么？
2. 本实验能否用稀硫酸作催化剂？为什么？
3. 乙酰水杨酸能否直接与三氯化铁试液反应？为什么？

实验 9-3 蛋壳中钙、镁总量测定

【实验目的】

1. 学习采用 EDTA 配位滴定法测定蛋壳中钙、镁总量。
2. 学习采用酸碱滴定法测定蛋壳中钙、镁总量。
3. 进一步掌握配位滴定法和酸碱滴定法的原理和基本操作。

【实验原理】

蛋壳中主要含 $CaCO_3$，其次含 $MgCO_3$、蛋白质、色素以及少量 Fe 和 Al。蛋壳中钙、镁总量可采用 EDTA 配位滴定法进行测定，也可用酸碱滴定法测定。

1. EDTA 配位滴定法

蛋壳用盐酸溶解后，钙、镁以 Ca^{2+}、Mg^{2+} 形式进入溶液，用碱性缓冲溶液调节溶液 pH=10，以铬黑 T 为指示剂，用 EDTA 可直接测定 Ca^{2+}、Mg^{2+} 总量。溶液中少量的 Fe^{3+}、Al^{3+} 可用三乙醇胺进行掩蔽。

2. 酸碱滴定法

蛋壳中的碳酸盐能与 HC1 发生反应：

$$CaCO_3+2HCl = Ca^{2+}+2Cl^-+CO_2\uparrow+H_2O$$

过量酸可用 NaOH 标准溶液回滴，根据实际与碳酸盐反应的 HC1 的量可求得蛋壳中钙、镁总量。

【实验材料】

1. 仪器

分析天平、称量瓶、酸式滴定管、碱式滴定管、移液管、锥形瓶、量瓶、量筒、烧杯、玻璃棒、滴定装置、水浴锅、洗瓶。

2. 试剂

鸡蛋壳、0.01mol/L EDTA 标准溶液、0.5mol/LHCl 标准溶液、0.5mol/LNaOH 标准溶液、铬黑 T 指示剂、NH_3-NH_4Cl 缓冲溶液(pH=10)、6mol/L HC1 溶液、三乙醇胺水溶液(1∶2)、95%乙醇、甲基橙(0.2%水溶液)。

【实验内容】

1. 蛋壳预处理

将蛋壳洗净，加水煮沸 5~10min，除去蛋壳内表层的蛋白薄膜，然后将蛋壳放入蒸发皿中用小火烤干，研成粉末。

2. EDTA 配位滴定法测定蛋壳中钙、镁总量

准确称取 0.20g 蛋壳粉末于 100ml 小烧杯中，盖上表面皿，从烧杯口处小心滴加 6mol/L HCl 溶液 4~5ml，微火加热至蛋壳完全溶解(少量蛋白膜不溶)，待溶液冷却后，将可能溅到表面皿上的溶液淋洗入小烧杯中。将此溶液定量转移至 250ml 容量瓶中，稀释至近刻度时，若有泡沫，可滴加 2~3 滴 95%的乙醇，待泡沫消除后，滴加水至刻度，摇匀。

准确移取上述溶液 25.00ml 于 250ml 锥形瓶中，加入 20ml 蒸馏水、5ml 三乙醇胺溶液，摇匀，再加 NH_3-NH_4Cl 缓冲溶液(pH=10)10ml，铬黑 T 指示剂少许，用 EDTA 标准溶液滴定至溶液由酒红色变为纯蓝色，即为终点。记录消耗的 EDTA 标准溶液的体积，计算 Ca^{2+}、Mg^{2+}的总量(以 CaO 的含量表示)，平行测定 3 次。

3. 酸碱滴定法测定蛋壳中钙、镁总量

准确称取蛋壳粉约 0.3g 于锥形瓶中，用酸式滴定管逐滴加入 HCl 标准溶液(约 40ml)，小火加热至蛋壳完全溶解，冷却。加甲基橙指示剂 1~2 滴，以 NaOH 标准溶液回滴至溶液呈橙黄色，即为终点。计算 Ca^{2+}、Mg^{2+}的总量(以 CaO 的含量表示)，平行测定 3 次。

4. 结果计算

$$w_{CaO}(\%)=\frac{(cV)_{EDTA}\times M_{CaO}}{1000\times S_{样}\times\frac{25.00}{250.00}}\times100 \qquad (M_{CaO}=56.08g/mol)$$

$$w_{CaO}(\%)=\frac{[(cV)_{HCl}-(cV)_{NaOH}]\times\frac{M_{CaO}}{2000}}{S_{样}}\times100$$

【注意事项】

(1) 在用盐酸加热溶解蛋壳时，注意温度不能太高，预防酸溅出。

（2）用酸碱滴定法测定蛋壳中钙、镁含量时，由于所用盐酸浓度较小，溶解时加热时间会较长一点。

（3）蛋壳用酸溶解后，可能残留蛋白质等不溶物，该残留物对测定无影响。

【思考题】

1. 试比较两种方法的优缺点及分析中应注意的问题。
2. 除上述两种方法外，请再列举一种测定蛋壳中钙镁含量的方法，并拟出实验方案。

实验 9-4　硫酸链霉素的水解

【实验目的】

1. 通过实验了解与掌握药物水解反应的特征。
2. 测定反应速度常数和反应活化能。
3. 掌握 721 型分光光度计的使用方法。

【实验原理】

硫酸链霉素是氨基糖苷类抗生素，链霉胍与链霉双糖胺相连接的苷链易水解断裂，使硫酸链霉素水溶液呈不稳定性。硫酸链霉素水解是受酸碱催化的假一级反应。

硫酸链霉素水解反应的活化能与 pH 有关，在 pH = 4 ~ 5 及 pH = 6 ~ 7 时，活化能出现极大值，速度常数 k 出现极小值。在 20℃ 时，k 值最小所对应的最稳定 pH（即 pH_{st}）为 4.4 和 6.6。

硫酸链霉素在碱性下水解时定量地产生麦芽酚。

此反应的反应速率服从一级反应动力学方程式，即

$$\lg(c_0 - X) = -\frac{k}{2.303} \cdot t + \lg c_0 \qquad (9\text{-}1)$$

式中：c_0 为链霉素的初浓度；X 为 t 时间链霉素水解掉的浓度；t 为水解时间（以分为单位）；k 为水解反应速率常数。

若以 $\lg(c_0\text{-}X)$ 对 t 作图，则得一直线，由图可求得直线斜率，即可求出反应速率常数。

硫酸链霉素水溶液浓度测定原理是根据它在碱性水解时定量产生的麦芽酚在酸性条件下能与三价铁离子作用生成紫红色络合物的性质，应用络合物比色法进行测定。

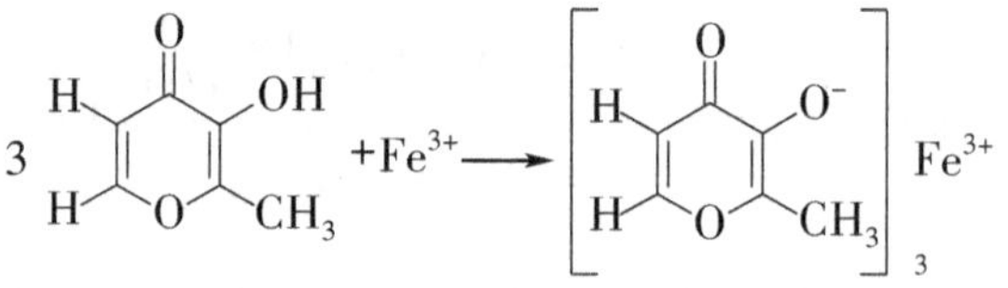

由于硫酸链霉素水溶液的初浓度与此溶液中硫酸链霉素全部水解产物测得的消光值 E_∞ 成正比，即 $c_0 \propto E_\infty$；而在不同时间 t，硫酸链霉素水解产物的浓度 X 是与该时间测得的消光值 E_t 成正比，即 $X \propto E_t$。所以，硫酸链霉素水溶液水解反应速率的规律可以通过测定不同时间反应物的消光值 E_t 来研究，即式(9-1)可以变为

$$\lg(E_\infty - E_t) = -\frac{k}{2.303} \cdot t + \lg E_\infty \tag{9-2}$$

以 $\lg(E_\infty - E_t)$ 对 t 作图得一直线，由图求得直线斜率，求出反应速率常数。

若用同样方法在两个不同温度下测定速率常数 k_{T_1}，k_{T_2}，便可由阿伦尼乌斯公式计算该反应的活化能 E。

$$\lg\left(\frac{k_{T_2}}{k_{T_1}}\right) = -\frac{E}{2.303R}\left(\frac{1}{T_2} - \frac{1}{T_1}\right) \tag{9-3}$$

【实验材料】

1. 仪器

721 型分光光度计 1 台，恒温槽 2 台，碘量瓶（150ml）2 个，碘量瓶（50ml）13 个，秒表 1 块，移液管（20ml）1 支，移液管（5ml）2 支，烧杯（500ml）1 个，量筒（100ml）1 个，广泛 pH 试纸若干。

2. 试剂

0.4% 硫酸链霉素水溶液、2mol/L 氢氧化钠溶液、0.5% 铁试剂。

【实验内容】

1. 测定反应 t 时间的消光值 E_t

取 0.4% 硫酸链霉素水溶液 100ml 置于 150ml 碘量瓶中，在室温下用 2mol/L 氢氧化钠溶液调节 pH=12（用广泛 pH 试纸检验），等分为 2 份，立即分别置于 40℃ 与 50℃ 的恒温水浴中，同时开始记录时间。

40℃ 水浴中的样品每隔 15min 取样一次（共取 6 次），50℃ 水浴中的样品每隔 5min 取样一次（共取 6 次）。取样时用移液管准确吸取反应液 5.00ml，注入干燥的 50ml 碘量瓶中，立即加入 0.5% 铁试剂 20.00ml，摇匀，放置 5min，继用 721 型分光光度计在 520nm 波长处测得消光值 E_t。

2. 测定 E_∞

将剩余反应液置于沸水中加热 10min（盖好盖子，避免蒸发），取出，冷却至室温，吸取 5.00ml 反应液注入干燥的 50ml 碘量瓶中，依法于 520nm 波长处测定消光值，即全部水解时的消光值 E_∞。

3. 数据记录与结果计算

（1）按表 9-1 记录并计算各种数据。

（2）以 $\lg(E_\infty - E_t)$ 对 t 作图。要求在同一坐标纸上分别绘出 40℃ 和 50℃ 的 $\lg(E_\infty - E_t)$ 对 t 的直线图，运用式(9-3)分别算出不同温度下速度常数 k 和半衰期 $t_{1/2}$。

（3）用式(9-4)计算此反应的活化能 E。

表 9-1　硫酸链霉素的水解测定数据

大气压强:________ Pa;室温:________℃;pH=________

	测量编号	1	2	3	4	5	6	7
40℃	时间/min	15	30	45	60	75	90	∞
	消光值(E_t)							
	$E_\infty - E_t$							
	$\lg(E_\infty - E_t)$							
50℃	时间/min	5	10	15	20	25	30	∞
	消光值(E_t)							
	$E_\infty - E_t$							
	$\lg(E_\infty - E_t)$							

【注意事项】

测定 E_∞ 时,反应液水浴加热要盖好盖子,避免蒸发。切记加热时间不可过长,时间过长碘量瓶可能爆裂;取样时要趁热开盖,冷却至室温后再测试。

【思考题】

1. 试讨论影响本实验准确性的因素有哪些。

2. 试根据实验测得的40℃的反应速率常数,求出硫酸链霉素水溶液在此温度下,pH=12 条件下水解掉原含量10%所需的时间。

实验 9-5　中药白芍中芍药苷的定性鉴别和含量测定

【实验目的】

1. 掌握薄层色谱定性鉴别的方法。

2. 熟悉高效液相色谱法进行含量测定的方法。

【实验原理】

芍药苷是白芍的有效成分,能溶于乙醇或甲醇,根据芍药苷的溶解性,可采用乙醇进行提取。本实验采用芍药苷为对照,进行白芍的薄层色谱定性鉴别;芍药苷的含量测定常采用高效液相色谱法进行,其紫外吸收光谱在230nm 波长处有最大吸收,故选择芍药苷的测定波长为230nm,以紫外检测器进行检测;采用外标一点法进行芍药苷的含量测定。

【实验材料】

1. 仪器

高效液相色谱仪、超声波提取器、硅胶 G 薄层板、喷雾器。

2. 试剂

白芍药材、芍药苷对照品、乙腈(C. R.)、磷酸、三氯甲烷、乙酸乙酯、甲醇、甲酸、乙醇、香草醛、硫酸。

【实验内容】

1. 定性鉴别

(1) 供试品溶液的制备:取白芍粉末0.5g,加乙醇10ml,振摇5min,过滤,滤液蒸干,残渣加乙醇1ml 使溶解,作为供试品溶液。

(2) 对照品溶液的制备：取芍药苷对照品，加乙醇制成 1ml 含 1mg 溶液，作为对照品溶液。

(3) 点样：吸取供试品溶液和对照品溶液各 10μl，分别点于同一硅胶 G 薄层板上。

(4) 展开：以三氯甲烷-乙酸乙酯-甲醇-甲酸（40∶5∶10∶0.2）为展开剂，展开，取出，晾干。

(5) 检视：喷以 5%香草醛硫酸溶液，加热至斑点显色清晰。供试品色谱中，在与对照品色谱相应的位置上，显相同的蓝紫色斑点。

2. 含量测定

(1) 色谱条件：G_8 反相键合色谱柱；乙腈-0.1%磷酸溶液（14∶86）为流动相；检测波长为 230nm。

(2) 对照品溶液的制备：精密称取芍药苷对照品适量，加甲醇制成 1ml 含 60μg 的溶液。

(3) 供试品溶液的制备：取本品中粉约 0.1g，精密称定，置 50ml 容量瓶中，加稀乙醇 35ml，超声处理 30min，取出，放冷，加稀乙醇至刻度，摇匀，过滤，续取滤液，即得。

(4) 测定：分别精密吸取对照品溶液与供试品溶液各 10μl，注入液相色谱仪，测定，即得。

白芍含芍药苷（$C_{23}H_{28}O_{11}$）不得少于 1.6%。

【注意事项】

喷显色剂要均匀，加热时间不能太长。

【思考题】

1. 简单介绍常用定性鉴别方法。
2. 高效液相色谱的定量方法有哪几种？本实验中采用的是哪一种方法？

实验 9-6　药用氯化钠的制备及含量测定

【实验目的】

1. 学习提纯药用氯化钠的原理和方法。
2. 掌握称量、加热、溶解、沉淀、过滤、蒸发、浓缩等基本操作。
3. 了解用目视比色法和比浊法进行限量分析的原理和方法。
4. 掌握沉淀滴定法测定氯化钠含量的方法。

【实验原理】

药用 NaCl 是以粗食盐为原料提纯的。粗食盐是能溶于水的固态物质，除了含有泥沙等不溶性杂质外，还含有 K^+、Ca^{2+}、Mg^{2+}、Fe^{3+} 和 SO_4^{2-} 等相应盐类的可溶性杂质。制备试剂和药用 NaCl 必须除去这些杂质。粗食盐中的不溶性杂质可采用过滤法去除，盐类可溶性杂质则采用化学法除去，如加入氯化钡溶液除去硫酸根，加入氢氧化钠和碳酸钠溶液除去钙、镁、钡、铁离子等。对引进的过量的 CO_3^{2-} 和 OH^-，可通过加入盐酸将溶液调至弱酸性去除。对于存在的少量 KCl 杂质，由于它的溶解度比 NaCl 大，而且在粗食盐中含量极小，所以在浓缩 NaCl 溶液时，NaCl 结晶出来，KCl 仍留在溶液中，而与氯化钠分离。

鉴别试验是对被检药品的组成离子进行特征试验，即氯化钠的组成 Na^+和 Cl^-。

用限量分析的方法对产品进行纯度检查，即将样品溶液与标准溶液进行比色或比浊，如果样品溶液的颜色或浊度不深于标准溶液，则认为杂质含量低于某一规定的限度，故此法又称限量分析。

选用沉淀滴定法测定氯化钠的含量。

【实验材料】

1. 仪器

离心机、蒸发皿、烧杯、玻璃漏斗、抽滤装置、奈氏比色管、酸式滴定管、锥形瓶、量筒等。

2. 试剂

(1) 硝酸银标准溶液(0.1mol/L)：取硝酸银 9g，置 250ml 烧杯中，加 100ml 蒸馏水使溶解，然后移入棕色磨口瓶中，加蒸馏水稀释至 500ml，摇匀，密闭。用已于 270℃ 干燥至恒重的基准氯化钠进行标定。

(2) 标准硫酸钾溶液：精密称取在 105℃ 干燥至恒重的硫酸钾 0.1810g，置烧杯中加蒸馏水溶解，并定容至 1000ml(相当于 0.1mg/ml SO_4^{2-}，或 0.08mg/ml K^+)。

(3) 标准铁盐溶液：精密称取未风化的硫酸铁铵 0.8630g，加蒸馏水溶解后加硫酸 2.5ml，稀释并定容至 1000ml。临用时精密量取 10ml，稀释并定容至 100ml(相当于 0.01mg/ml Fe^{2+})。

(4) 标准铅盐溶液：精密称取在 105℃ 干燥至恒重的硝酸铅 0.1598g，加硝酸 5ml 与水 50ml，溶解后定容至 1000ml(每 ml 相当于 0.1mg 的 Pb^{2+})。临用时精密量取 10ml，稀释并定容至 100ml，(相当于 0.01mg/ml Pb^{2+})。标准铅溶液应新鲜配制，配制与储存用的玻璃容器均不得含有铅。

(5) 四苯硼钠溶液：取四苯硼钠 1.5g，置研钵中加水 10ml，研磨，再加水 40ml，研匀，用致密的滤纸过滤即得。

(6) 其他：荧光黄指示液(0.1% 乙醇溶液)、氯化钡(25%)、硫化氢(饱和溶液)、碳酸钠(饱和溶液)、盐酸(0.1mol/L，2mol/L)、硝酸银(0.1mol/L)、高锰酸钾(0.1mol/L)、稀硫酸(0.5mol/L)、氯仿、碘化钾(0.1mol/L)、溴化钾(0.1mol/L)、氨水(400ml 浓氨水→1000ml)、过硫酸铵溶液(0.1mol/L，新配制)、硫氰酸铵(0.1mol/L)、醋酸(0.1mol/L，3mol/L)、磷酸氢二钠(0.1mol/L)、草酸铵(0.1mol/L)、氯化钙(0.1mol/l)、粗食盐。

3. 材料

碘化钾淀粉试纸、滤纸等。

【实验步骤】

1. 食盐精制

(1) 称取粗食盐 50g，置蒸发皿中，在煤气灯或电炉上炒至无爆裂声(可由实验室炒好备用)。

(2) 转移到烧杯中，加水 100ml，用玻璃棒搅拌，观察食盐能否完全溶解。继续加水 60ml，加热并搅拌，至溶解为止，趁热用倾泻法过滤。

(3) 将滤液加热至近沸，滴加 25% 氯化钡溶液，边加边搅拌，直至不再有沉淀生成为止(约 10ml)(检查：吸取少量溶液至试管中，滴加氯化钡试液数滴，应无沉淀生成)。加热至沸，稍冷，过滤。

(4) 在滤液中加饱和硫化氢溶液数滴，若无沉淀，不必再多加硫化氢溶液。可逐滴加入碳酸钠饱和溶液至不再有沉淀生成(检查：吸取少量溶液置试管中，滴加饱和碳酸钠溶液数滴,应无沉淀生成)。加少量氢氧化钠溶液使溶液 pH 为 10~11。加热至沸,过滤。

(5) 将滤液移入蒸发皿内,滴加 2mol/L 盐酸,调整溶液的 pH 至 3~4。

(6) 加热蒸发浓缩,并不断搅拌,浓缩滤液至原体积的 1/3 时,有氯化钠结晶析出,趁热抽滤至不再有溶液滴下为止。

(7) 将滤得的氯化钠固体转移至蒸发皿中,用小火慢慢烘干,冷却后称量。

2. 鉴别试验及杂质限度检查

(1) 鉴别氯化物。取晶体少许,溶解后加硝酸银溶液,即应产生白色絮凝状沉淀,沉淀溶于浓氨水,但不溶于硝酸。反应式为

$$Cl^- + Ag^+ \xlongequal{} AgCl \downarrow$$

取晶体少许,加水溶解后加高锰酸钾与浓硫酸,加热,即产生氯气,遇碘化钾淀粉试纸即显蓝色:

$$10Cl^- + 2MnO_4^- + 16H^+ \xlongequal{} 5Cl_2 \uparrow + Mn^{2+} + 8H_2O$$

(2) 钡盐的检查。取氯化钠样品 4g,用蒸馏水 20ml 溶解,过滤,滤液分为两等份,即一份中加稀硫酸 2ml,另一份中加蒸馏水 2ml,静置 2h,两液应同样透明。

(3) 硫酸盐的检查。取 50ml 奈氏比色管 2 个,一个管中加标准硫酸钾溶液 1ml,另一个管中加氯化钠样品 5g,各管加蒸馏水稀释至 25ml(样品溶液应透明,如不透明可过滤),加 0. 1mol/L 盐酸 5ml,置于 30~35℃水浴中保温 10min,再加 25%氯化钡溶液 3ml,用蒸馏水稀释,使成 50ml,摇匀,放置 10min 后,置比色架上,在光线明亮处由上而下透视,比较两管的浑浊度,样品管的浑浊度不得高于标准管(硫酸盐含量为 0. 002mg/ml)。

(4) 铁盐的检查。取标准铁溶液 1. 5ml 和氯化钠样品 5g,分别置于 2 个 50ml 奈氏比色管中,各加蒸馏水 3~5ml 溶解,加 0. 1mol/L 盐酸 5ml、新配制的 0. 1mol/L 过硫酸铵数滴,再加硫氰化铵试液 5ml,适量蒸馏水使成 50ml,摇匀。比较两管的颜色,样品管不得深于标准管(铁含量 0. 0003mg/ml)。反应式为

$$Fe^{3+} + SCN^- \xlongequal{} [Fe(SCN)]^{2+}\text{(血红色)}$$

(5) 钾盐的检查。取标准硫酸钾溶液 12. 3ml 和氯化钠样品 5g,分别置于奈氏比色管中,加蒸馏水 20ml 溶解,加 3mol/L 乙酸 2 滴(使 pH 为 5~6),加四苯硼钠液 2ml,加水使成 50ml,比较两管的浑浊度,样品管不得深于标准管(钾含量为 0. 02mg/ml)。反应式为

$$K^+ + B(C_6H_5)_4^- \xlongequal{} KB(C_6H_5)_4 \downarrow\text{(白色)}$$

(6) 钙盐和镁盐的检查。取氯化钠样品 4g,加 20ml 水溶解后,加氨试液 2ml,摇匀,分成两等份,一份加草酸铵试液 1ml,另一份加磷酸氢二钠 1ml,5min 内均不得出现浑浊。

对照试验:取钙盐溶液 1ml,加草酸铵试液 1ml,滴加氨水至显微碱性,溶液有白色结晶析出。反应式为

$$Ca^{2+} + C_2O_4^{2-} \xlongequal{} CaC_2O_4 \downarrow\text{(白)}$$

取镁盐溶液 1ml,加磷酸氢二钠 1ml,加氨水 10 滴,有白色结晶析出。反应式为

$$Mg^{2+} + HPO_4^{2-} + NH_3H_2O \xlongequal{} MgNH_4PO_4 \downarrow\text{(白)} + H_2O$$

(7) 重金属检查。取 50ml 奈氏比色管 2 个,其中一个加标准铅溶液(0. 01mg/ml)1ml,另一个加氯化钠样品 5g,加水 20ml 溶解,然后分别加稀乙酸 2ml,加水稀释至 25ml,加硫化氢试液 10ml,稀释至 50ml,摇匀,在暗处放置 10min,同置白纸上,自上而下透视,样品管中的颜色不得深于标准管(重金属含量为 0. 002mg/ml)。

3. 氯化钠含量测定

取氯化钠样品适量，精密称定，至250ml锥形瓶中，加入蒸馏水50ml使溶解。再加入荧光黄指示液5滴，用0.1mol/L硝酸银标准溶液滴定，并不断振摇至出现粉红色凝胶状沉淀，即为终点。按下式计算样品中氯化钠含量：

$$w_{NaCl}(\%)=\frac{(cV)_{AgNO_3}\times M_{NaCl}}{m_s\times 1000}\times 100\%$$

【注意事项】

(1) 观察颜色和浊度时，可在管底下方置一白纸或白板，各管受光情况应一致。

(2) 根据朗伯-比尔定律，吸光度 $A=K\cdot c\cdot L$（K 为常数，c 为溶液浓度，L 为液层厚度），溶液的颜色和深浅程度相同表示两个溶液对光的吸收程度相同。比色时样品溶液和标准溶液应使用相同的比色管，以保证相同的液层厚度。同时，应沿比色管中心轴线自上而下进行透视，以提高比色的灵敏度。

【思考题】

1. 为什么用毒性很大的氯化钡除去硫酸根，而不用无毒的氯化钙？过量的钡离子如何除去？

2. 本实验为什么用碳酸钠除去钙离子、镁离子等杂质，而不用别的可溶性碳酸盐？除去碳酸根离子为什么要用盐酸而不用别的强酸？

3. 烘干前，减压抽滤氯化钠黏稠液的作用是什么？

4. 如果本实验收率过高或过低，可能的原因是什么？

实验 9-7　茶叶中提取咖啡因及其分离与鉴定

【实验目的】

1. 通过从茶叶中提取咖啡因学习固-液萃取的原理及方法。
2. 掌握索氏提取器的原理及其作用。
3. 掌握升华原理及操作。
4. 掌握咖啡因的鉴别方法。

【实验原理】

茶叶中含有多种生物碱，其中以咖啡因为主，占1%～5%，并含有少量茶碱和可可豆碱。茶叶中另外还含有11%～12%的丹宁酸（又名鞣酸），0.6%的色素、纤维素、蛋白质等。

咖啡因又称咖啡碱，它是一种对中枢神经有兴奋作用的生物碱，常作为中枢神经的兴奋药，也是复方阿司匹林等药物的组分。

咖啡因是杂环化合物嘌呤的衍生物，化学名称为1,3,7-三甲基黄嘌呤，结构如下：

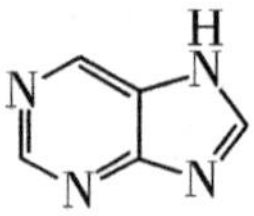

(嘌呤)

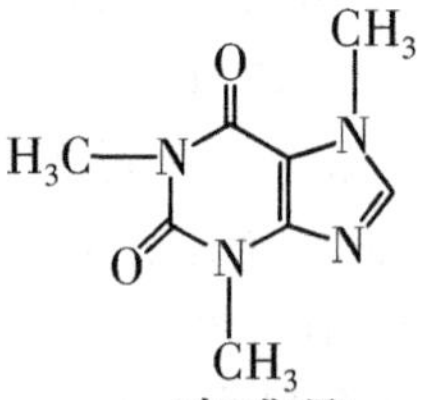

(咖啡因)

含结晶水的咖啡因为无色针状结晶,无臭,味苦;易溶于氯仿(12.5%)、水(2%)、乙醇(2%)、丙酮等溶剂;微溶于石油醚;难溶于苯(溶解度为1%,热苯为5%)和乙醚。丹宁酸易溶于水和乙醇,但不溶于苯。咖啡因是弱碱性物质,水溶液对石蕊试纸呈中性反应。咖啡因在100℃时即失去结晶水,并开始升华,随温度升高升华加快。120℃时升华显著,178℃时升华很快。无水咖啡因的熔点为234~237℃。

从茶叶中提取咖啡因时,往往选用适当的溶剂(氯仿、乙醇等)在索氏提取器中连续提取,然后蒸去溶剂,得到粗咖啡因;再通过升华进行纯化,得咖啡因纯品。也可以用热水浸泡茶叶,再选用适当的有机溶剂将咖啡因从浸泡液中萃取出来。前一种方法称为升华法;后一种方法称为萃取法。

本实验采用升华法从茶叶中提取咖啡因。利用咖啡因易溶于乙醇、易升华等特点,以95%乙醇作溶剂,通过索氏提取器进行连续提取,然后浓缩、焙烘得到粗品咖啡因,再通过升华提取得到纯品咖啡因。

咖啡因可通过熔点测定、生物碱特有反应和光谱法进行鉴别或鉴定。

【实验材料】

1. 仪器

可见-紫外分光光度计、索氏提取器一套、表面皿、蒸发皿、刮铲、玻璃漏斗、锥形瓶、石英比色皿等。

2. 试剂

茶叶、95%乙醇、生石灰。

3. 装置

提取咖啡因的装置如图9-1和图9-2所示。

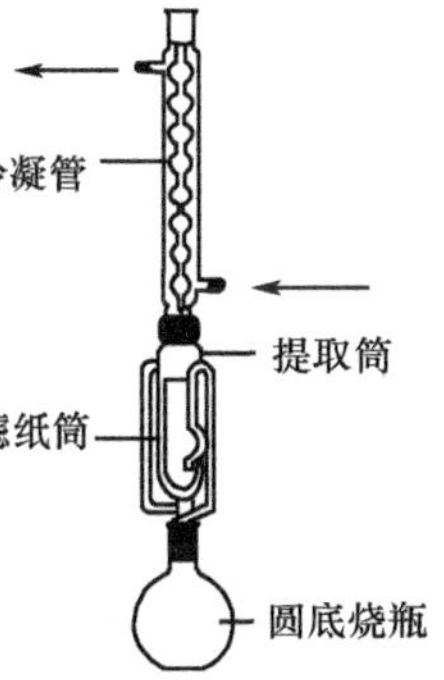

图9-1 咖啡因的提取装置

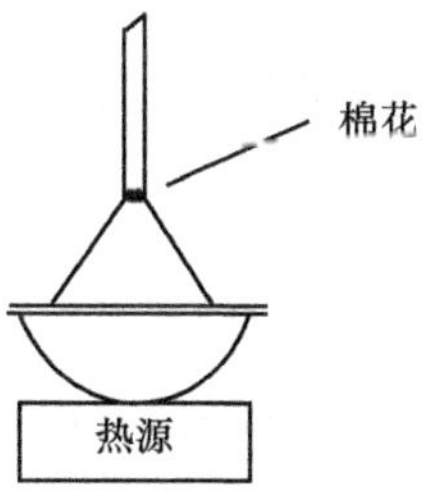

图9-2 咖啡因的分离纯化(升华装置)

【实验内容】

1. 提取、分离与纯化

先将滤纸卷成与提取器大小相适应的筒状,称取预先研碎的茶叶末10g,放入卷好的滤纸筒中,上下端封好,并将滤纸筒放入索氏提取器内。在圆底烧瓶中加入80ml 95%乙醇和几粒沸石,置电热套上加热回流,连续提取至提取液呈浅色(约2.5h)。当最后一次提取液刚刚虹吸流回烧瓶时,立即停止加热,改为蒸馏装置。回收乙醇,将残液(10~20ml)转入蒸发皿中,置水浴上蒸发至糊状,拌入3~4g生石灰粉,玻璃棒不断搅拌在蒸汽浴上蒸干溶剂。将蒸发皿移至电热套上小心地将固体焙炒片刻,除去全部水分。冷却后,擦去深绿色粉末,以免升华时污染。在蒸发皿上盖一张刺有许多小孔的滤纸，取一个合适的玻璃漏斗罩在滤纸上。将该蒸发皿置于可控温热源上，小心加热使其升华。当滤纸上出现白色针状结晶时，要控制温度，缓慢升华。当大量白色结晶出现时，暂停加热，冷至 100℃，揭开漏斗和滤纸，用小刀片仔细将附在滤纸上及器皿周围的咖啡因结晶刮下。残渣拌和后用较高的温度加热片刻，使升华完全，合并两次收集的咖啡因，称量。

2. 鉴别

(1) 与碘化铋钾反应。取 1ml 咖啡因的乙醇溶液，加入 1~2 滴碘化铋钾试剂，应有淡黄色或红棕色沉淀出现。

(2) 与硅钨酸试剂反应。取 1ml 咖啡因的乙醇溶液，加入 1~2 滴硅钨酸试剂，应有淡黄色或灰白色沉淀出现。

(3) 薄层层析。用硅胶 G 板点样，用苯-乙酸乙酯(1∶1)作展开剂，用 20% 磷钼酸的乙酸-丙酮溶液(1∶1)显色。若为一个斑点，说明纯度较高，否则相反。

(4) 熔点测定。234~237℃。

(5) 光谱法鉴别。在可见-紫外分光光度计上，取 0.02mg/ml 的咖啡因的水溶液于 1cm 石英比色皿中，以蒸馏水为空白，在 200~400nm 波长范围内进行光谱扫描，得紫外吸收光谱，在 272nm 波长处有一个吸收峰。

【注意事项】

(1) 滤纸筒大小要合适，既要贴紧器壁，又要放取方便，高度不能超过提取器的虹吸管。纸套上面折成凹形，以保证回流时可均匀浸润被萃取物。

(2) 理论上应尽可能提取完全，直到回流液无色或颜色变浅。实际上回流虹吸 3~5 次即可，因为色素提尽与否，并不代表咖啡因的提取率。

(3) 生石灰起吸水和中和作用，分解咖啡因单宁酸盐和咖啡因茶多酚盐，使咖啡因游离而具有挥发性。

(4) 本实验成功与否取决于升华操作。样品到冷却面之间的距离应尽可能较近。在升华过程中始终要小火间接加热，温度不可过高(最好维持在 120~178℃)，否则易把滤纸炭化变黑，并把一些有色物质烘出来，影响收率和纯度。

(5) 咖啡因易溶于氯仿，而茶碱和可可碱难溶于氯仿，故可用氯仿作萃取剂，除去后两种物质。

(6) 若萃取时出现乳化现象，分层困难时，可加入 5% HCl 使溶液呈中性，有助于分层。

【思考题】

1. 索氏提取器的原理是什么？与直接用溶剂回流提取比较有什么优点？
2. 升华操作的原理是什么？
3. 分离咖啡因粗品时，升华前为什么要加入氧化钙？为什么升华前要将水分除尽？
4. 从茶叶中提取的咖啡因有绿色光泽，为什么？
5. 为什么在升华操作中，加热温度一定要控制在被升华物熔点以下？
6. 本实验中，应如何减少产品损失？
7. 咖啡碱、茶碱与可可碱在结构上有什么区别？各有什么用途？
8. 《中华人民共和国药典》规定，测定咖啡因的含量时，要用极性很强的氯仿作提取剂，为什么？

实验 9-8　氯化铅溶度积常数的测定

【实验目的】

1. 了解用离子交换法测定难溶电解质溶度积的原理和方法。

2. 学习离子交换树脂的一般使用方法。

3. 进一步训练酸碱滴定的基本操作。

【实验原理】

在难溶电解质的饱和溶液中，固相和液相之间存在动态平衡。在一定温度下，难溶电解质的饱和溶液中离子浓度(确切地说应是离子活度)的系数次方之积为一常数，称为溶度积(K_{sp}^{Θ})。例如，在氯化铅的饱和溶液中存在下列平衡：

$$PbCl_2(s) \rightleftharpoons Pb^{2+}(aq) + 2Cl^-(aq)$$

25℃时，氯化铅的溶度积为

$$K_{sp,PbCl_2}^{\Theta} = [Pb^{2+}][Cl^-]^2 = 1.7\times10^{-5}$$

式中：$[Pb^{2+}]$、$[Cl^-]$分别为平衡时 Pb^{2+}和 Cl^-的浓度，mol/L。

从上式可知，若测出难溶电解质饱和溶液中有关离子的浓度，就可以计算出溶度积 K_{sp}^{Θ} 。

离子交换树脂是一类高分子聚合物，这类化合物中含有特殊活性基团，能与其他物质进行离子交换。含有酸性基团而能与其他物质交换阳离子的叫阳离子交换树脂，含有碱性基团而能与其他物质交换阴离子的叫阴离子交换树脂。最常用的聚苯乙烯磺酸型树脂是一种强酸性阳离子交换树脂，其结构式可表示为

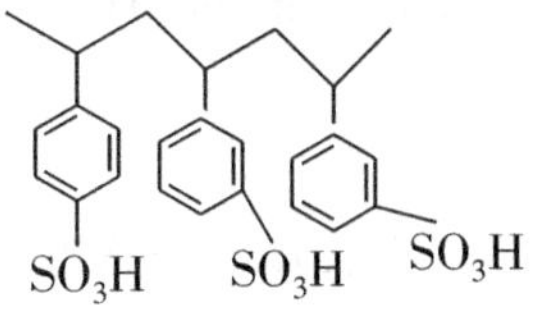

本实验是用强酸性阳离子交换树脂(用 R—SO_3H 表示)，这种树脂出厂时一般是 Na^+型，即活性基团是—SO_3Na，如用 H^+把 Na^+交换下来，则得 H^+型树脂。

一定量的饱和氯化铅溶液与 H^+型阳离子树脂充分接触后，下列交换反应可以进行得很完全。

$$2R—SO_3H + PbCl_2 \longrightarrow (RSO_3)_2Pb + 2HCl$$

交换出的 HCl 溶液的浓度可采用已知准确浓度的 NaOH 标准溶液进行滴定而确定。根据物质的量反应规律即可算出氯化铅饱和溶液的浓度，从而可求得 $PbCl_2$ 的溶解度和溶度积。

【实验材料】

1. 仪器

离子交换柱、烧杯、滴定管、锥形瓶、移液管。

2. 试剂与材料

阳离子交换树脂、玻璃纤维、2mol/L HCl、氯化铅固体、溴百里酚酞指示剂、NaOH 标准

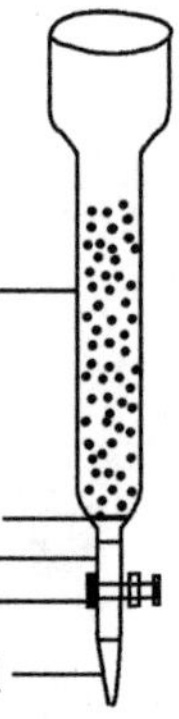

图 9-3　离子交换柱

溶液。

【实验内容】

1. 装柱

将离子交换柱(可用碱式滴定管代用)洗净,底部填以少量玻璃纤维,称取一定数量的 732 强酸型阳离子交换树脂,放入小烧杯中,加蒸馏水浸泡,搅拌,除去悬浮的颗粒及杂质后,与水一起转移到离子交换柱中,打开交换柱下端旋钮夹子,让水慢慢流出,直到液面高出树脂 1cm 左右为止,夹紧螺旋夹。若有气泡,用玻璃棒插入树脂中赶走气泡。整个操作过程中均应使树脂完全浸在溶液中。气泡赶走后,在树脂上方加少量玻璃纤维,如图 9-3 所示。

2. 转型

为保证 Pb^{2+}完全交换成 H^+,必须将 Na^+型树脂完全转变成 H^+。取 40ml 2mol/L 的 HCl 溶液分次加入交换柱,控制 80~85 滴/min 的流速,让其通过离子交换树脂。待 HCl 溶液全部流出交换柱后,保持 10min。用 50~70ml 的蒸馏水淋洗树脂,直到流出液的 pH 为 6~7(用 pH 试纸检验)。

3. 氯化铅饱和溶液的制备

将 1g 氯化铅(A.R.)固体置于约 70ml 经煮沸、又冷却至室温的蒸馏水中,搅拌 10min 后静置 5min,用定量滤纸滤过(滤纸、漏斗和抽滤瓶均应干燥),滤液即为氯化铅饱和溶液。

4. 交换

用移液管取 20.0ml 饱和氯化铅溶液,注入离子交换柱内,控制交换柱流出液的速度为 20~25 滴/min,用洗净的锥形瓶承接流出液。在饱和溶液差不多完全流进树脂床时,加蒸馏水洗涤树脂(约 50ml 水分批淋洗)直至流出液的 pH 为 6~7。在整个交换和淋洗过程中注意勿使流出液损失。

5. 氢离子浓度的测定

流出液加 2 滴溴百里酚酞指示剂,用已知准确浓度的 NaOH 标准溶液滴定,当溶液由黄色转变为鲜明的蓝色即为滴定终点。精确记录所用 NaOH 标准溶液的体积,按下式计算溶液的氢离子浓度。

$$[H^+] = \frac{c_{NaOH} \times V_{NaOH}}{20.00}$$

6. 数据记录及结果

将实验数据填入表 9-2 中。

表 9-2　氯化铅溶度积常数的测定

氯化铅饱和液温度	
通过交换柱的饱和溶液体积/ml	
c_{NaOH}/(mol/L)	
V_{NaOH}/ml	
$[H^+]$/(mol/L)	
氯化铅的溶解度	
氯化铅的溶度积 $K_{sp}^{\ominus}$	

【注意事项】

（1）操作过程中如有气泡进入树脂床，会影响交换效果。可加少量水使液面高出树脂面，然后用玻璃棒搅动树脂，直至所有气泡完全逸出。

（2）转型后应用纯水洗涤至中性。

（3）氯化铅接近液面时应改用纯水洗涤至中性。

【思考题】

1. 操作过程中为什么控制液体流速不宜太快？树脂层为什么不允许有气泡存在？应如何避免？

2. 如何根据实验结果计算氯化铅的溶度积？

附　离子交换技术简介

将化合物通过装有离子交换树脂的离子交换柱后，由于离子间的交换而得到相应产物的方法称为离子交换法。该法广泛用于元素的分离、提取、纯化、有机物的脱色精制、水的净化以及催化剂等方面，离子交换法所需要的材料包括相应的离子交换树脂和离子交换柱等。

离子交换树脂包括天然和合成两大类别。苯乙烯和二乙烯苯交联成的高聚物是树脂的母体结构，然后再连接上相应的活性基团而成。人工合成的离子交换树脂是一种不溶性的、网状结构的、含有活性基团的高分子聚合物。在网状结构的骨架上有许多可以电离的、能和周围溶液中的某些离子进行交换的活性基团；离子交换树脂在水或者酸、碱性溶液中极难溶解，受热较稳定，且与多数有机溶剂、氧化剂、还原剂等不发生作用。

1. 离子交换树脂的分类

因所带基团和作用的不同，离子交换树脂可以分为阳离子交换树脂、阴离子交换树脂及具有特殊功能的离子交换树脂等（表9-3）。

（1）阳离子交换树脂：阳离子交换树脂是带有酸性交换基团的树脂。这些酸性基团包括磺酸基（$—SO_3H$）、羧基（—COOH）、酚羟基（—OH）等。在这些树脂中，阳离子可被溶液中的阳离子所交换，根据活性基酸碱性的强弱不同，将阳离子交换树脂再细分为强酸性阳离子交换树脂（活性基为$—SO_3H$），如国产732型树脂（新牌号001#～100#）；中等酸性阳离子交换树脂（活性基为$—PO_3H_2$，国产新牌号401#～500#）；以及弱酸性阳离子交换树脂（活性基为$—CO_2H$、$—C_6H_4OH$等），如724型（新牌号101#～200#）等，其中以强酸性树脂用途最广。

（2）阴离子交换树脂：含有碱性活性基的树脂。这类树脂的阴离子可被溶液中的阴离子交换。根据活性基碱性的强弱差别分为强碱性阴离子交换树脂（活性基为季胺碱，如国产711#、714#等）和弱碱性阴离子交换树脂（活性基为伯胺基、仲胺基和叔胺基，如701#树脂等）

（3）具有特殊功能树脂：如螯合树脂、两性树脂、氧化还原树脂等。在实际应用中可根据实验的具体要求，选择不同的离子交换树脂（表9-3）。

表9-3　离子交换树脂的种类

类型		活性基	类别	例子
阳离子交换树脂	强酸性	磺酸基团	H型（$R-SO_3H$）Na型（$R-SO_3Na$）	732型、IR-120型
		磷酸基团	H型（$R-PO_3H_2$）Na型（$R-PO_3Na_2$）	
	弱酸性	羧酸基团	H型（$R-CO_2H$）Na型（$R-CO_2Na$）	724型、IRC-50型
		苯酚基团	H型（$R-C_6H_4OH$）Na型（$R-C_6H_4ONa$）	

续表

类型		活性基	类别	例子
阴离子交换树脂	强碱性	季胺基团	OH 型($R-NR'_3OH$)	717 型、IRA-400 型
			Cl 型($R-NR'_3Cl$)	
		伯胺基团	OH 型($R-NH_3OH$)	701 型、IR-45 型
			Cl 型($R-NH_3Cl$)	
	弱碱性	仲胺基团	OH 型($R-NR'H_2OH$)	
			Cl 型($R-NR'H_2Cl$)	
		叔胺基团	OH 型($R-NHR'_2OH$)	
			Cl 型($R-NHR'_2Cl$)	
具有特殊功能的离子交换树脂			螯合树脂、两性树脂、氧化还原树脂等	

2. 离子交换的基本原理

离子交换过程是溶液中离子通过扩散进入到树脂颗粒内部,在与树脂活性基团上的 H^+(或 Na^+ 及其他离子)进行交换,被交换的 H^+ 又扩散到溶液并被排出。因此离子交换过程是可逆的,对于阳离子交换树脂来说,离子价越高交换势越大,即与树脂结合的能力越强:

$$K^+ < H^+ < Na^+ < K^+ < Ag^+ < Fe^{2+} < Co^{2+} < Ni^{2+}$$
$$< Cu^{2+} < Mg^{2+} < Ca^{2+} < Ba^{2+} < Sc^{3+}$$

同样,对于阴离子交换树脂而言,其交换势也随着离子价的增高而加大,如对强碱性阴离子树脂而言:

$$Ac^- < F^- < OH^- < HCOO^- < H_2PO_4^- < HCO_3^- < BrO_3^- < Cl^-$$
$$< NO_3^- < Br^- < NO_2^- < I^- < CrO_4^{2-} < C_2O_4^{2-} < SO_4^{2-}$$

3. 影响离子交换的因素

影响离子交换的因素很多,主要包括以下几个方面:

(1) 树脂的性质。不同厂家、不同型号的树脂交换容量不同。

(2) 树脂处理。树脂预处理或再生的效果。

(3) 树脂填充。离子交换柱中树脂填充是否良好,有无气泡等。

(4) 柱径比与流出速度。由于离子交换过程是一个缓慢的交换过程,并且这个交换过程是可逆的。因此流出速度对于交换结果影响很大。流出速度过大,来不及进行离子交换,离子交换效果差。同时流出速度又与流动相溶液中离子的浓度和离子交换柱的柱径比(离子交换柱的高度与直径的比值)等因素有关,离子浓度小时,可适当增加流出速度。在实验室中柱径比一般要求在 10∶1 以上,柱径比较大时可适当增加流出速度。为了得到较好的结果,流出速度一般需控制在 20~30 滴/min 为宜。

4. 新树脂的预处理与老化树脂的再生

(1) 阳离子交换树脂的预处理

1) 漂洗。目的在于除去一些外源性杂质。将购买的新树脂用自来水浸泡,并不时搅动,弃去浸洗液,不断换水直到浸洗液无色为止。

2) 碱洗。因稳定性的要求,购买的新树脂基本上都是钠型的,利用碱洗过程,可将某些非钠型转换为钠型,便于下一步的处理。加等容量 8% NaOH 溶液浸泡 30min,分离碱液,用水洗至中性。

3) 转换。用 7% HCl 溶液处理树脂 3 次,每次均为等容量并浸泡 30min。分离酸液,并用水洗至中性备用(注:最后几次应该用蒸馏水或去离子水洗涤)。

(2) 阴离子交换树脂的预处理

1) 将新购阴离子交换树脂加等量的 50% 乙醇,搅拌,放置过夜,除去乙醇,用水洗至浸洗液无色无味。

2) 用 7% HCl 溶液处理 3 次,每次均为等容量并浸泡 30min,分离酸液,并用水洗至中性。

3) 用 8% NaOH 溶液处理 3 次,每次均为等容量并浸泡 30min,水洗至 pH 为 8~9 为止。

(3) 离子交换树脂的再生:离子交换树脂用过一段时间后,会发生色变,并失去交换能力,这就是树脂的老化,可通过处理使其再生。再生的方法因树脂不同而异,但基本步骤与预处理相类似,首先是漂洗,然后利用离子交换过程的可逆性原理,用 H^+、Na^+(或 OH^-、Cl^-)交换树脂上的离子即可。

再生过程可以使用静态法和动态法等。以阳离子交换树脂的再生为例:①静态法。将经过漂洗的树脂加入适量(2~3 倍体积或更多)的 2mol/L 的盐酸放置 24h 以上(放置过程中要经常加以搅拌),弃去酸液,用水冲洗至中性。②动态法。先将离子交换柱的残水放出,加入 2~3 倍容量的 2mol/L(约为 7%)的 HCl 溶液(或其他酸),打开离子交换柱下部的控制旋钮,使液体缓慢流出,并随时检验流出液的 pH。当流出液呈强酸性时,关闭旋钮静置一段时间,使交换充分(静态再生)后再放出酸液,并将其余酸液不断加入(动态再生),最后用水冲洗至中性即可。

(4) 注意事项

1) 为避免洗涤过程中自来水中的离子与树脂发生交换作用,最好先用自来水将树脂中的大部分酸(或碱)洗出,当流出液 pH 为 2~3(或 11~12)之后,再用蒸馏水(去离子水)洗涤至 pH 为 6~7(或 8~9)。

2) 阴离子树脂在 40℃以上极易分解,应特别注意。

3) 离子交换树脂在使用过程中会逐渐裂解破碎,但是一般可以用 3~4 年甚至更长,不要轻易倒掉。

4) 对已处理好(或再生好)的树脂,应立即使用,不可放置太久,因为它的稳定性较差。一般阳离子离子交换树脂 Na^+型比 H^+稳定,阴离子离子交换树脂 Cl^-型比 OH^-型稳定。

5) 树脂再生时,应根据结合在树脂上的离子选择不同的酸(碱),如结合 Pb^{2+},不能用 HCl,而应用 HNO_3,因为 $Pb(NO_3)_2$ 易溶。

5. 离子交换法的具体操作

(1) 树脂的转型:即树脂应先经预处理或再生,转型后的树脂放置在蒸馏水中。

(2) 装柱

1) 树脂的选择。根据实验目的和具体情况选择不同性能的离子交换树脂,若被吸附的是无机阳离子或有机碱时,宜选用阳离子交换树脂;反之,若被吸附的是无机阴离子或有机酸时,应选用阴离子交换树脂。如果是分离氨基酸这样的两性物质时,则使用阳、阴离子交换树脂均可。确定了阳、阴离子交换树脂后,需确定交换基的种类。如对于吸附性强的离子,可选用弱酸(碱)性离子交换树脂,而对于吸附性较弱者,宜选用强酸(碱)性离子交换树脂。在数种离子共存时,宜先选用吸附性较弱的,以后再选用吸附性较强的交换树脂。若将树脂作催化剂时,应选用强酸(碱)性离子交换树脂。

2) 树脂的装柱。将已经活化好的树脂装入离子交换柱的过程叫装柱。装柱的关键就在于不能使树脂出现断层或气泡。具体做法为:先将离子交换柱中加入部分去离子水,然后将树脂带水装进柱内并打开下部活塞,使水缓缓流出。当树脂加完后,用去离子水将树脂冲洗至流出液的 pH 为中性。在装柱过程中特别注意不能使树脂层断水,以免产生气泡而引起树脂断层。若不慎有气泡产生时,可利用玻璃棒搅动树脂,使气泡逸出。

(3) 离子交换:打开离子交换柱下端的控制旋钮,将已经处理好的离子交换柱中的去离子水放出(注意,此时要再检验一次流出液的 pH,如不为中性则继续用去离子水冲洗至中性)。直到去离子水刚刚掩盖树脂时,将待处理的样品液加入到离子交换柱中(注意,加入时不要使树脂翻动),打开树脂柱下端控制旋钮,控制流速在 20~30 滴/min,当样品液几乎全部进入到树脂中时,加入去离子水(注意,在离子交换过程中同样不能让树脂层断水,以免产生气泡,影响离子交换效果)继续离子交换,直到流出液的 pH 为 6~7 时为止。

(4) 树脂再生:方法如上所述。

实验 9-9　氯化铵的制备

【实验目的】

1. 应用溶解和结晶等理论知识,以食盐和硫酸铵为原料,设计制备氯化铵的实验方案,并进行实验。

2. 巩固无机化学制备实验的一些基本操作，如称量、加热、浓缩、过滤（常压、减压等）。

【实验原理】

食盐与硫酸铵的反应是复分解反应，因此溶液中同时存在氯化钠、硫酸铵、氯化铵和硫酸钠。根据它们的溶解度受温度影响出现差异的原理，采取加热、蒸发、冷却等措施，使溶解。结晶转换，从而将氯化铵与其他三种盐分离。

【实验材料】

由学生根据实验要求选取。

【实验要求】

（1）查阅有关资料，列出氯化钠、硫酸铵、氯化铵和硫酸钠（包括含水硫酸钠）不同温度下在水中的溶解度。

（2）设计出 20g 理论产量氯化铵的实验方案（包括实验原理、所需实验材料、实验步骤）。

（3）用简单的方法对产品质量进行鉴定。

【注意事项】

（1）加热浓缩时要注意不断搅拌。

（2）氯化铵与副产品均回收。

（3）报告格式：①目的；②原理；③流程图；④结果；⑤讨论；⑥参考文献。

【思考题】

食盐中的不溶性杂质在哪一步被除去？

实验 9-10　八角挥发油的提取

【实验目的】

1. 学习实验设计的思路和方法。

2. 学习中药挥发油的提取原理和方法。

3. 掌握水蒸气蒸馏的基本原理和操作（或挥发油测定器的使用）。

【实验原理】

挥发油（volatile oil）又称精油（essential oil），是一类在常温下能挥发的、可随水蒸气蒸馏并与水不相混溶的油状液体的总称。大多数挥发油具有芳香气味。挥发油是一类重要的活性成分，主要应用于医药保健品工业、化妆品工业和食品工业等。

挥发油为多种类型成分的混合物，一种挥发油往往含有几十种到一二百种成分，其中以某种或数种成分占较大的分量。其基本组成为脂肪族、芳香族和萜类化合物。

大多数挥发油为无色或淡黄色油状透明液体。大多数挥发油比水轻，仅少数比水重（如丁香油、桂皮油等）；挥发油在水中的溶解度很小；易溶于醚、三氯甲烷、石油醚、二硫化碳和脂肪油等有机溶剂中，能完全溶于无水乙醇，在其他浓度的醇中只能溶解一定的量，当挥发油中掺有脂肪油或萜烯类成分时，在一定浓度乙醇中的溶解度就会减少。因此，《中华人民共和国药典》规定用挥发油在醇中的溶解度可以检查挥发油的纯度。

常用于提取挥发油的方法有蒸馏法、溶剂提取法和超临界萃取法。其中水蒸气蒸馏法最为常用。水蒸气蒸馏法是利用混合物沸点低于混合物中任一组分的沸点，即当水十分充足时，挥发油和水将一起在低于100℃的温度下被蒸馏出来。这种提取方法既可提高挥发油的蒸馏速度，也保证了在操作时不会因温度过高而引起原料中易变成分分解而影响油的产率和质量。

色谱法是挥发油分析的主要方法，尤其是气相色谱法。

本实验是由学生自己设计实验方案从八角果实中提取八角挥发油。八角性温，具有温阳散寒，行气止痛的功效，所含的挥发油，具有止痛、消炎、抗菌作用。八角挥发油为无色或淡黄色液体，具有茴香味和挥发性，相对密度为0.980～0.994（15℃），折光率为1.5530～1.5600（20℃）。其主要成分为大茴香醚（占85%以上）、胡椒酚甲醚、黄樟醚、茴香醛、茴香酸等，这些成分均易溶于二氯甲烷、氯仿、乙醇、乙醚等有机溶剂，难溶于水。因此，可采用水蒸气蒸馏法提取。

【实验材料】

由学生根据实验要求选取。

【实验要求】

（1）查阅有关文献。

（2）设计实验方案（包括实验原理、所需实验材料、实验内容、计算方法等），经教师审阅同意后，进行实验。

【注意事项】

（1）采用挥发油测定器提取挥发油，可以初步了解该药材中挥发油的含量，但所用的药材量应使蒸出的挥发油量不少于0.5ml为宜。

（2）用挥发油测定器提取挥发油，以测定器刻度管中的油量不再增加作为判断是否提取完全的标准。

（3）挥发油含量测定装置一般分为两种：一种适用于相对密度小于1.0的挥发油测定；另一种适用于测定相对密度大于1.0的挥发油。《中华人民共和国药典》规定，测定相对密度大于1.0的挥发油，也在相对密度小于1.0的测定器中进行，其方法是在加热前，预先加入1ml二甲苯于测定器内，然后进行水蒸气蒸馏，使蒸出的相对密度大于1.0的挥发油溶于二甲苯中。由于二甲苯的相对密度为0.8969，一般能使挥发油与二甲苯的混合溶液浮于水面。由测定器刻度部分读取油层的量时，扣除加入二甲苯的体积即为挥发油的量。

【思考题】

1. 为什么八角挥发油可用水蒸气蒸馏法提取？
2. 在进行水蒸气蒸馏时，用什么简便的方法可以证明八角油已被完全蒸出？

实验9-11　葡萄糖含量测定

【实验目的】

1. 了解葡萄糖的性质及其作为定量分析的依据。
2. 掌握碘量法测定葡萄糖含量的原理和方法。

【实验原理】

葡萄糖的含量测定可采用氧化还原滴定法、沉淀滴定法、比色法等多种分析方法。对常量分析而言，氧化还原滴定法中的次碘酸钠-碘量法用于葡萄糖的含量测定具有准确、快速、简便、实用、所需仪器及药品易得的特点，因此本设计实验采用次碘酸钠-碘量法。

I_2 与 NaOH 反应可生成次碘酸钠（NaIO），葡萄糖分子中的醛基可定量地被 NaIO 氧化成羧基：

$$I_2+2HO^- = IO^-+I^-+H_2O$$

$$CH_2OH(CHOH)_4CHO+IO^-+HO^- = CH_2OH(CHOH)_4COO^-+I^-+H_2O$$

未与葡萄糖反应的 NaIO 在碱性溶液中歧化成 NaI 和 $NaIO_3$。

$$3IO^- = IO_3^-+2I^-$$

当酸化溶液时 $NaIO_3$ 和 NaI 作用又析出 I_2：

$$IO_3^-+5I^-+6H^+ = 3I_2+3H_2O$$

用 $Na_2S_2O_3$ 标准溶液滴定析出的 I_2，即可求出葡萄糖的含量。

$$2S_2O_3^{2-}+I_2 = S_4O_6^{2-}+2I^-$$

因为 1mol I_2 产生 1mol IO^-，而 1mol 葡萄糖消耗 1mol IO^-，所以，相当于 1mol 葡萄糖消耗 1mol I_2。

【实验材料】

由学生根据实验要求选取，并确定所用试剂的配制方法和用量。

【实验要求】

（1）查阅有关文献，选择测定的反应条件，如酸度、浓度、温度、干扰物质的消除等。

（2）设计实验方案（包括实验目的、实验原理、所需实验材料、实验步骤、含量计算方法、参考文献等），经教师审阅同意后，进行实验。

【注意事项】

（1）试样的取样量可根据试样的来源和大致含量范围确定。

（2）实验过程中需采取必要的措施以减小碘量法的误差。

【思考题】

1. 碘量法的主要误差来源是什么？
2. 计算葡萄糖含量时是否需要 I_2 溶液的浓度？

实验 9-12　固-液界面上的吸附

【实验目的】

1. 通过测定活性炭在乙酸溶液中的吸附，验证弗罗因德利希（Freundlich）吸附等温式。
2. 掌握固-液界面吸附等温方程式中经验常数的测定方法。
3. 了解活性炭在溶液中的吸附性质。

【实验原理】

对于比表面很大的多孔性或高度分散的吸附剂，如活性炭等，在溶液中有较强的吸附能力。由于吸附剂表面的结构不同，对不同的吸附质有不同的相互作用力，因而吸附剂能够从混合溶液中有选择地吸附某一种吸附质。

吸附剂的吸附能力常用吸附量 Γ 表示。Γ 通常是指每克吸附剂上吸附的吸附质的克数或摩尔数。在一定温度下，吸附量与吸附质在溶液中的平衡浓度 c 有关。弗罗因德利希从吸附量和平衡浓度的关系曲线得到经验方程：

$$\Gamma = \frac{x}{m} = kc^{\frac{1}{n}} \tag{9-4}$$

式中：x 为吸附质的量；m 为吸附剂的量；k、n 均为常数，与温度、溶剂、吸附剂和吸附质的性质有关。

【实验材料】

活性炭、乙酸，其余材料根据实验要求选取。

【实验要求】

(1) 查阅有关文献。

(2) 设计实验方案（包括实验原理、所需实验材料、实验内容、计算方法等），经教师审阅同意后，进行实验。

【注意事项】

活性炭的活化：先用稀盐酸浸泡 2～3d，再用蒸馏水洗至 pH 5～6，然后在 150℃ 烘干 4～8h，置于干燥器中备用。

【思考题】

1. 活性炭是如何分级的？
2. 浓度的测定方法有哪些？
3. 如何准确称取固体物质的质量？
4. 固体物质的吸附量与哪些因素有关？
5. 固体吸附剂吸附气体与从溶液中吸附溶质有什么不同？

实验 9-13 中药肉桂中肉桂醛的含量测定

【实验目的】

1. 学习实验设计的思路和方法。
2. 熟悉肉桂中肉桂醛的含量测定方法。

【实验原理】

肉桂中含有肉桂醛，肉桂醛是挥发性物质，可以采用挥发油提取方法进行提取，且可以采用气相色谱法对其含量进行测定。

【实验材料】

由学生根据实验要求选取。

【实验要求】

(1) 查阅有关文献。

(2) 设计实验方案（包括实验原理、实验所需的仪器与试剂、实验内容、计算方法、注意事项等），经教师审阅同意后，进行实验。

【思考题】

1. 本实验中样品取用量该如何控制？
2. 气相色谱法有什么特点？常用定量方法有哪些？

参考文献

蔡维平.2004.基础化学实验(一).北京:科学出版社

陈定一.1995. 分析化学. 北京:学苑出版社

范广平,江滨.2002.理化基础实验.上海:上海科学技术出版社

国家药典委员会.2005.中华人民共和国药典.北京:化学工业出版社

黄世德,梁生旺.2005. 分析化学实验. 北京:中国中医药出版社

黄涛.1998.有机化学实验.第2版.北京:高等教育出版社

吉卯祉,葛正华.2002.有机化学实验.北京:科学出版社

兰州大学、复旦大学化学系有机化学教研室.1994.有机化学实验.第2版.北京:高等教育出版社

刘汉兰.2005.基础化学实验.北京:科学出版社

鲁传华.2002.物理化学实验.北京:科学出版社

南京大学化学实验教学组.1999.大学化学实验.北京:高等教育出版社

铁步荣,闫静.2002. 无机化学实验. 北京:科学出版社

王秋长,赵鸿喜,张守民等.2003. 基础化学实验. 北京:科学出版社

吴江.2005.大学基础化学实验. 北京:化学工业出版社

武汉大学化学与分子科学学院实验中心.2006.物理化学实验.武汉:武汉大学出版社

辛剑,孟长功.2004.基础化学实验.北京:高等教育出版社

徐云升,陈军.2007.基础化学实验.广州:华南理工大学出版社

曾慧慧,刘俊义.2004.现代实验化学(上册).北京:北京大学医学出版社

曾昭琼,曾和平.1999.有机化学实验.第3版.北京:高等教育出版社

张师愚,杨惠森.2002.物理化学实验.北京:科学出版社

周宁怀,王德琳.1999.微量有机化学实验.北京:科学出版社

庄继华.2004.物理化学实验.北京:高等教育出版社

附　　录

附录 1　国际相对原子质量表($^{12}C=12.00$)

元素		相对原子质量	元素		相对原子质量	元素		相对原子质量
名称	符号		名称	符号		名称	符号	
氢	H	1.007 94(7)	锶	Sr	87.62(1)	铼	Re	186.207(1)
氦	He	4.002 602(2)	钇	Y	88.905 85(2)	锇	Os	190.23(3)
锂	Li	6.941(2)	锆	Zr	91.224(2)	铱	Ir	192.217(3)
铍	Be	9.012 182(3)	铌	Nb	92.906 38(2)	铂	Pt	195.078(2)
硼	B	10.811(7)	钼	Mo	95.94(2)	金	Au	196.966 55(2)
碳	C	12.0107(8)	锝	Tc	[97.907]	汞	Hg	200.59(2)
氮	N	14.0067(2)	钌	Ru	101.07(2)	铊	Tl	204.3833(2)
氧	O	15.999 4(3)	铑	Rh	102.905 50(2)	铅	Pb	207.2(1)
氟	F	18.998 403 2(5)	钯	Pd	106.42(1)	铋	Bi	208.980 38(2)
氖	Ne	20.1797(6)	银	Ag	107.8682(2)	钋	Po	[208.98]
钠	Na	22.989 770(2)	镉	Cd	112.411(8)	砹	At	[209.99]
镁	Mg	24.3050(6)	铟	In	114.818(3)	氡	Rn	[222.02]
铝	Al	26.981 538(2)	锡	Sn	118.710(7)	钫	Fr	[223.02]
硅	Si	28.0855(3)	锑	Sb	121.760(1)	镭	Ra	[226.03]
磷	P	30.973 761(2)	锑	Te	127.60(3)	锕	Ac	[227.03]
硫	S	32.065(5)	碘	I	126.904 47(3)	钍	Th	232.0381(1)
氯	Cl	35.453(2)	氙	Xe	131.293(6)	镤	Pa	231.035 88(2)
氩	Ar	39.948(1)	铯	Cs	132.905 45(2)	铀	U	238.028 91(3)
钾	K	39.0983(1)	钡	Ba	137.327(7)	镎	Np	[237.05]
钙	Ca	40.078(4)	镧	La	138.9055(2)	钚	Pu	[244.06]
钪	Sc	44.955 910(8)	铈	Ce	140.116(1)	镅	Am	[243.06]
钛	Ti	47.867(1)	镨	Pr	140.907 65(2)	锔	Cm	[247.07]
钒	V	50.9415(1)	钕	Nd	144.24(3)	锫	Bk	[247.07]
铬	Cr	51.9961(6)	钷	Pm	[144.91]	锎	Cf	[251.08]
锰	Mn	54.938 049(9)	钐	Sm	150.36(3)	锿	Es	[252.08]
铁	Fe	55.845(2)	铕	Eu	151.964(1)	镄	Fm	[257.10]
钴	Co	58.933 200(9)	钆	Gd	157.25(3)	钔	Md	[258.10]
镍	Ni	58.6934(2)	铽	Tb	158.925 34(2)	锘	No	[259.10]
铜	Cu	63.546(3)	镝	Dy	162.500(1)	铹	Lr	[262.11]
锌	Zn	65.409(4)	钬	Ho	164.930 32(2)	铲	Rf	[261.11]
镓	Ga	69.723(1)	铒	Er	167.259(3)	𬭊	Db	[262.11]
锗	Ge	72.64(1)	铥	Tm	168.934 21(2)	𬭳	Sg	[263.12]
砷	As	74.921 60(2)	镱	Yb	173.04(3)	𬭛	Bh	[264.12]
硒	Se	78.96(3)	镥	Lu	174.967(1)	𬭶	Hs	[265.13]
溴	Br	79.904(1)	铪	Hf	178.49(2)	鿏	Mt	[266.12]
氪	Kr	83.798(2)	钽	Ta	180.9479(1)			
铷	Rb	85.4678(3)	钨	W	183.84(1)			

注:1. 相对原子质量引自 2001 年国际相对原子质量表,末位数的准确度加注在其后括号内。

2. 中括号内的数学是半衰期最长的放射性核素的相对原子质量。

附录 2　常用化合物式量表

分子式	相对分子质量	分子式	相对分子质量
AgBr	187.772	KNO_2	85.10
AgCl	143.321	KOH	56.106
AgI	234.772	K_2PtCl_6	486.00
$AgNO_3$	169.873	KSCN	97.182
Al_2O_3	101.9612	$MgCO_3$	84.314
As_2O_3	197.8414	$MgCl_2$	95.211
$BaCl_2 \cdot 2H_2O$	244.263	$MgNH_4PO_4 \cdot 6H_2O$	245.407
BaO	153.326	MgO	40.304
$Ba(OH)_2 \cdot 8H_2O$	315.467	$Mg(OH)_2$	57.320
$BaSO_4$	233.391	$Mg_2P_2O_7$	222.553
$CaCO_3$	100.087	$MgSO_4 \cdot 7H_2O$	246.476
CaO	56.0774	$Na_2B_4O_7 \cdot 10H_2O$	381.372
$Ca(OH)_2$	74.093	NaBr	102.894
CO_2	44.0100	NaCl	58.4428
CuO	79.545	Na_2CO_3	105.9890
Cu_2O	143.091	$NaHCO_3$	84.0071
$CuSO_4 \cdot 5H_2O$	249.686	$Na_2HPO_4 \cdot 12H_2O$	358.143
FeO	71.85	$NaNO_2$	69.00
Fe_2O_3	159.69	Na_2O	61.9790
$FeSO_4 \cdot 7H_2O$	278.0176	NaOH	39.9971
$FeSO_4 \cdot (NH_4)_2SO_4 \cdot 6H_2O$	392.1429	$Na_2S_2O_3$	158.110
H_3BO_3	61.8330	$Na_2S_2O_3 \cdot 5H_2O$	248.186
HCl	36.4606	NH_3	17.03
$HClO_4$	100.4582	NH_3Cl	53.49
HNO_3	63.0129	NH_4OH	35.05
H_2O	18.015 31	$(NH_4)_3PO_4 \cdot 12MoO_2$	1876.35
H_2O_2	34.0147	$(NH_4)_2SO_4$	132.141
H_3PO_4	97.9953	$PbCrO_4$	323.19
H_2SO_4	98.0795	PbO_2	239.20
I_2	253.809	$PbSO_4$	303.26
$KAl(SO_4)_2 \cdot 12H_2O$	474.3904	P_2O_5	141.945
KBr	119.002	SiO_2	60.085
$KBrO_3$	167.0005	SO_2	64.065
KCl	74.551	SO_3	80.064
$KClO_4$	138.549	ZnO	81.39
K_2CO_3	138.206	$HC_2H_3O_2$(乙酸)	60.05
K_2CrO_4	194.194	$H_2C_2O_4 \cdot 2H_2O$(草酸)	126.07
$K_2Cr_2O_7$	294.188	$KHC_4H_4O_6$(酒石酸氢钾)	188.178
KH_2PO_4	136.086	$KHC_8H_4O_4$(邻苯二甲酸氢钾)	204.224
$KHSO_4$	136.170	$K(SbO)C_4H_4O_6 \cdot 1/2H_2O$(酒石酸锑钾)	333.928
KI	166.003	$Na_2C_2O_4$(草酸钠)	134.00
KIO_3	214.001	$NaC_7H_5O_2$(苯甲酸钠)	144.11
$KIO_3 \cdot HIO_3$	389.91	$NaC_6H_5O_7 \cdot 2H_2O$(柠檬酸钠)	294.12
$KMnO_4$	158.034		

注：根据 1999 年国际相对原子质量计算。

附录3　国际制基本单位

1.国际单位制(SI)的基本单位

物理量名称	单位名称	单位符号
长度	米	m
质量	千克(公斤)	kg
时间	秒	s
电流	安[培]	A
热力学温度	开[尔文]	K
物质的量	摩[尔]	mol
发光强度	坎[德拉]	cd

2.部分我国非国际单位制单位

量的名称	单位名称	单位符号	与SI单位的关系
时间	分	min	1min=60s
	[小]时	h	1h=3600s
	日,天	d	1d=86 400s
[平面]角	度	°	$1°=(\pi/180)$rad
	[角]分	′	$1'=(\pi/10\ 800)$rad
	[角]秒	″	$1''=(\pi/648\ 000)$rad
体积	升	L	$1L=1dm^3=10^{-3}m^3$
质量	吨	t	$1t=10^3kg$
	原子质量单位	u	$1u\approx1.660\ 540\times10^{-27}kg$
旋转速度	转每分钟	r/min	$1r/min=(1/60)s^{-1}$
能	电子伏	eV	$1eV\approx1.602\ 177\times10^{-19}J$
级差	分贝	dB	

3.力的单位换算

牛[顿]	千克力	达因
1	0.102	10^5
9.806 65	1	$9.806\ 65\times10^5$
10^{-5}	1.02×10^{-6}	1

4.压力的单位换算

牛/米^2	工程大气压	毫米水柱	标准大气压	毫米汞柱
1	1.02×10^{-5}	0.102	0.99×10^{-5}	0.0075
98 067	1	10^4	0.9678	735.6
9.807	0.0001	1	0.9678×10^{-4}	0.0736
101 325	1.033	10 332	1	760
133.32	0.000 36	13.6	0.001 32	1

注:1牛/米^2=1帕;1工程大气压=1千克力/厘米^2;1标准大气压=101.325kPa。

5.能量单位换算

尔格	焦[耳]	千克力米	千瓦时	千卡	升大气压
1	10^{-7}	0.102×10^{-7}	27.78×10^{-15}	23.9×10^{-12}	9.869×10^{-10}
10^7	1	0.102	277.8×10^{-9}	239×10^{-6}	9.869×10^{-3}

续表

尔格	焦[耳]	千克力米	千瓦时	千卡	升大气压
9.807×10^{7}	9.807	1	2.724×10^{-6}	2.342×10^{-3}	9.679×10^{-2}
36×10^{12}	3.6×10^{6}	367.1×10^{3}	1	859.845	3.553×10^{4}
41.87×10^{9}	4186.8	426.935	1.163×10^{-3}	1	41.29
1.013×10^{9}	101.3	10.33	2.814×10^{-5}	0.024218	1

注:1 尔格=1 达因厘米; 1 焦耳=1 牛米=1 瓦秒。

附录 4　一些难溶化合物的溶度积(18~25℃)

化合物	$pK_{sp}^{\ominus}$	$K_{sp}^{\ominus}$	化合物	$pK_{sp}^{\ominus}$	$K_{sp}^{\ominus}$
Ag_3AsO_4	22	1.0×10^{-22}	$CaHPO_4$	7	1×10^{-7}
AgBr	12.3	5.0×10^{-13}	$Ca(OH)_2$	5.26	5.5×10^{-6}
$AgBrO_3$	4.28	5.3×10^{-5}	$Ca_3(PO_4)_2$	28.7	2.0×10^{-29}
AgCN	15.92	1.2×10^{-16}	$CaSO_3$	7.17	6.8×10^{-8}
Ag_2CO_3	11.09	8.1×10^{-12}	$CaSO_4$	5.04	9.1×10^{-6}
$Ag_2C_2O_4$	10.46	3.4×10^{-11}	$Ca(SiF_6)$	3.09	8.1×10^{-4}
Ag_2Cr_2O7	6.7	2.0×10^{-7}	$CaSiO_3$	7.6	2.5×10^{-8}
AgI	16.08	8.3×10^{-17}	$CdCO_3$	11.28	5.2×10^{-12}
$AgNO_2$	3.22	6.0×10^{-4}	$CdC_2O_4\cdot3H_2O$	7.04	9.1×10^{-8}
AgOH	7.71	2.0×10^{-8}	$Cd_2[Fe(CN)_6]$	16.49	3.2×10^{-17}
Ag_3PO_4	15.84	1.4×10^{-16}	$Cd(OH)_2$(新鲜)	13.6	2.5×10^{-14}
Ag_2S	49.2	6.3×10^{-50}	$Cd_3(PO_4)_2$	32.6	2.5×10^{-33}
AgSCN	12	1.0×10^{-12}	CdS	26.1	8.0×10^{-27}
Ag_2SO_3	13.82	1.5×10^{-14}	$CoCO_3$	12.84	1.4×10^{-13}
Ag_2SO_4	4.84	1.4×10^{-5}	$CoHPO_4$	6.7	2×10^{-7}
$Al(OH)_3$(无定形)	32.9	1.3×10^{-33}	$Co[Hg(SCN)_4]$	5.82	1.5×10^{-6}
$AlPO_4$	18.24	6.3×10^{-19}	$Co(OH)_2$(新鲜)	14.8	1.6×10^{-15}
Al_2S_3	6.7	2.0×10^{-7}	$Co(OH)_3$	43.8	1.6×10^{-44}
$BaCO_3$	8.29	5.1×10^{-9}	$Co_3(PO_4)_2$	34.7	2×10^{-35}
$BaC_2O_4\cdot H_2O$	7.64	2.3×10^{-8}	α-CoS	20.4	4.0×10^{-21}
$BaCrO_4$	9.93	1.2×10^{-10}	β-CoS	24.7	2.0×10^{-25}
BaF_2	5.98	1.0×10^{-6}	CrF_3	10.18	6.6×10^{-11}
$BaHPO_4$	6.5	3.2×10^{-7}	$Cr(OH)_2$	15.7	2×10^{-16}
$Ba(NO_3)_2$	2.35	4.5×10^{-3}	$Cr(OH)_3$	30.2	6.3×10^{-31}
$Ba(OH)_2$	2.3	5.0×10^{-3}	$CrPO_4\cdot4H_2O$(绿色)	22.62	2.4×10^{-23}
$Ba_2P_2O_7$	10.5	3.2×10^{-11}	$CrPO_4\cdot4H_2O$(紫色)	17	1.0×10^{-17}
$Ba_3(PO_4)_2$	22.47	3.4×10^{-23}	CuCN	19.49	3.2×10^{-20}
$BaSO_3$	6.1	8.0×10^{-7}	$CuCO_3$	9.86	1.4×10^{-10}
$BaSO_4$	9.96	1.0×10^{-10}	CuC_2O_4	7.64	2.3×10^{-8}
BaS_2O_3	4.79	1.6×10^{-5}	CuCl	5.92	1.2×10^{-6}
$BeCO_3\cdot4H_2O$	3	1×10^{-3}	$CuCrO_4$	5.44	3.6×10^{-6}
$Be(OH)_2$	21.8	1.6×10^{-22}	CuI	11.96	1.1×10^{-12}
BiOCl	30.75	1.8×10^{-31}	$Cu(IO_3)_2$	7.13	7.4×10^{-8}
$Bi(OH)_3$	30.4	4×10^{-31}	CuOH	14	1×10^{-14}
$BiONO_3$	2.55	2.82×10^{-3}	$Cu(OH)_2$	19.66	2.2×10^{-20}
Bi_2S_3	97	1×10^{-17}	$Cu_3(PO_4)_2$	36.9	1.3×10^{-37}
$CaCO_3$	8.54	2.8×10^{-9}	CuS	35.2	6.3×10^{-36}
$CaC_2O_4\cdot H_2O$	8.4	4×10^{-9}	Cu_2S	47.6	2.5×10^{-48}
$CaCrO_4$	3.15	7.1×10^{-4}	CuBr	8.28	5.3×10^{-9}
CaF_2	8.28	5.3×10^{-9}	CuSCN	14.32	4.8×10^{-15}

续表

化合物	$pK_{sp}^{\ominus}$	$K_{sp}^{\ominus}$	化合物	$pK_{sp}^{\ominus}$	$K_{sp}^{\ominus}$
$FeCO_3$	10.5	3.2×10^{-11}	$Na[Sb(OH)_6]$	7.4	4.0×10^{-8}
$FeC_2O_4\cdot H_2O$	6.5	3.3×10^{-7}	$NiCO_3$	8.18	6.6×10^{-9}
$Fe_4[Fe(CN)_6]_3$	40.52	3.3×10^{-41}	NiC_2O_4	9.4	4×10^{-10}
$Fe(OH)_2$	15.1	8.0×10^{-16}	$Ni[Fe(CN)_6]$	14.89	1.3×10^{-15}
$Fe(OH)_3$	37.4	4×10^{-38}	$Ni(OH)_2$(新鲜)	14.7	2.0×10^{-15}
$FePO_4$	21.89	1.3×10^{-22}	$Ni_3(PO_4)_2$	30.3	5×10^{-31}
FeS	17.2	6.3×10^{-18}	α-NiS	18.5	3.2×10^{-19}
Hg_2Br_2	22.24	5.6×10^{-23}	β-NiS	24	1.0×10^{-24}
Hg_2CO_3	16.05	8.5×10^{-17}	γ-NiS	25.7	2.0×10^{-26}
$Hg_2C_2O_4$	12.7	2.0×10^{-13}	$PbBr_2$	4.41	4.0×10^{-5}
Hg_2Cl_2	17.88	1.3×10^{-18}	$PbCO_3$	13.13	7.4×10^{-14}
Hg_2CrO_4	8.7	2.0×10^{-9}	PbC_2O_4	9.32	4.8×10^{-10}
Hg_2HPO_4	12.4	4.0×10^{-13}	$PbCl_2$	4.79	1.6×10^{-5}
Hg_2I_2	28.35	4.5×10^{-29}	$PbCrO_4$	12.55	2.8×10^{-13}
$Hg(IO_3)_2$	12.5	3.2×10^{-13}	PbF_2	7.57	2.7×10^{-8}
$Hg(OH)_2$	25.52	3.0×10^{-26}	$PbHPO_4$	9.9	1.3×10^{-10}
$Hg_2(OH)_2$	23.7	2.0×10^{-24}	PbI_2	8.15	7.1×10^{-9}
HgS(红)	52.4	4×10^{-53}	$Pb(IO_3)_2$	12.49	3.2×10^{-13}
HgS(黑)	51.8	1.6×10^{-52}	$Pb(OH)_2$	14.93	1.2×10^{-15}
Hg_2S	47	1.0×10^{-47}	$Pb(OH)_4$	65.5	3.2×10^{-66}
Hg_2SO_4	6.13	7.4×10^{-7}	PbOHCl	13.7	2×10^{-14}
Hg_2SO_3	27	1.0×10^{-27}	$Pb_3(PO_4)_2$	42.1	8.0×10^{-43}
$K[B(C_6H_5)_4]$	7.65	2.2×10^{-8}	PbS	27.9	8.0×10^{-28}
KIO_4	3.08	8.3×10^{-4}	$Pb(SCN)_2$	4.7	2.0×10^{-5}
$K_2Na[Co(NO_2)_6]\cdot H_2O$	10.66	2.2×10^{-11}	$PbSO_4$	7.79	1.6×10^{-8}
$K_2(PtBr_6)$	4.2	6.2×10^{-5}	PbS_2O_3	6.4	4.0×10^{-7}
$K_2(PtCl_6)$	4.96	1.1×10^{-5}	$Sn(OH)_2$	27.85	1.4×10^{-28}
$K_2(PtF_6)$	4.54	2.9×10^{-5}	$Sn(OH)_4$	56	1×10^{-56}
K_2SiF_6	6.06	8.7×10^{-7}	SnS	25	1.0×10^{-25}
Li_2CO_3	1.6	2.5×10^{-2}	$SrCO_3$	9.96	1.1×10^{-10}
LiF	2.42	3.8×10^{-3}	$SrC_2O_4\cdot H_2O$	6.8	1.6×10^{-7}
Li_3PO_4	8.5	3.2×10^{-9}	$SrCrO_4$	4.65	2.2×10^{-5}
$MgCO_3$	7.46	3.5×10^{-8}	SrF_2	8.61	2.5×10^{-9}
$MgCO_3\cdot H_2O$	4.67	2.1×10^{-5}	$Sr_3(PO_4)_2$	27.39	4.0×10^{-28}
MgF_2	8.19	6.5×10^{-9}	$SrSO_4$	6.49	3.2×10^{-7}
$MgNH_4PO_4$	12.6	2.5×10^{-13}	$Ti(OH)_3$	40	1×10^{-40}
$Mg(OH)_2$	10.74	1.8×10^{-11}	$TiO(OH)_2$	29	1×10^{-29}
$Mg_3(PO_4)_2$	23~27	$10^{-23}\sim10^{-27}$	$VO(OH)_2$	22.13	5.9×10^{-23}
$MgSO_3$	2.5	3.2×10^{-3}	$ZnCO_3$	10.84	1.4×10^{-11}
$MnCO_3$	10.74	1.8×10^{-11}	ZnC_2O_4	7.56	2.7×10^{-8}
$MnC_2O_4\cdot H_2O$	14.96	1.1×10^{-15}	$Zn[Hg(SCN)_4]$	6.66	2.2×10^{-7}
$Mn(OH)_2$	12.72	1.9×10^{-13}	$Zn(IO_3)_2$	7.7	2.0×10^{-8}
MnS(无定形)	9.6	2.5×10^{-10}	$Zn(OH)_2$	6.92	1.2×10^{-17}
MnS(晶态)	12.6	2.5×10^{-13}	$Zn_3(PO_4)_2$	32.04	9.0×10^{-33}
Na_3AlF_6	9.39	4.0×10^{-10}	α-ZnS	23.8	1.6×10^{-24}
$NaK_2[Co(NO_2)_6]$	10.66	2.2×10^{-11}	β-ZnS	21.6	2.5×10^{-22}
$Na(NH_4)_2[Co(NO_2)_6]$	11.4	4×10^{-12}			

附录 5　弱酸及其共轭碱在水中的离解常数(25℃, I=0)

弱酸	分子式	K_a	pK_a	共轭碱	
				pK_b	K_b
砷酸	H_3AsO_4	$6.3\times10^{-3}(Ka_1)$	2.20	11.80	$1.6\times10^{-12}(Kb_3)$
		$1.0\times10^{-7}(Ka_2)$	7.00	7.00	$1\times10^{-7}(Kb_2)$
		$3.2\times10^{-12}(Ka_3)$	11.50	2.50	$3.1\times10^{-3}(Kb_1)$
亚砷酸	$HAsO_2$	6.0×10^{-10}	9.22	4.78	1.7×10^{-5}
硼酸	H_3BO_3	5.8×10^{-10}	9.24	4.76	1.7×10^{-5}
焦硼酸	$H_2B_4O_7$	$1\times10^{-4}(Ka_1)$	4	10	$1\times10^{-10}(Kb_2)$
		$1\times10^{-9}(Ka_2)$	9	5	$1\times10^{-5}(Kb_1)$
碳酸	H_2CO_3	$4.2\times10^{-7}(Ka_1)$	6.38	7.62	$2.4\times10^{-8}(Kb_2)$
	(CO_2+H_2O)	$5.6\times10^{-11}(Ka_2)$	10.25	3.75	$1.8\times10^{-4}(Kb_1)$
氢氰酸	HCN	6.2×10^{-10}	9.21	4.79	1.6×10^{-5}
铬酸	H_2CrO_4	$1.8\times10^{-1}(Ka_1)$	0.74	13.26	$5.6\times10^{-14}(Kb_2)$
		$3.2\times10^{-7}(Ka_2)$	6.50	7.50	$3.1\times10^{-8}(Kb_1)$
氢氟酸	HF	6.6×10^{-4}	3.18	0.82	1.5×10^{-11}
亚硝酸	HNO_2	5.1×10^{-4}	3,29	10.71	1.2×10^{-11}
过氧化氢	H_2O_2	1.8×10^{-12}	11.75	2. 25	5.6×10^{-3}
磷酸	H_3PO_4	$7.6\times10^{-3}(Ka_1)$	2.12	11.88	$1.3\times10^{-12}(Kb_3)$
		$6.3\times10^{-8}(Ka_2)$	7.20	6.80	$1.6\times10^{-7}(Kb_2)$
		$4.4\times10^{-13}(Ka_3)$	12.36	1.64	$2.3\times10^{-2}(Kb_1)$
焦磷酸	$H_4P_2O_7$	$3.0\times10^{-2}(Ka_1)$	1.52	12.48	$3.3\times10^{-13}(Kb_4)$
		$4.4\times10^{-3}(Ka_2)$	2.36	11.64	$2.3\times10^{-12}(Kb_3)$
		$2.5\times10^{-7}(Ka_3)$	6.60	7.40	$4.0\times10^{-8}(Kb_2)$
		$5.6\times10^{-10}(Ka_4)$	9.25	4.75	$1.8\times10^{-5}(Kb_1)$
亚磷酸	H_3PO_3	$5.0\times10^{-2}(Ka_1)$	1.30	12.70	$2.0\times10^{-13}(Kb_2)$
		$2.5\times10^{-7}(Ka_2)$	6.60	7.40	$4.0\times10^{-8}(Kb_1)$
氢硫酸	H_2S	$1.3\times10^{-7}(Ka_1)$	6.88	7.12	$7.7\times10^{-8}(Kb_2)$
硫酸	H_2SO_4	$1.0\times10^{-2}(Ka_2)$	1.99	12.01	$1.0\times10^{-12}(Kb_1)$
亚硫酸	H_2SO_3	$1. 3\times10^{-2}(Ka_1)$	1. 90	12. 10	$7. 7\times10^{-13}(Kb_2)$
	(SO_2+H_2O)	$6.3\times10^{-8}(Ka_2)$	7.20	6.80	$1.6\times10^{-7}(Kb_1)$
偏硅酸	H_2SiO_3	$1.7\times10^{-10}(Ka_1)$	9.77	4.23	$5.9\times10^{-5}(Kb_2)$
		$1.6\times10^{-12}(Ka_2)$	11.8	2.20	$6.2\times10^{-3}(Kb_1)$
甲酸	HCOOH	1.8×10^{-4}	3.74	10.26	5.5×10^{-11}
乙酸	CH_3COOH	1.8×10^{-5}	4.74	9.26	5.5×10^{-10}
一氯乙酸	$CH_2ClCOOH$	1.4×10^{-3}	2.86	11.14	6.9×10^{-12}
二氯乙酸	$CHCl_2COOH$	5.0×10^{-2}	1.30	12.70	2.0×10^{-13}
三氯乙酸	CCl_3COOH	0.23	0.64	13.36	4.3×10^{-14}
氨基乙酸盐	$^{+}NH_3CH_2COOH$	$4.5\times10^{-3}(Ka_1)$	2.35	11.65	$2.2\times10^{-12}(Kb_2)$
	$^{+}NH_3CH_2COO^{-}$	$2.5\times10^{-10}(Ka_2)$	9.60	4.40	$4.0\times10^{-5}(Kb_1)$
乳酸	$CH_3CHOHCOOH$	1.4×10^{-4}	3.86	10.14	7.2×10^{-11}
苯甲酸	C_6H_5COOH	6.2×10^{-5}	4.21	9.79	1.6×10^{-10}
草酸	$H_2C_2O_4$	$5.9\times10^{-2}(Ka_1)$	1.22	12.78	$1.7\times10^{-13}(Kb_2)$
		$6.4\times10^{-5}(Ka_2)$	4.19	9.81	$1.6\times10^{-10}(Kb_1)$
d-酒石酸	CH(OH)COOH CH(OH)COOH	$9.1\times10^{-4}(Ka_1)$	3.04	10.96	$1.1\times10^{-11}(Kb_2)$
		$4.3\times10^{-5}(Ka_2)$	4.37	9.63	$2.3\times10^{-10}(Kb_1)$

续表

弱酸	分子式	K_a	pK_a	共轭碱 pK_b	共轭碱 K_b
邻苯二甲酸	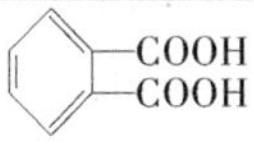	$1.1\times10^{-3}(Ka_1)$	2.95	11.05	$9.1\times10^{-12}(Kb_2)$
		$3.9\times10^{-5}(Ka_2)$	5.41	8.59	$2.6\times10^{-9}(Kb_1)$
柠檬酸	CH_2COOH | $C(OH)COOH$ | CH_2COOH	$7.4\times10^{-4}(Ka_1)$	3.13	10.87	$1.4\times10^{-11}(Kb_3)$
		$1.7\times10^{-5}(Ka_2)$	4.76	9.26	$5.9\times10^{-10}(Kb_2)$
		$4.0\times10^{-7}(Ka_3)$	6.40	7.60	$2.5\times10^{-8}(Kb_1)$
苯酚	C_6H_5OH	1.1×10^{-10}	9.95	4.05	9.1×10^{-5}
乙二胺四乙酸	H_6-EDTA^{2+}	$0.13\ (Ka_1)$	0.9	13.1	$7.7\times10^{-14}(Kb_6)$
	H_5-EDTA^{+}	$3\times10^{-2}(Ka_2)$	1.6	12.4	$3.3\times10^{-13}(Kb_5)$
	H_4-EDTA	$1\times10^{-2}(Ka_3)$	2.0	12.0	$1\times10^{-12}(Kb_4)$
	H_3-EDTA^{-}	$2.1\times10^{-3}(Ka_4)$	2.67	11.33	$4.8\times10^{-12}(Kb_3)$
	H_2-EDTA^{2-}	$6.9\times10^{-7}(Ka_5)$	6.16	7.84	$1.4\times10^{-8}(Kb_2)$
	$H-EDTA^{3-}$	$5.5\times10^{-11}(Ka_6)$	10.26	3.74	$1.8\times10^{-4}(Kb_1)$
氨离子	NH_4^+	5.5×10^{-10}	9.26	4.74	1.8×10^{-5}
联氨离子	$^+H_3NNH_3^+$	3.3×10^{-9}	8.48	5.52	3.0×10^{-6}
羟氨离子	NH_3^+OH	1.1×10^{-6}	5.96	8.04	9.1×10^{-9}
甲胺离子	$CH_3NH_3^+$	2.4×10^{-11}	10.62	3.38	4.2×10^{-4}
乙胺离子	$C_2H_5NH_3^+$	1.8×10^{-11}	10.75	3.25	5.6×10^{-4}
二甲胺离子	$(CH_3)_2NH_2^+$	8.5×10^{-11}	10.07	3.93	1.2×10^{-4}
二乙胺离子	$(C_2H_5)_2NH_2^+$	7.8×10^{-12}	11.11	2.89	1.3×10^{-3}
乙醇胺离子	$HOCH_2CH_2NH_3^+$	3.2×10^{-10}	9.50	4.50	3.2×10^{-5}
三乙醇胺离子	$(HOCH_2CH_2)_3NH^+$	1.7×10^{-8}	7.76	6.24	5.8×10^{-7}
六亚甲基四胺离子	$(CH_2)_6N_4H^+$	7.1×10^{-6}	5.15	8.85	1.4×10^{-9}
乙二胺离子	$^+H_3NCH_2CH_2NH_3^+$	1.4×10^{-7}	6.85	7.15	$7.1\times10^{-8}(Kb_2)$
	$H_2NCH_2CH_2NH_3^+$	1.2×10^{-10}	9.33	4.07	$8.5\times10^{-5}(Kb_1)$
吡啶离子		5.9×10^{-6}	5.23	8.77	1.7×10^{-9}

附录 6 常见元素及其化合物的标准电极电势

电对符号	E^{Θ}/V	电对平衡式
Li^+/Li	-3.045	$Li^+ + e \rightleftharpoons Li$
K^+/K	-2.925	$K^+ + e \rightleftharpoons K$
Rb^+/Rb	-2.925	$Rb^+ + e \rightleftharpoons Rb$
Cs^+/Cs	-2.923	$Cs^+ + e \rightleftharpoons Cs$
Ba^{2+}/Ba	-2.90	$Ba^{2+} + 2e \rightleftharpoons Ba$
Sr^{2+}/Sr	-2.89	$Sr^{2+} + 2e \rightleftharpoons Sr$
Ca^{2+}/Ca	-2.87	$Ca^{2+} + 2e \rightleftharpoons Ca$
Na^+/Na	-2.714	$Na^+ + e \rightleftharpoons Na$

续表

电对符号	$E^{\ominus}$/V	电对平衡式
La^{3+}/La	−2.52	$La^{3+} + 3e \rightleftharpoons La$
Mg^{2+}/Mg	−2.37	$Mg^{2+} + 2e \rightleftharpoons Mg$
Sc^{3+}/Sc	−2.08	$Sc^{3+} + 3e \rightleftharpoons Sc$
Be^{2+}/Be	−1.85	$Be^{2+} + 2e \rightleftharpoons Be$
Al^{3+}/Al	−1.66	$Al^{3+} + 3e \rightleftharpoons Al$
Ti^{2+}/Ti	−1.63	$Ti^{2+} + 2e \rightleftharpoons Ti$
Zr^{4+}/Zr	−1.53	$Zr^{4+} + 4e \rightleftharpoons Zr$
V^{2+}/V	−1.18	$V^{2+} + 2e \rightleftharpoons V$
Mn^{2+}/Mn	−1.18	$Mn^{2+} + 2e \rightleftharpoons Mn$
TiO^{2+}/Ti	−0.88	$TiO^{2+} + 2H^+ + 4e \rightleftharpoons Ti + H_2O$
H_3BO_3/B	−0.87	$H_3BO_3 + 3H^+ + 3e \rightleftharpoons B + 3H_2O$
SiO_2/Si	−0.86	$SiO_2 + 4H^+ + 4e \rightleftharpoons Si + 2H_2O$
Zn^{2+}/Zn	−0.763	$Zn^{2+} + 2e \rightleftharpoons Zn$
Cr^{3+}/Cr	−0.74	$Cr^{3+} + 3e \rightleftharpoons Cr$
Ga^{3+}/Ga	−0.53	$Ga^{3+} + 3e \rightleftharpoons Ga$
$CO_2/H_2C_2O_2$	−0.49	$2CO_2 + 2H^+ + 2e \rightleftharpoons H_2C_2O_2$
Fe^{2+}/Fe	−0.440	$Fe^{2+} + 2e \rightleftharpoons Fe$
Cr^{3+}/Cr^{2+}	−0.41	$Cr^{3+} + e \rightleftharpoons Cr^{2+}$
Cd^{2+}/Cd	−0.403	$Cd^{2+} + 2e \rightleftharpoons Cd$
Ti^{3+}/Ti^{2+}	−0.37	$Ti^{3+} + e \rightleftharpoons Ti^{2+}$
PbI_2/Pb	−0.365	$PbI_2 + 2e \rightleftharpoons Pb + 2I^-$
$PbSO_4/Pb$	−0.356	$PbSO_4 + 2e \rightleftharpoons Pb + SO_4^{2-}$
In^{3+}/In	−0.342	$In^{3+} + 3e \rightleftharpoons In$
Tl^+/Tl	−0.336	$Tl^+ + e \rightleftharpoons Tl$
$PbBr_2/Pb$	−0.280	$PbBr_2 + 2e \rightleftharpoons Pb + 2Br^-$
Co^{2+}/Co	−0.277	$Co^{2+} + 2e \rightleftharpoons Co$
H_3PO_4/H_3PO_3	−0.276	$H_3PO_4 + 2H^+ + 2e \rightleftharpoons H_3PO_3 + H_2O$
$PbCl_2/Pb$	−0.268	$PbCl_2 + 2e \rightleftharpoons Pb + 2Cl^-$
V^{3+}/V^{2+}	−0.255	$V^{3+} + e \rightleftharpoons V^{2+}$
VO^{2+}/V	−0.253	$VO^{2+} + 4H^+ + 5e \rightleftharpoons V + 2H_2O$
Ni^{2+}/Ni	−0.250	$Ni^{2+} + 2e \rightleftharpoons Ni$
Mo^{3+}/Mo	−0.20	$Mo^{3+} + 3e \rightleftharpoons Mo$
CuI/Cu	−0.185	$CuI + e \rightleftharpoons Cu + I^-$
AgI/Ag	−0.151	$AgI + e \rightleftharpoons Ag + I^-$
GeO_2/Ge	−0.15	$GeO^2 + 4H^+ + 4e \rightleftharpoons Ge + 2H_2O$
Sn^{2+}/Sn	−0.136	$Sn^{2+} + 2e \rightleftharpoons Sn$

续表

电对符号	$E^\ominus$/V	电对平衡式
Pb^{2+}/Pb	-0.126	$Pb^{2+}+2e \rightleftharpoons Pb$
WO_3/W	-0.09	$WO_3+6H^++6e \rightleftharpoons W+3H_2O$
H^+/H_2	0.00	$2H^++2e \rightleftharpoons H_2$
$AgBr/Ag$	0.095	$AgBr+e \rightleftharpoons Ag+Br^-$
$CuCl/Cu$	0.137	$CuCl+e \rightleftharpoons Cu+Cl^-$
S/H_2S	0.141	$S+2H^++2e \rightleftharpoons H_2S$
Sn^{4+}/Sn^{2+}	0.15	$Sn^{4+}+2e \rightleftharpoons Sn^{2+}$
SO_4^{2-}/H_2SO_3	0.17	$SO_4^{2-}+4H^++4e \rightleftharpoons H_2SO_3+H_2O$
SbO^+/Sb	0.212	$SbO^++2H^++3e \rightleftharpoons Sb+H_2O$
$AgCl/Ag$	0.222	$AgCl+e \rightleftharpoons Ag+Cl^-$
Hg_2Cl_2/Hg	0.267 6	$Hg_2Cl_2+2e \rightleftharpoons 2Hg+2Cl^-$
BiO^+/Bi	0.32	$BiO^++2H^++3e \rightleftharpoons Bi+H_2O$
Cu^{2+}/Cu	0.337	$Cu^{2+}+2e \rightleftharpoons Cu$
VO^{2+}/V^{3+}	0.361	$VO^{2+}+2H^++e \rightleftharpoons V^{3+}+H_2O$
H_2SO_3/S	0.45	$H_2SO_3+4H^++4e \rightleftharpoons S+3H_2O$
Cu^+/Cu	0.521	$Cu^++e \rightleftharpoons Cu$
$HgCl_2/Hg_2Cl_2$	0.53	$2HgCl_2+2e \rightleftharpoons Hg_2Cl_2+2Cl^-$
I_2/I^-	0.535	$I_2+2e \rightleftharpoons 2I^-$
$Cu^{2+}/CuCl$	0.538	$Cu^{2+}+Cl^-+e \rightleftharpoons CuCl$
$H_3AsO_4/HAsO_2$	0.559	$H_3AsO_4+2H^++2e \rightleftharpoons HAsO_2+2H_2O$
Sb_2O_5/SbO^+	0.581	$Sb_2O_5+6H^++4e \rightleftharpoons 2SbO^++3H_2O$
O_2/H_2O_2	0.682	$O_2+2H^++2e \rightleftharpoons H_2O_2$
$[PtCl_4]^{2-}/Pt$	0.73	$[PtCl_4]^{2-}+2e \rightleftharpoons Pt+4Cl^-$
Fe^{3+}/Fe^{2+}	0.771	$Fe^{3+}+e \rightleftharpoons Fe^{2+}$
Hg_2^{2+}/Hg	0.789	$Hg_2^{2+}+2e \rightleftharpoons 2Hg$
Ag^+/Ag	0.799	$Ag^++e \rightleftharpoons Ag$
NO_3^-/N_2O_4	0.80	$2NO_3^-+4H^++2e \rightleftharpoons N_2O_4+2H_2O$
Cu^{2+}/CuI	0.86	$Cu^{2+}+I^-+e \rightleftharpoons CuI$
NO_3^-/NH_4^+	0.88	$NO_3^-+10H^++8e \rightleftharpoons NH_4^++3H_2O$
Hg^{2+}/Hg_2^{2+}	0.920	$2Hg^{2+}+2e \rightleftharpoons Hg_2^{2+}$
NO_3^-/HNO_2	0.94	$NO_3^-+3H^++2e \rightleftharpoons HNO_2+H_2O$
NO_3^-/NO	0.96	$NO_3^-+4H^++3e \rightleftharpoons NO+2H_2O$
HNO_2/NO	1.00	$HNO_2+H^++e \rightleftharpoons NO+H_2O$
$[AuCl_4]^-/Au$	1.00	$[AuCl_4]^-+3e \rightleftharpoons Au+4Cl^-$
H_6TeO_6/TeO_2	1.02	$H_6TeO_6+2H^++2e \rightleftharpoons TeO_2+4H_2O$
N_2O_4/NO	1.03	$N_2O_4+4H^++4e \rightleftharpoons 2NO+2H_2O$

续表

电对符号	$E^{\ominus}/V$	电对平衡式
Br_2/Br^-	1.065	$Br_2+2e \rightleftharpoons 2\ Br^-$
N_2O_4/HNO_2	1.07	$N_2O_4+2H^++2e \rightleftharpoons 2\ HNO_2$
$[AuCl_2]^-/Au$	1.15	$[AuCl_2]^-+e \rightleftharpoons Au+2Cl$
SeO_4^{2-}/H_2SeO_3	1.15	$SeO_4^{2-}+4H^++2e \rightleftharpoons H_2SeO_3+H_2O$
ClO_4^-/ClO_3^-	1.19	$ClO_4^-+2H^++2e \rightleftharpoons ClO_3^-+H_2O$
IO_3^-/I_2	1.20	$2IO_3^-+12H^++10e \rightleftharpoons I_2+6H_2O$
Pt^{2+}/Pt	1.2	$Pt^{2+}+2e \rightleftharpoons Pt$
$ClO_3^-/HClO_2$	1.21	$ClO_3^-+3H^++2e \rightleftharpoons HClO_2+H_2O$
O_2/H_2O	1.229	$O_2+4H^++4e \rightleftharpoons 2\ H_2O$
MnO_2/Mn^{2+}	1.23	$MnO_2+4H^++2e \rightleftharpoons Mn^{2+}+2H_2O$
NO_3^-/N_2	1.24	$2\ NO_3^-+12H^++10e \rightleftharpoons N_2+6H_2O$
Tl^{3+}/Tl^+	1.25	$Tl^{3+}+2e \rightleftharpoons Tl^+$
$ClO_2/HClO_2$	1.275	$ClO_2+H^++e \rightleftharpoons HClO_2$
$Cr_2O_7^{2-}/Cr^{3+}$	1.33	$CrO_7^{2-}+14H^++6e \rightleftharpoons 2\ Cr^{3+}+7H_2O$
Cl_2/Cl^-	1.360	$Cl_2+2e \rightleftharpoons 2\ Cl^-$
HIO/I_2	1.45	$2\ HIO+2H^++2e \rightleftharpoons I_2+2H_2O$
PbO_2/Pb^{2+}	1.455	$PbO_2+4H^++2e \rightleftharpoons Pb^{2+}+2H_2O$
Au^{3+}/Au	1.50	$Au^{3+}+3e \rightleftharpoons Au$
Mn^{3+}/Mn^{2+}	1.51	$Mn^{3+}+e \rightleftharpoons Mn^{2+}$
MnO_4^-/Mn^{2+}	1.51	$MnO_4^-+8H^++5e \rightleftharpoons Mn^{2+}+4H_2O$
BrO_3^-/Br_2	1.52	$2BrO_3^-+12H^++10e \rightleftharpoons Br_2+6H_2O$
$HBrO/Br_2$	1.59	$2HBrO+2H^++2e \rightleftharpoons Br_2+2H_2O$
H_5IO_6/IO_3^-	1.6	$H_5IO_6+H^++2e \rightleftharpoons IO_3^-+3H_2O$
Bi_2O_5/Bi^{3+}	1.6	$Bi_2O_5+10H^++4e \rightleftharpoons 2\ Bi^{3+}+5H_2O$
Ce^{4+}/Ce^{3+}	1.61	$Ce^{4+}+e \rightleftharpoons Ce^{3+}$
$HClO/Cl_2$	1.63	$2HClO+2H^++2e \rightleftharpoons Cl_2+2H_2O$
$HClO_2/HClO$	1.64	$HClO_2+2H^++2e \rightleftharpoons HClO^+H_2O$
Au^+/Au	1.68	$Au^++e \rightleftharpoons Au$
NiO_2/Ni^{2+}	1.68	$NiO_2+4H^++2e \rightleftharpoons Ni^{2+}+2H_2O$
$PbO_2/PbSO_4$	1.685	$PbO_2+4H^++SO_4^{2-}+2e \rightleftharpoons PbSO_4+2H_2O$
MnO_4^-/MnO_2	1.695	$MnO_4^-+4H^++3e \rightleftharpoons MnO_2+2H_2O$
BrO_4^-/BrO_3^-	1.76	$BrO_4^-+2H^++2e \rightleftharpoons BrO_3^-+H_2O$
H_2O_2/H_2O	1.77	$H_2O_2+2H^++2e \rightleftharpoons 2H_2O$
Co^{3+}/Co^{2+}	1.842	$Co^{3+}+e \rightleftharpoons Co^{2+}$
FeO_4^{2-}/Fe^{3+}	1.9	$FeO_4^{2-}+8H^++3e \rightleftharpoons Fe^{3+}+4H_2O$
Ag^{2+}/Ag^+	1.98	$Ag^{2+}+e \rightleftharpoons Ag^+$

续表

电对符号	$E^{\ominus}$/V	电对平衡式
$S_2O_8^{2-}/SO_4^{2-}$	2.01	$S_2O_8^{2-}+2e \rightleftharpoons 2SO_4^{2-}$
O_3/H_2O	2.07	$O_3+2H^++2e \rightleftharpoons O_2+H_2O$
OF_2/H_2O	2.1	$OF_2+2H^++4e \rightleftharpoons H_2O+2F^-$
O/H_2O	2.42	$O+2H^++2e \rightleftharpoons H_2O$
F_2/HF	3.06	$F_2+2H^++2e \rightleftharpoons 2HF$

注：酸性水溶液中的标准电极电势（酸表）。

附录7　常用酸碱溶液的比重和浓度

试剂名称	密度/(g/ml)	质量分数/%	物质的量浓度/(mol/L)	试剂名称	密度/(g/ml)	质量分数/%	物质的量浓度/(mol/L)
浓 H_2SO_4	1.84	98	18	HBr	1.38	40	7
稀 H_2SO_4	1.06	9	2	HI	1.70	57	7.5
浓 HCl	1.19	38(28)	12	冰醋酸	1.05	99	17.5
稀 HCl	1.03	7	2	稀乙酸	1.04	30	5
浓 HNO_3	1.41	68	16	稀乙酸	1.02	12	2
稀 HNO_3	1.2	32	6	浓 NaOH	1.44	~41	~14.4
稀 HNO_3	1.07	12	2	稀 NaOH	1.09	8	2
浓 H_3PO_4	1.7	85	14.7	浓 $NH_3 \cdot H_2O$	0.91	~28	14.8
稀 H_3PO_4	1.05	9	1	稀 $NH_3 \cdot H_2O$		3.5	2
浓 $HClO_4$	1.67	70	11.6	$Ca(OH)_2$ 水溶液		0.15	
稀 $HClO_4$	1.12	19	2	$Ba(OH)_2$ 水溶液		2	~0.1
浓 HF	1.13	40	23				

附录8　常用指示剂及配制方法

1. 酸碱指示剂

指示剂	变色范围 pH	pK_a	酸色	碱色	配制方法
结晶紫	0.0~2.0		绿	紫	0.5g 溶于 100ml 冰醋酸
甲基紫	0.13~0.5		黄	绿	0.1g 溶于 100ml 水
	1.0~1.5	0.8	绿	蓝	
	2.0~3.0		蓝	紫	
甲基黄	2.9~4.0	3.3	红	黄	0.1g 溶于 100ml 90% 乙醇
甲基橙	3.1~4.4	3.40	红	橙	0.1g 溶于 100ml 水
溴酚蓝	3.0~4.6	3.85	黄	蓝	0.1g 溶于 7.45ml 0.02mol/L NaOH 溶液，用水稀释至 250ml；或 0.1g 溶于 100ml 20% 乙醇
刚果红	3.0~5.2		蓝紫	红	0.1g 溶于 100ml 水
茜素磺酸钠	3.7~5.2		黄	紫	0.1g 溶于 100ml 水
溴甲酚绿	3.8~5.4	4.68	黄	蓝	0.1g 溶于 7.15ml 0.02mol/L NaOH 溶液，用水稀释至 250ml；或 0.1g 溶于 100ml 20% 乙醇
甲基红	4.4~6.2	4.95	红	黄	0.1g 溶于 7.4ml 0.05mol/L NaOH 溶液，用水稀释至 200ml；或 0.1g 溶于 100ml20% 乙醇

续表

指示剂	变色范围 pH	pK_a	酸色	碱色	配制方法
石蕊	4.5~8.3		红	蓝	0.2g 溶于 100ml 乙醇
溴甲酚红紫	5.2~6.8	6.3	黄	紫红	0.1g 溶于 9.25ml 0.02mol/L NaOH 溶液，用水稀释至 250ml；或 0.1g 溶于 100ml 20% 乙醇
溴百里酚蓝	6.0~7.6	7.1	黄	蓝	0.1g 溶于 8ml 0.02mol/L NaOH 溶液，用水稀释至 250ml；或 0.1g 溶于 100ml 20% 乙醇
酚红	6.4~8.0	7.9	黄	红	0.1g 溶于 14.2ml 0.02mol/L NaOH 溶液，用水稀释至 250ml；或 0.1g 溶于 100ml 20% 乙醇
中性红	6.8~8.0	7.4	红	黄	0.1g 溶于 100ml 60% 乙醇
甲酚红	0.2~1.8	8.2	红	黄	0.1g 溶于 5.3ml 0.05mol/L NaOH 溶液，用水稀释至 100ml；或 0.04g 溶于 100ml 50% 乙醇
	7.2~8.8		黄	红	
α-萘酚酞	7.4~8.6		黄	蓝绿	0.1g 或 1g 溶于 100ml 70% 乙醇
百里酚蓝	1.2~2.8	1.65	红	黄	0.1g 溶于 10.75ml 0.02mol/L NaOH 溶液，用水稀释至 250ml；或 0.1g 溶于 100ml 20% 乙醇
	8.0~9.6	8.9	黄	蓝	
酚酞	8.2~10.0	9.4	无	紫红	0.1g 溶于 100ml 乙醇
百里酚酞	9.4~10.6	10.0	无	蓝	0.1g 溶于 100ml 90% 乙醇
尼罗蓝	10.1~11.1		蓝	红	0.1g 溶于 100ml 水
茜素黄 R	1.9~3.3	11.16	红	黄	0.1g 溶于 100ml 水
	10.1~12.1		黄	淡紫	
靛蓝胭脂红	11.6~14.0	12.2	蓝	黄	0.25g 溶于 100ml 50% 乙醇

2. 混合酸碱指示剂

混合指示剂组成	变色点 pH	酸色	转变点	碱色
一份 0.1% 甲基黄乙醇溶液 一份 0.1% 亚甲基蓝乙醇溶液	3.25*	蓝紫	-	绿
一份 0.1% 甲基橙水溶液 一份 0.25% 靛蓝胭脂红水溶液	4.1	紫	灰	绿
一份 0.02% 甲基橙水溶液 一份 0.1% 溴甲酚绿钠盐水溶液	4.3	橙	浅绿	蓝绿
一份 0.2% 甲基红乙醇溶液 三份 0.1% 溴甲酚绿乙醇溶液	5.1*	酒红	-	绿
一份 0.2% 甲基红乙醇溶液 一份 0.1% 亚甲基蓝乙醇溶液	5.4	紫红	灰蓝	绿
一份 0.1% 绿酚红钠盐水溶液 一份 0.1% 溴甲酚绿钠盐水溶液	6.1	黄绿	浅蓝	蓝紫
一份 0.1% 溴甲酚紫钠盐水溶液 一份 0.1% 溴百里酚蓝钠盐水溶液	6.7	黄	紫	蓝紫
一份 0.1% 中性红乙醇溶液 一份 0.1% 亚甲基蓝乙醇溶液	7.0*	蓝紫	-	绿

续表

混合指示剂组成	变色点 pH	酸色	转变点	碱色
一份 0.1% 中性红乙醇溶液 一份 0.1% 溴百里酚蓝乙醇溶液	7.2	玫红	灰绿	绿
一份 0.1% 酚红钠盐水溶液 一份 0.1% 溴百里酚蓝钠盐水溶液	7.5 *	黄	浅紫	紫
一份 0.1% 甲酚红钠盐水溶液 一份 0.1% 百里酚蓝钠盐水溶液	8.3 *	黄	玫红	紫
三份 0.1% 酚酞乙醇溶液 一份 0.1% α-奈酚酞乙醇溶液	8.9	浅玫色	浅绿	紫
三份 0.1% 酚酞 50% 乙醇溶液 一份 0.1% 百里酚蓝 50% 乙醇溶液	9.0 *	黄	绿	紫
一份 0.1% 酚酞乙醇溶液 一份 0.1% 百里酚酞乙醇溶液	9.9	无	玫红	紫
一份 0.1% 酚酞乙醇溶液 二份 0.2% 尼罗蓝乙醇溶液	10.0 *	蓝	紫	红
二份 0.1% 百里酚酞乙醇溶液 一份 0.1% 茜素黄乙醇溶液	10.2	黄	–	紫
二份 0.2% 尼罗蓝水溶液 一份 0.1% 茜素黄水溶液	10.8	绿	–	棕红

* 颜色变化敏锐。

3. 氧化还原指示剂

名称	变色电位 /V(pH=0)	颜色		配制方法
		氧化态	还原态	
中性蓝	0.170	蓝	无色	0.1g 中性蓝溶于 100ml 水中
中性红	0.237	红	无色	0.1g 中性红溶于 100ml 60% 乙醇中
靛蓝胭脂红	0.291	蓝	无色	0.1g 靛蓝胭脂红溶于 100ml 水中
靛蓝三磺酸	0.332	蓝	无色	0.1g 靛蓝三磺酸溶于 100ml 水中
2% 淀粉	0.53	蓝	无色	2g 可溶性淀粉，加少许水调成浆状，在搅拌下注入 100ml 沸水中，微沸 2min，放置，取上层溶液使用
亚甲基蓝	0.532	蓝	无色	0.1g 亚甲基蓝溶于 100ml 水中
劳氏紫	0.543	紫	无色	0.1g 劳氏紫溶于 100ml 水中
二苯胺	0.76	紫	无色	1g 二苯胺溶于 100ml 浓硫酸中
二苯胺磺酸钠	0.85	紫红	无色	0.2g 二苯胺磺酸钠溶于 100ml 水中
专利蓝 V	0.95	红	黄	0.1g 专利蓝 V 溶于 100ml 水中
酸性绿	0.96	橘红	黄绿	0.1g 酸性绿溶于 100ml 水中
邻二氮菲-亚铁配合物	1.06	浅蓝	红	1.485g 邻二氮菲和 0.695g $FeSO_4 \cdot 7H_2O$ 溶于 100ml 水中
邻苯氨基苯甲酸	1.08	紫红	无色	0.107g 指示剂溶于 20ml 5% Na_2CO_3 溶液，用水稀释至 100ml
5-硝基邻二氮菲亚铁配合物	1.25	淡蓝	红	1.485g5-硝基邻二氮菲和 0.695g$FeSO_4 \cdot 7H_2O$ 溶于 100ml 水中

附录 9　常用缓冲溶液的 pH 范围及配制

缓冲溶液组成	pK_a	缓冲液 pH	缓冲溶液配制方法
氨基乙酸-HCl	2.35(pK_{a1})	2.3	取氨基乙酸 150g 溶于 500ml 水，加浓 HCl80ml，加水稀释至 1L
H_3PO_4-枸橼酸盐		2.5	取$Na_2HPO_4 \cdot 12H_2O$ 113g 溶于 200ml 水，加柠檬酸 387g，溶解，过滤，加水稀释至 1L
一氯乙酸-NaOH	2.86	2.8	取500g 一氯乙酸溶于 200ml 水中，加 NaOH40g 溶解后，加水稀释至 1L
邻苯二甲酸氢钾-HCl	2.95(pK_{a1})	2.9	取200g 邻苯二甲酸氢钾溶于 500ml 水，加浓 HCl80ml，加水稀释至 1L
甲酸-NaOH	3.76	3.7	取 95g 甲酸和 NaOH40g 溶于 500ml 水，稀释至 1L
NH_4Ac-HAc		4.5	取 NH_4Ac77g 溶于 200ml 水，加冰醋酸 59ml，稀释至 1L
NaAc-HAc	4.74	4.7	取无水 NaAc 83g 溶于水，加冰醋酸 60ml，稀释至 1L
NaAc-HAc	4.74	5.0	取无水 NaAc 60g 溶于水，加冰醋酸 60ml，稀释至 1L
NH_4Ac-HAc		5.0	取 NH_4Ac 250g 溶于水，加冰醋酸 60ml，稀释至 1L
六次甲基四胺-HCl	5.15	5.4	取六次甲基四胺 40g 溶于 200ml 水，加浓 HCl10ml，加水稀释至 1L
NH_4Ac-HAc		6.0	取 NH_4Ac 600g 溶于水，加冰醋酸 20ml，稀释至 1L
NaAc- H_3PO_4 盐		8.0	取无水 NaAc 50g 和 $Na_2HPO_4 \cdot 12H_2O$ 50g，溶于水，稀释至 1L
Tris-HCl(三羟甲基氨甲烷-HCl)	8.21	8.2	取 25g Tris 试剂溶于水，加浓 HCl 8ml，加水稀释至 1L
NH_3-NH_4Cl	9.26	9.2	取 NH_4Cl 54g 溶于水，加浓氨水 63 ml，稀释至 1L
NH_3-NH_4Cl	9.26	9.5	取 NH_4Cl 54g 溶于水，加浓氨水 126ml，稀释至 1L
NH_3-NH_4Cl	9.26	10.0	取 NH_4Cl 54g 溶于水，加浓氨水 350ml，稀释至 1L

注：1. 缓冲液配制后可用 pH 试纸检查，若 pH 不对，可用共轭酸或碱调节。欲精密调节时，可用 pH 计。

2. 若需增加或减少缓冲液的缓冲容量时，可相应增加或减少共轭酸碱对物质的量，再调节。

附录 10　常用基准物的干燥条件和应用

基准物质		干燥后组成	干燥条件/℃	标定对象
名称	分子式			
碳酸氢钠	$NaHCO_3$	Na_2CO_3	270~300	酸
碳酸钠	$Na_2CO_3 \cdot 10H_2O$	Na_2CO_3	270~300	酸
硼砂	$Na_2B_4O_7 \cdot 10H_2O$	$Na_2B_4O_7 \cdot 10H_2O$	放在含 NaCl 和蔗糖饱和液的干燥器中	酸
碳酸氢钾	$KHCO_3$	K_2CO_3	270~300	酸
草酸	$H_2C_2O_4 \cdot 2H_2O$	$H_2C_2O_4 \cdot 2H_2O$	室温空气干燥	碱或 $KMnO_4$
邻苯二甲酸氢钾	$KHC_8H_4O_4$	$KHC_8H_4O_4$	110~120	碱
重铬酸钾	$K_2Cr_2O_7$	$K_2Cr_2O_7$	140~150	还原剂
溴酸钾	$KBrO_3$	$KBrO_3$	130	还原剂

续表

基准物质		干燥后组成	干燥条件/℃	标定对象
名称	分子式			
碘酸钾	KIO_3	KIO_3	130	还原剂
铜	Cu	Cu	室温,干燥器中保存	还原剂
三氧化二砷	As_2O_3	As_2O_3	室温,干燥器中保存	氧化剂
草酸钠	$Na_2C_2O_4$	Na_2C_2O	130	氧化剂
碳酸钙	$CaCO_3$	$CaCO_3$	110	EDTA
锌	Zn	Zn	室温,干燥器中保存	EDTA
氧化锌	ZnO	ZnO	900~1000	EDTA
氯化钠	NaCl	NaCl	500~600	$AgNO_3$
氯化钾	KCl	KCl	500~600	$AgNO_3$
硝酸银	$AgNO_3$	$AgNO_3$	280~290	氯化物
氨基磺酸	$HOSO_2NH_2$	$HOSO_2NH_2$	在真空 H_2SO_4 干燥器中保存48h	碱

附录11　常用溶剂的物理常数及其纯化方法

溶剂名称	沸点/℃	介电常数	相对密度	一般精制处理	备注
石油醚	30~60 60~90 90~120		0.630 0.680	工业石油醚1kg用工业浓硫酸80ml充分振摇,放置,分出下层,可根据硫酸层颜色深浅,酌情振摇2次或3次,石油醚层用少量稀NaOH洗,再用水洗至中性,无水氯化钙干燥、重蒸、按沸程收集	在国外,一般将沸程30~70℃的部分称为石油醚(petroleum ether),50~90℃的部分称为peteroleum benzine,75~120℃的部分称为Ligroin
苯	80.1	2.3	0.879	石油醚	
乙醚	34.6	4.335	0.719	工业乙醚用硫酸亚铁或10%亚硫酸氢钠溶液振摇(除去过氧化物及水溶性物质)1~3次,氯化钙干燥重蒸	
氯仿	61.2	4.806	1.489	以稀NaOH洗涤.再用水洗2次或3次,以无水氯化钙或无水碳酸钾干燥、重蒸	氯仿不能用金属钠干燥,因易引起爆炸
乙酸乙酯	77.1	6.02	0.902	工业用乙酸乙酯用5%碳酸钠洗1~2次,以无水氯化钙干燥,重蒸	

续表

溶剂名称	沸点/℃	介电常数	相对密度	一般精制处理	备注
丙酮	56.2	20.7	0.790	工业丙酮加 0.1% 高锰酸钾，摇匀，放 1～3d（或回流 4h）至高锰酸钾颜色不褪，以无水硫酸钠干燥、重蒸	不宜用金属钠，五氧化磷脱水，经高锰酸钾处理后，重蒸务必小心，蒸至小体积即止，不得蒸干。因有时能产生过氧化物，引起爆炸
乙醇	78.3	24.3	0.789	工业乙醇加生石灰加热回流 2～4h，重蒸	乙醇不能用氯化钙干燥，因有结晶醇生成
甲醇	64.6	32.64	0.792	一般重蒸即可。如含有醛酮，可用高锰酸钾大致测定醛酮含量，加过量的盐酸羟胺，回流 4h 重蒸	甲醇不能用生石灰脱水，因易形成复合物
吡啶	115.58	12.3	0.98	用 KOH 干燥后重蒸	
四氯化碳	76.7	2.24	1.589	工业四氯化碳加 50% KOH 醇溶液加热回流 30min，水洗浓硫酸洗再水洗，氯化钙脱水，加石蜡油，蒸馏。	脱水干燥，不能用金属钠，会发生爆炸

附录 12　不同温度下水的饱和蒸汽压

t/℃	p/kPa	t/℃	p/kPa	t/℃	p/kPa	t/℃	p/kPa
0	0.6105	14	1.599	28	3.780	50	12.33
1	0.6567	15	1.705	29	4.005	55	15.73
2	0.7058	16	1.817	30	4.242	60	19.92
3	0.7579	17	1.937	31	4.493	65	25.00
4	0.8134	18	2.064	32	4.754	70	31.16
5	0.8723	19	2.197	33	5.030	75	38.54
6	0.9350	20	2.338	34	5.320	80	47.34
7	1.002	21	2.486	35	5.624	85	57.81
8	1.073	22	2.644	36	5.941	90	70.096
9	1.148	23	2.809	37	6.275	95	84.513
10	1.228	24	2.984	38	6.625	100	101.325
11	1.312	25	3.168	39	6.991		
12	1.403	26	3.361	40	7.375		
13	1.497	27	3.565	45	9.583		

注：引自 Robert C.Weast.Handbook of Chemistry and Physics.69th ed.1989.189～190。

附录 13　常用液体的黏度

温度/℃	黏度(×10^3 Pa·s)		
	苯	乙醇	氯仿
0	0.912	1.785	0.699
10	0.758	1.451	0.625
15	0.698	1.345	0.597
16	0.685	1.320	0.591
17	0.677	1.290	0.586
18	0.666	1.265	0.580
19	0.656	1.238	0.574
20	0.647	1.216	0.562
21	0.638	1.188	0.556
22	0.629	1.186	0.553
23	0.621	1.143	0.551
24	0.611	1.123	0.545
25	0.601	1.103	0.540
30	0.566	0.991	0.514
40	0.482	0.823	0.464
50	0.436	0.701	0.424
60	0.395	0.591	0.389

附录 14　不同温度下水的黏度(η)及表面张力(σ)

温度/℃	η/(×10^3 Pa·s)	σ/(×10^3 N/m)	温度/℃	η/(×10^3 Pa·s)	σ/(×10^3 N/m)
0	1.787	75.64	25	0.8904	71.97
5	1.519	74.92	26	0.8705	71.82
10	1.307	74.23	27	0.8513	71.66
11	1.271	74.07	28	0.8327	71.50
12	1.235	73.93	29	0.8148	71.35
13	1.202	73.78	30	0.7975	71.20
14	1.169	73.64	35	0.7194	70.38
15	1.139	73.49	40	0.6529	69.60
16	1.109	73.34	45	0.5960	68.74
17	1.081	73.19	50	0.5468	67.94
18	1.053	73.05	55	0.5040	67.05
19	1.027	72.90	60	0.4665	66.24
20	1.002	72.75	70	0.4042	64.47
21	0.9779	72.59	80	0.3547	62.67
22	0.9548	72.44	90	0.3147	60.82
23	0.9325	72.28	100	0.2818	58.91
24	0.9111	72.13			

附录 15　20℃时乙醇水溶液的密度与折光率

乙醇(质量分数)/%	ρ/(kg/L)	n^{20}	乙醇(质量分数)/%	ρ/(kg/L)	n^{20}
0	0.9820	1.3330	50	0.9139	1.3616
5	0.9893	1.3360	60	0.8911	1.3638
10	0.9819	1.3395	70	0.8676	1.3652
20	0.9687	1.3469	80	0.8436	1.3658
30	0.9539	1.3535	90	0.8180	1.3650
40	0.9352	1.3583	100	0.7893	1.3614

附录 16　常用溶剂的饱和蒸汽压

$\lg p = A - B/(C + t)$

p 为蒸气压,Pa;t 为温度,℃;A,B,C 为常数

溶剂	A	B	C	温度/℃
丙酮	9.242 10	1210.595	229.664	液态
苯	9.030 59	1211.033	220.790	8~103
甲苯	9.079 58	1344.80	219.482	—
甲醇	10.022 4	1474.08	229.13	-14~65
乙醇	10.44 60	1718.10	237.53	-2~100
乙酸	9.928 01	1651.2	225	0~36
乙酸	9.3130	1416.7	211	36~170
乙酸乙酯	9.223 02	1238.71	217.0	-20~150
氯仿	9.028 22	1163.03	227.4	-30~150
四氯化碳	9.058 84	1242.43	230.0	—
环己烷	8.969 92	1203.526	222.863	-50~220
乙醚	8.9107	994.195	220.0	—

注:引自 John A.Dean.Lange's Handbook of Chemistry.11th ed.1973.10.22~45,其余数据引自 12th ed.1978.10.8。

附录 17　常用溶剂的折光率

物质	n^{15}	n^{20}	物质	n^{15}	n^{20}
苯	1.504 39	1.501 10	四氯化碳	1.463 04	1.460 44
丙酮	1.381 75	1.359 11	乙醇	1.363 30	1.360 48
甲苯	1.4998	1.4968	环己烷	1.429 00	—
乙酸	1.3776	1.3717	硝基苯	1.5547	1.5524
氯苯	1.527 48	1.524 60	正丁醇	—	1.399 09
氯仿	1.448 53	1.445 50	二硫化碳	1.629 35	1.625 46

附录 18　相对急性毒性标准

级别	LD_{50}(大鼠经口)/(mg/kg)	LC_{50}(大鼠吸入)/(μg/g)	LD_{50}(皮肤吸收,兔)/(mg/kg)	说明
0	5000 以上	10000 以上	2800 以上	无明显毒害
1	500~5000	1000~10000	340~2800	低毒
2	50~500	100~1000	43~340	中等毒害
3	1~50	10~100	5~43	高等毒害
4	1 以下	10 以下	5 以下	剧毒

注:1. LD_{50}为半数致死量。指被试动物（大、小白鼠等）一次口服、注射或皮肤涂抹药剂后产生急性中毒而有半数死亡所需该药剂的量。LD_{100}则为被试动物全部死亡所需最低剂量即绝对致死量。

2. LC_{50}为半数致死浓度。

附录 19　常用化学物质毒性和易燃性

化学物质	急性毒性[1)](大鼠 LD_{50})/(mg/m³)	闪点/℃	爆燃极限/%	MAK[2)]/(mg/m³)	TLV[3)]/(mg/m³)
一氧化碳	狗 40(LD_{100},p.i.)		12.5~75	55	55
乙腈	200~453.2(or)	6	4~16	70	70
乙炔	947(LD_{100},p.i.)		3~82		1000[4)]
乙醛	1930（口服）(LC_{50})36	-38	4~57	100	180
乙醇	13660(or),60(p.i.)	12	3.3~19	1000	1900
乙醚	300(p.i.)	-45	1.85~48	500	400
乙二胺	1160(or)	43		30	25
乙二醇	7330(or)	111			260
正丁醇	6480(or)	29	1.4~11	200	
仲丁醇	6480(or)	24	1.7~9.8		450
叔丁醇	3500(or)	10	2.4~8		300
二氯甲烷	1600(or)			1750	1740
二氯乙烷	680(or)	13	6.2~15.9	400	200
二甲苯(各异构体)	2000~4300(or)	29(间)	1.0~7.0	870	435
二硫化碳	300(or)	-30	1~44	30	60
二氧化硫				13	13
二氧化硒				0.1	0.2
二甘醇	16 980(or)	124			
二甲基酰胺	3700(or)	58	2.2~15.2	60	30
2,4-二硝基苯酚	30(or)			1	
二氧六环	6000(or),20(p.i.)	12	2~22.2	200	360
三氧化二砷	138(or)			0.5	0.5
三氧化磷				3	0.5[4)]
三氟化硼					1
三乙胺	460(or)	<-7	1.2~8.0		100
丙酮	9750(or),300(p.i.)	-18	3~13	2400	2400
丙烯腈	90(or)	0	3~17	45	45
丙烯醛	46(or)	-26	3~31	0.5	0.25
正丙醇	1870(or)	25	2.1~13.5	200	500
异丙醇	5840(or),40(p.i.)	12	2.3~12.7	800	
甲苯	1000(or)	4.4	1.4~6.7	750	375
甲酚(各异构体)	邻 1350(or),对 1800(or),间 2020(or)	94(邻,对)	1.06~1.40	22	22

续表

化学物质	急性毒性[1]（大鼠 LD_{50}）/（mg/m^3）	闪点/℃	爆燃极限/%	MAK[2] /（mg/m^3）	TLV[3] /（mg/m^3）
甲醛	800(or),1(p.i.)		7~73	5	3
甲醇	12 880(or),200(p.i.,LD_{100})	12	6~36.5	50	9
甲酸		69	18~57	9	9
四氯化碳	7500(or),150(p.i.),1280(小鼠经口)			50	50
四氢呋喃	65(p.i.)（小鼠）	-14	2~11.8	200	590
正戊烷		-49	1.45~8.0	2950	2950
石油醚		-57,<22	1~6		500[4]
光气	0.2(p.i.),LC_{50}3200mg/g			0.5	0.4
汞	20~100(or)			0.1	0.1
苯	5700(or),51(p.i.)	-11	1.4~8	50	80
重氮甲烷	剧毒				0.4
氯	1(p.i.)			3	3
氯仿	2180(or)			200	240
氯苯	2910(or)	29	1.3~7.1	230	350
2-氯乙醇	95(or),0.1(p.i.)	60	4.9~15.9	16	16
氰化钾	10(or),0.2(p.i.)				
氰化氢	LC_{50}5000mg/m^3			11	11
硝基苯	500(or)	35	7.3	5	5
硫酸二甲酯	440(or)	83		5	
硫酸二乙酯	800(or)				
硫化氢	1.5(p.i. LD_{100})			25	15
氯化氢	2~4(p.i. LD_{100},兔)			10	7
溴化氢				17	10
溴				0.7	0.7
溴甲烷	20(p.i. LD_{100})			50	60
碘甲烷	101(腹腔)				28
乙酸	3300(or)	43	4~16	25	25
乙酸酐	1780(or)	54	3~10	20	20
乙酸丁酯		27	1.4~7.6	950	710
乙酸乙酯	5620(or)	-4.4	2.18~9	1400	1400
乙酸戊酯		25	1~7.5	1050	525

注：1）无特别注明者为大鼠。

2）车间空气中化学物质的最高容许浓度（德国）。

3）车间空气中化学物质的阈限值（美国）。

4）单位为 μg/g。

[or 为经口，单位为 mg/kg；p.i. 为每次吸入，单位为 mg/mg^3（空气）]。

附录 20　常用溶剂摩尔凝固点降低常数

溶剂	凝固点/℃	K_f	溶剂	凝固点/℃	K_f
环己烷	6.54	20.0	酚	40.90	7.40
溴仿	8.05	14.4	萘	80.29	6.94
乙酸	16.66	3.90	樟脑	178.75	37.7
苯	5.533	5.12	水	0.0	1.853

注：摘自 John A.Dean, Lange's Handbook of Chemistry, 12th Edition, 1979.10~80。

附录 21　不同温度下 KCl 和 NH_4Cl 的溶解热

温度/℃	ΔH/(kJ/mol)		温度/℃	ΔH/(kJ/mol)	
	KCl	NH_4Cl		KCl	NH_4Cl
0	22.008		18	18.602	16.17
1	21.786	20.54	19	18.443	16.04
2	21.556	19.12	20	18.297	15.97
3	21.351	18.94	21	18.146	15.82
4	21.142	18.77	22	17.995	15.66
5	20.941	18.43	23	17.849	15.51
6	20.740	18.25	24	17.702	15.24
7	20.543	18.08	25	17.556	15.21
8	20.338	17.92	26	17.414	15.06
9	20.163	17.75	27	17.272	14.91
10	19.3979	17.58	28	17.138	14.76
11	10.794	17.41	29	17.004	14.61
12	19.623	17.25	30	16.874	14.47
13	19.447	17.09	31	16.740	14.32
14	19.276	16.92	32	16.615	14.18
15	19.100	16.76	33	16.493	
16	18.933	16.60	34	16.372	
17	18.765	16.44	35	16.259	

注:1mol 样品溶于 200ml 水中的积分溶解热 $\Delta_{sol}H_m$。

附录 22　不同温度下几种常用液体的密度 ρ

t/℃	密度/(×10³kg/m³)			t/℃	密度/(×10³kg/m³)		
	水	苯	乙醇		水	苯	乙醇
5	0.9999	–	0.80207	18	0.9986	0.881	0.7911
6	0.9999	–	0.8012	19	0.9984	0.881	0.7902
7	0.9999	–	0.8003	20	0.9982	0.879	0.7894
8	0.9998	–	0.7995	21	0.9980	0.879	0.7886
9	0.9998	–	0.7987	22	0.9978	0.878	0.7877
10	0.9997	0.887	0.7978	23	0.9975	0.877	0.7869
11	0.9996	–	0.7970	24	0.9973	0.876	0.7860
12	0.9995	–	0.7962	25	0.9970	0.875	0.7852
13	0.9994	–	0.7953	26	0.9968	–	0.7843
14	0.9992	–	0.7945	27	0.9965	–	0.7835
15	0.9991	0.883	0.7936	28	0.9962	–	0.7826
16	0.9989	0.882	0.7928	29	0.9959	–	0.7818
17	0.9988	0.882	0.7919	30	0.9956	–	0.7809

附录 23　参考学时数

编号	实验名称	学时	编号	实验名称	学时
4-1	碳酸钠溶液的配制和标定	4	7-1	恒温槽组装及性能测试	4
4-2	电解质溶液	4	7-2	溶解热的测定	4
4-3	乙酸电离度和电离常数的测定	4	7-3	凝固点降低法测定物质的密度质量	4
4-4	配合物的生成和性质	4	7-4	二组分液-液平衡体系相图的绘制	4
4-5	银氨配离子配位数测定	3	7-5	三组分液-液体系相图的绘制	4
4-6	氧化还原反应	3	7-6	分配系数的测定	4
4-7	s 区及 p 区元素化合物性质	4	7-7	电导率的测定	4
4-8	d 区和 ds 区元素化合物性质	3	7-8	蔗糖水解反应速度常数的测定	4
4-9	硫酸亚铁铵的制备	4	7-9	乙酸乙酯皂化反应速率常数的测定	4
4-10	甲酸铜的制备	4	7-10	最大气泡法测定液体的表面张力	4
5-1	卤代烃的化学性质	4	7-11	溶胶的制备、净化与性质	4
5-2	醇、酚的化学性质	4	7-12	黏度法测定高聚物摩尔质量	4
5-3	醛和酮的化学性质	4	7-13	中药离子的透析	4
5-4	羧酸及其衍生物的化学性质	4	8-1	分光光度计性能检查	3
5-5	糖类的化学性质	4	8-2	维生素 B_{12} 或丹皮酚吸收曲线的测绘及含量测定	3
5-6	熔点测定操作练习	4			
5-7	重结晶操作练习	4	8-3	分光光度法测定槐花中总黄酮的含量	4
5-8	正溴丁烷的制备	8	8-4	分光光度法测定药物中铁的含量	4
5-9	邻硝基苯酚和对硝基苯酚的制备	9	8-5	薄层板的制备与薄层色谱定性分析	6
5-10	无水乙醇的制备	4	8-6	高效液相色谱仪的使用	3
5-11	环己酮的制备	8	8-7	高效液相色谱定量分析	4
5-12	苯乙酮的制备	8	8-8	气相色谱仪的使用	3
5-13	巴比妥酸的制备	8	8-9	樟脑、冰片和薄荷脑混合样品中樟脑的定性鉴别和含量测定	3
5-14	乙酸乙酯的制备	8			
5-15	乙酰苯胺的制备	8	8-10	气相色谱法测定白酒中乙醇含量	3
5-16	呋喃甲醇与呋喃甲酸的制备	9	8-11	原子吸收分光光度计测定水中镁的含量	4
5-17	从黄连中提取黄连素	9	8-12	固体试样红外光谱的测定	3
5-18	从牡丹皮中提取丹皮酚	8	9-1	配合物中心离子 d 轨道分裂能测定	4
6-1	分析天平的称量练习	4	9-2	阿司匹林的制备	10
6-2	葡萄糖干燥失重的测定	4	9-3	蛋壳中钙、镁含量测定	8
6-3	盐酸黄连素的含量测定	8	9-4	硫酸链霉素的水解	4
6-4	草酸的含量测定	8	9-5	中药白芍中芍药苷的定性鉴别和含量测定	8
6-5	混合碱溶液中各组分含量的测定	8			
6-6	盐酸麻黄碱片的含量测定	8	9-6	药用氯化钠制备、性质及杂质含量测定	7
6-7	溴化钾含量测定	8	9-7	从茶叶中提取咖啡因及其分离与鉴定	12
6-8	中药白矾中硫酸铝钾的含量测定	8	9-8	氯化铅溶度积常数的测定	4
6-9	水的硬度测定	4	9-9	氯化铵的提纯	4
6-10	胆矾中硫酸铜的含量测定	8	9-10	从八角中提取挥发油	8
6-11	碘量法测定维生素 C 含量	8	9-11	葡萄糖含量测定	8
6-12	医用双氧水中 H_2O_2 含量测定	8	9-12	固-液界面上的吸附	4
6-13	电位滴定法测定乙酸电离常数	4	9-13	中药肉桂中肉桂醛的含量测定	6